新工科计算机专业卓越人才培养系列教材

操作系统原理与实现

微课版

梁洪亮 李文生 徐梦炜◎编著

Operating Systems

人民邮电出版社

北京

图书在版编目（CIP）数据

操作系统原理与实现：微课版 / 梁洪亮，李文生，
徐梦炜编著. -- 北京：人民邮电出版社，2024.
（新工科计算机专业卓越人才培养系列教材）. -- ISBN
978-7-115-64911-9

Ⅰ. TP316

中国国家版本馆 CIP 数据核字第 2024KP1627 号

内 容 提 要

操作系统的发展日新月异。本书详细讲述了现代操作系统的基本概念、发展历史和关键技术，内容包括导论、进程/线程管理、内存管理、文件系统和输入/输出、系统保护与安全、综合案例（Contiki 操作系统和鸿蒙操作系统）等。本书的主要特色是以方便读者理解为核心，既突出重点，又删繁就简，将概念描述和实例讲解相结合，并在每章最后给出习题，以增强读者对理论知识的理解和实践能力。

本书可作为新工科计算机类专业的教材，也可作为信息科技从业人员学习操作系统的参考书。

♦ 编　著　梁洪亮　李文生　徐梦炜

　责任编辑　王　宣

　责任印制　陈　犇

♦ 人民邮电出版社出版发行　　北京市丰台区成寿寺路 11 号

　邮编　100164　电子邮件　315@ptpress.com.cn

　网址　https://www.ptpress.com.cn

　三河市君旺印务有限公司印刷

♦ 开本：787×1092　1/16

　印张：17　　　　　　　　　　2024 年 12 月第 1 版

　字数：422 千字　　　　　　　2024 年 12 月河北第 1 次印刷

定价：59.80 元

读者服务热线：(010) 81055256　印装质量热线：(010) 81055316
反盗版热线：(010) 81055315
广告经营许可证：京东市监广登字 20170147 号

■ 时代背景

操作系统把用户和计算机硬件连接了起来。自从 20 世纪 40 年代人类发明首台计算机以来，硬件技术和体系结构始终在以惊人的速度发展。处理器、内存和外设的性能在不断提升，但是它们的体积、价格和能耗一直在下降。另外，各类个人计算机、智能终端和物联网设备已经广泛应用，并且已经与局域网或者互联网相连接。这些进步给人类世界带来了激动人心的新局面，其中，操作系统的作用至关重要。目前，现代操作系统已能够管理高度并行的、分布式的、日渐增多的异构配置，而不只是管理单个处理器，控制本地内存和输入/输出设备集合。

■ 本书内容

本书包括六篇内容，即导论、进程/线程管理、内存管理、文件系统和输入/输出、系统保护与安全以及综合案例。

导论：操作系统是连接应用程序和硬件的桥梁，负责管理计算机资源、支持应用程序的高效运行以及向用户提供方便易用的接口。本书第 1 章重点介绍了操作系统的组织结构、外部接口和发展历史。

进程/线程管理：进程/线程作为并发和并行的基础，一直是操作系统的重要组成内容。本篇重点描述进程/线程的创建和调度（第 2 章）、它们之间的同步（第 3 章）以及重要的死锁问题（第 4 章）。

内存管理：内存一直是一种稀缺资源，如何有效地使用内存是操作系统的经典论题。本书第 5、6 章论述了物理内存分配技术、虚拟存储的实现方式（如分页或分段）以及页面共享和替换等关键内容。

文件系统和输入/输出：文件是在辅助存储设备（以下简称"辅存"）上组织和存储数据的一种有效方法。虽然存储设备发展很快，但是文件的基本原理没有变化。本书第 7 章讨论了文件类型及其在辅存上的表示方法，描述了文件目录的组织和实现方法。另外，操作系统的一个主要任务是抽象输入/输出设备的细节，以提供高层次的接口，并且支持大量更快、更复杂的设备。本书第 8 章描述了各种设备驱动所采用的轮询、中断和直接内存访问的基本原理，还讨论了输入/输出过程中的一些常见问题，例如缓冲和高速缓存、磁盘调度和错误处理等。

系统保护与安全：保护计算设备不受攻击需要采取多种安全措施。本书第 9 章关注系统安全接口，这些接口可以确保系统免受外部和内部的安全威胁。考虑到通信网络的脆弱性，本章还描述了密钥和公钥加密技术及其应用，包括对计算机之间信息传输的保护以及信息真实性的验证。另外，操作系统必须对用户可访问的资源进行控制，并提供系统内部保护机制，以防止不同用户之间的非法信息流。本书第 10 章讨论了系统内部保护机制。

综合案例：开源运动的兴起促进了操作系统的蓬勃发展，因此，本书第 11、12 章分别讨论了两个开源的操作系统，即 Contiki 和鸿蒙，内容包括系统概述、内核架构、服务和开发框架等。

■ 本书特色

本书以方便读者理解为核心，既突出重点，又删繁就简，将概念描述和实例讲解相结合，并在每章最后给出习题，以增强读者对理论知识的理解和实践能力。

■ 编者团队与致谢

本书由梁洪亮、李文生、徐梦炜编著，其中第 1~11 章由梁洪亮负责编写，李文生参与编写了第 1、4、9 章，徐梦炜负责编写了第 12 章。编者真挚地感谢北京邮电大学的孟祥武教授和刘晓鸿副教授以及华中科技大学的苏曙光副教授，他们对本书进行了认真仔细的审校，并提出了很多宝贵的修改完善意见。

由于编者水平有限，书中难免存在不妥之处，敬请读者朋友多提宝贵建议。

编　者
2024 年春于北京

目录
Contents

第一篇　导论

第二篇　进程/线程管理

第三篇　内存管理

第四篇　文件系统和输入/输出

第8章

输入/输出系统

第五篇　系统保护与安全

第9章

系统安全接口

第 10 章

系统内部保护机制

第六篇 综合案例

第 11 章

Contiki操作系统

第 12 章

鸿蒙操作系统

第一篇

导论

　　操作系统的初学者可能会有很多疑惑：操作系统是什么？它是怎么产生的？它有哪些作用？为什么在一台计算机上，我们既能写文档或程序，又能上网或聊天，还能打游戏呢？

　　本篇对上述问题进行解答。操作系统是一名卓越的管理大师，既为用户提供方便易用的使用环境，又为各类硬件和应用程序提供高效公平的管理，以保证计算机系统高效可靠地运行。本篇会描述和讨论操作系统的作用、结构、接口和发展历史。

第 1 章

概述

在学习操作系统之前，您可能已经熟悉或至少学习过计算机编程了。您是否想过自己编写的程序在计算机中是如何运行的呢？毫无疑问，现在的我们可能每天都在有意或无意地使用计算机程序。计算机和程序都是人类的发明或作品，为什么它们的组合能够产生如此广泛的应用和深刻的影响呢？

本章首先简要介绍计算机系统的组成及工作原理，然后分析用户对计算机系统的需求与现有硬件性能之间的差距。这个差距就是由操作系统（Operating System，OS）和其他支持程序来弥补的。接下来我们勾画出操作系统的整体组织结构，包括硬件接口、编程接口（Application Programming Interface，API）和用户接口。最后我们描述了在技术日益更新和用户日渐多样化的情况下，操作系统设计目标和关键概念的演化。

1.1 计算机系统简介

典型的计算机系统通常包括三类硬件：计算设备[即中央处理器（Central Processing Unit，CPU）]、存储设备以及通信设备。存储设备包括快速的易失性主存（简称内存）和慢速的持久性辅存（简称外存）。通信设备包括输入/输出设备（例如键盘和显示器）和网络设备。图 1.1 表示了计算机的基本组件及其相互关系。

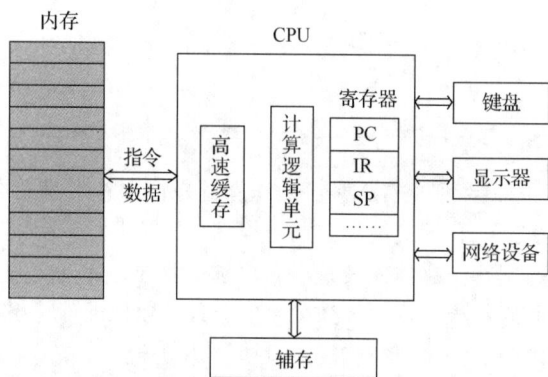

图 1.1 计算机的基本组件及其相互关系

美籍匈牙利数学家、计算机科学家约翰·冯·诺依曼（John von Neumann）等在 20 世纪 40 年代末期提出的"存储程序计算机"思想是现代计算机系统的基础。其中，内存是小存储单元（例如字节）的线性序列，这些存储单元可以被 CPU 直接访问（又称为寻址）。内存用于存储程序（即可执行的机器指令序列）和数据。CPU 循环执行如下基本硬件操作。

- 获取一个专用寄存器（即程序计数器，简称 PC）所指向的指令。
- 程序计数器计数递增。
- 对存放在某个专用指令寄存器（简称 IR）中的当前指令进行解码，以决定必须执行的操作。
- 获取这个指令引用的操作数。
- 执行指令。

一般地，用户的程序和数据存储在外存，在执行时被载入内存。断电时，内存中的内容会丢失，因此说内存是易失性的。内存的访问速度远高于外存，其容量远小于外存。

CPU 是计算机中运行速度最快的组件，它的速度常用 CPU 主频衡量[①]。每个时间单元中执行的指令数主要依赖于 CPU 的体系结构，包括其流水和并行能力以及芯片内存的大小。

指令执行速度受到内存速度的约束，内存执行一次读或写操作的用时为 10ns 左右，比 CPU 速度慢几个数量级。因此，一般建议使用更快的内存（但这类内存通常更小更昂贵），例如，使用寄存器保存当前指令、程序计数器、立即数的值和各种控制状态值。同时，使用高速缓冲存储器（cache）保存最近访问过的指令块和数据块，因为它们大概率会被再次访问。寄存器和高速缓冲存储器具有较短的访问时间（1ns 左右）。

磁盘（例如硬盘或可移动 U 盘）或磁带是常见的辅存。辅存设备的重要特性包括设备类型和容量、数据块大小（即访问信息的粒度）和访问时间（即访问一个数据条目需要多长时间）。磁盘和磁带的容量通常在几十亿字节（GB）以上。数据块大小一般是几百或几千字节，但是访问磁盘的时间明显少于磁带，一般是 10ms 左右。

输入/输出设备包括键盘、显示器、指针设备（如鼠标、光笔）和打印机等。这些设备的重要特性是它们的速度，即它们与系统传输数据的速率。

计算机系统的不同组件通过总线互联。总线是指多条并行通信的线路或协议，允许组件间交换数据。如图 1.2 所示，具有不同数据传输速率和不同通信协议的多个总线构成了一个层次结构。内存总线允许 CPU 访问内存。一个硬件桥接器把内存总线和输入/输出总线连接起来，这样，CPU 就可以同磁盘、打印机和终端等设备进行通信。这些设备通过设备控制器连接到总线上，设备控制器是给 CPU 提供寄存器接口的专用硬件设备。它们通过硬件插槽连接到总线上。由于硬件插槽数目有限，多个设备可能共享一个控制器或拥有自己的底层总线。在图中，两个磁盘共享一个控制器。最慢的基于字符的设备（如键盘或鼠标）通过一个设备控制器连接到输入/输出总线上。

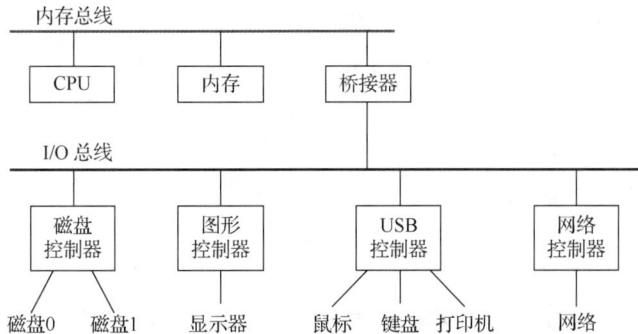

图 1.2 计算机硬件组织结构

---

① 一般是兆赫（MHz）、吉赫（GHz），1GHz 表示 CPU 的时钟周期是 1ns。

1.2 操作系统连接应用程序和硬件

实际上，在计算机硬件之上运行应用程序，需要考虑和解决很多问题。

- CPU 执行的机器指令仅能完成很简单的任务，例如读/写寄存器或内存、对二进制数进行算术或逻辑操作、比较两个位串以及设置程序计数器以改变指令执行顺序等。但是，应用程序须处理更复杂的业务逻辑和数据结构，其逻辑和机器指令的语义处于不同层次。

- 内存是简单存储单元的线性序列。相比之下，应用程序使用多种不同类型、大小的对象集合，包括数组、树、列表、堆栈或队列。这些复杂对象集合与简单的序列化内存表示之间的映射关系需要软件来填补。

- 磁盘是最常见的辅存设备，它包括很多环形磁道，每个磁道由多个磁块组成。它通过移动读/写头（即进行寻址操作）来访问磁块上存储的数据，进而完成数据块和内存间的数据传输。不同的磁盘类型可能具有不同的内部组织和操作。应用程序开发者通常希望把程序或数据集合作为单一的逻辑实体（例如文件），并用简单的命令来创建、复制或删除文件，而不必考虑磁盘的底层组织。这些逻辑实体需要由软件创建，以填补此类语义缺口。

- 通信设备和输入/输出设备的硬件接口是由一些寄存器组成的，厂商提供专门的指令序列来读/写这些寄存器，以使设备工作。这些指令序列通常是很复杂的，需要使用者对设备操作有深入的理解。但是，程序员们喜欢简单一致的编程接口而无须理解设备细节。同样，他们希望简单发送消息到其他计算机，而无须考虑底层的网络拓扑、传输错误或网络阻塞等。这些语义缺口也必须由专用设备驱动程序和通信协议等软件来填补。

系统软件的职责就是填补计算机硬件能力和程序员需求之间的巨大缺口。编译器允许程序员使用高级语言开发应用程序，并自动将其转换为等价的低级语言程序。硬件和应用程序之间的其他缺口则由操作系统来解决。

1.2.1 操作系统是管理者

计算机系统中可能有很多个在运行的应用程序（称为进程），它们执行内存中的代码，从输入设备（如键盘或磁盘）中读取数据，并把结果输出到打印机或磁盘。另外，一个应用程序的执行可能受到其他应用程序的影响。操作系统的主要任务之一是优化所有硬件资源的使用，确保最好的整体性能，同时满足具体应用程序的具体要求和约束。例如，系统需保证与用户交互类程序的响应时间，或者满足实时类任务的时限要求。

为保证众多进程执行顺畅，操作系统必须为它们分配足够的计算资源（例如 CPU 周期），并且必须实现某种调度策略，以使每个进程同等使用 CPU。进程还需要适量的内存才能高效运行，因为进程经常需要操作系统把它的部分代码或数据从磁盘装入内存。在内存和磁盘间移动信息的开销很大，因此操作系统必须尽量减小它。另外，操作系统应当尽量减少进程等待准备输入和处理输出的时间。例如，系统应提供虚拟的输出设备，实现预读策略，以便在应用程序读取数据之前把数据读入内存。

操作系统充分利用并行机制可以改善整体性能。操作系统应当尽力完成使 CPU、存储设备和输入/输出设备始终处于忙碌状态这一任务。由于设备种类繁多，且速度和容量各异，这一任务对操作系统来说是一个主要挑战。

与应用程序一样，操作系统也是运行在计算机硬件上的软件。它的数据和指令存储在内存中，并由 CPU 获取和执行。为了让操作系统运行，我们需要将其二进制可执行文件加载到内存中，并对 CPU 进行初始化。

操作系统在计算机上加载和初始化自身的过程称为引导。它需要一些帮助才能加载到计算机上并运行其引导代码。计算机首次加电时，只读存储器（Read-Only Memory，ROM）中的固件代码首先运行。典型的固件代码包括基本输入/输出系统（Basic Input/Output System，BIOS）和统一可扩展固件接口（Unified Extensible Firmware Interface，UEFI）。BIOS 或 UEFI 先初始化基本的硬件资源，以将操作系统的第一个块（即引导块）从磁盘加载到内存中，然后在 CPU 上运行引导块指令。一旦操作系统开始运行，它就会从磁盘加载自身的其余部分，发现并初始化更多的硬件资源，同时初始化其数据结构和抽象，以运行应用程序。

1.2.2　操作系统是扩展机

如果我们使用一个没有输入/输出支持的计算机系统，并希望从磁盘读取数据，我们就必须理解磁盘的底层接口，并编写许多底层指令来移动读/写头到所需位置，管理数据块的传输，并处理大量可能出现的错误。不仅如此，由于各个厂商对输入/输出设备的操作没有统一的标准，我们还需要编写不同的指令序列。

为了将程序员从底层细节和输入/输出处理的复杂性中解脱出来，操作系统使用了抽象的方法，把底层指令序列打包成函数，以便被上层应用程序调用。例如，程序员只需调用一个读取函数，即可得到所需的数据块。此类函数扩展了底层的指令集合，从而建立了一个强大的扩展机。

抽象是计算机科学中处理复杂问题的一种主要技术，操作系统充分运用了抽象方法。例如，所有的输入/输出操作（如读/写一个数据块）被实现为由操作系统提供的函数。图 1.3 使用一个具体的例子说明了抽象方法的应用。其中，一个上层的读取操作规定了待读取的文件（f）、文件中的逻辑块号（lblk）和存放数据块的内存地址（mm）。通过执行一些底层操作，例如移动读/写臂到磁盘上恰当的位置和检查错误，底层的输入/输出例程实现了上层的读操作。实际上，这些底层操作又是机器层指令序列的抽象，这些机器指令直接与设备交互，读/写设备控制器的专有寄存器。程序员可以认为上层读操作是一个简单的原语操作，而无须考虑实际执行的底层指令序列。

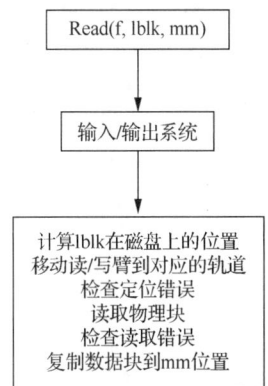

图 1.3　抽象方法示意图

同样地，处理文件的操作也可看作是原语，而无须了解实现文件操作的众多条机器指令。文件操作又使用抽象的输入/输出操作来执行它们的功能。因此，操作系统反复应用抽象方法，以建立多层的扩展机。

用户控制系统行为的诸多命令也是抽象的例子。例如，一条载入并运行程序的命令或查询系统状态信息的命令都会涉及系统底层的许多操作。但是，从用户角度看，操作系统就是一个扩展机器，这个机器使用这些命令作为机器语言。

1.2.3 操作系统是虚拟机

计算机硬件资源是有限的，除了有些应用程序必须与其他程序合作之外，多数应用程序都会竞争使用资源。理想情况下，每个应用程序都希望独自使用整台计算机系统，而不会考虑并发使用系统的其他进程。使用虚拟的方法，操作系统管理和控制多个应用程序对资源的共享，使得用户或应用程序认为同一个物理资源具有多个副本，或者一个给定物理资源具有更强的能力。

与抽象相似，操作系统在很多方面使用虚拟方法，包括 CPU 管理、内存管理和设备管理等。例如，操作系统把 CPU 时间划分为小的时间片，一个进程每次运行一个时间片，然后系统将 CPU 的使用权再给另一个进程。CPU 使用权的转换对进程是完全透明的，或者说，进程感知不到使用权的变化。因此，每个进程会认为自己独占 CPU。实际上，所有进程都是并发运行的，只是速度比独占 CPU 时稍慢。通过对物理 CPU 的分时使用，操作系统为每个进程实现了一个虚拟的 CPU。

再如，操作系统支持内存的虚拟化。当某个程序超出可用内存空间大小时，系统把它分割成多个小段，以便按需装入内存。如果不使用虚拟方法，即物理内存对程序是可见的，那么程序员要确定在任意给定的时间程序的哪些片段应该留在内存中。通过虚拟内存，现代操作系统减轻了程序员的这个负担。其实现方法是，操作系统在内存和辅存之间自动传输当前计算相关的程序段，因此，虚拟内存可以看作是巨大的、连续的存储区域。

另外，虚拟方法也用于输入/输出设备。例如，一个应用程序把它的输出信息先写到一个虚拟打印机（以文件形式实现），而非实际的硬件打印机中。当完成所有输出时，才送到实际的打印机中。这样做的好处是不会阻塞进程。通过使用这种假脱机技术，每个进程都有自己的虚拟打印机，因此多个进程可以并发打印。

图 1.4 说明了虚拟方法的原理。系统硬件有 CPU、内存和打印机。每个硬件组件被操作系统虚拟化成多个，并分派给不同的应用程序。这样，每个应用程序运行时都认为自己拥有专有 CPU、专有内存和专有打印机，它们的实现方法分别是操作系统提供透明的上下文切换、透明的内存管理程序和假脱机技术。

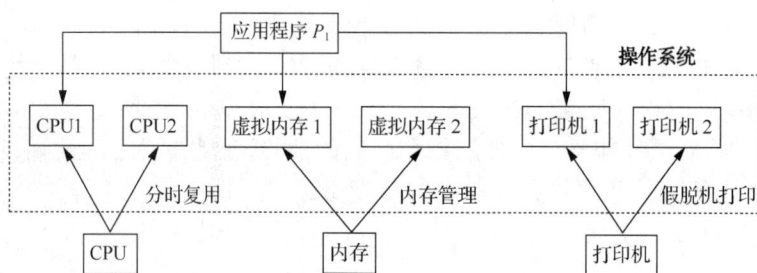

图 1.4 虚拟方法原理

1.3 操作系统的组织结构

操作系统是大型复杂的软件集合。为确保其易于维护、扩展和理解，必须按照一般原则对这些软件进行统一的设计和组织。我们从 3 个角度分析操作系统的组织结构。首先是操作系统的设计目标；其次是它的结构化组织，它描述了不同功能如何分组和相互间如何交互；最后是操作系统的运行时组织结构，它定义了执行过程中的实体类型。

1.3.1 设计目标

总体来看，操作系统的实际功能包括：①管理物理资源，如 CPU、内存或磁盘，并对其进行虚拟化；②处理与并发相关的棘手问题；③持久地存储文件。如果我们想要构建一个操作系统，那么我们首先要明确设计目标，并在必要时进行权衡。

- 建立一些抽象，使系统方便易用。抽象是计算机科学中的基础。抽象化使编写大型程序成为可能，例如，用 C 语言编写程序而不考虑汇编语言，用汇编语言编写代码而不考虑逻辑门，以及用逻辑门构建处理器而不必考虑晶体管等。因此，我们会讨论一些随时间发展的主要抽象，帮助学生与读者理解操作系统的设计。
- 提供高性能，或者说最小化操作系统的开销。虚拟化和使系统易于使用是值得的，但需要付出代价，例如额外的时间（更多指令）和额外的空间（内存或磁盘）。我们需要尽力减少这些开销。
- 在应用程序之间以及操作系统和应用程序之间提供安全保护。因为用户希望同时运行多个程序，所以我们应确保一个程序的恶意或意外行为不会伤害其他程序，同时应用程序不会损害操作系统本身（因为这会影响系统上运行的所有程序）。在当前高度网络化的时代，针对恶意应用程序的安全防护至关重要。安全保护是操作系统的主要原则之一，而将进程彼此隔离是保护的关键。
- 提供可靠性。操作系统必须不间断运行，否则系统上运行的所有应用程序也会失败。随着操作系统变得越来越复杂（有时包含数百万行甚至数千万行代码），如何构建一个可靠的操作系统已成为一个巨大的挑战。
- 节能和移动性等。能源效率对绿色环保的世界很重要。随着物联网的日益发展，操作系统在越来越小的设备上运行，其移动性也变得越来越重要。

1.3.2 结构化组织

作为一个大型程序，操作系统包含很多相互调用的函数。那些对外可见的函数构成了系统的编程接口和用户接口，它们是对底层硬件的扩展，应用程序通过调用这些接口函数来使用硬件。

如果我们对各类函数一视同仁，不施加任何组织约束，我们就会得到单一型结构的操作系统，即一个对硬件提供单层功能扩展的软件。对此类系统的任何修改都需要对整个操作系统进行重新编译和重新部署。此类系统不仅从软件工程角度来说是难以维护的，而且对不同环境的可扩展性和可适应性也极其有限。

因此，现代操作系统通常被设计成子系统的集合，每个子系统由函数集合组成并拥有自己的内部接口，便于系统的模块化组织。另外，把诸多函数组织成多个层次，某层函数可以调用下层的函数以执行任务。这样，每一层可以看作是对下一层的扩展（或抽象机）。

如图 1.5 所示，操作系统包括两层。底层包含管理

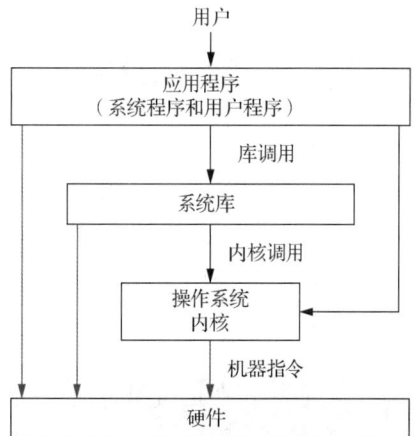

图 1.5　操作系统的结构化组织

系统资源所需的主要函数集合，称作操作系统内核。上层扩展了内核层，提供函数集合，

以满足应用程序需要，称作系统库。内核函数和系统库函数都被编译成在机器硬件上直接执行的指令（即机器指令）。机器硬件是所有计算机系统的最低层。如果把 CPU 调度、内存管理、文件系统、设备管理等服务都留在内核中，这种单片的内核结构一般称为宏内核。如果内核只提供最小的 CPU 调度、进程间通信和内存管理，而把文件系统、设备驱动等移出内核，放到用户空间，这种结构常称为微内核。如果内核提供核心服务，其他服务可以按需动态载入内核，这种结构常称为可加载的内核模块。例如，内核中包含 CPU 调度和内存管理服务，使用不同的加载模块来支持不同的文件系统。

应用程序层可利用下面所有三层。多数应用程序代码被直接编译成机器指令。有时，应用程序会调用系统库函数（即库调用），这些函数会被编译和链接进应用程序中。应用程序也可以直接调用系统内核函数（即系统调用或内核调用）来使用操作系统的服务。

操作系统的其他组织结构形式还有如下几种。

（1）作为库的操作系统（LibOS）

在云计算平台中，基于应用程序的需求来定制操作系统内核，以最"精简"的操作系统来支撑特定应用程序的运行。LibOS 将原本属于操作系统内核的功能以库的形式提供给用户程序，将底层硬件资源暴露给应用程序，使得应用程序能够直接控制和调配底层硬件资源。LibOS 的概念早在 20 世纪 90 年代就提出了，但由于难以支持种类繁杂的设备，发展受到限制。随着虚拟化技术的发展，下一代云计算模式（如 serverless）兴起，LibOS 成为下一代云平台软件部署的主要解决方案。LibOS 的特点是体积小，启动快。在一个虚拟机中部署单个应用，这与 LibOS 使用单地址空间部署单个应用的特点特别契合。

（2）外核（Exokernel）

随着应用程序需求多样性的增加，内核所提供接口的固定性使其成为应用程序提升性能、增强灵活性和拓展性的瓶颈。外核的基本思想是：内核不提供传统操作系统中的进程、虚拟内存等抽象，而专注于物理资源的隔离保护与复用。一个非常小的内核负责保护系统资源，而硬件资源的管理职责则委托给应用程序。这样可以在保证资源安全的前提下减少对应用程序的限制，充分满足应用程序对硬件资源的不同需求。麻省理工学院研发的 Aegis 是一个具有外核结构的操作系统。

（3）分离核（Splitkernel）

现有数据中心按服务器进行组织，存在资源利用率低、异质性差、硬件弹性弱以及容错差等不足。研究人员提出了一种离散数据中心架构，数据中心基于组件构建，即将整体式服务器分解为网络连接的独立硬件组件，每个组件都有自己的控制器来管理自己的硬件。他们设计了离散结构的原型系统 LegoOS，将操作系统功能拆分为监视器，在硬件设备上运行每个监视器，实现了跨非一致性组件的网络消息传递、分布式资源管理和故障处理。Splitkernel 架构和 LegoOS 的实践证明了资源分解的可行性，硬件资源分解对于未来的数据中心是有益的。虽然其发展潜力巨大，但挑战众多。

1.3.3　运行时组织结构

从结构上讲，各类操作系统都是诸多服务函数的集合。例如，time()函数的功能是返回当前时间。在运行时，应用程序调用一个操作系统服务通常有两种方法：①把它实现为一个库函数或内核调用，并作为调用进程的一部分执行。用户进程显式调用操作系统服务，该服务函数作为用户进程的子例程。②把它作为单独自治的系统进程。例如，时间服务程序可以是操作系统的一个系统进程，它接收来自其他进程的请求，为每个请求执行 time()函数，然后把结果返回给调用者。提供服务的进程称为服务器，调用服务的进程称为客户端。

以客户-服务形式实现系统服务的缺点是：操作系统必须维护许多持久型的服务进程，它们分别监听和响应不同的请求。但是，客户-服务方法具有如下重要的优势。

- 适用于分布式系统。在分布式系统中，许多机器通过网络相连，并通过统一的接口或协议集成到一起。这样，一个服务可以实现在一个单独的机器上由不同客户进行调用，如网络文件服务。
- 便于实现多种不同类型的服务，而不限于操作系统提供的服务，例如通过互联网提供的各类服务。
- 相比基于函数调用的组织形式，它具有较高的容错能力。当一个服务（或运行它的机器）崩溃时，操作系统的其他服务可以继续工作。相反，当一个服务实现为调用进程的子例程时，它的崩溃会导致整个操作系统宕机。
- 严格实施了功能特性的分离。与相互调用的众多函数集合相比，该方法使得操作系统更易于理解、调试和维护。

现代操作系统通常组合使用这两种方法来组织它们的运行时组织结构。那些维护全局资源且必须稳定可用的服务一般实现为自治并发的进程，而其他服务实现为由进程调用的子例程。例如，UNIX 调度器负责选取下一个在 CPU 上运行的进程，它以单独进程的方式运行；而许多其他 UNIX 服务则以子例程的方式执行。

1.4 操作系统的外部接口

操作系统的外部接口包括硬件接口、编程接口和用户接口。硬件接口描述操作系统和硬件设备之间的交互；编程接口和用户接口分别描述开发者和普通用户如何与操作系统交互。

1.4.1 硬件接口

不同 CPU 架构提供不同的指令集（即机器指令），操作系统被编译成这些机器指令并运行在硬件上。系统库和应用程序也被编译成机器指令，但是应用程序和系统代码间的转换必须受到控制，这需要硬件支持。另外，操作系统必须快速响应系统运行时的并发事件，这同样需要硬件支持。现代 CPU 提供两种硬件特性，以支持操作系统完成上述任务。这两种硬件特性是：①中断和陷入；②指令执行模式。

1．中断和陷入

为了高效管理所有输入/输出设备，操作系统需要对设备状态的改变做出快速响应。此类快速响应一般是通过中断驱动来完成的。

中断是外部设备发送给 CPU 的硬件信号。中断发生时，CPU 完成当前机器指令之后，并不获取程序计数器（Program Counter，PC）所指的下一条指令，而是把控制权转移到一个事先定义的位置。这个位置存放着操作系统提供的中断处理程序。中断处理程序分析中断原因并采取适当的行为，最后把控制权返回给被中断的程序。中断对应用程序是透明的。

中断机制主要有如下两种应用。

- 进程管理。当多个应用程序同时运行时，操作系统按照调度策略分配 CPU 给它们。为此，操作系统会在时钟中断（由时钟设备生成）发生时调用任务调度器，以决定运行哪个任务。

- 设备管理。因为 I/O 设备都慢于 CPU，所以当设备在辅存、内存或缓冲区之间传输数据时，CPU 可以执行其他程序。设备完成其操作时会产生一个中断，以通知操作系统，方便操作系统给设备分配下一步任务。

除了中断之外，有些事件是通过内部中断机制（称为陷入）来处理的。与外部中断类似，陷入也会设置 CPU 状态寄存器的一个比特位（称为陷入位），每一条机器指令都会自动测试陷入位。当陷入位被设置时，CPU 会挂起当前执行的程序，并暂时将控制权转移给操作系统。中断和陷入的主要区别是：中断事件来自 CPU 外部，而陷入来自内部。

陷入事件的典型例子是算术运算中的上溢和下溢。此时，当前应用程序无法继续运行，其运行被挂起或中止，由操作系统对其处理。另一个陷入例子是缺页中断，它发生在内存管理过程中。分页或分段管理是常见的内存管理策略，一个大程序被划分成较小的块（称为页面或段）。在运行时，操作系统并不把程序的所有页面载入内存，而是在实际需要时才会装入它们（称为按需装入）。页面的装入就是使用陷入来处理的。当应用程序引用一个目前不在内存的页面时，当前指令会自动设置陷入位，并把控制转给操作系统的缺页中断处理程序，由它装入这个缺失的页面。

另外，应用程序可以使用陷入自愿地把控制权转移给操作系统。例如，当应用程序需要使用操作系统的服务（如输入/输出操作）时，会调用一个特殊的机器指令，称为管理者调用或访管指令（Supervisor Call，SVC），以完成控制权转移。SVC 设置陷入位并立即把控制权转移给操作系统。每个 SVC 带有一个参数，以表示需要操作系统执行的服务。SVC 在 X86/X64 架构下对应 int 0x80 或 syscall 指令，在 ARM 架构下对应 svc 指令。实际上，所有系统调用（或内核调用）都是通过 SVC 实现的，系统调用构成了操作系统内核和其他软件的接口。

2．指令执行模式

有一些特殊的机器指令（称为特权指令）不能被应用程序执行，例如，控制输入/输出设备、设置 CPU 寄存器、处理系统表或修改外部时钟等的指令。对这些指令的误用会危害系统安全、引起严重错误或终止系统运行。只有可信的系统程序能够执行特权指令。要执行特权指令，CPU 必须处于特权模式。特权模式由 CPU 内部的一个特殊位（即模式位）表示，例如，该位为 0 表示特权模式（或内核模式、系统模式），为 1 表示用户模式。若该位没有设置，执行特权指令时会引起陷入，因此调用操作系统来处理这个陷入。特权模式位可以由中断或陷入隐式地设置，也可以通过调用 SVC 指令显式地设置。因为 SVC 指令会立即把控制权交给操作系统，所以用户程序如果不把控制权转给操作系统，就不能切换到特权模式。

1.4.2　编程接口

如图 1.5 所示，内核提供了系统的基本功能，库函数扩展了操作系统内核。内核和库函数间的差别对应用程序而言是不明显的。例如，MS Windows 操作系统并不透露内核调用列表，其应用编程接口只定义库函数，库函数调用适当的内核函数。这种做法的好处是对内核进行修改时不会影响现有应用程序的正确性。对比而言，UNIX 或类 UNIX 操作系统既公开库函数，又公开可用的内核函数。这两类函数集合联合定义了一个扩展机，可以被应用程序调用。

但是，从实现角度而言，两类函数集合是大不相同的。内核函数在特权模式下执行，它们可以访问用户程序不能使用的指令和资源。库函数则运行在非特权模式。

1．应用程序对库函数和内核函数的调用

下面我们描述应用程序对库函数和内核函数的调用。表 1.1 给出了某应用程序调用一个库函数 lib_func()时的控制流。这是通过正常的函数调用机制实现的：应用程序代码把函数参数放到调用栈上，并把控制权交给编译后的函数。函数执行所需服务并返回到调用者，应用程序弹出调用栈并继续执行函数调用之后的代码。所有数学函数和字符串处理函数都属于此类。

表 1.1　应用程序调用库函数

时序	应用程序调用 lib_func(pars)		lib_func()函数体
1	把参数压栈，转到 lib_func()	→	
2			执行服务，从函数返回
3	弹出栈指针	←	

表 1.2 描述了某应用程序调用某个内核服务函数 knl_func()时的控制流。内核函数必须在特权模式下执行，例如大多数输入/输出操作。knl_func()函数并不直接执行内核服务，它只是作为应用程序和内核的代理，在某个特殊寄存器中设置 SVC 调用所需的参数并调用 SVC。内核服务程序运行于特权模式，当它完成后，恢复到非特权模式，控制权返回给库函数。库函数返回控制权给应用程序，应用程序弹出栈指针并继续运行。

表 1.2　应用程序调用内核函数

时序	应用程序调用 knl_func(pars)		knl_func()函数体		内核代码
1	把参数压栈，转到 knl_func()	→			
2			给 SVC 设置寄存器，调用 SVC	→	
3					执行服务，设置非特权模式，从 SVC 返回
4			从函数返回	←	
5	弹出栈指针	←			

2．函数调用归约

如上所述，应用程序通过函数调用使用操作系统提供的服务。而且，为支持应用程序或进程的并发执行，在发生进程上下文切换时，操作系统必须处理进程的函数调用情况。

函数调用归约是指在函数调用与返回的过程中系统采取的步骤，其实现机制是由编译器设计者决定的。由于操作系统通过调用函数来处理中断和进程切换，因此需要采取与编译器相同的函数调用归约。

函数调用归约规定了如下内容。

- 参数的传递方式：参数放在寄存器中还是栈中？还是两处都存放？
- 参数的传递顺序：参数从左到右传递还是从右到左传递？
- 函数调用上下文环境的创建和销毁：由调用者还是被调用者负责？上下文环境使用哪些寄存器？

下面我们以 C 语言程序为例进行讲述。C 编译器会在栈中分配空间，以存储被调用函

数的上下文，该空间称为栈帧。函数上下文包括函数的参数、局部变量、返回地址以及函数调用相关的寄存器内容等。当操作系统创建一个新进程时，需要为它的初始函数（例如main()函数）建立栈帧。

当进程在英特尔处理器上运行时，在函数调用之前，调用者会把 EAX、ECX、EDX 等寄存器压栈，然后把函数参数自右向左压栈；接着调用 call 指令，该指令把函数的返回地址压栈。被调用者负责把 EBP、EBX、ESI、EDI 等寄存器压栈，然后分配足够的空间，以存放局部变量。被调用者返回（例如执行 ret 指令）时，会把上述值从栈中逆序弹出。

对于下述示例代码，其发生函数调用时的栈如图 1.6 所示。

```
1   void foo( int a, int b){
2       int c, d;
3       ...
4       return (a+b-c-d);
5   }
```

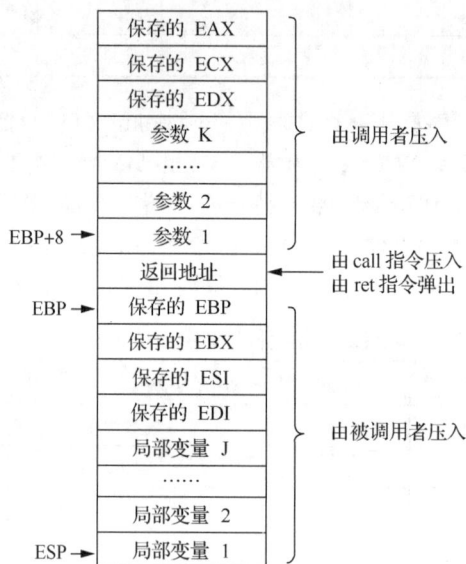

图 1.6　英特尔处理器上的函数调用栈示例

1.4.3　用户接口

应用层包括系统程序和用户程序。二者之间的差别并不严格，系统程序通常是指有助于其他应用程序的开发和使用的程序，包括编译器、汇编器、解释器（例如 Java 虚拟机）、Internet 浏览器等工具程序。

每个程序有自己的接口（例如参数或返回值），用户使用这些接口与程序交互。不同的是，操作系统必须在初始启动时提供一个可用的公共接口，并在任何时候都保持可用，以便用户能够启动、使用、监视和管理应用程序和文件。这种用户接口一般采用两种形式：①基于文本的接口，称作外壳程序（shell）；②基于图形的接口，称作图形用户接口（Graphical User Interface，GUI）。

1．外壳程序

shell 是一个命令解释器，它接收并解释用户通过键盘或鼠标等给出的命令。多用户系统的典型命令及其执行的任务如下所示。

- 执行和管理程序：典型命令包括链接独立编译的模块、将执行程序装载到内存中以及执行程序。每个命令通常有很多可选参数，例如控制输出的格式或者生成反馈的数量。
- 处理文件：典型命令包括创建、删除、移动、复制、追加、输出或重命名文件和目录，或者改变它们的访问模式。
- 获取系统信息：该类命令用于查询系统当前状态和用户应用的状态。系统信息包括当前日期和时间、当前登录系统的用户数、系统负载、内存和设备使用情况、系统配置情况、各个设备的描述以及资源可用状态等。用户进程相关信息包括使用的 CPU 时间、连接时间、当前打开的文件、分派给进程的设备和其他运行时统计情况。

许多 shell 命令类似于前面讨论的编程接口。例如，创建/销毁文件或者派生一个新任务既可以在一个运行的程序内完成，也可以在用户终端完成。但是，shell 使用的格式不同于函数调用的格式。当用户按下回车键时，命令会被传递给 shell 执行。

除了用户命令，shell 还定义了大量的编程语言结构，例如局部变量、条件判断、循环语句、通配符和连接符等，因此用户可以用它编写程序（称作 shell 脚本），shell 脚本可以组装不同命令并自动执行。

功能强大的 shell 编程语言最早出现在 UNIX 操作系统中。用户登录系统后，系统启动 shell 并显示提示，用户即可键入如下形式的语句：

命令 1 参数 1...参数 j;命令 n 参数 1...参数 k

shell 从左到右把每一条命令解释成需要执行的程序。它会在文件系统目录中进行搜索，如果找到一个名为"命令 1"的文件，就会创建一个新进程，然后使用参数 1~j 执行这个程序。以此类推。当处理完序列中的所有命令后，控制权返回到 shell，以便其解释下一个命令序列。表 1.3 列出了 UNIX shell 支持的一些简单命令。

表 1.3　简单的 shell 命令示例

命令	效果
who	列出当前登录的所有用户
pwd	引出当前工作目录的名字
cd f	设置当前工作目录为 f
ls	列出当前目录下的所有文件。可以指定参数，例如，ls -t 表示按照最新修改时间列出文件
du	返回当前磁盘使用信息，可以使用参数指定目录名
cat f1 f2	连接 f1 和 f2 两个文件并显示在用户终端上
lpr f	打印文件 f。可以使用参数指定打印机、打印份数等
wc f	计算文件 f 的行数、字数和字符数
man c	查看命令 c 的在线手册页

shell 还可以把程序的输入/输出定向到各种设备、文件和其他程序。每次为用户启动一个 shell 时，系统将打开两个叫作标准输入和标准输出的文件。用户的输入语句从标准输入接收数据，而输出语句发送数据到标准输出。标准输入/输出文件通常连接到用户终端，以便用户直接同当前进程通信。另外，shell 允许把标准输入和标准输出重新指派给其他文件或设备，方法是通过指定以下一个或两个参数："< in_file", "> out_file"。其中，in_file 和 out_file 分别指输入和输出文件；符号"<"和">"指示数据流的方向，即"从 in_file 来"和"到 out_file 去"。此指派在命令执行期间有效。例如，以下命令序列使用一个临时文件

把 command1 的输出作为 command2 的输入：

```
command1 > tmp_file; command2 < tmp_file
```

shell 提供了更简洁的方法在程序间传递临时数据。它把一个程序的标准输出定向到另一个程序的标准输入，而无须使用临时文件，方法是使用管道结构连接两个程序，例如：

```
command1 | command2
```

与前一个方法不同，该方法同时启动两个进程，command1 的标准输出变成 command2 的标准输入。它们可以看成是一个生产者和一个消费者，而管道提供无穷缓冲服务，系统负责同步两个进程。

以下代码是一个简单的 shell 脚本，说明了 shell 变量和控制语句的使用：

```
1  COUNT='who | wc -l'
2  if test $COUNT -gt 10
3    then echo too many users
4    else echo $COUNT users logged in
5  fi
```

如果把上述代码存为一个 shell 脚本文件（如 check_users.sh），那么执行该文件（如 shell check_users.sh）会显示系统中的当前用户数，其工作过程如下：who 程序生成当前用户列表（一个用户占一行），通过管道传给 wc 程序，它使用参数–l 来计算 who 所产生的行数，其结果存在 shell 变量 COUNT 中。下一行检查 COUNT 的值，$符号引用变量的内容，而不是它的名字。如果 COUNT 大于 10，脚本显示消息"too many users"，否则，脚本使用 echo 命令显示消息"N users logged in"，其中 N 是实际用户数。

2．图形用户接口

通过 shell 使用系统需要用户有较多的经验。为了方便大量的无经验用户，Apple 公司基于在 Xerox PARC 研究室完成的创造性工作，于 20 世纪 80 年代中期实现了基于图形的用户接口。GUI 中包含窗口、菜单和图标等对象，每个图标对应一个文件或应用程序，点击或双击图标即可执行对应的应用程序。另外，通过拖动对象能够移动它们，例如，手工排列桌面上的图标，在不同目录间移动文件，通过把某个文件移动到回收站来删除它。

与 shell 相比，GUI 使得许多日常任务更加直观和易于执行。通过构建简单统一的约定，例如，双击鼠标执行应用程序或者使用鼠标右键显示下拉式菜单，用户可以使用 GUI 浏览系统，而无须记忆命令和文件名。虽然现在的操作系统通常支持 GUI，但是，基于文本的接口并未过时。由于高级用户和程序员需要对系统资源进行高效管理，因此，UNIX、类 UNIX 和其他系统将继续支持 shell，也支持使用 GUI。

另外，操作系统还提供以下用户接口。

• 语音接口：语音用户界面（Voice User Interface，VUI）利用声音信息作为人机交互内容，比如目前流行的 Windows 系统和 macOS 提供了辅助的语音接口。语音用户界面包括三个关键技术：①语音识别，将音频信号转换为符号信息，如语音录入；②语音翻译，即语音到文本的转换，如讲话口述系统；③语音合成，根据文本数据生成语音。

• 计算机视觉接口：计算机视觉通过对捕获到的图像或者视频进行处理和模式识别，理解其中的语义，完成和系统的交互，如人脸识别、车牌识别、车辆行为的理解和检测、目标跟踪等。一个重要的应用是手语识别，即通过计算机采集设备获得手语视频数据，采用模式识别算法，结合上下文知识获知手语含义，进而翻译成语音，传达给不懂手语的人，使其可以"听懂手语"。此外还有手语合成，人们通过语音表达自己的意图，计算机将接收到的语音翻译为手语并表现出来，让使用手语的人能够"看懂"声音。

- 脑-机接口（Brain-Computer Interface，BCI）：BCI 是指在人或动物大脑与外部设备之间创建的直接连接通路，实现脑与设备的信息交换。这是以计算机为基础的系统，通过实时记录人脑的脑电波并进行分析，在一定程度上解读人的思维，并将其"翻译"成控制命令，传递给输出设备，以执行所需的动作。BCI 分为侵入式 BCI 和非侵入式 BCI 两种。BCI 的应用可以分为 4 层：第 1 层是功能修复，如通过 BCI，用意念操纵机器，让机器替代人类身体的一些机能，修复残障人士的生理缺陷；第 2 层是功能改善，如通过 BCI 改善大脑运行，让使用者时刻保持注意力集中、思维敏捷，并能够清醒高效地去做一件事情；第 3 层是能力增强，如通过 BCI 让使用者在短时间内拥有大量的知识和技能，获得一般人类无法拥有的超能力；第 4 层是沟通，如借助 BCI，使用者仅靠脑电信号就可以彼此沟通，实现"无损"的大脑信息传输，即"心领神会"。

1.5 操作系统的发展历史

1.5.1 早期操作系统

最初，操作系统只是一组常用函数库。操作系统（常用函数）使开发人员的工作更轻松，无须再编写底层的 I/O 处理代码。在早期的大型机系统上，一次只能运行一个程序，且由操作员控制。现代操作系统做的很多事情（例如，决定作业的运行顺序）之前都是由这个操作员执行的。这种计算模式被称为批处理，操作员有许多作业，每次运行一批作业。当时的计算机不能像现在这样以交互方式使用，它通常是闲置不用的，因为计算机每小时运行要花费数十万美元。

后来，操作系统在管理硬件方面扮演了更重要的角色，因为开发者们意识到代表操作系统运行的代码是特殊的，它可以控制设备，因此应与应用程序代码不同对待。试想一下，如果你允许任何应用程序从磁盘上的任何位置读取数据，那么用户们就没有隐私可言了，因为每个程序都可以读取任何文件。

因此，Atlas 计算系统首次提出了系统调用的概念。Atlas 添加了一对特殊的硬件指令（即陷入指令和陷入返回指令）和硬件状态（即内核模式和用户模式），应用程序通过它们调用操作系统函数。以前的做法是把操作系统实现为函数库，并通过过程调用来访问。系统调用和过程调用的关键区别在于：系统调用将控制权转移给操作系统，同时提高硬件特权级别。用户应用程序以用户模式运行，这意味着硬件限制了应用程序的功能。应用程序无法向磁盘发起 I/O 请求、访问任何物理内存页或在网络上发送数据包。当系统调用启动时（通过"陷入"指令），硬件将控制权转移给预先指定的陷入处理程序（操作系统先前设置的），同时将特权级别提升到内核模式。在内核模式下，操作系统可以完全访问系统的硬件，因此可以执行诸如启动 I/O 请求或为程序提供更多内存之类的操作。当操作系统完成服务请求时，会调用"陷入返回"指令，该指令返回到用户模式，同时将控制权返回到应用程序上次离开的位置。

1.5.2 多道编程系统

操作系统真正起飞是在小型计算机时代。由于数字设备公司（Digital Equipment Corporation，DEC）推出的 PDP 系列计算机价格实惠，一些人开始拥有自己的小型计算机。随着越来越多的人拥有了计算机，计算机系统的功能也越来越强大。

特别是，由于人们希望更好地利用机器资源，多道程序设计逐渐发展起来。操作系统不会一次只运行一个作业，而是将多个作业加载到内存中，并在它们之间快速切换，从而提高 CPU 利用率。这种切换很重要，因为 I/O 设备的运行速度很慢，当 I/O 设备在运行时，让程序在 CPU 上等待是对 CPU 时间的浪费。在存在 I/O 和中断的情况下，支持多道程序设计的愿望推动操作系统的开发沿着多个方向进行创新。例如，内存保护问题变得重要，我们不希望一个程序能够访问另一个程序的内存。再如，如何处理多道程序设计带来的并发问题也是至关重要的：支持中断的同时确保操作系统的正常运行是一个巨大的挑战。

当时，令人振奋的技术发展是 UNIX 操作系统的引入，这主要归功于美国电报电话公司（American Telephone and Telegraph Company，AT&T）贝尔实验室（Bell Lab）的肯·汤普森（Ken Thompson）和丹尼斯·里奇（Dennis Ritchie）。UNIX 从不同的操作系统（Multics 和 TENEX 等）中吸收了许多好想法，使它们更简单，更易于使用。很快，这个团队将包含 UNIX 源代码的磁带运送到世界各地的人们手中，随后许多人参与了开发工作并自行添加功能到系统中。许多公司都推出了 UNIX 变体，例如，Sun Microsystems 的 SunOS、IBM 的 AIX（Advanced Interactive Executive，先进交互运行系统）、HP 的 HPUX（Hewlett Packard UNIX）和 SGI（Silicon Graphics Inc.，硅谷图形公司）的 IRIX（Silicon Graphics UNIX）。

不幸的是，由于这些公司试图维护所有权并从中获利，UNIX 的发展速度有所放缓。AT&T 贝尔实验室和这些公司之间的法律纠纷也给 UNIX 蒙上了一层乌云，许多人怀疑它是否能生存下来，尤其是在 Windows 逐渐占据了大部分 PC（Persoual Computer，个人计算机）市场的情况下。

幸运的是，一位名叫林纳斯·托瓦兹（Linus Torvalds）的芬兰大学生决定编写自己的 UNIX 版本，以便让家中的一台旧 PC（祖父送给自己的礼物）得以使用。该版本大量借鉴了 UNIX 系统的原理和思想，但没有借鉴代码库，从而避免了法律和商业问题。他在互联网上开放了自己的源代码，世界各地的许多人参与到开发中，很快 Linux 操作系统诞生了，并进一步推动了现代开源软件运动的发展。1983 年，理查德·斯托曼（Richard Stallman）公开发起 GNU（GNU's Not UNIX）计划，目标是创建一套完全自由的操作系统。1992 年，Linux 与 GNU 系统相结合形成了一个完整的自由软件操作系统，称为 GNU/Linux。GNU 通用公共许可协议（GNU Public License，GPL）是由自由软件基金会发行的用于计算机软件的协议。GNU 软件和超过半数的自由软件都使用 GPL。Linux 内核是在 GPL 的推动下开发和发布的，并由全球各地的开发者共同贡献和维护。

随着互联网时代的到来，很多公司（如 Google、Amazon、Facebook 等）选择运行 Linux，因为它是开源和免费的，可以根据自己的需求进行修改。事实上，如果没有 Linux 等开源软件，很难想象这些新公司会取得成功。相似的是，随着智能手机成为用户的日常计算平台，基于 Linux 的 Android 系统也拥有了很多用户。史蒂夫·乔布斯（Steve Jobs）将基于 UNIX 的 NeXTStep 系统带到了苹果公司，使 UNIX 在 PC 上大受欢迎。因此，UNIX 在今天比以往任何时候都更加普及和重要。

1.5.3　个人计算机系统

小型计算机之后，出现了一种更便宜、更快、更适合大众的新型计算机，即 PC。在 Apple II 和 IBM PC 的引领下，PC 很快成了计算领域的主导力量，它们的低成本使得每个用户都能拥有一台。但是，对于操作系统来说，PC 最初倒退了一大步，因为早期的 PC 操作系统没有吸取在小型计算机时代学到的经验教训。例如，微软的磁盘操作系统（Disk

Operating System，DOS）并不认为内存保护很重要，因此，恶意应用程序可能会随意使用内存；再如，第一代 macOS 采用合作式的作业调度，因此，意外进入无限循环的线程可能会独占整个系统。这一代系统缺失了很多操作系统功能。

在经历了数年的痛苦后，小型计算机操作系统的旧功能开始出现在 PC 上。例如，macOS X 以 UNIX 为核心，融入了它所有功能。Windows NT 也采用了计算史中的许多伟大思想，这是微软操作系统技术的一次巨大飞跃。现在手机运行的操作系统（如 iOS 和 Android）也更像 20 世纪 70 年代的小型计算机，而不是 20 世纪 80 年代的 PC。操作系统开发全盛时期孕育的好想法已经进入现代世界。可以预期的是，这些思想会继续发展，并使现代系统更适合用户和应用程序。

1.5.4 实时操作系统

现实中有很多实时应用，它们监视、响应或控制某些外部进程或环境。这些应用既有完全独立的系统，如飞行控制、病人监视、发电站控制和军事指挥系统，也有作为大型系统组件的嵌入式系统，例如汽车控制系统或手机。实时软件和常规软件的需求有很多不同之处：①实时系统必须满足某些时间约束，例如明确的截止期限。②实时系统通常具有并发性，外部信号可能同步到达，且必须并行处理，以满足限制条件。③许多实时应用有严格的容错性和可靠性需求，如果不能满足这些需求，会带来经济损失甚至危及人的生命。④由于实时应用的复杂性和失败引起的高额代价，这些系统很难调试、测试和认证。

通用操作系统的许多思想和技术（例如抽象、虚拟和资源管理等）已经被采纳和扩展到实时领域。当前有很多种实时 UNIX 版本，Linux 也有了实时版本。实时操作系统的设计与通用操作系统有几个关键不同，与上述实时处理需求有关。

实时性的关键是可预测性。在支持高层抽象的同时，实时操作系统应具备有限的和已知的执行时间。对各类进程的 CPU 的分配和调度必须在用户控制之下，以满足它们的截止期限。即使有虚拟存储器，内存管理也不能包括异步的和无法预测的页面或段的换入换出。内存和辅存的分配应该是可以预先计划的，以免除耗时的和不确定的文件操作，如磁盘柱头的查找操作。另外，实时操作系统提供给用户处理不可避免错误（如错过截止期限）的机制，这类错误在实际中是可能发生的，因此，实时系统中的一个重要系统服务是提供准确且可以控制的时钟和计数器。

1.5.5 分布式操作系统

分布式系统运行在一个或多个网络连接的多台计算机上，整个系统（包括机器、网络和软件）可以是松耦合的，也可以是紧耦合的。在松耦合的系统中，每个节点是相对独立的，它的通信层次低于消息传递层次，可以长距离（如广域网）相连。紧耦合的系统集成性更高，典型的配置形式是局域网或多机配置，且经常支持消息传递之上的高层通信，如远程过程调用。在这两种情况下，每个机器或机群上的操作系统负责处理通信，其处理方式类似于支持其他输入/输出。

客户-服务器软件结构适用于松耦合系统。服务器（文件服务器、打印服务器、专用计算服务器或时间服务器）可以部署在网络中的一个节点上，每个节点有独立的操作系统内核。公共的通信框架（如传输协议和数据编码）能够确保一致的客户-服务器交互。但是，当服务器本身分布在多个节点上时，系统复杂性会显著增加。紧耦合的环境会给用户提供一个更透明的接口。理想情况下，用户甚至不知道底层系统的分布式特性，尽管这些底层

概述 第1章

系统也经常使用客户-服务器方法。

设计分布式操作系统需要关注如下几个问题：①时间。例如，时间戳可以表示一个文件的最新版本或消息发送/到达的顺序。为了正确地使用时间，不同机器上的时钟必须是同步的、准确的和单调递增的，在分布式系统中，这是很难实现和维护的。②容错。网络一般不如单一系统可靠，个别机器偶尔会宕机。对容错性的考虑促成了很多协议和高层软件，包括大量节点的检查、重新配置、检查点设置和重启以及重新传输等。③分布式文件系统。文件或目录可能会位于多个机器上，甚至分散于整个网络中。一个文件可能存在多个副本，每个副本位于不同的机器上，且每个副本都会收到大量的更新或读取操作。如何建立一个位置独立的文件命名模式以及如何确保每个用户看到的文件系统的视图是一致的，都是很棘手的问题。

1.5.6 物联网操作系统

现在我们已进入物联网（Internet of Things，IoT）时代，更丰富的设备连接将对我们的生活产生比以往更大的影响。每个物联网设备都有一个物理层、一个网络接口和一个互联网协议地址。当这些设备和系统通过"云"共享数据并分析数据时，它们可以通过很多方式改变我们的经济、工作和生活。自20世纪90年代末物联网这一概念被提出后，它已经迅猛发展并使经济不断增长。物联网代表了移动设备、嵌入式系统以及智能和通信技术的发展，我们周围的各类联网"物体"将更好地理解我们的喜好和需求，有助于为人类创造一个更加智能的世界。

物联网需要大量节点，2020年节点已超过500亿个，预计2035年会超过1万亿个。这些节点会连接到网关或者远程云平台。传感器节点的功能、大小、形状及目标应用差异很大。因此，物联网操作系统的关键要求是小内存占用、实时性、高能效、安全性、可靠的数据存储和网络通信等。物联网操作系统具有多种特性：第一个关键特征是内核架构，例如宏内核、微内核或分层结构。第二，必须有一个调度策略把任务分配给处理器。第三，编程模型可以是多线程的，也可以是基于事件的。此外，系统需要支持对物联网设备的动态再编程，因为这些设备可能放在很远的地方，例如在不易到达的森林或高速公路上。操作系统负责把数据从一个节点传递到另一个节点，这些节点通常是低功耗设备。

物联网的前端（各类传感器）从物理环境中收集多种类信息，例如光、温度、惯性、湿度、手势、接近度、触摸和指纹等，为用户提供高效和创新的想法；而后端负责设备和互联网之间的云通信，例如ZigBee、射频识别（Radio Frequency Identification，RFID）、Wi-Fi、BLE（Bluetooth Low Energy，蓝牙低功耗）和IPv6（Internet Protocol version6，互联网协议第6版）等。IoT的典型硬件平台包括Arduino、Raspberry Pi、Zolertia Z1、Adafruit ESP32-S3 Feather、BeagleBone Black、Intel Galileo和pcDuino等。

互联网工程任务组（Internet Engineering Task Force，IETF）对物联网设备定义了多种约束，如成本、功率、内存处理资源和处理周期、代码空间、能源和网络优化。根据代码和数据所需的内存大小，IETF将设备分为3大类：①0类：这些设备具有最少的资源（小于10KB的RAM（Random Access Memory，随机存取存储器）和小于100KB的闪存），例如微小的感应器；②1类：这些设备具有中等级别的资源（大约10KB的RAM和100KB的闪存），例如具有路由功能和安全功能的传感器；③2类：这类设备比上面两类设备拥有更多的资源，但与中高端设备相比仍然有限，例如小型网关。这些物联网设备都必须满足多个要求，如低功耗、实时性、全面连接、互操作性支持以及安全的数据传输等。0类设备受到极大的限制，因此需要基于特定硬件慎重选择软件；1类和2类设备受到限制较少，因此，很多创新和应用通常集中在这些设备上。表 1.4 列出了物联网设备的主要硬件平台。

表 1.4　物联网设备的主要硬件平台

名称	硬件特征	网络协议	类别	操作系统
Arduino	RAM：64MB，ROM：16MB，CPU：Atheros AR9331	IEEE 802.3/802.11	2	Contiki、RIOT、TinyOS、FreeRTOS 等
RaspberryPi	RAM：512MB，CPU：Broadcom，ARM11	IEEE 802.3/802.11	2	Mozilla gateway、Open-WRT、Ubuntu Core 等
Zolertia Z1	RAM：8KB，ROM：92KB，CPU：MSP430F2617	IEEE 802.15.4	1	Contiki、MansOS、TinyOS
Adafruit S3Feather	RAM：2MB，Flash：4MB，CPU：Tensilica	IEEE 802.15.1/802.11	0	

近年来，对于物联网应用，人们提出了各种各样的软件和操作系统。下面我们简要介绍几个主要的物联网操作系统。

（1）Contiki。Contiki 早期是为无线传感网（Wireless Sensor Network，WSN）开发的，经过一些改进后被用于物联网平台，现在享有知名声誉。自 2004 年发布以来，它因巧妙的设计取得了长足的进步。Contiki 有各种版本，并采用 BSD（Berkeley Software Distribution，伯克利软件套件）许可协议。Contiki 采用模块化架构，使用抢占式多线程调度，并用 C 语言编写。Contiki 将 Rime 作为其网络栈，旨在实现高效的电源和内存管理。它支持基于 IPv6 的低功耗无线个人局域网（IPv6 over Low-power Wireless Personal Area Network，6LoWPAN）。目前，它是物联网最常用的操作系统。

（2）TinyOS。TinyOS 被广泛应用于 WSN。由于其非凡的特性，例如对各种设备的支持和编程的方便性，它也可以用于物联网。TinyOS 支持宏内核架构和事件驱动编程模型。它具有多种调度技术和多种算法。此外，TinyOS 还拥有自己的编程语言 NesC，通过 NesC，它能够提高效率以及功耗和内存的管理技术。它还有自己的主动消息机制，用于网络通信。Contiki 和 TinyOS 是该领域的主流系统。

（3）RIOT（Resourceaware IoT Operating System，资源感知物联网操作系统）。与 TinyOS 和 Contiki 不同，RIOT 是专为物联网开发的操作系统，它具有适合物联网的多种功能，例如微内核架构、多线程模型、丰富的网络支持和实时调度。它用 C 和 C++编程语言开发，并采用 GNU 宽通用公共许可证（GNU Lesser General Public License，LGPL）。近年来，RIOT 成为了人们关注的焦点。

1.5.7　国产操作系统的发展

1973 年 8 月 26 日，中国第一台百万次集成电路计算机 150 机研制成功，运行中国第一个多道运行操作系统，由北京大学杨芙清院士牵头研发。

1983 年 8 月，作为国家"六五"攻关计划的一部分，原电子工业部第六研究所推出中国第一款自主研发的汉字磁盘操作系统（Chinese Characters Disk Operation System，CCDOS），由严援朝牵头研制。

1989 年，作为国家"八五"攻关计划的一部分，中软公司购买了 Unix System V Release4.0 的内核源码，增加了中文支持和安全机制，开发了中国第一款通用操作系统 COSIX 1.0。

1993 年 10 月，北京新希望公司发布了统一汉字磁盘操作系统（Universal Chinese Disk Operation System，UCDOS）3.0，由鲍岳桥主持开发。1995 年，希望集团发布了 UCDOS 5.0。UCDOS 市场份额达到 90%。

1995 年，微软推出了方便易用的中文版操作系统 Windows95，使得 CCDOS、UCDOS 等系统受到严重打击。

1999 年，科索沃战争爆发，北约军黑客直接切断了南斯拉夫联盟共和国的通信系统，中国驻南斯拉夫联盟共和国大使馆遭遇轰炸。这一事件凸显了信息战的威力。时任科学技术部部长的徐冠华指出我们"缺芯少魂"，"芯"是芯片，"魂"是操作系统。二者倘若不自主，历史难免重演。

1999 年 8 月，以中国科学院院士倪光南、中国科学院软件所研究员孙玉芳为首的一批科学家在"中国必须拥有自主知识软件操作系统"的共识下，推出了中科红旗 Linux 1.0。同年 9 月，中国软件总公司发布了中软 Linux 1.0。因此，1999 年被称为基于 Linux 内核的国产操作系统元年。

2000 年 6 月，国务院《鼓励软件产业和集成电路产业发展的若干政策》明确规定，政府采购优先选用正版国产软件。

2001 年，在北京市科委的支持下，红旗 Linux 和中软 Linux 成为北京市政府采购的中标产品，进入北京市 44 个单位。

2003 年，红旗 Linux 中标中国邮政，开启了 Linux 在中国的企业级应用。

2006 年，在国家 863 计划重大攻关科研项目的支持下，国防科技大学推出了银河麒麟操作系统。

2010 年，中标 Linux 与银河麒麟合并为中标麒麟，开发军民两用操作系统。同年，华为在公司内部发布了服务器操作系统 EulerOS，开始在其云端产品中规模化使用。

2014 年，航空工业计算所参照航空无线电技术委员会（Radio Technical Commission for Aeronautics，RTCA）的民用飞机软件的国际适航软件标准（DO-178）自主研制的嵌入式实时机载操作系统"天脉 OS"成功定型，标志着我国自主研发的飞机具有了实现机载信息设备互连融合的基础平台。2019 年，天津麒麟与中标软件合并成立为今天的麒麟软件。2018 年，麒麟操作系统获国家科技进步一等奖。2019 年 5 月，中国电子集团（China Electronics Corporation，CEC）、武汉深之度科技有限公司、南京诚迈科技股份有限公司、广东中兴新支点技术有限公司合作发起了 UOS（Unity Operating System，统一操作系统）项目。2019 年 8 月，华为公司正式发布了华为鸿蒙系统。2019 年 12 月 31 日，华为公司开放了 openEuler 系统的源代码。

2022 年 1 月 23 日，中国航天科技集团北京控制工程研究所发布了自主研制的嵌入式实时空间操作系统 SpaceOS，该系统可应用于载人航天、通信卫星、北斗导航、深空探测等重大航天工程任务。

2023 年 10 月 26 日，开放原子开源基金会正式发布了 OpenHarmony 4.0。OpenHarmony 开源项目的目标是面向全场景、全连接、全智能时代搭建一个智能终端设备操作系统的框架和平台。

客观来说，中国操作系统的发展尚落后于发达国家（尤其是美国），但是，在技术发展落后、美国技术限制等不利条件下，中国的系统研究和开发人员仍然不屈不挠，发愤图强，不断研制和推出功能日益强大的系统。我们相信，只要持之以恒，中国操作系统的普及使用指日可待。

1.6 习题

1. 抽象和虚拟的相同和不同之处是什么？请分别举例说明。
2. 陷入和中断的相同和不同之处是什么？请分别举例说明。
3. 列出你在用的 UNIX 或 Linux 系统的所有命令清单，并指出哪些与文件处理相关。（提示：可执行文件通常在系统目录/bin 下。）
4. 简化 1.4.3 小节中的 shell 脚本，使它总是显示系统中的当前用户数。你还需要使用 COUNT 变量吗？
5. 多道程序和分时的相同和不同之处是什么？在没有中断时多道程序可行吗？在没有中断时分时可行吗？
6. 对外壳程序提供的在线帮助（如 UNIX 的 man 命令）和图形用户接口提供的在线帮助（如 Windows 操作系统的帮助按钮）的易用性和表达能力进行比较。假设你对两个系统都不熟悉，完成以下任务。
   （1）找出包含字符串"linux"和"LINUX"但不含"Linux"的所有文件。
   （2）使一个文件对其他系统用户只读。
   （3）用键盘或运行的程序打开并在屏幕上显示一个文件。
   （4）格式化一个软盘。
   （5）查看你的文件使用的磁盘空间。
7. 分别使用 Linux shell 和 Windows GUI 完成下述任务，共需要多少次击键、鼠标单击和鼠标移动？
   （1）把一个文件从一个目录移动到另一个目录。
   （2）删除一个文件。
   （3）定位并显示一个文件。
   （4）创建一个新目录。
   （5）启动一个文件编辑器。
8. 调研国产操作系统的发展现状、面临的主要问题和挑战，并分析发展机遇。

第二篇

进程/线程管理

CPU 在操作系统的指挥下，按照一定的顺序进行正确的计算。操作系统对 CPU 的管理手段（或抽象）就是进程和线程。程序是由代码和数据组成的静态对象，通常存储在磁盘上。进程是程序的动态实例，线程是 CPU 执行指令序列的活动，它们通常位于内存中。

本篇包括第 2～4 章的内容：第 2 章讲述了进程和线程的定义、编程接口和隔离、进程间通信方式、进程的调度策略和机制等内容；第 3 章阐述了互斥和竞争条件、避免竞争条件的方法、并发程序中的常见错误、时钟和时间机制等内容；第 4 章讲解了死锁状态、死锁检测、死锁避免、死锁预防和死锁恢复等内容。本篇最重要的内容是并发，它是我们使用进程和线程的主要原因。进程是对 CPU 并发的抽象，线程是对进程并发的抽象。

第2章 进程/线程及调度

为了方便理解，我们假设：CPU 执行源源不断的指令（在内存中），所有内存都位于一个连续的物理地址空间中，磁盘是物理磁块的集合，所有指令都以特权模式执行。

我们通常会同时执行很多程序，为了处理并发程序，操作系统必须将不同程序的执行分开，给每个程序提供一种错觉，即它是唯一运行的程序。操作系统使用一个抽象——进程——来提供这种错觉。

为什么我们需要同时运行多个程序？因为它提高了 CPU 利用率。例如，对于 I/O 密集型程序，CPU 大部分时间都在等待设备的 I/O 操作，此时最好让 CPU 去执行其他任务。

与程序并发执行相关的两个概念是多任务编程和 CPU 时间共享。

- 多任务编程：在一个物理内存地址空间中容纳多个进程，它的目标是提高 CPU 利用率。每个进程可以是 I/O 密集型的，也可以是 CPU 密集型的。将 I/O 密集型进程和 CPU 密集型进程混合执行会更好，调度器会决定执行哪个进程。

- CPU 时间共享（或多任务处理）：在进程之间快速来回切换，称为上下文切换。它的目标是提高 CPU 利用率和系统吞吐量，降低用户与计算机交互时的延迟。

本章首先讲述进程及地址空间、进程状态及其转换，然后介绍典型的进程编程接口；在描述线程和多线程编程的优势之后，再讲解进程间通信的三种方法；最后讨论进程的调度策略和机制。

2.1 进程

进程和线程

2.1.1 进程概念及地址空间

抽象来看，可执行程序是由代码和数据组成的静态对象，通常存放在磁盘上。例如，C 编译器编译一个用 C 语言写的源程序时，把结果文件分为 5 个段（section）：代码（text）段、数据（data）段、bss 段、堆（heap）段和栈（stack）段。

如图 2.1 所示，从最低地址开始，代码段包含主程序和所有函数的代码。数据段在代码段之上，包括所有已经被初始化的数据。bss 段包括所有未初始化的数据，在数据段之上。堆段在 bss 段之上，用于存放程序运行所产生的动态数据。从最高地址开始，栈段向低地址延伸，用于存放函数调用的上下文。

进程是程序的动态实例，通常存放在内存中。一个程序可能对应多个进程，例如，用户可能运行多个并发 shell 程序。

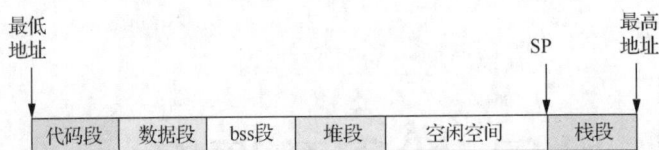

图 2.1 C 编译器创建的程序段

动态来看，我们可给出如下定义：线程是 CPU 执行指令序列的活动，进程是线程及其执行环境。执行环境包括执行指令可能影响或受其影响的一切对象，例如寄存器、地址空间、持久状态（如文件）。

那么，进程包含哪些内容呢？我们需要了解其执行的上下文（环境），即程序运行时可以读取或更新的内容。首先是内存，进程可以寻址的内存称为它的地址空间；其次是寄存器，例如程序计数器、栈指针（SP）等；最后是 I/O 信息，例如当前打开的多个文件。

进程地址空间是指进程可访问的一组内存段，具体包括。

- 代码段：程序代码，通常为只读。
- 数据段：全局变量和常量，例如字符串。
- 栈段：每个栈帧包含函数的参数、局部变量和返回地址等。
- 堆段：用于动态分配的内存，例如在 C 程序中通过调用 malloc()函数申请得到的内存。

这些内存段的位置如图 2.2 所示。

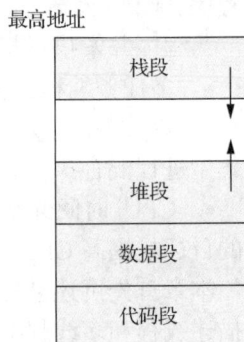

图 2.2 进程的虚拟地址空间

为什么要使用"进程"这个抽象呢？首先，使用进程，我们能够在同一物理地址空间中执行多个程序；其次，使用进程，我们能够虚拟化 CPU，在一个物理机器上同时运行多个独立进程。实际上，每个 CPU 上的任何时刻最多只能有一个进程处于活动状态。

- 程序由代码和数据组成，通常存放在磁盘上。程序在执行时被载入内存成为进程。
- 进程是一个正在运行的程序实例。一个进程至少包括一个执行线程和一个地址空间。
- 一个进程可以在同一地址空间中启动多个执行线程。每个线程都有自己的栈，但它们共享全局数据、代码和栈。
- 进程和线程之间的区别：线程由栈和寄存器状态（包括栈指针、代码指针、其他寄存器）组成；每个进程都有一个或多个线程，例如，读取地址"0xc0f3"的两个进程可能读到不同的值，而同一进程中的两个线程会读到相同的值；在某些操作系统（如 Linux）中，线程是一个轻量级进程。

虚拟化 CPU 的目标是让每个进程以为自己独占 CPU。但现实情况下，CPU 是所有进程之间的共享资源。如何实现 CPU 虚拟化呢？

我们有两种方法共享资源：在时间上共享，或在空间上共享。时间共享是指每次由一个进程独占使用资源，空间共享是指每个进程总是得到一小块资源。因此，针对 CPU、内存和磁盘，我们采取不同的共享策略，对于 CPU，采用时间共享；对于内存和磁盘，采用空间共享。

现代操作系统提供进程抽象。当用户执行程序时，操作系统会创建一个进程。操作系统让多个进程分时共享 CPU，完成这个任务的组件通常称为调度器。调度器从可执行进程中选择一个进程来运行。因此，调度器必须维护所有进程，通常以链表形式。调度器必须维护调度策略，即选择进程的策略。

进程的创建过程如图 2.3 所示。创建进程时，操作系统需要完成如下工作。

- 操作系统分配内部数据结构。
- 操作系统分配一个地址空间，从磁盘加载代码和数据，创建运行时栈和堆。
- 操作系统打开基本文件（STDIN、STDOUT、STDERR）。
- 操作系统初始化 CPU 寄存器。

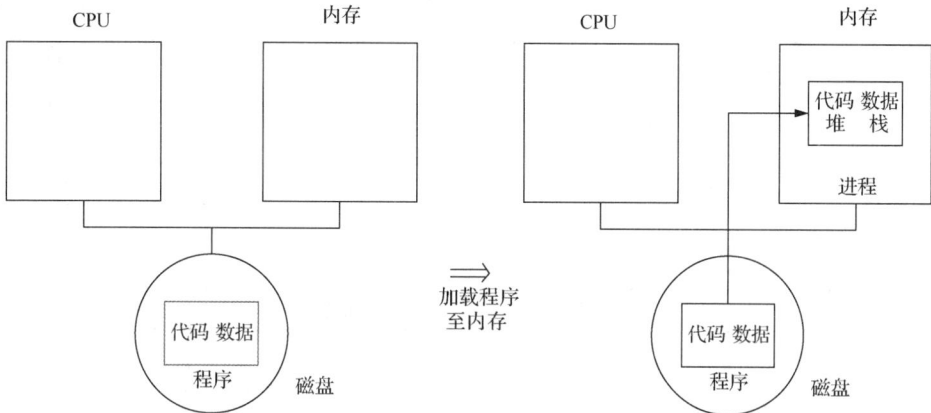

图 2.3　进程的创建过程

2.1.2　进程状态及其转换

进程状态通常包括以下几种。

- 运行：此进程当前正在执行。
- 就绪：此过程已准备好执行，等待调度器根据调度策略选择执行。
- 阻塞：此进程被暂停，例如等待某些输入/输出操作。操作系统将在该操作完成后解除阻塞。
- 新建：正在创建此进程，以确保创建过程中不会被调度。
- 结束：此进程已终止。

进程状态之间的转换关系如图 2.4 所示。

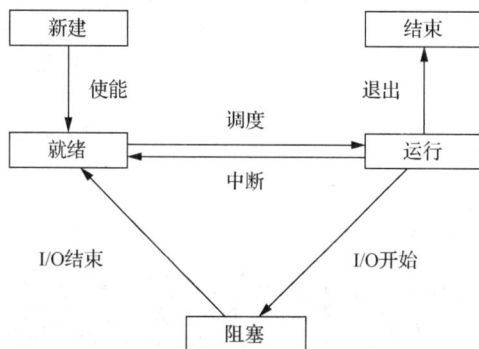

图 2.4　进程状态之间的转换

下面我们举例说明进程之间的状态转换。假设有两个进程 P0 和 P1,如表 2.1 所示,在前两个时刻,P0 在运行而 P1 是就绪状态;在时刻 3,P0 发起 I/O 操作;在时刻 4,P0 因等待 I/O 处在阻塞状态,而 P1 开始运行一直到时刻 8;在时刻 7,P0 发起的 I/O 操作完成;在时刻 8,P1 运行结束退出,P0 由阻塞态改变为就绪态。在时刻 9,P0 恢复运行。

表 2.1 进程状态转换示例

时序	P0	P1	备注
1	运行	就绪	
2	运行	就绪	
3	运行	就绪	P0 发起 I/O 操作
4	阻塞	运行	P0 被阻塞, P1 运行
5	阻塞	运行	
6	阻塞	运行	
7	阻塞	运行	I/O 完成
8	就绪	运行	P1 完成并退出
9	运行	退出	

如果所有进程都被阻塞,调度器应该选择哪个进程执行呢? 答案是空闲进程(又叫 idle 进程)。现代操作系统使用一个低优先级的空闲进程,在没有其他进程准备好的情况下,该进程被调度。空闲进程从不阻塞,也不执行任何 I/O 操作。空闲进程是解决一个具有挑战性问题的简单方法。如果没有空闲进程,调度程序必须不断检查是否有就绪进程等待运行。空闲进程保证始终有至少一个进程在等待运行。

操作系统会维护活动进程的数据结构(数组或链表)。每个进程的信息存储在进程控制块(Process Control Block, PCB)中。以 Linux 0.12 版本为例,PCB 是结构体 task_struct,其定义如下:

```
1  // include/linux/sched.h
2  struct task_struct {
3    long state;          // 任务的运行状态(-1 表示不可运行, 0 表示可运行(就绪), >0 表示已停止)
4    long counter;        // 任务运行时间片(滴答数)
5    long priority;       // 优先级。任务开始运行时, counter=priority
6    long signal;         // 信号位图, 每个比特位代表一种信号, 信号值= 位偏移值+1
7    struct sigaction sigaction [32];  // 信号行为结构, 对应信号将要执行的操作和标志信息
8    long blocked;                     // 进程信号屏蔽码(对应信号位图)
9    int exit_code;                    // 任务停止执行后的返回值, 其父进程可获取
10   unsigned long start_code;         // 代码段地址
11   unsigned long end_code;           // 代码段的结束地址
12   unsigned long end_data;           // 数据段的结束地址
13   unsigned long brk;                // 总长度(字节数)
14   unsigned long start_stack;        // 栈段地址
15   long pid;                         // 进程号
16   long pgrp;                        // 进程组号
17   long session;                     // 会话号
18   long leader;                      // 会话领导
```

```
19    int groups[NGROUPS];                   // 进程所属组号，一个进程可属于多个组
20    task_struct *p_pptr;                   // 指向父进程的指针
21    task_struct *p_cptr;                   // 指向最新子进程的指针
22    task_struct *p_ysptr;                  // 指向比自己年轻的相邻进程的指针
23    task_struct *p_osptr;                  // 指向比自己年老的相邻进程的指针
24    unsigned short uid;                    // 用户 id
25    unsigned short euid;                   // 有效用户 id
26    unsigned short suid;                   // 保存的用户 id
27    unsigned short gid;                    // 组 id
28    unsigned short egid;                   // 有效组 id
29    unsigned short sgid;                   // 保存的组 id
30    long timeout;                          // 内核定时器超时值
31    long alarm;                            // 报警定时值（滴答数）
32    long utime;                            // 用户态运行时间（滴答数）
33    long stime;                            // 系统态运行时间（滴答数）
34    long cutime;                           // 子进程用户态运行时间
35    long cstime;                           // 子进程系统态运行时间
36    long start_time;                       // 进程开始运行时刻
37    struct rlimit rlim[RLIM_NLIMITS ];     // 进程资源使用统计数组
38    unsigned int flags;                    // 进程的标志
39    unsigned short used_math;              // 标志：是否使用了协处理器
40    int tty;                               // 进程使用 tty 终端的子设备号，-1 表示没有使用
41    unsigned short umask;                  // 文件创建属性屏蔽位
42    struct m_inode * pwd;                  // 当前工作目录 i 节点的结构指针
43    struct m_inode * root;                 // 根目录 i 节点的结构指针
44    struct m_inode * executable;           // 执行文件 i 节点的结构指针
45    struct m_inode * library;              // 被加载库文件 i 节点的结构指针
46    unsigned long close_on_exec;           // 执行时关闭文件的句柄位图标志
47    struct file * filp[NR_OPEN ];          // 文件结构指针表，表项号代表文件描述符的值
48    struct desc_struct ldt [3];            // 局部描述符表，0-表示空，1-表示代码段 cs，2-
表示数据和堆栈段 ds&ss
49    struct tss_struct tss;                 // 进程的任务状态段结构
50  };
```

上下文切换是指保存一个进程的所有状态，使进程暂时挂起以便以后恢复，然后通过恢复另一个进程的保存状态来恢复该进程。上下文切换是一种昂贵的机制，执行上下文切换所需的时间是我们希望最小化的开销。

进程通过系统调用请求操作系统的服务。系统调用将执行转移到操作系统（操作系统通常以更高的权限运行，执行特权操作）。执行一些敏感操作（例如硬件访问、原始内存访问）需要特权。一些系统调用（例如读取、写入）可能会导致进程阻塞，所以操作系统会调度其他进程。开发库（例如 libc）隐藏了系统调用的复杂性，将操作系统的功能封装为常见的函数调用。

2.2 进程的编程接口

进程能够通过一组系统调用来控制自己和其他进程，如下所示。

- getpid()：检索进程 ID，每个进程都有一个唯一的 PID。
- fork()：创建一个新进程或子进程（进程的副本）。
- exec()：执行新程序。
- exit()：终止当前进程。
- wait()：阻塞父进程，直到子进程终止。

① fork()创建新进程的主要流程如下：
- 操作系统为新进程（子进程）分配数据结构。
- 操作系统复制父进程的地址空间。
- 将子进程的状态设置为就绪，并添加到进程列表中。
- fork()为父/子进程返回不同的返回值。
- 父子进程继续在各自的地址空间中执行。

② exec()执行新程序的主要工作如下：
- 从磁盘加载新程序，替换当前地址空间的内容。
- 程序可以传递命令行参数和环境。
- 旧的地址空间/状态被销毁，但有 3 个标准文件会被保留，即 STDIN、STDOUT 和 STDERR，以便允许父进程重定向/重写子进程的输出。

为什么需要 fork()和 exec()呢？假设某个进程（例如 P）想要运行一个不同的程序（例如 F），为此，操作系统需要创建一个新的进程（例如 Q），并创建新的地址空间来加载该程序。下面分步骤完成这个工作：首先，进程 P 调用 fork()，使用当前地址空间的副本创建一个新进程 Q；接着，调用 exec()为程序 F 创建新的地址空间；最后，clone()将执行的线程添加到此地址空间中。

③ wait()和 exit()的关系如下：
- 每个子进程都有父进程。
- 进程调用 exit()结束时会返回一个整数值给父进程，exit（int retval）接收一个返回值参数。
- 父进程调用 wait()，等待子进程结束并获得子进程的返回值。

以 Linux 0.12 版本为例，文件 include/linux/sys.h 中定义了 87 个系统调用。数组 sys_call_table 内含所有系统调用的函数指针，用于系统调用中断处理程序，如下所示：

```
 1   fn_ptr sys_call_table [] = { sys_setup , sys_exit , sys_fork , sys_read ,
 2   sys_write , sys_open , sys_close , sys_waitpid , sys_creat , sys_link ,
 3   sys_unlink , sys_execve , sys_chdir , sys_time , sys_mknod , sys_chmod ,
 4   sys_chown , sys_break , sys_stat , sys_lseek , sys_getpid , sys_mount ,
 5   sys_umount , sys_setuid , sys_getuid , sys_stime , sys_ptrace , sys_alarm ,
 6   sys_fstat , sys_pause , sys_utime , sys_stty , sys_gtty , sys_access ,
 7   sys_nice , sys_ftime , sys_sync , sys_kill , sys_rename , sys_mkdir ,
 8   sys_rmdir , sys_dup , sys_pipe , sys_times , sys_prof , sys_brk , sys_setgid ,
 9   sys_getgid , sys_signal , sys_geteuid , sys_getegid , sys_acct , sys_phys ,
10   sys_lock , sys_ioctl , sys_fcntl , sys_mpx , sys_setpgid , sys_ulimit ,
11   sys_uname , sys_umask , sys_chroot , sys_ustat , sys_dup2 , sys_getppid ,
12   sys_getpgrp , sys_setsid , sys_sigaction , sys_sgetmask , sys_ssetmask ,
13   sys_setreuid,sys_setregid,sys_sigsuspend,sys_sigpending,sys_sethostname,
14   sys_setrlimit , sys_getrlimit , sys_getrusage , sys_gettimeofday ,
15   sys_settimeofday , sys_getgroups , sys_setgroups , sys_select , sys_symlink ,
16   sys_lstat , sys_readlink , sys_uselib };
```

2.3 进程的隔离

你可能会问，不用上面这些系统调用，进程直接在 CPU 上执行指令，执行效率不是更高效吗？答案是否定的。进程直接在硬件上运行存在如下问题。

- 进程可能会做一些非法的事情，如读/写其他进程的内存、直接访问硬件等。
- 某个进程可能会永远运行。为同时运行多个程序，操作系统必须保持对 CPU 的控制。
- 某个进程可能会运行缓慢，例如执行 I/O 操作，此时操作系统可能切换到另一个进程。

解决方案是：操作系统在硬件的帮助下维护对资源的控制。例如，操作系统维护定时器，以定期拦截执行，并且进程不能执行直接访问硬件的特权指令。

为此，操作系统提供进程隔离策略。进程不但是彼此隔离的，而且与操作系统隔离。隔离是系统安全的核心要求：①将错误或缺陷限制在进程中；②启用特权隔离；③实现隔离区，即将复杂系统分解为独立的故障域。

那么，我们使用哪些机制实现进程隔离呢？现代操作系统中，进程隔离机制主要有如下几种。

- 虚拟内存：每个进程有一个（虚拟）地址空间。
- 不同的执行模式：进程以普通权限运行，操作系统以更高的特权运行。通常，进程在用户模式下运行（例如 x86 架构中的 3 号环，简称 ring 3），操作系统在系统/内核模式下运行（例如 x86 架构中的 0 号环，简称 ring 0）。

2.4 线程

芯片技术的迅猛发展推动了多核和多处理器计算机的普及。显然，让一个进程运行在单核或单处理器上是对珍贵计算资源的浪费。操作系统如何适应或支持多核和多处理器呢？答案是多线程和并行化。

1. 多线程

一个进程可以是单线程的，也可以是多线程的，如图 2.5 所示。同一个进程的多个线程共享代码段、数据段、打开的文件和信号等资源，但是每一个线程有自己的寄存器组和栈。打个比方，一个家庭包含夫妻二人（二个线程），一个家庭可以买房子和汽车（分配资源），夫妻住在一所房子里（地址空间相同），但可以有自己不同的任务（执行不同的代码）。

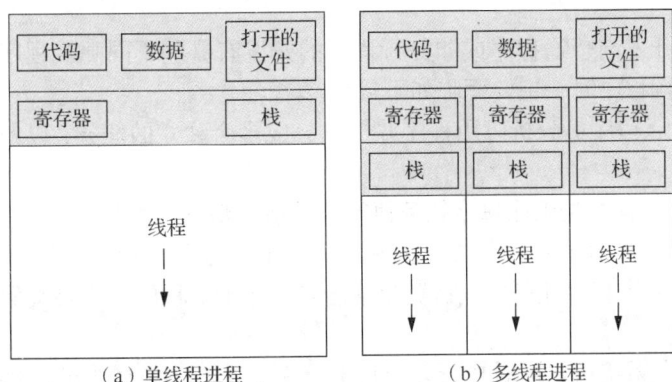

图 2.5 单线程进程和多线程进程

现代应用程序大都是多线程的，应用程序的多个任务可以通过单独的线程来实现。例如，对于 WPS 或 MS Office，获取输入数据、更新显示、拼写检查、自动备份等功能是不同的线程。相比而言，进程创建耗时多，而线程创建耗时少。线程可以简化代码，提高效率。操作系统内核通常采用多线程设计，每个线程执行一个特定任务，如管理内存、处理中断或管理设备。例如，Linux 采用一个内核线程管理空闲内存。

线程调度程序负责多个线程在多个物理 CPU 上的调度执行，它根据线程状态来决定运行哪个线程。线程状态包括如下几种。

- 运行：线程正在使用处理器。
- 阻塞：线程正在等待输入。
- 就绪：线程已准备好运行。
- 结束：线程已退出但未被销毁。

常见的线程调度原语或 API 如下。

- yield()：当前线程让出 CPU，其状态从运行更改为就绪。
- sleep()：当前线程由于某些原因导致阻塞（例如，发送数据到一个已填满的缓冲区），其状态从运行更改为阻塞。
- wakeup()：当前线程唤醒另一个线程（例如，缓冲区空间可用），被唤醒线程的状态从阻塞更改为就绪。

上述线程状态及调度原语的关系如图 2.6 所示。

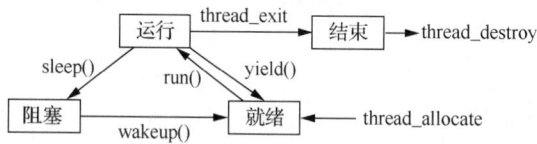

图 2.6　线程状态

相比单线程进程而言，多线程编程的优势如下。

- 更快地响应用户请求：当一个线程阻塞时，其他线程可以继续执行。
- 更方便地共享资源：多个线程共享进程的资源，比共享内存或消息传递更容易。
- 更小的开销：创建线程比创建进程耗时少，并且线程切换比进程上下文切换开销更低。
- 更好的扩展性：线程可以利用多处理器体系结构，多个线程可以在多个处理器上并行运行。

2. 并行化

并行程序的开发与普通程序或非并行程序的开发有哪些不同呢？程序员为多核或多处理器系统开发并行程序时，主要面临如下挑战。

- 划分活动：程序员分析应用程序并把它分成多个独立的任务，以便在多核或多处理器上并行执行。
- 均衡任务：程序员确保每个任务执行相同或相似的工作量。
- 拆分数据：类似于划分活动，程序员需要拆分数据以便任务并行处理。
- 同步任务：当多个任务之间有竞争或合作关系时，程序员需要确保这些任务的互斥或同步。

并行是指一个系统可以同时执行多个任务。例如，在多核或多处理器上，操作系统可以在多个核上同时运行多个任务。并发是指一个系统支持多个正在进行的任务。例如，在单核/处理器上，操作系统利用调度器提供并发性。

并行方式主要有两类：数据并行和任务并行。

（1）数据并行：将相同数据的子集分布在多核或处理器上，每个核或处理器执行相同的操作。下面以对数组 A[N]求和为例进行介绍在单核系统上，一个线程需要对 A[0]～A[N-1]求和。但在双核系统上，运行在内核 0 上的线程 A 可以对 A[0]～A[N/2-1]求和，而运行在内核 1 上的线程 B 可以对 A[N/2]到 A[N-1]。这两个线程在不同的计算核心上并行运行。

（2）任务并行：把任务或线程分布在多核或处理器上，每个任务或线程执行各自特有的操作。不同的线程可能对相同的数据进行操作，也可能对不同的数据进行操作。仍以上面的数组求和为例。任务并行可能涉及两个线程，每个线程对数组执行独特的求和操作。这两个线程同样在不同的计算核心上并行运行，但每个线程执行的操作都是独一无二的。

在多数情况下，应用程序会组合使用这两种策略。而且，现代处理器也增加了对硬件线程的支持，使单核支持多个线程。例如，Oracle SPARC T4 处理器有 8 个核，每个核支持 8 个硬件线程。

根据实现方式的不同，可将线程分为两种类型：用户线程和内核线程。用户线程由用户级线程库提供和管理，常见的主要线程库有 POSIX Pthreads、Windows 线程和 Java 线程。内核线程由内核提供和管理。目前，主流的通用操作系统都支持内核线程，如 Linux、Solaris、Windows 和 macOS。线程库为程序员提供了创建和管理线程的 API，其实现方式主要有两种，即用户级线程库和内核级线程库。用户级线程库完全在用户空间实现，不依赖于操作系统的内核；而内核级线程库则依赖于操作系统的内核来管理线程。例如，Pthreads 是线程创建和同步的 POSIX（Portable Operating System Interface，可移植操作系统接口）标准（IEEE 1003.1c），它既可以实现为用户级线程库，也可以作为内核级线程库提供，常见于 UNIX 操作系统（Solaris、Linux、macOS X）。

2.5 进程间通信

进程及其私有虚拟地址空间是多程序系统中的重要抽象，也是操作系统防止进程相互干扰执行状态的方式。不过，用户或程序员有时希望他们的应用程序在运行时相互通信（或共享部分执行状态）。

操作系统为进程间通信或共享执行状态提供了多种方式。首先，信号是一种非常有限的进程间通信形式，一个进程可以向另一个进程发送信号，通知它某些事件。其次，操作系统实现了一个消息通信通道的抽象概念，一个进程可以使用该通道与另一个进程交换消息。该通信方式称为消息传递。最后，操作系统可以通过共享内存进行进程间通信，共享内存允许一个进程与其他进程共享其全部或部分虚拟地址空间。使用共享内存的进程可以读/写共享空间中的地址，从而相互通信。

2.5.1 信号

1．概述

信号用于通知进程某一特定事件已经发生。信号可以同步或异步接收，具体取决于信号事件的来源和原因。无论是同步信号还是异步信号，所有信号均应遵循相同的模式：①信号由特定事件的发生产生。②信号传递给进程。③一旦发送，信号必须得到处理。同步信号（包括开关信号和连续脉冲）会传递给导致这些信号产生的同一进程。当信号由运行进程之外的外部事件产生时，该进程会异步接收此信号。异步信号（包括用特定按键（如 <control><C>）终止进程和计时器过期）通常是发送给另一个进程的。

每个信号都有一个默认的信号处理程序，内核在处理该信号时会运行该处理程序。用户也可使用自定义的信号处理程序来覆盖默认操作，调用该处理程序来处理信号。信号是一种软件中断，由一个进程通过操作系统发送给另一个进程。当进程接收到信号时，操作系统会中断其当前执行的任务，以运行信号处理程序代码。如果信号处理程序返回，则进程将从中断处继续执行。有时，信号处理程序会导致进程退出，因此它不会从中断处继续执行。

信号与硬件中断和陷入类似，但又有所不同。首先，信号是由软件而不是由硬件设备触发的。其次，陷入是进程显式调用系统调用或出现异常（例如除以 0）时发生的同步软件中断，而信号是异步的，进程可能在执行过程中的任何点接收到信号而中断。

一个进程可以通过执行系统调用向另一个进程发送信号（如 kill[①]命令），该系统调用请求操作系统向另一个进程发送信号。操作系统将信号发送给目标进程并设置其执行状态，以运行与该信号关联的信号处理程序。

操作系统本身也使用信号来通知进程某些事件。例如，当某个进程的子进程退出时，操作系统会向该进程发送一个信号 SIGCHLD。

系统预定义了固定数量的信号（例如，Linux 预定义了 32 个不同的信号）。因此，与消息传递或共享内存等方法不同，信号提供了一种进程间通信的有限方式。

表 2.2 列出了 Linux 定义的一些信号示例，其他信号可参阅命令手册（man 7 signal）。

表 2.2　用于进程间通信的信号示例

信号名称	描述
SIGSEGV	分段错误
SIGINT	中断进程
SIGCHLD	子进程已退出
SIGALRM	通知进程计时器关闭
SIGKILL	终止进程
SIGBUS	发生总线错误
SIGSTOP	暂停进程，进入阻塞状态
SIGCONT	恢复阻塞的进程，将其移至就绪状态

当进程收到信号时，可能会发生以下几种默认操作之一。

- 该进程可以终止。
- 该信号可以忽略。
- 该进程可以被阻塞。
- 该进程可以被解除阻塞。

对于每个信号，操作系统都为其定义默认操作并提供默认信号处理程序。不过，应用开发者可以更改大多数信号的默认操作，并编写自己的信号处理程序。如果应用程序没有为特定信号注册自己的信号处理函数，则当进程接收到信号时，操作系统将使用默认处理程序来执行。对于某些信号，操作系统定义的默认操作不能被应用程序信号处理程序代码

---

① 不要被 kill 系统调用的名称误导。虽然它常用于传递终止信号，但也可用于向进程发送其他类型的信号。

覆盖。例如，如果一个进程接收到一个 SIGKILL 信号，操作系统将始终强制该进程终止；如果接收到 SIGSTOP 信号，操作系统将始终阻塞该进程，直到它收到继续（SIGCONT）或退出（SIGKILL）的信号。

Linux 支持两种系统调用（sigaction 和 signal），以更改信号的默认行为或在特定信号上注册信号处理函数。sigaction 符合 POSIX 标准并且功能更丰富，推荐使用。不过，以下示例程序中使用 signal，因为它更容易理解：

```
1  #include <stdio.h>
2  #include <stdlib.h>
3  #include <unistd.h>
4  #include <signal.h>
5
6  /* SIGALRM 信号的处理函数*/
7  void sigalarm_handler(int sig) {
8    printf("BEEP , signal number %d\n.", sig);
9    fflush(stdout);
10   alarm (5); /* 在5s后发送SIGALRM */
11 }
12
13 /* SIGCONT 信号的处理函数*/
14 void sigcont_handler(int sig) {
15   printf("in sigcont handler function , signal number %d\n.", sig);
16   fflush(stdout);
17 }
18 /* SIGINT 信号的处理函数*/
19 void sigint_handler(int sig) {
20   printf("in sigint handler function , signal number %d... exiting\n.", sig);
21   fflush(stdout);
22   exit (0);
23 }
24 /* main: 注册信号处理函数, 循环阻塞直到收到信号*/
25 int main() {
26   /* 注册信号处理函数*/
27   if (signal(SIGCONT , sigcont_handler) == SIG_ERR) {
28     printf("Error call to signal , SIGCONT\n");
29     exit (1);
30   }
31   if (signal(SIGINT , sigint_handler) == SIG_ERR) {
32     printf("Error call to signal , SIGINT\n");
33     exit (1);
34   }
35   if (signal(SIGALRM , sigalarm_handler) == SIG_ERR) {
36     printf("Error call to signal , SIGALRM\n");
37     exit (1);
38   }
39   printf("kill -CONT %d to send SIGCONT\n", getpid ());
40   alarm (5); /* 在5s后发送SIGALRM */
41   while (1) {
42     pause (); /* 等待接收信号*/
43   }
44 }
```

上述程序运行时，由于函数 main() 和 sigalarm_handler 调用了 alarm(5)，进程每 5s 接收一次 SIGALRM 信号。SIGINT 和 SIGCONT 信号可以通过在另一个 shell 中运行 kill 或 pkill 命令来触发。例如，如果进程的 PID 为 1011 并且其可执行文件为 signal-example，则以下

shell 命令将发送 SIGINT 和 SIGCONT 信号给进程，触发其信号处理函数运行：

```
$ pkill -INT signal-example 或 kill -INT 1011
$ pkill -CONT signal-example 或 kill -CONT 1011
```

2. 编写 SIGCHLD 处理程序

我们在前面提到，当进程终止时，操作系统会向其父进程传递一个 SIGCHLD 信号。在创建子进程的程序中，父进程并不总是希望阻塞调用，直到其子进程退出。例如，当 shell 程序在后台运行命令时，它会继续与其子进程同时运行；子进程在后台运行时，shell 程序可以在前台继续处理其他 shell 命令。然而，父进程需要在其僵尸子进程退出后调用 wait() 来回收它们。否则，僵尸进程将永远不会死亡，并将继续占用一些系统资源。在这些情况下，父进程可以在 SIGCHLD 信号上注册信号处理程序。当收到退出的子进程发来的 SIGCHLD 信号时，它的处理程序代码会运行并调用 wait() 来回收其僵尸子进程。

下面的代码片段显示了 SIGCHLD 信号处理函数的实现以及注册该信号处理函数的 main() 函数的代码片段（需在任何 fork 调用之前完成）：

```
1  void sigchld_handler(int signum) {
2      int status;
3      pid_t pid;
4      /* 回收所有退出的子进程*/
5      while( (pid = waitpid(-1, &status , WNOHANG)) > 0) {
6         /* 若去掉注释，便能知道处理了哪些信号
7         printf (" signal %d me:%d child: %d\n", signum , getpid (), pid);
8         */
9      }
10 }
11 int main() {
12     /* 注册 SIGCHLD 处理函数*/
13     if ( signal(SIGCHLD , sigchld_handler) == SIG_ERR) {
14        printf("ERROR signal failed\n");
15        exit (1);
16     }
17     ...
18     /* 创建一个子进程*/
19     pid = fork();
20     if(pid == 0) {
21     /* 子进程代码... 可能调用 execvp */
22        ...
23     }
24     /* 父进程与子进程并发执行*/
25     ...
```

上面的示例代码将-1 作为 PID 传递给 waitpid() 函数，它表示"回收所有僵尸子进程"。它还传递 WNOHANG 标志，表示如果没有僵尸子进程，则 waitpid() 调用不会阻塞。信号处理函数在循环中调用 waitpid() 非常重要，因为当它运行时，进程可能会收到来自其他退出子进程的 SIGCHLD 信号。因此，如果没有循环，信号处理程序可能会错过一些僵尸子进程。

每当父进程收到 SIGCHLD 信号时，信号处理程序都会执行，无论父进程是否在调用 wait() 或 waitpid() 时被阻塞。如果父进程在收到 SIGCHLD 时被 wait() 调用阻止，它将被唤醒并运行信号处理程序代码。然后，它继续执行 wait() 调用后的程序。但是，如果父进程在对某个特定子进程（例如 C）的 waitpid() 调用时被阻塞，在信号处理程序收割了子进程 C 后，父进程会继续执行。否则，父进程将继续阻塞，直到子进程 C 退出。

2.5.2 消息传递

信号仅支持一小组预定义的消息。消息传递允许程序交换任意数据。操作系统可实现多种类型的消息传递抽象，供进程之间通信。

消息传递进程间的通信模型由 3 部分组成。

① 进程从操作系统分配某种类型的消息通道，包括用于单向通信的管道和用于双向通信的套接字。进程可能需要采取额外的连接设置来配置消息通道。

② 进程使用消息通道相互发送和接收消息。

③ 进程使用完消息通道后会关闭其末端。

1．管道

管道是同一台机器上运行的两个进程间的单向信道。管道的一端仅用于发送消息（或写入），另一端仅用于接收消息（或读取）。管道通常在 shell 命令中使用，将一个进程的输出发送到另一进程的输入。

例如，以下 shell 命令会在两个进程之间创建一个管道：

```
$ cat myprog.c | grep strcpy
```

进程 cat 输出 myprog.c 文件的内容，管道 "|" 将该输出重定向到 grep 命令的输入，grep 进程在输入中搜索字符串 "strcpy"。

为了执行此命令，shell 进程会调用 pipe 系统来请求操作系统创建管道通信。该管道将由 shell 的两个子进程（cat 和 grep）使用。shell 程序设置 cat 进程向管道的写入端 stdout 写入数据，并设置 grep 进程从管道的读取端 stdin 读取数据。这样，当子进程创建并运行时，进程 cat 的输出将作为 grep 进程的输入，如图 2.7 所示。

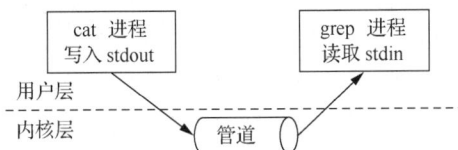

图 2.7　管道通信示意图

pipe(int pipefd[2]) 系统调用的功能是创建一个匿名管道。pipefd[0] 是以读方式打开的文件描述符，pipefd[1] 是以写方式打开的文件描述符。匿名管道通常用于有亲近关系的进程间通信，例如父子进程、兄弟进程等，原因是子进程继承了父进程的文件描述表，兄弟进程也继承了父进程的文件描述符表。如图 2.7 所示，管道本质上是一块内核缓冲区。

下面我们用例子说明匿名管道的作用。首先创建两个进程 P1 和 P2，P1 接收一个字符串并将其传递给 P2；P2 将接收到的字符串与另一个字符串拼接起来，然后发送回 P1 进行显示，代码如下：

```
1  #include <stdio.h>
2  #include <stdlib.h>
3  #include <string.h>
4  #include <sys/types.h>
5  #include <sys/wait.h>
6  #include <unistd.h>
7  int main() {
8    // 使用两个管道
9    // 第一个管道负责发送来自父进程的字符串
```

```
10        // 第二个管道负责发送来自子进程的拼接字符串
11    int fd1[2]; // 用于存储第一个管道的两端（即文件描述符）
12    int fd2[2]; // 用于存储第二个管道的两端（即文件描述符）
13    char fixed_str[] = "is interesting";
14    char input_str[100];
15    pid_t p;
16    if (pipe(fd1) == -1) {
17      fprintf(stderr , "Pipe Failed"); return 1;
18    }
19    if (pipe(fd2) == -1) {
20      fprintf(stderr , "Pipe Failed"); return 1;
21    }
22    scanf("%s", input_str);
23    p = fork();
24    if (p < 0) {
25      fprintf(stderr , "fork Failed"); return 1;
26    }
27    else if (p > 0) {          // 父进程
28      char concat_str [100];
29      close(fd1[0]);           // 关闭第一个管道的读端
30      // 写字符串并关闭第一个管道的写端
31      write(fd1[1], input_str , strlen(input_str) + 1);
32      close(fd1[1]);
33      // 等待子进程发送字符串
34      wait(NULL);
35      close(fd2[1]);           // 关闭第二个管道的写端
36      // 读取子进程的字符串并输出，关闭读端
37      read(fd2[0], concat_str , 100);
38      printf("Concatenated string %s\n", concat_str);
39      close(fd2[0]);
40    }
41    else {                    // 子进程
42      close(fd1[1]);           // 关闭第一个管道的写端
43      // 使用第一个管道读取字符串
44      char concat_str[100];
45      read(fd1[0], concat_str , 100);
46      // 与某个固定字符串进行拼接
47      int i, k = strlen(concat_str);
48      for (i = 0; i < strlen(fixed_str); i++)
49        concat_str[k++] = fixed_str[i];
50      concat_str[k] = '\0'; // 字符串以'\0'结尾
51      // 关闭两个管道的读端
52      close(fd1[0]);
53      close(fd2[0]);
54      // 写入拼接后的字符串并关闭写端
55      write(fd2[1], concat_str , strlen(concat_str) + 1);
56      close(fd2[1]);
57      exit(0);
58    }
59 }
```

　　顾名思义，命名管道就是有名字的管道，它支持没有亲近关系的进程间的通信。在 UNIX/Linux 系统中，我们可以调用 mkfifo(const char *pathname, mode_t mode)创建一个命名管道，其中第 1 个参数是命名管道的名字，第 2 个参数是命名管道的权限。从函数名可

以看出，命名管道本质上是内存中的一个文件，fifo 是指文件数据的读/写遵循先进先出
（First-In First-Out）原则。

2．套接字

与单向管道不同，套接字是双向信道，它的每一端都可以用于发送和接收消息。套接字
可用于对运行在同一台计算机上或运行在使用网络连接的不同计算机上的进程间进行通信，
如图 2.8 所示。使用网络连接的计算机可以在同一个局域网内，也可以位于连接到互联网的
不同局域网内。只要两台机器之间存在网络连接的路径，进程就可以使用套接字进行通信。

```
┌──────────────────┐                              ┌──────────────────┐
│   计算机 A        │                              │   计算机 B        │
│                  │          ╭────────╮          │                  │
│   进程 P1        │         (          )         │   进程 P2        │
│   fd=socket()    │   ─→    (    网络   )   ─→    │   fd=socket()    │
│   send(fd,msg,...)│         (          )         │   recv(fd,msg,...)│
│   recv(fd,msg,...)│   ←─    ╰────────╯   ←─      │   send(fd,msg,...)│
└──────────────────┘                              └──────────────────┘
```

图 2.8　套接字通信示意图

一般地，UNIX/Linux 系统为套接字提供下述编程接口：使用 socket() 函数创建套接字，
使用 connect() 函数将套接字连接到远程套接字地址，使用 bind() 函数将套接字绑定到本地
套接字地址，使用 listen() 函数告诉套接字等待新的连接，使用 accept() 函数获取新的套接字
和新的连接。

由于每台计算机都有自己的系统（包括硬件和操作系统），并且一个系统上的操作系
统不知道也不管理另一个系统上的资源，因此消息传递是不同计算机上的进程进行通信的
唯一方式。为此，操作系统需要实现通用的消息传递协议，以便通过网络发送和接收消息。
例如，TCP/IP 是通过互联网发送/接收消息的消息传递协议之一。当一个进程想要向另一个
进程发送消息时，它会使用 send() 函数进行系统调用，向操作系统传递目标套接字的标志
符、包含要发送消息的数据缓冲区以及可能需要的有关消息或接收者的附加信息。操作系
统负责将消息打包到数据缓冲区中，并通过网络将其发送给另一台计算机。当操作系统从
网络接收到消息时，它会解包该消息并将其传递给系统上请求接收该消息的进程。该进程
可能处于阻塞状态，正在等待消息到达。此时，收到消息事件会使进程转为就绪状态，以
便继续运行。

许多系统软件构建在消息传递机制之上，通过抽象层向程序员隐藏了消息传递细节。
但是，不同计算机上的进程间通信必须使用最低层的消息传递（不能通过共享内存或信号
进行通信）。

2.5.3　共享内存

当两个进程在同一台计算机上运行时，它们可以利用共享系统资源（如内存）进行通
信，该情况下比使用消息传递更有效。

操作系统允许进程通过共享其虚拟地址空间（全部或部分）来进行进程间通信。一个
进程可以在其地址空间的共享部分读取和写入值，以便与共享同一内存区域的其他进程进
行通信。

操作系统实现部分地址空间共享的一种方法是设置两个或多个进程的页表，使得这些
页表中的某些条目能够映射到相同的物理帧。如图 2.9 所示，为了进行通信，一个进程将

一个值写入共享页面上的地址，然后另一个进程读取该值。

如果操作系统支持部分内存共享，那么它会为程序员提供一套接口（例如 Linux 系统中的 shmget()系统调用），用于创建、附加（映射）、分离（取消映射）以及删除共享内存段。每个共享内存段都对应于一组连续的虚拟地址，其物理映射与附加到同一内存段的其他进程共享。

操作系统通常还支持共享单个完整的虚拟地址空间。线程是操作系统执行控制流的抽象。一般进程在单个虚拟地址空间中具有单个执行控制流线程。多线程进程在单个共享虚拟地址空间中具有多个并发执行的线程，所有线程共享其所在进程的完整虚拟地址空间。

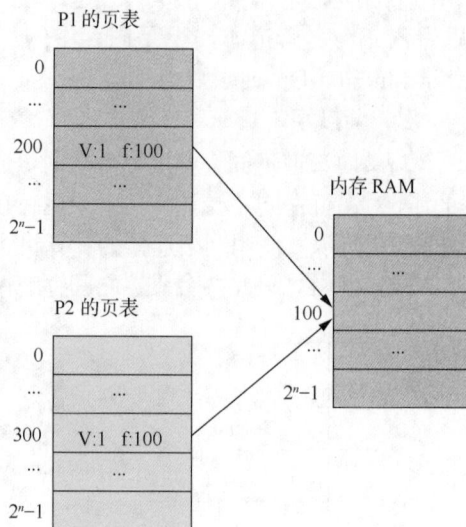

图 2.9　两个进程共享地址空间页面

通过读取和写入其公共地址空间中的共享位置，多个线程能够轻松共享执行状态。例如，如果一个线程更改了全局变量的值，则所有其他线程都会看到更改结果。

在多处理器系统（SMP 或多核）上，多线程进程的各个线程可以安排在多个核上同时、并行运行。

2.6　调度

为方便起见，我们把系统中实现调度功能的程序称为调度器。调度器需要处理两个问题：①如何从一个进程切换到另一个进程；②接下来应该运行哪个进程。解决这两个问题涉及操作系统的两个机制和一个策略。

- 机制：上下文切换。
- 机制：抢占，保持系统对 CPU 的控制权。
- 策略：确定下一个进程，即切换到何处。

进程调度（上）

2.6.1　上下文切换和抢占

当系统中有多个"就绪"进程时，内核是如何从一个进程切换到另一个进程的？

为简单起见，我们假设系统中只有一个 CPU，P 是当前运行进程，Q 是调度策略确定的下一个进程。首先，操作系统在内核结构中保存进程 P 的上下文，即存放程序执行状态的寄存器组；其次，恢复下一个进程 Q 的上下文；最后，将控制权转移给下一个进程并返回。我们把这个过程称为上下文切换。上下文切换对进程来说是透明的，或者说进程是感知不到这些操作的。

需要调度或上下文切换的情况通常有 4 种。

- 进程结束/退出。
- 进程执行缓慢的硬件操作（例如从磁盘加载文件）。进程状态从运行状态变为等待状态，因此操作系统切换到另一个就绪任务。
- 硬件需要操作系统帮助并发出中断，当前进程从运行状态变为就绪状态。

- 操作系统决定抢占当前任务并切换到另一个任务。

如果调度策略规定调度只能发生在前两种情况下，那么称之为非抢占调度策略；否则称之为抢占调度策略。早期的桌面操作系统使用非抢占调度策略，Windows 95 和 macOS X 之后的版本都支持抢占调度策略。但是，有些设备只能使用非抢占调度策略，因为抢占调度需要特殊硬件（例如定时器）的支持。

假设我们用内核函数 ctx_swtch(P,Q)实现上下文切换：保存进程 P 的运行环境，进程 Q 在函数返回后恢复执行，可用如下伪代码表示该函数的功能：

- 将所有寄存器内容保存在进程 P 的暂存区，例如进程 P 的内核栈或进程控制块；
- 切换地址空间；
- 用进程 Q 的暂存区内容恢复所有寄存器；
- 返回。

由于上下文切换频繁发生，该函数通常用汇编代码实现，以提供较好的性能。示例代码如下所示：

```
1  # void ctx_swtch(struct context *Pctx , struct context *Qctx)
2  # 保存寄存器内容到 Pctx
3  movl 4(% esp), %eax      # 把 Pctx 指针载入 eax 寄存器
4  popl 0(% eax)            # 存储 IP 寄存器到 Pctx
5  movl %esp , 4(% eax)     # 存储 SP 寄存器
6  movl %ebx , 8(% eax)     # 存储其他寄存器
7  ...
8  movl %ebp , 28(% eax)
9
10 # 把 Qctx 载入寄存器
11 movl 4(% esp), %eax      # 把 Qctx 指针载入 eax 寄存器
12 movl 28(% eax), %ebp     # 恢复其他寄存器
13 ...
14 movl 8(% eax), %ebx
15 movl 4(% eax), %esp      # 栈切换（从此开始使用 Q 的栈）
16 pushl 0(% eax)           # 存储返回地址
17 ret                      # 返回到 Q 的执行上下文
```

你可能会问，在支持调度的情况下，某个进程占有 CPU 不放手怎么办？或者说，系统内核是如何保持对 CPU 的控制权的？

通常情况下，运行的进程执行结束会返回控制权，或者主动让出 CPU（例如调用 yield()），或者会被中断去执行 I/O 操作而返回控制权。但是，如果某个任务从未放弃控制权、让出 CPU 或执行 I/O，那么它会永远运行，操作系统也无法获得控制权。因此，操作系统通常使用抢占机制。例如，在调度进程之前设置一个硬件中断，即时钟中断。如果定时器到期，时钟硬件将中断进程的执行并切换到内核，然后内核决定进程是否可以继续。抢占调度策略通常比非抢占调度策略开销大，因为它要多次切换进程，并可能要在主存和辅存之间交换程序和数据等。很多系统会组合使用两种策略。例如，操作系统中重要的进程（如内核程序）是非抢占式的，而大多数用户进程是抢占式的。

2.6.2　调度策略

上下文切换机制负责实现从一个进程切换到另一个进程。调度策略决定下一步应该运行哪个进程。如果只有一个就绪进程，那么答案很简单。

进程调度（下）

如果有多个就绪进程，那么调度策略将决定进程的执行顺序。

在分析调度策略时，我们通常使用以下指标。

- 利用率：CPU 执行程序的时间。
- 周转时间：完成任务所需的总时间，即结束时间减去到达时间。
- 响应时间：周转时间不太适合于交互式系统。例如，一个进程可以在早期时间内产生一些输出，并在向用户输出之前的结果时继续计算新的结果。周转时间通常受限于输出设备的速度。因此，响应时间是从用户提交请求到系统首次产生响应的时间间隔。
- 等待事件：进程在就绪队列中等待的时间总和，即首次运行时间减去到达时间。
- 公平性：随着时间的推移，所有进程都能获得相同数量的 CPU 时间。
- 前进：允许进程向前推进，即不使进程停滞。

实现调度器的一种简单方法是为每个状态维护一个任务队列。例如，就绪队列维护在就绪状态的所有进程，运行队列维护在运行状态的所有进程，阻塞队列维护在阻塞状态的所有进程等。如下伪代码说明了简单调度器的实现方式：

```
1  task_struct_t *get_next_task () {
2      // 检查任务队列，以查找下一个可运行的任务
3  }
4
5  void enqueue_task(task_struct_t *task) {
6      // 将 task 设置为就绪状态，把它加入就绪队列
7  }
```

为了进一步理解调度策略，我们先从一些简单的假设开始讨论。

① 每个任务有相同的运行时间。
② 所有任务同时到达。
③ 一旦开始，每个任务都会运行到完成。
④ 所有任务都只使用 CPU，即没有 I/O 操作。
⑤ 每个任务的运行时间已知。
⑥ 系统只有一个 CPU。

1．先来先服务调度算法

先来先服务（First Come First Service，FCFS）调度算法根据进程到达的时间来调度进程，越早到的进程，其优先级越高。该调度策略是非抢占式的，同时到达的多个进程按照进程进入就绪队列的顺序进行调度。

如图 2.10 所示，进程 A、B、C 在时刻 0 到达，每个进程需要 2 个 CPU 时间单元。按照 FCFS 调度算法，3 个进程的执行顺序是 A→B→C，系统平均周转时间是$(2+4+6)/3 = 4$，平均等待时间是$(0+2+4)/3 = 2$。

现实中，每个任务不会有相同的运行时间，现在，我们取消假设 1。如图 2.11 所示，任务 A 需要 6 个 CPU 时间，按照 FCFS 调度算法，3 个进程的执行顺序仍是 A→B→C，系统平均周转时间是$(6+8+10)/3 = 8$，平均等待时间是$(0+6+8)/3 = 4.7$。

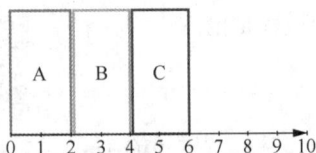

图 2.10　先来先服务调度算法示例

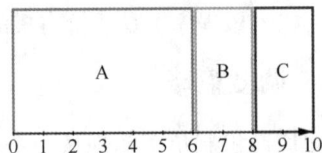

图 2.11　先来先服务调度算法会导致车队效应

可见，长时间进程会延迟短时间进程执行，周转时间和等待时间也会受到影响。这种现象称之为车队效应，就像单行路上，一辆卡车后面会跟着许多小轿车。

2．最短任务优先调度算法

为了避免车队效应，我们需要一种新的调度算法：选择运行时间最短的就绪作业，即最短任务优先（Shortest Job First，SJF）调度算法。该策略也是非抢占式策略，运行时间相同的多个进程按照进入调度队列的时间顺序进行调度。

如图 2.12 所示，进程 A、B、C 在时刻 0 到达，它们分别需要 6、2、2 个 CPU 时间单元。按照 SJF 调度算法，3 个进程的执行顺序是 B→C→A，系统平均周转时间是$(2+4+10)/3$ = 5.3，平均等待时间是$(0+2+4)/3$ = 2。

现实中，所有任务并不会同时到达，现在我们取消假设 2。如图 2.13 所示，进程 A、B、C 分别在时刻 0、1、1 到达，它们分别需要 6、2、2 个 CPU 时间单元。按照 SJF 调度算法，3 个进程的执行顺序仍是 B→C→A，系统平均周转时间是$(6+7+9)/3$ = 7.3，平均等待时间是$(0+5+7)/3$ = 4。

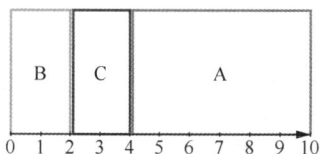

图 2.12　最短任务优先调度算法示例　　　　图 2.13　最短任务优先调度算法会导致车队效应

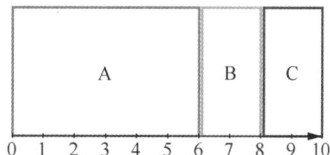

可见，长时间运行的任务如果无法中断，会延迟短时间任务的执行，这说明 SJF 调度算法也存在车队效应。FCFS、SJF 策略是非抢占式的，只有当前进程自愿放弃 CPU 时，非抢占式调度器才会切换到另一个进程。对比而言，抢占式调度器可以在任何时候控制 CPU，根据调度策略切换到另一个进程。因此，我们需要一种新的调度算法：最短剩余时间优先（Shortest Remaining Time First，SRTF）调度算法，即优先选择运行时间最短的任务。

3．最短剩余时间优先调度算法

最短剩余时间优先调度算法是 SJF 调度算法的抢占式版本，它优先选择需要最少时间来完成的进程。随着每个进程的运行，它们的剩余时间是动态变化的，因此这种策略是动态的。对于剩余时间相同的多个进程，按照进入调度队列的时间顺序进行调度。

如图 2.14 所示，进程 A、B、C 分别在时刻 0、1、1 到达，它们分别需要 6、2、2 个 CPU 时间单元。按照 SRTF 调度算法，3 个进程的执行顺序是 A→B→C→A，系统平均周转时间是$(2+4+10)/3$ = 5.3，平均等待时间是$(0+0+2)/3$ = 0.7。任务 A 在执行期间被抢占。可见，SRTF 算法在新任务到达时会动态调度，优先选择运行时间短的任务。

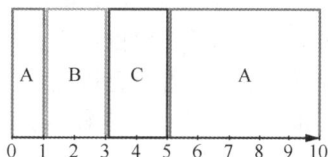

图 2.14　最短剩余时间优先调度算法示例

在交互式系统中，响应时间同样重要，即尽早地安排/调度任务。为此，我们取消假设 3：一旦开始，每个任务都会运行到完成。

4．优先级调度算法

优先级调度算法是指每个任务有一个优先级，调度时选择优先级最高的任务，优先级相同的任务按照其他标准排序，例如可按照到达时间进行排序，即先来先服务。

优先级通常用整数表示。每个任务 T 的优先级 P 可以通过函数 P = Priority(T)得到。根据使用的函数，P 值可以是固定的，即在任务的生命期中保持不变；也可以是动态的，即在每次调度时重新计算。这样就把所有任务安排进多个就绪队列中，每个队列有不同的优先级。优先级调度算法可以保证正在运行进程的优先级大于或等于任何就绪进程的优先级。

优先级调度的基本算法如下：

```
1   Scheduler (){
2     do{
3         寻找最高优先级且处于就绪状态的进程 p;
4         寻找一个空闲的 CPU;
5         if (cpu != NIL)
6             Allocate_CPU(p, cpu);
7     }while (cpu != NUL);
8     do{
9         寻找最高优先级且处于就绪状态的进程 p;
10        寻找最低优先级且处于运行状态的进程 q;
11        if (Priority(p) > Priority(q))
12            Preempt(p, q);
13    }while (Priority(p) > Priority(q));
14    if (self ->Status != ' running ' )
15        Preempt(p,self);
16 }
```

在第一个 do 循环中，如果有空闲 CPU，调度器便将优先级最高的进程分配给空闲 CPU。函数 Allocate_CPU()把进程 p 分派给 CPU，并更新其状态为运行状态。在第二个 do 循环中，只要当前运行的进程 q 的优先级低于就绪进程 p 的优先级，调度器就会抢占进程 q；当创建新进程或者一个进程被解除阻塞时，也会发生这种情况。抢占由 Preempt()函数完成，它停止进程 q、执行上下文切换并执行进程 p。

当前进程不在运行状态时，也会发生抢占（第 14、15 行）。例如，当某个请求操作调用调度器而该请求不能够满足时，即发起请求的进程的状态在调用 Scheduler()函数时已经变为阻塞/等待，便会发生这种情况。当调度器发现这种情况时（代码中最后的 if 语句），当前进程（self）会被抢占而放弃 CPU。

5. 轮转调度算法

轮转（Round-Robin，RR）调度算法优化了响应时间，它在每个固定长度的时间片上交替选择就绪进程。假设时间片大小为 n，如果一个进程已经在处理器上运行了 n 个连续时间单元，调度器会抢占它，并把它放在就绪队列的末尾。这样，每隔 n 个时间单元，调度器就会重新评价所有进程。

如图 2.15 所示，进程 A、B、C 都在时刻 0 到达，它们分别需要 3、3、3 个 CPU 时间单元。按照 RR 调度算法，3 个进程的执行顺序是 A→B→C→A→B→C→A→B→C，系统平均响应时间是(0+1+2)/3 = 1，相比而言，FCFS 调度算法的平均响应时间为 3；系统平均周转率是(7+8+9)/3 = 8，相比而言，SJF 调度算法的平均周转时间是(3+6+9)/3 = 6。

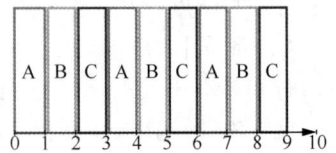

图 2.15　轮转调度算法示例

可见，对于时长相同的任务，响应能力提高了周转时间。

轮转调度算法的有效性依赖于两个因素：一是任务数量，任务越多，响应越慢；二是时间片（调度时间单元）的长度，较长的时间片会导致较慢的响应时间，较短的时间片会带来较大的开销。因此，需要寻找一个合理的平衡方案，例如，通常在 10～100ms 范围内取值。

到目前为止，我们已经考虑了进程结束和发生抢占事件（即定时器用完）情况下的调度，而且剩下的两个假设也不够现实。现在，我们取消这两个假设：所有任务都只使用 CPU（无 I/O），任务的运行时间已知。也就是说，我们需要考虑进程有 I/O 操作和任务运行时间未知情况下的调度算法。

在不知道任务运行时间的情况下，我们如何设计一个周转时间和交互任务响应时间最短的调度器？

6．多级反馈队列调度算法

调度程序必须同时支持长时间运行的后台任务（即批处理任务）和低延迟的前台任务（即交互式任务）。对于批处理任务，响应时间不重要，关注的是运行时间，例如减少上下文切换的开销；对于交互式任务，响应时间很关键，上下文切换开销不重要。针对上述挑战，Corbato 等人于 1962 年首次提出了一种通用调度算法：多级反馈队列（Multilevel Feedback Queue，MLFQ）调度算法。

简单而言，MLFQ 调度算法是一种多级轮转调度算法。MLFQ 算法提供了多个不同的优先级就绪队列，每个进程的优先级是动态变化的，会随着其已获取的服务时间的增加而逐步迁移到更低级别的队列中。调度器会优先从更高级别的队列中选择进程，而且高优先级的进程可以抢占低优先级的进程。MLFQ 调度算法会为高级别队列设置较短的时间片，为低级别队列设置较长的时间片，如图 2.16 所示。

MLFQ 调度算法使用如下规则来动态调整进程的优先级。

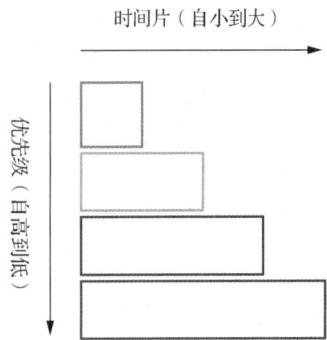

图 2.16 多级反馈队列调度算法示例

- 规则 1：如果 prio(A)> prio(B)，则 A 先运行。
- 规则 2：如果 prio(A)== prio(B)，则 A、B 以轮转调度方式运行。
- 规则 3：优先级最高的进程先开始运行。
- 规则 4：如果一个进程用完了它的时间片，则降低其优先级，原因是算法会用进程过去的行为预测其未来的行为。
- 规则 5：定期将所有任务移动到最高级别的队列中，原因是防止某些任务长期得不到处理。在一个繁忙的系统中，低优先级任务可能永远不会得以运行。

这些规则反映了 MLFQ 调度算法的主要工作思想。但是，一个进程有没有可能利用这些规则长期占用 CPU 呢？答案是有可能。一个高优先级的进程可以在其时间片用完之前让出 CPU，以便保持在高优先级。因此，规则 4 应该考虑进程在某个优先级所用的总时间，而不仅是最后一个时间片的时间。

- 规则 6：当进程用完该级别的所有时间片时，降低其优先级。

2.6.3 多处理器和分布式调度

前面我们只考虑了系统中只有一个处理器时的调度问题，现在我们考虑多处理器系统和分布式系统（如局域网）中的调度问题。

1．同构系统的调度

对于同构系统（即所有处理器具有相同的特性和功能），我们使用一个调度进程，即所有的处理器都在相同的资源池中，任何进程都可以分配给任何处理器。该方法的主要目标是均匀地将进程/负载分摊到所有处理器上，因此这种技术被称为负载均衡。如 2.6.2 小节所述，单处理器调度采用的是第一种方法。当需要调度时，调度器会考虑所有的处理器和所有的进程或线程。

此时，我们有两种调度方法。

- 非对称多处理（ASymmetric Multi-Processing，AMP）：让一个处理器（称为主处理器）负责调度决策、I/O 处理及其他系统行为，其他处理器（称为从处理器）只执行应用代码。这种方法实现简单，因为只有主处理器访问系统数据结构。

- 对称多处理（Symmetric Multi-Processing，SMP）：每个处理器都运行调度程序，它们共享一个公共的就绪进程队列，或者各自拥有私有的就绪进程队列。因此，SMP 编程相对复杂，因为多个处理器会访问和更新一个公共队列。该方法必须确保两个处理器不会选择同一个进程。现代操作系统（例如 Linux、macOS X 和 Windows）都支持 SMP，因为在不同处理器之间迁移任务的代价很高，SMP 系统一般会尽力让一个进程运行在同一个处理器上，称之为处理器亲和性。若亲和性不能保证，则称为软亲和性；否则，称为硬亲和性，这经常需要系统调用的支持，例如 Linux 提供的 sched_setaffinity()系统调用。

当处理器拥有私有的就绪进程队列时，负载均衡尤为重要。我们一般采用推迁移或拉迁移方法实现负载均衡。推迁移是指一个特定进程或线程定期检查每个处理器的负载，若发现不均衡，则把超载处理器上的任务推给空闲处理器。拉迁移是指空闲处理器主动从超载处理器上拉取等待任务。这两种方法不是相互排斥的，经常并行实现。需要说明的是，负载均衡通常会抵消处理器亲和性的优势，使进程不能再利用它在亲和处理器缓存内的数据。

2．异构系统的调度

对于异构系统（即所有处理器具有不同的特性和功能），我们使用多个调度进程，即把所有处理器/计算设备分成多个集合，并事先把每个进程固定分配在一个特定的集合中。每个集合都有自己的调度进程。例如，对于输入/输出、数据采集、快速傅里叶变换、矩阵计算和其他应用，该方法会采用不同的处理器及其调度进程。当使用多个调度进程时，用户和应用程序也会对性能有更多的控制。

分布式系统通常在不同的位置（集群）使用不同的调度进程。根据应用程序和配置的不同，本地调度可以选用上述两种方法中的一种。一般地，进程经常被预先分派给簇，而非使用调度进程通过网络进行调度。主要原因一是网络调度需要很多消息通信，通信的时间开销很大；二是很多应用程序是多线程的，这些线程使用共享地址空间。出于性能原因，这些线程一般在相同的处理器上调度分派。另外，分布式系统经常有功能的分布性，这就产生了不同的调度进程。因此，在典型的客户/服务器环境中（如电子邮件、打印和其他服务）分别由不同的服务器节点提供，每一个服务器都使用自己的调度进程。

2.6.4 实时调度

如果一个系统能够保证任务在它的截止期之前完成，则称为硬实时系统，否则称为软实时系统。当一个实时进程需要 CPU 时，实时操作系统应立即响应，因此一般使用基于优先级的抢占式算法。但这类算法只能保证软实时属性，需要增加其他功能才能支持硬实时属性。

1．频率单调调度算法

在实时系统中，进程/线程经常是周期性的。也就是说，它们会在固定的时间间隔重复计算，每次计算的截止期是下一个周期的开始。因此，如果一个进程的周期为 d，那么每隔 d 个时间单元就会被激活，并且必须在 d 个时间单元内完成其计算（总服务时间为 t）。频率单调（Rate Monotonic，RM）调度算法是一种基于周期长度的抢占式策略。对于每个周期性进程，周期 d 越短，其优先级越高。例如，每秒都会重复的计算比每小时重复的计算具有更高的优先级。仲裁规则要么是随机的，要么按照时间的先后次序。

例如，A 和 B 是两个周期性进程，周期分别是 10 和 20，分别需要执行 4 和 7 个时间单元。由于 A 的优先级一直比 B 的优先级高，所以，A 首先执行并在时刻 4 完成，满足了第一个截止期；然后，B 开始运行直到时刻 10，此时 B 被 A 抢占，A 在时刻 14 执行完成；调度器恢复执行 B，B 继续上次未完的执行，直到时刻 15 完成执行，也满足了它的第一个截止期；此后系统一直空闲，直到时刻 20，调度器再次调度 A 执行。上述执行过程如图 2.17 所示。

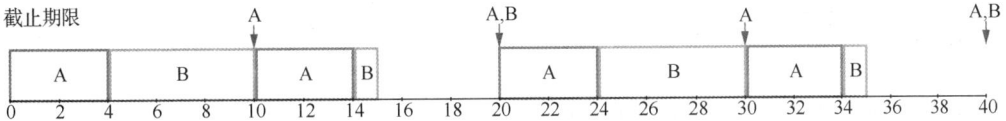

图 2.17　频率单调调度算法

现在，我们假设进程 A 和 B 的周期分别为 10 和 16，分别需要执行 5 和 7 个时间单元，仍使用频率单调调度方法。如图 2.18 所示，A 运行到时刻 5，然后 B 运行到时刻 10，此时被 A 抢占；A 运行到时刻 15，使得 B 在时刻 17 结束，超过了在时刻 16 完成执行的截止期限。

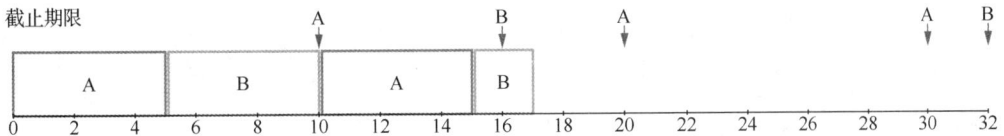

图 2.18　频率单调调度算法的不足

频率单调调度的不足是：CPU 的利用率是有限的。对于 n 个进程，最坏情况下的 CPU 利用率 $U = n\left(2^{\frac{1}{n}} - 1\right)$。当 n 趋近于无穷时，U 大约为 69%；$n=2$ 时，$U=83\%$。在上述例子中，两个进程的 CPU 利用率为 5/10+7/16≈94%。所以，频率单调调度方法无法确保它们的截止期限。

2．最早截止期优先调度算法

最早截止期优先（Earliest Deadline First，EDF）调度算法是一种抢占式动态调度机制，主要用于实时应用程序。距离截止期更近的进程具有更高的优先级。也就是说，截止期越早的进程，优先级越高；截止期越晚的进程，优先级越低。因此，在进程运行期间，其优先级是随着距离截止期的远近而调整变化的。

现在，我们使用 EDF 调度算法调度图 2.18 中的进程。两个进程的执行过程如图 2.19 所示。需要注意的是，在时刻 10，A 的截止期是 20 而 B 的截止期是 16，因此 B 的优先级高于 A，A 不会抢占 B；在时刻 20，A 和 B 的截止期分别是 30 和 32，因此 A 的优先级高于 B，A 会抢占 B。

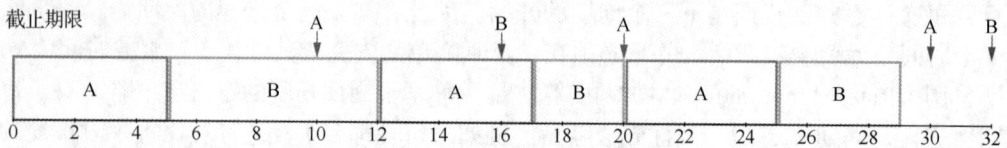

图 2.19 最早截止期优先调度算法

在频率单调调度算法中，进程是周期性的，其优先级是固定不变的；在最早截止期优先调度算法中，进程不必是周期性的，但前提是进程在变为就绪状态时，应把它的截止期告知系统。从理论角度看，EDF 调度算法是最佳的，能够满足每个进程的截止期，并且使得 CPU 得以完全利用，但是，考虑到进程调度和中断处理等带来的时间成本，它不可能完全利用 CPU。

2.7 习题

1. 为什么栈和堆会朝相反的方向增长？
2. 创建新进程的时候，如何有效地处理地址空间的副本？
3. 请写出下面程序所有可能的输出。

```
1  #include <stdio.h>
2  #include <stdlib.h>
3  #include <unistd.h>
4
5  int main() {
6      pid_t pid , mypid;
7
8      printf("A\n");
9      pid = fork();
10     if(pid == -1) {
11         printf("fork failed !\n");
12         exit(pid);
13     }
14     if (pid == 0) {
15         mypid = getpid ();
16         printf("Child: fork returned %d, my pid %d\n", pid , mypid);
17     } else {
18         mypid = getpid ();
19         printf("Parent: fork returned %d, my pid %d\n", pid , mypid);
20     }
21     printf("B:%d\n", mypid);
22     return 0;
23 }
```

4. 请写出下面程序所有可能的输出。

```
1  pid_t pid1 , pid2 , ret;
2  int status;
3
4  printf("A\n");
5  pid1 = fork();
6  if (pid1 == 0 ) {
7      printf("B\n");
8      pid2 = fork();
```

```
 9          if (pid2 == 0 ){
10              printf("C\n");
11              execvp("a.out", NULL);
12          } else {
13              ret = wait(& status);
14              printf("D\n");
15              exit (0);
16          }
17     } else {
18          printf("E\n");
19          ret = wait(& status);
20          printf("F\n");
21     }
```

5. 在表 2.3 所示的 5 个进程中，到达时刻是进程变为就绪状态的时刻，t 是总的服务时间，e 是外部优先级。

表 2.3   5 个进程的详细信息

进程	到达时刻	t	e
p0	0	80	9
p1	15	25	10
p2	15	15	9
p3	85	25	10
p4	90	10	11

假设在时刻 0 处立即开始执行，并且没有上下文切换的负载。使用下面的调度规则画出一个时序图，来说明 5 个进程中每一个的执行情况（在相同条件下，假设进程号小的先执行）。

（1）FIFO 调度算法。

（2）SJF 调度算法。

（3）SRTF 调度算法。

（4）RR（时间片为 1）调度算法。

（5）MLFQ 调度算法，其中 n =5，T =10，并且在每个优先级级别中使用 FIFO 调度算法。

6. 对于习题 5 中的每种调度算法，确定 5 个进程的平均周转时间。

7. 考虑使用 RR 调度算法共享 CPU 的 n 个进程。

（1）假设每次上下文切换用时为 $s$ms，确定时间片的大小 q，使得进程切换造成的负载最小，但是同时要保证每个进程至少每 ts 在 CPU 上轮回一次。

（2）如果 n = 100，t = 1，s = 0.001，那么 q 的大小应该是多少？如果 s 增加到 0.01，q 是多少？

8. 考虑一个具有固定时间片 q 的 RR 调度系统，每次上下文切换用时为 $s$ms，任何指定的进程在其阻塞或者终止前平均运行时间为 $t$ms。

（1）确定在下面的每种情况中，由于上下文切换而浪费的 CPU 时间片：

① $t < q$。

② $t >> q$（即 t 远远大于 q）。

③ $q \approx 0$（q 接近 0）。

（2）什么情况下浪费的 CPU 时间片会接近 50%？

9. 考虑进程 p0、p1 和 p2，表 2.4～表 2.6 分别说明了每个进程的总服务时间 t 和周期 d 的 3 组不同的值。

表 2.4 情况 1				表 2.5 情况 2				表 2.6 情况 3		
进程	t	d		进程	t	d		进程	t	d
p0	3	50		p0	15	50		p0	5	20
p1	70	1 000		p1	5	10		p1	7	10
p2	5	40		p2	1	4		p2	4	100

（1）对于这 3 种情况，使用 RM 和 EDF 策略时，哪一个策略可能会产生合理调度？

（2）对于每种情况，画出每个进程前 25 个时间单元的时序图。

10. 请列出 CPU 调度算法，指出哪些是非抢占式调度，哪些是抢占式调度；列出体现社会公德的关键词，如尊老、爱幼、照顾优先、排队、平等、公平、防饥饿等，请结合算法特点，在上述关键词和调度算法之间进行连线。

第 3 章

同步

每个夜晚，沿着马来西亚的潮汐河流，成千上万只萤火虫在树林中协调一致地闪烁；上万亿个电子在超导体中协调一致地前进，使电流在零电阻的状态下流过；我们的身体也是一曲富有韵律的交响乐，成千上万的心脏起搏细胞持续且协调一致地收缩，维持着我们的生命。我们把这种时间上的秩序称为同步。

与此类似，在计算机系统中，进程或线程之间也需要共享资源，它们之间也存在协作和竞争的关系。例如，多个进程合作解决一个问题，多个进程竞争使用某种资源，多个进程共享数据等。为此，操作系统提供了多种同步机制，以保证多个进程或线程的正常工作，提高资源利用的效率。本章首先阐述互斥和竞争条件的概念，然后讲述信号量、条件变量和管程等同步机制，最后介绍操作系统提供的时钟和时间机制。

3.1 互斥和竞争条件

竞争条件（上）

如图 3.1 所示，对于一个共享的有界缓冲区，操作系统可能会提供以下接口。

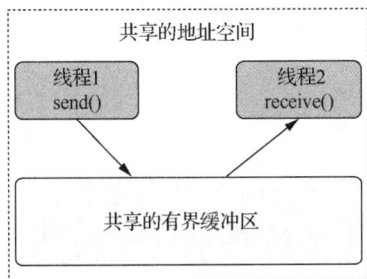

图 3.1　两个线程通过一个共享的有界缓冲区进行交互或通信

- send(message)：如果有界缓冲区中有可用空间，则在缓冲区中插入消息；如果没有，则停止调用线程并等待，直到有可用空间为止。
- receive()：如果有界缓冲区中有消息，则将消息返回给调用线程；如果没有，则停止调用线程并等待，直到另一个线程向缓冲区发送消息。

为简便起见，我们假设每个线程都有一个可用的物理 CPU，这样，我们就不必考虑多个线程复用同一个 CPU。

两个线程之间共享有界缓冲区，这是生产者-消费者问题的一个实例。生产者需要先向共享缓冲区添加一条消息，然后消费者才能删除它。另外，生产者在有界缓冲区填满时需要等待消费者。

下面，我们尝试实现 send()函数和 receive()函数，它们也被称为 producer()和 consumer()。

如下代码给出了 send()函数和 receive()函数的第 1 个实现：

```
1  message buffer[N];
2  int in = 0, out = 0;
3
4  send(message msg){
5    while in - out == N do nothing;
6    buffer[in % N] = msg;
7    in = in + 1;
8    return;
9  }
10 message receive (){
11   while in == out do nothing;
12   msg = buffer[out % N];
13   out = out + 1;
14   return msg;
15 }
```

在上述实现中，我们假设只有一个发送线程和一个接收线程，并且只有一个线程更新（修改）每个共享变量，其中只有接收线程更新变量 out，只有发送线程更新变量 in。这里的关键是一个写者原则：每个变量只有一个修改者。在此假设之下，线程同步是比较容易的。

现在，我们考虑系统中有多个写者、修改者、发送线程的情况。每个发送线程均有自己的 CPU，但执行进度不同。下面的例子有 2 个发送线程 A 和 B：

```
A 缓冲区为空      填充条目   in=1
----------------------------------------------->

B    缓冲区为空  填充条目       in=2
----------------------------------------------->
```

上述情况使得变量 in 的取值不一致或不确定，这称为竞争条件，因为变量 in 的取值取决于两个线程执行的确切时间或顺序。

很多情况下会出现竞争条件，我们再看一个例子：

```
in = in + 1
```

该代码对应的汇编指令为：

```
1  LOAD in , R0
2  ADD R0 , 1
3  STORE R0 , in
```

对于上述代码，A 和 B 两个线程的执行顺序如下：

```
in=0
A        1    2    3    in=1
----------------------------------------------->
in=0
B            1      2    3    in=2
----------------------------------------------->
```

可以看出，A 和 B 两个线程存在竞争条件，因为变量 in 的取值取决于两个线程执行的确切时间或顺序。因为竞争条件很少发生且很难重现，所以程序员们很难调试和修复它。

竞争条件（下）

3.2 避免竞争条件产生

只要输出取决于线程的精确执行顺序，就会出现竞争条件。那么，我们如何系统地避

免竞争条件的产生呢?

首先,我们把对共享数据的多步操作称为临界区。临界区必须是原子行为。我们需要让多个线程相互协调,以保证它们在执行或访问临界区代码时是互斥的。互斥访问临界区需要遵从如下原则。

- 空闲让进:若临界区空闲,则允许一个进程进入。
- 忙则等待:当临界区已有进程时,其他进程需等待(为阻塞状态)。
- 让权等待:等待进程应让出 CPU,防止忙等待。
- 有限等待:对于在等待的进程,等待时间应该是有限的。

那么,我们怎样才能使得临界区是原子行为呢?一个办法是使用锁。

锁是一个共享变量,充当标志,以协调其他共享变量的使用。

我们引入两个新的原语来处理锁:获取锁(acquire()函数)和释放锁(release()函数)。多个线程运行时会使用这两个原语来避免产生竞争条件。

- 线程 A 调用 acquire()函数获得一个锁,持有一段时间后释放它。
- 当线程 A 持有锁时,其他试图获取该锁的线程将会等待,直到线程 A 调用 release()函数释放锁。

这样,线程在执行临界区代码之前调用 acquire()函数,之后调用 release()函数,就把临界区的行为(多步操作)变成原子行为(单步操作)。

为方便理解,我们打个比方:一家餐厅只有一张桌子和一把椅子,一位客户就餐时,其他客户必须在外面等候。

下面,我们给出 send()函数和 receive()函数的第 2 个实现(使用锁):

```
1   message buffer[N];
2   int in = 0, out = 0 ;
3   lock buffer_lock = UNLOCKED ;
4
5   send(message msg){
6      acquire(buffer_lock);
7      while in - out == N do nothing;
8      buffer[in % N] = msg;
9      in = in + 1;
10     release(buffer_lock);
11     return;
12  }
13  message receive (){
14     acquire(buffer_lock);
15     while in == out do nothing;
16     msg = buffer[out % N];
17     out = out + 1;
18     release(buffer_lock);
19     return msg;
20  }
```

上述实现通过 buffer_lock 的获取和释放操作把 send()函数和 receive()函数变成了原子操作。但是,上述实现存在缺陷。我们考虑如下情况:当发送线程成功获取锁后(第 6 行),如果发现此时缓冲区已满,则陷在 while 循环中(第 7 行),要一直等待接收线程取走消息;而接收线程因为无法获得锁(第 14 行)而一直等待发送线程把锁释放。因此,发送线程和接收线程都无法往下执行,导致死锁。为此,我们给出改进后的 send()和 receive()的第 3 个实现:

```
1   message buffer[N];
```

```
2   int in = 0, out = 0;
3   lock buffer_lock = UNLOCKED;
4
5   send(message msg){
6     acquire(buffer_lock);
7     while in - out == N do{
8       release(buffer_lock);
9       acquire(buffer_lock);
10    }
11    buffer[in % N] = msg;
12    in = in + 1;
13    release(buffer_lock);
14    return;
15  }
16  message receive (){
17    acquire(buffer_lock);
18    while in == out do{
19      release(buffer_lock);
20      acquire(buffer_lock);
21    }
22    msg = buffer[out % N];
23    out = out + 1;
24    release(buffer_lock);
25    return msg;
26  }
```

现在，我们需要考虑如何实现 acquire() 函数和 release() 函数。

正确的实现必须强制执行单次获取协议：多个线程可能同时尝试获取锁，但只有一个线程会成功。

我们考虑以下实现：

```
1   struct lock{
2     int state;
3   }
4
5   acquire(lock L){
6     while L.state == LOCKED do nothing;
7     L.state = LOCKED;
8   }
9
10  release(lock L){
11    L.state = UNLOCKED;
12  }
```

遗憾的是，上述实现存在竞争条件：

```
A  L.state is UNLOCKED    L.state = LOCKED
------------------------------------------------->
B     L.state is UNLOCKED    L.state = LOCKED
------------------------------------------------->
```

如上所示，在线程 A 修改 L 状态为 LOCKED 之前，线程 B 执行 acquire() 函数。由于此时 L 状态为 UNLOCKED，所以线程 B 也将 L 状态赋值为 LOCKED。

为什么会出现竞争条件呢？分析 acquire() 的代码可以看出，acquire() 对一个共享变量（即锁 L）进行了多步操作（即临界区），我们必须以某种方式确保 acquire() 本身是一个原子操作。当 acquire() 是原子操作以后，我们就可以使用它来将其他临界区转换为原子操作。

换言之，我们将一个更普遍的问题（使临界区原子化）简化为一个较简单的问题（使单个共享锁原子化）。这如何做到呢？

首先，我们考虑在修改共享变量时禁用中断，这样就可以确保线程有序执行且不会被抢占。由于定时器中断被禁用，线程调度器无法运行，没有其他线程可以在这个 CPU 上运行，因此就避免了竞争条件的产生。该方法在单 CPU 系统中是有效的。但是，在多 CPU 系统中，禁用中断方法存在如下问题。

- 即使在禁用中断的情况下，在其他处理器上运行的线程也可以进入临界区。
- 我们不能允许或信任用户线程来禁用中断，否则，如果他们不重新启用中断，操作系统就失去控制权了。

因此，现代计算机系统通常会提供特殊的硬件指令，用于实现原子化的操作，如原子化地测试和修改单个字的值以及原子化地交换两个位置上的字。

现代 CPU 会提供一条硬件指令，即测试和设置（test and set，tas），其功能是修改某个内存位置的内容，并返回其旧值。代码示例如下：

```
1  bool tas(bool *lock){
2    bool old = *lock;
3    *lock = true;
4    return old;
5  }
```

硬件中，总线仲裁器负责控制连接处理器和内存的总线，确保对*lock 的读取/LOAD（第 2 行）和对*lock 的赋值/STORE（第 3 行）指令作为原子操作执行（方法是让两者在一个时钟周期内完成）。

下面，我们使用 tas 实现 acquire()和 release()，代码如下：

```
1  acquire(lock L){
2    R1 = tas(L.state);
3    while R1 == LOCKED do
4      R1 = tas(L.state);
5  }
6
7  release(lock L){
8    L.state = UNLOCKED;
9  }
```

接下来分析上述实现的正确性。假设 L 是解锁状态，如果一个线程 A 调用了 acquire(L)，那么在 tas 之后，L 为加锁状态，R1 为解锁状态，所以该线程获得了锁；下一个调用 acquire(L)的线程 B 在 tas 之后，R1 为加锁状态，表明有一个线程正在持有锁，线程 B 将自旋，直到 R1 为解锁状态。释放锁时不需要测试，单一的 STORE 指令不会产生竞争条件。

我们再来看一条硬件指令——比较和交换（compare and swap，cas）：

```
1  bool cas(T *ptr , T expected , T new) {
2    if (*ptr == expected) {
3      *ptr = new;
4      return true;
5    }
6    return false;
7  }
```

cas()函数用于比较*ptr 的值，如果它等于 expected，则该值被 new 覆盖；如果交换发生，则该函数返回 true。

下面，我们用 cas 指令来实现锁的获取操作。

```
1  void acquire_cas(bool *lock) {
2    while (cas(lock , false , true) == false) ;
3  }
```

3.3 信号量

信号量（上）　信号量（下）

1. 使用 sleep()和 wakeup(thread_id)两个原语

在 3.2 节，我们讨论了互斥。本节我们讨论并发中的另一个问题——同步。同步是指有两个或多个通信线程时，一个线程需要等待另一个线程，直到某个条件为真时继续执行。我们还是以生产者和消费者问题为例描述线程之间的同步。

回顾之前的消费者问题，我们会发现，在 send()函数和 receive()函数中都使用循环来判断缓冲区条件（简称为轮询），这是很低效的做法。一种简单的改进方法是使用下面两个原语。

- sleep()：通过将线程状态更改为阻塞状态（BLOCKED）来挂起线程，直到另一个线程将其唤醒。
- wakeup(thread_id)：通过将 thread_id 所指线程的状态更改为就绪状态（READY）来唤醒它。

使用上述两个原语，我们可以实现如下 receive()函数和 send()函数：

```
1  message receive (){
2    acquire(buffer_lock);
3    while (in == out) {
4      release(buffer_lock);
5      sleep ();
6      acquire(buffer_lock);
7    }
8    msg = buffer[out % N];
9    if (in - out == N) {
10     out = out + 1;
11     wakeup(senderThread);
12   } else
13     out = out + 1;
14   release(buffer_lock);
15   return msg;
16 }
```

```
1  send(message msg){
2    acquire(buffer_lock);
3    while (in - out == N) {
4      release(buffer_lock);
5      sleep ();
6      acquire(buffer_lock);
7    }
8    buffer[in % N] = msg;
9    if (in == out) {
10     in = in + 1;
11     wakeup(receiverThread);
12   } else
13     in = in + 1;
14   release(buffer_lock);
15 }
```

遗憾的是，上述实现是不正确的。在图 3.2 所示的执行情况下，消费者可能不会被唤醒而永远睡眠。

分析可以发现，导致问题的原因是：在消费者释放锁和调用 sleep()之间，生产者调用了 wakeup()。

因此，我们需要把释放锁和调用 sleep() 两个操作设计为临界区，即把它们变为原子操作。

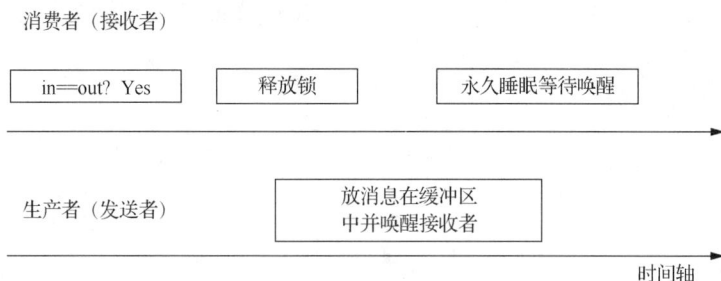

图 3.2　非原子操作会导致消费者永远睡眠

再深入分析，我们可以发现 sleep() 和 wakeup(thread_id) 在协同工作时表现不佳，因为它们不记录或不保留关于之前唤醒操作的状态或信息。

2．信号量简介

下面，我们介绍另一种线程同步机制——信号量。

我们先来看一个现实场景，假设你负责在餐厅门口为客人分配餐桌。

- 你需要管理空闲餐桌的数量（假设使用变量 table_count）；
- 当有客人就坐后，你把该变量减 1；
- 当没有空桌时（即 table_count ≤ 0），客人需要排队等候；
- 当有客人餐毕离开后，排队等待的客人可以进入餐厅。

与你的工作类似，信号量的作用是维护"资源计数器"。

艾兹格·迪杰斯特拉（Edsger Dijkstra）[①]在 1965 年提出了信号量原语 P() 和 V() 操作[②]。为方便理解记忆，我们将它们命名为 down()（或者 wait()）和 up()（或者 signal()）。

（1）信号量的第一种定义

信号量是一个非负整数，可以记录过去的唤醒。down(semaphore) 的定义为：如果 semaphore > 0，把它减 1；否则，等到另一个线程递增该信号量，然后再次尝试递减。up(semaphore) 的定义为：递增信号量，并唤醒所有等待该信号量的线程。

（2）信号量的第二种定义

前面的定义不允许负数，第二种定义改为允许信号量为负数。信号量为正值时，表示可用资源的数量；为负值时，其绝对值是等待可用资源的线程数。这与前面提到的餐厅情况类似。

down() 和 up() 的语义定义如下。

- down(semaphore)：递减信号量并将自己加入等待队列。如果递减后的信号量值为负，则将线程状态更改为 BLOCKED。
- up(semaphore)：递增信号量并唤醒所有等待信号量的线程。

如果规定信号量只能为 0 或 1，则称为二元信号量。二元信号量可以用作互斥锁而无须轮询：down() 对应于 acquire()，up() 对应于 release()。

下面，我们使用信号量解决生产者-消费者问题。我们定义如下信号量变量：使用 full

---

① 荷兰计算机科学家，他在 1972 年获得图灵奖。

② 在荷兰语中，P 和 V 分别是 Probeer（意思是"尝试"）和 Verhoog（意思是"加一"）的首字母。

统计缓冲区被占用的单元数量，初始为 0；使用 empty 计算可用的单元数量，初始为缓冲区的大小；使用 mutex 确保发送线程和接收线程不会同时访问共享缓冲区，它是二元信号量，初始为 1。mutex 用来解决互斥问题，full 和 empty 用于实现线程同步。

send()函数和 receive()函数的代码如下所示：

```
1   semaphore mutex = 1, empty = N, full = 0;
2   send(message msg){
3     down(mutex);
4     down(empty);
5     buffer[in % N] = msg;
6     in = in + 1;
7     up(full);
8     up(mutex);
9   }
10
11  message receive (){
12    down(mutex);
13    down(full);
14    msg = buffer[out % N];
15    out = out + 1;
16    up(empty);
17    up(mutex);
18    return msg;
19  }
```

遗憾的是，上述实现是不正确的，可能会导致死锁，原因如下。

对于发送线程，down(mutex)使得 mutex 被设置为 0；如果缓冲区已满，发送线程将在 down(empty)时阻塞。对于接收线程，访问缓冲区时，它会递减 mutex；因为 mutex 已经为 0，所以接收线程会阻塞。此时，两个线程都会被永远阻塞，造成死锁。

下述代码可以解决上述死锁问题：

```
1   semaphore mutex = 1, empty = N, full = 0;
2   send(message msg){
3     down(empty);
4     down(mutex);
5     buffer[in % N] = msg;
6     in = in + 1;
7     up(mutex);
8     up(full);
9   }
10  message receive (){
11    down(full);
12    down(mutex);
13    msg = buffer[out % N];
14    out = out + 1;
15    up(mutex);
16    up(empty);
17    return msg;
18  }
```

从上述实现可以发现，我们首先关注线程同步问题，再关注共享资源的互斥问题。

3.4 管程和条件变量

3.3 节我们使用信号量解决生产者-消费者问题，实现过程表明，使用信号量编写正确的程序是困难的。原因在于，down()的正确排序很棘手，而且避免竞争条件和死锁是困难的。

既然这样，我们是否可以要求编译器帮助生成正确的信号量代码？如果可以的话，我们应该设计哪些合适的、更高层次的抽象呢？

3.4.1 管程

基于此想法，研究人员提出了管程概念。如图 3.3 所示，管程就像面向对象程序中的对象，编译器负责管程的封装和互斥。封装是指只能通过管程的入口方法访问管程内部的数据。互斥是指每个管程都含有一个互斥锁，线程在调用任何入口方法时必须获取锁，这样，任何时候只有一个线程在管程中处于活动状态。

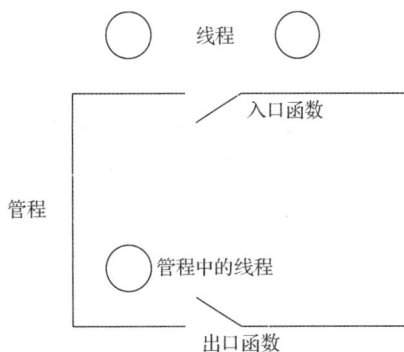

图 3.3　管程

下面，我们使用管程解决生产者-消费者问题，代码如下所示：

```
1  monitor ProducerConsumer{
2    send(message msg){
3      while (in - out == N)
4        sleep ();
5      buffer[in % N] = msg;
6      if (in == out){
7        in = in + 1;
8        wakeup(receiverThread);
9      }else
10         in = in + 1;
11   }
12
13   message receive (){
14     while (in == out)
15       sleep ();
16     msg = buffer[out % N];
17     if (in - out == N){
18       out = out + 1;
19       wakeup(senderThread);
20     }else
21         out = out + 1;
22     return msg;
23   }
24 }
```

仔细分析上述代码可以发现，上述实现是有问题的。在缓冲区已满的情况下，发送线程休眠并阻塞自身，此时就无法再将其唤醒了。原因是发送线程在管程内休眠，其他线程不能进入管程来唤醒它。

深入分析后，我们发现了问题的根源，有两个并发问题需要我们解决：一个是互斥，即一次只有一个线程在临界区。使用管程可以处理互斥，按照管程的定义，任何时候管程中只有一个线程。另一个是同步，即某个线程等待（睡眠），直到某个条件成立。当条件成立时，另一个线程发出信号，唤醒等待线程。

在解决生产者-消费者同步问题的第一次尝试中，我们的解决方案遇到了唤醒丢失问题（见图 3.2），代码如下所示：

```
1  ...
2  while (in == out){
3    release(buffer_lock);
4    sleep ();
```

```
5    acquire(buffer_lock);
6    ...
```

现在，我们如何使用管程来解决这个问题呢？

方法是：让 release()、sleep()、acquire()3 个函数成为原子化操作。在管程的上下文中，上述 3 个函数等价于线程离开管程，阻塞自己，等待某个事件发生，被唤醒时进入管程。因此，我们需要确保离开管程和阻塞自身之间没有中断，唤醒和重新进入管程之间没有中断。

为此，我们需要定义另一个同步机制，即条件变量。

3.4.2　条件变量

条件变量表示一个线程正在等待和发出信号的条件。条件变量支持三种操作。

• condition.wait()：一个线程离开管程，等待条件变量成立。当条件变量成立时再次进入管程。

• condition.signal()：向等待条件变量的一个线程发出信号（唤醒），以便它可以尝试进入管程。

• condition.broadcast()：向等待条件变量的所有线程发出信号（唤醒），以便它们都可以尝试进入管程。

wait()、signal()和 broadcast()这 3 个操作都实现为原子操作，可避免唤醒丢失问题。

下面，我们使用管程和条件变量来解决生产者-消费者问题，代码如下：

```
1    monitor ProducerConsumer{
2    Condition full;      // 缓冲区满时，发送线程等待
3    Condition empty;     // 缓冲区空时，接收线程等待
4
5    send(message msg){
6    if (in - out == N)
7      full.wait();       // 缓冲区满，因此在管程外等待
8    buffer[in % N] = msg;
9    if (in == out){
10     in = in + 1;
11     empty.signal ();   // 缓冲区不空，唤醒在外等待的接收者
12   }else
13     in = in + 1;
14   }
15
16   message receive (){
17     if (in == out)
18       empty.wait();    // 缓冲区空，因此在管程外等待
19     msg = buffer[out % N];
20     if (in - out == N){
21       out = out + 1;
22       full.signal ();  // 缓冲区不满，唤醒在外等待的发送者
23     }else
24       out = out + 1;
25     return msg;
26   }
27 }
```

对于上述实现，初始情况下，发送线程在管程中运行，它向一个空的共享缓冲区添加一条消息，然后向等待的接收线程发出信号，将其唤醒。此时，因为发送线程和接收线程不能同时运行在管程内，我们让哪个线程运行，哪个线程阻塞呢？

3.4.3 管程设计的两种语义

管程中一次只有一个线程处于活动状态，那么，当一个线程在某个事件或信号上解除阻塞时，我们应该怎么做？

当线程 A 发出信号，唤醒某个阻塞线程 B 时，我们有两种选择：①B 进入管程，A 等待；②A 留在管程中，B 等待 A。

第一种选择是管程的发明者托尼·浩（Tony Hoare）提出的，因此我们称之为 Hoare 语义。如图 3.4 所示，该语义要求：发出信号的线程 A 总是离开并等待，接收信号的线程 B 立即进入管程；在线程 A 执行信号操作和线程 B 获取锁之间，不允许其他线程进入管程。图 3.4 和图 3.5 中圆圈表示线程。

因此，该语义能保证线程 B 进入管程时条件肯定成立。

第二种选择是 Mesa 语义[①]。相比 Hoare 语义，Mesa 语义更简单，如图 3.5 所示，它的唯一保证是收到信号的线程被唤醒。但是，它必须与所有其他线程竞争管程锁。

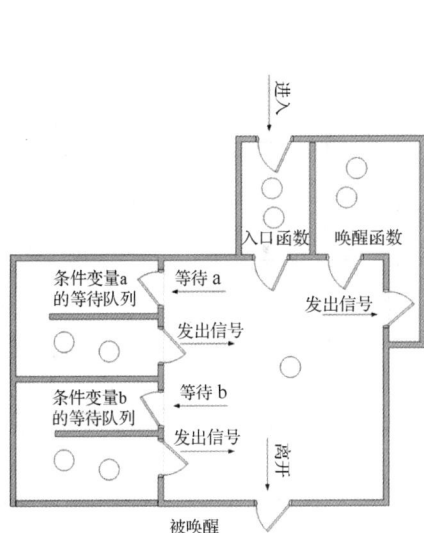

图 3.4　Hoare 语义的管程

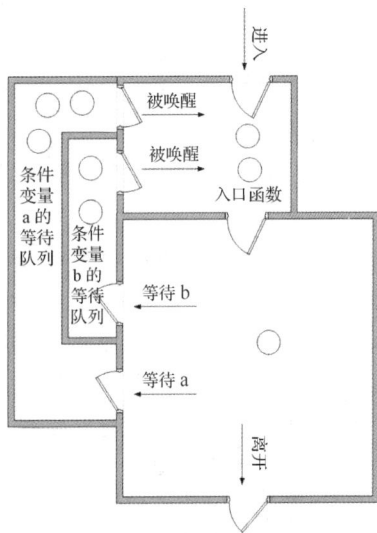

图 3.5　Mesa 语义的管程

发出信号的线程可以继续执行。当它离开管程时，被唤醒的线程（可能还有其他线程），将尝试获取管程锁。接收信号的线程最终会进入管程，但不保证条件仍然成立。

可以看出，我们之前的实现采用了 Hoare 语义。请你思考，如何更改代码才能使用 Mesa 语义？

下面，我们使用 Mesa 语义来解决生产者-消费者同步问题，代码如下：

```
1  monitor ProducerConsumer{
2    Condition full;     // 缓冲区满时，发送线程等待
3    Condition empty;    // 缓冲区空时，接收线程等待
4
5    send(message msg)
6      while (in - out == N)
7        wait(full);     // 缓冲区满，因此在管程外等待
```

---

① Mesa 是 Xerox 公司开发的一种编程语言。

```
8        buffer[in % N] = msg;
9        if (in == out) {
10          in = in + 1;
11          signal(empty); // 缓冲区不空，唤醒在外等待的接收者
12       }else
13          in = in + 1;
14       }
15
16   message receive (){
17        while (in == out)
18          wait(empty);  // 缓冲区空，因此在管程外等待
19        msg = buffer[out % N];
20        if (in - out == N){
21          out = out + 1;
22          signal(full); // 缓冲区不满，唤醒在外等待的发送者
23       }else
24          out = out + 1;
25        return msg;
26       }
27  }
```

Java 中每个对象都可以用作管程，如图 3.6 所示。

- 需要互斥的入口方法必须明确标记为同步（synchronized）；

- 除了入口队列之外，每个管程（即对象）都配备了一个等待队列；

- 通过调用 wait()，所有等待线程都在这个单一等待队列中；

- 所有 signal() 和 broadcast() 操作都适用于等待队列。

需要说明的是，信号量、自旋锁、条件变量这 3 种机制是可以互换使用的。一方面，每种机制都可以通过其他机制的组合来实现。另一方面，每种机制的速度或效率取决于使用场景。例如，临界区多久执行一次？有多少线程竞争临界区？锁需要多长时间？

3.4.4　读者和写者问题

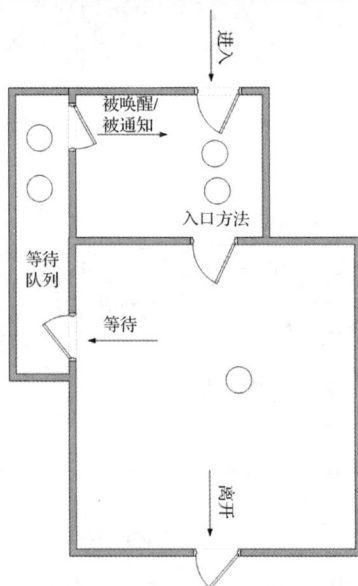

图 3.6　Java 中的管程

下面，我们给出另一种同步机制——读/写锁。读/写锁适用于如下场景：多个并发进程共享一个公共资源（例如文件、数据库等），我们把只读该资源的进程称为读者，把更新（读和写）该资源的进程称为写者。多个读者可以并发访问公共资源，但是，一个写者必须独占访问该资源。这种场景下的同步问题被称为读者和写者问题。读者和写者问题包括 3 类情况：读者优先、读/写公平、写者优先。

1．读者优先

读者优先是指只要有读者在读取共享资源，就允许其他读者继续读取，直到所有读者结束读取后，才允许写者开始写资源。

我们使用一个整数 readers 表示读者数量，初始值为 0；用两个信号量实现读/写锁：rlock 用于读者之间的互斥，wlock 用于写者之间的互斥，它们的初始值为 1。写者只对 wlock 执行等待/发布（wait/post）操作；读者等待/发布 rlock，以便递增/递减 readers。如果 readers ==

0，读者必须在 wlock 上等待/发布。注意：第一个进入临界区的读者和最后一个离开临界区的读者也使用 wlock。

如下代码展示了如何使用读/写锁实现读者优先的读者写者同步：

```
1  typedef struct{
2    int readers;
3    semaphore rlock;
4    semaphore wlock;
5  } rwlock_t;
6  rwlock_t *rw;
7
8  void acquire(rwlock_t *rw) {
9    wait(rw ->rlock);
10   rw ->readers ++;
11   if (rw ->readers == 1)
12     wait(rw ->wlock);    // 第一个读者获取 wlock
13   signal(rw ->rlock);
14 }
15
16 void release(rwlock_t *rw) {
17   wait(rw ->rlock);
18   rw ->readers --;
19   if (rw ->readers == 0)
20     signal(rw ->wlock);  // 最末尾读者释放 wlock
21   signal(rw ->rlock);
22 }
23
24 void reader () {
25   while (true) {
26     acquire(rw ->wlock);
27     // 读取共享资源
28     release(rw ->wlock);
29   }
30 }
31
32 void writer () {
33   while (true) {
34     wait(rw ->wlock);
35     // 写入共享资源
36     signal(rw ->wlock);
37   }
38 }
```

2．读/写公平

读/写公平是指读者和写者是完全平等的，按它们发出请求的时间先后决定它们的访问次序。下面代码展示了如何使用读/写锁实现读/写公平的读者/写者同步：

```
1  typedef struct{
2    int readers;
3    semaphore rlock;
4    semaphore wlock;
5    semaphore rwlock;              // 其作用是：当写者进入临界区时，后来的读者必须等待写者完成
6  } rwlock_t;
7  rwlock_t *rw;
8
9  void acquire(rwlock_t *rw) {
10   wait(rw ->rlock);
11   rw ->readers ++;
```

```
12   if (rw ->readers == 1)
13     wait(rw ->wlock);        // 第一个读者获取 wlock
14   signal(rw ->rlock);
15 }
16
17 void release(rwlock_t *rw) {
18   wait(rw ->rlock);
19   rw ->readers --;
20   if (rw ->readers == 0)
21     signal(rw ->wlock); // 最末尾读者释放 wlock
22   signal(rw ->rlock);
23 }
24
25 void reader () {
26   while (true) {
27     wait(rw ->rwlock);
28     acquire(rw);
29     signal(rw ->rwlock);
30     // 读取共享资源
31     release(rw);
32   }
33 }
34
35 void writer () {
36   while (true) {
37     wait(rw ->rwlock);
38     wait(rw ->wlock);
39     // 写入共享资源
40     signal(rw ->wlock);
41     signal(rw ->rwlock);
42   }
43 }
```

3. 写者优先

写者优先是指如果有写者申请写入共享资源，在此申请前的已有读者可以继续读取，但后来的新读者不能再申请读取资源，只有在所有写者写完后，新读者才可以读取。我们把写者优先的实现留作习题，供读者练习。

3.5 哲学家用餐问题

现在，我们介绍哲学家用餐问题。5 位哲学家坐在一张桌子旁，他们交替地进行思考和用餐，而相邻两个哲学家之间只有一根筷子。哲学家平时思考，饥饿时拿起两根筷子用餐，餐毕放下两根筷子。

该问题可以建模为多个线程独占访问数量有限的资源（如 I/O 设备），每个哲学家被建模为一个线程，代码如下：

```
1 while (true){
2   think ();
3   Pickup left chopstick;
4   Pickup right chopstick;
5   eat();
6   Put down left chopstick;
7   Put down right chopstick;
8 }
```

首先，我们给出如下代码来解决上述哲学家用餐问题：

```
1  philosopher(int i){
2    while (true){
3      think ();
4      pickup_chopsticks(i);
5      eat();
6      putdown_chopsticks(i);
7    }
8  }
9
10 pickup_chopsticks(int i){
11   pickup_chopstick(i);
12   pickup_chopstick ((i+1) % 5);
13 }
14
15 putdown_chopsticks(int i){
16   putdown_chopstick(i);
17   putdown_chopstick ((i+1) % 5);
18 }
```

这个实现方案正确吗？分析上述代码可以发现，如果所有哲学家同时拿起他们的左筷子，那么右筷子已经被相邻的哲学家拿走了，因此没有人能够用餐（也即没有线程能够继续执行），导致死锁。

如何解决这个问题呢？我们需要使取左右筷子的行为成为一个原子操作。因此，可使用一个二元信号量，把"拿起筷子—用餐—放下筷子"封装为原子操作，得到如下代码：

```
1  semaphore mutex = 1; // 二元信号量
2  philosopher(int i){
3    while (true){
4      think ();
5      down(mutex);
6      pickup_chopsticks(i);
7      eat();
8      putdown_chopsticks(i);
9      up(mutex);
10     }
11 }
```

再次分析上述代码，我们又发现一个问题，在任意时间，只能有一个哲学家吃饭。但是我们应该能够让两个哲学家同时吃饭。

如何解决这个问题呢？直觉告诉我们，可以将二元信号量操作移至 pickup_chopsticks()和 putdown_chopsticks()内部，以便定义较小的临界区。于是，我们得到新的解决方案，代码如下所示：

```
1  philosopher(int i){
2    while (true){
3      think ();
4      pickup_chopsticks(i);
5      eat();
6      putdown_chopsticks(i);
7      }
8  }
9
10 pickup_chopsticks(int i){
11   down(mutex);
12   pickup_chopstick(i);
13   pickup_chopstick ((i+1) % 5);
```

```
14        up(mutex);
15      }
16
17  putdown_chopsticks(int i){
18      down(mutex);
19      putdown_chopstick(i);
20      putdown_chopstick ((i+1) % 5);
21      up(mutex);
22      }
```

上述代码正确吗？该解决方案目前看起来不错，但我们还需要实现 pickup_chopstick()
和 putdown_chopstick()。

实际上，我们不需要维护任何额外的状态来记录一根筷子是否可用，只需要检查两
个相邻哲学家的状态即可。哲学家的状态有以下三种可能：进食、思考或饥饿（等待筷
子可用）。

只有在两个邻居都不吃的情况下，一个哲学家才能用餐。如果哲学家试图拿起筷子，
但找不到怎么办？他需要等待筷子变得可用（down()）；他的邻居一旦吃完饭，就必须叫
醒他（up()）。这是典型的线程同步。

下面，我们使用信号量来同步线程，代码如下：

```
1   semaphore sem [5]= {5 of 0}; // 每个哲学家有个信号量
2   int status [5] = {5 of THINKING };
3
4   pickup_chopsticks(int i){
5       down(mutex);
6       status[i] = HUNGRY;
7       int left = (i+4) % 5;
8       int right = (i+1) % 5;
9       if (status[left] == EATING ||
10        status[right] == EATING)
11        down(sem[i]);
12      status[i] = EATING;
13      up(mutex);
14      }
15
16  putdown_chopsticks(int i){
17      down(mutex);
18      status[i] = THINKING;
19      int left = (i+4) % 5;
20      int right = (i+1) % 5;
21      if (status[left] == HUNGRY)
22        up(sem[left]);
23      if (status[right] == HUNGRY)
24        up(sem[right]);
25      up(mutex);
26      }
```

在 pickup_chopsticks()中，如果哲学家 i 没有拿起两根筷子，它会调用 down(sem[i])阻
塞自身，因此不会继续调用 up(mutex)来离开临界区。这样一来，没有其他线程能够进入临
界区，因此造成了死锁。

那么如何解决这个问题呢？我们修改 pickup_chopsticks()如下：

```
1   pickup_chopsticks(int i){
2       down(mutex);
3       status[i] = HUNGRY;
4       int left = (i+4) % 5;
```

```
5      int right = (i+1) % 5;
6      if (status[left] == EATING ||
7          status[right] == EATING){
8        up(mutex);
9        down(sem[i]);
10       status[i] = EATING;
11       }
12     else{
13       status[i] = EATING;
14       up(mutex);
15       }
```

这个实现中还有一个问题：我们假设哲学家 1 和 4 在吃饭并且同时吃完，哲学家 1 唤醒 2，哲学家 4 唤醒 3，因为此时哲学家 2 和 3 都饿了（2 等待 sem[2]，3 等待 sem[3]），down(sem[2])和 down(sem[3])都会继续进行，还是会造成死锁。

因此，我们对 pickup_chopsticks()进行如下修改：

```
1    pickup_chopsticks(int i){
2      down(mutex);
3      status[i] = HUNGRY;
4      int left = (i+4) % 5;
5      int right = (i+1) % 5;
6      while (status[left] == EATING ||
7             status[right] == EATING){
8        up(mutex);
9        down(sem[i]);
10       down(mutex);
11       }
12     status[i] = EATING;
13     up(mutex);
14     }
```

还有一种替代解决方案是不修改 pickup_chopsticks()，而修改 putdown_chopsticks()。

当一个哲学家用餐后，如果确定它的某个邻居 i 不在用餐，它会唤醒另一位邻居 j；如果它确实唤醒了邻居 j，则将其状态设置为 EATING。

修改后的代码如下所示：

```
1    pickup_chopsticks(int i){
2      down(mutex);
3      status[i] = HUNGRY;
4      int left = (i+4) % 5;
5      int right = (i+1) % 5;
6
7      if (status[left] == EATING ||
8          status[right] == EATING){
9        up(mutex);
10       down(sem[i]);
11     }else {
12       status[i] = EATING;
13       up(mutex);
14       }
15   }
16
17   putdown_chopsticks(int i){
18     down(mutex);
19     status[i] = THINKING;
20     int left = (i+4) % 5;
21     int right = (i+1) % 5;
22     if (status[left] == HUNGRY &&
```

```
23        status [(left +4) % 5] != EATING){ //...
24      status[left] = EATING;
25      up(sem[left]);
26      }
27    if (status[right] == HUNGRY &&
28      status [( right +1) % 5] != EATING) { //...
29      status[right] = EATING;
30      up(sem[right]);
31      }
32    up(mutex);
33 }
```

实际上，信号量是强大的原语，我们可以用它设计一个更简单的哲学家用餐方案，代码如下：

```
1  semaphore chopsticks [5]= {5 of 1};
2
3  pickup_chopstick(int i){
4     down(chopsticks[i]);
5  }
6
7  putdown_chopstick(int i){
8     up(chopsticks[i]);
9  }
10
11 philosopher(int i){
12   while (true) {
13     think ();
14     pickup_chopsticks(i);
15     eat();
16     putdown_chopsticks(i);
17     }
18 }
19
20 pickup_chopsticks(int i){
21   if (i == 4){
22     pickup_chopstick ((i+1) % 5);
23     pickup_chopstick(i);
24     }
25     else{
26       pickup_chopstick(i);
27       pickup_chopstick ((i+1) % 5);
28     }
29
30 putdown_chopsticks(int i){
31   putdown_chopstick(i);
32   putdown_chopstick ((i+1) % 5);
33   }
```

之前的实现方案为每个哲学家设计了一个二元信号量（即 sem[5]），并记录每个哲学家的状态（即 status[5]）。仔细思考会发现，筷子才是哲学家们的共享资源，因此我们为每根筷子设计一个二元信号量（即 chopsticks[5]），用这些信号量来同步多个哲学家线程，使得这个设计方案更为简单。

3.6 并发程序中的错误及修复

编写并发程序时，常见的并发错误有 3 类。

- 原子性错误：并发、非同步修改。
- 违反顺序的错误：以错误的顺序访问数据。
- 死锁：程序不能向前执行。

下面举例说明。

1．原子性错误

原子性错误即一个线程读取某个变量值并输出，而另一个线程同时修改它。示例代码如下：

```
1  int shared = 24;
2
3  void T1() {
4    if (shared > 23) {
5      printf("Shared is >23: %d\n", shared);
6      }
7  }
8  void T2() {
9    shared = 12;
10 }
```

上述代码中，T2 可能会修改 T1 中的 if 和 printf 之间的 shared。修复方法是：在访问共享资源时，在两个线程之间使用互斥信号量 mutex。

2．违反顺序的错误

违反顺序的错误是指一个线程假定另一个线程已经更新了一个值。示例代码如下：

```
1  Thread 1::
2  void init() {
3    mThread = PR_CreateThread(mMain , ...);
4    mThread ->State = ...;
5  }
6
7  Thread 2::
8  void init (...) {
9    mState = mThread ->State;
10 }
```

上述代码中，线程 2 可能会在 T1 中分配 mThread 之前运行。修复方法是：使用条件变量表示 mThread 已经初始化。

3．死锁

死锁即多个线程获取锁的顺序是相互冲突的。示例代码如下：

```
1  void T1() {
2      lock(L1);
3      lock(L2);
4  }
5
6  void T2() {
7      lock(L2);
8      lock(L1);
9  }
```

上述代码中，线程 1 和线程 2 可能在分别获取第一个锁后卡住，不能继续执行。修复方法是：以（全局）递增的顺序获取锁。

3.7 时钟和时间机制

时间是计算机软件不可或缺的重要属性。操作系统和用户程序需要访问时间或者发出时间信号，这些时间或者是相对的时间间隔，或者是绝对的"标准时间"。时间的使用场景包括处理器调度、输入/输出事件、性能测量以及死锁和其他错误检测等。

现代计算机提供了多种时间支持硬件，包括简单的周期性时钟中断、复杂的可编程的时钟芯片（例如 Intel 8253）。时钟芯片的中断信号频率可以编程设置，以便按照固定的周期发出中断。例如，中断信号频率为 1 000Hz 时，每毫秒发生 1 次中断。另一个基本的定时器模块通常包含一个硬件的递减定时器，它有一个可设置的寄存器，寄存器的值每个时钟滴答（即时钟周期）结束时递减 1；当寄存器的值为 0 时，发出一个中断。时钟滴答的粒度可以是非常小的，如微秒级。

在上述硬件的支持下，可为操作系统和应用程序建立时钟和定时器服务。这些服务通常是在内核中提供的，因为它们要被其他内核服务使用，必须加以保护，避免出错和误用，且需要在一个高优先级上执行，以产生正确的结果。

3.7.1 本地时钟定时器

本地时钟服务的主要功能是维持并返回一个精确的时刻。因为计算机时钟和我们的手表一样，是由一个周期性的时钟晶体控制的，它们会随着时间而产生偏移。例如，一个典型的晶体可能每秒减慢或者加快 $10^{-5}\mu s$，这样每天大约会偏差 1s。为了保持精确，这个时钟要周期性地与精确的标准时钟同步，例如世界协调时间（Universal Time Coordinated，UTC），这个时间可以通过北斗定位系统或者通过网络得到。

操作系统和应用程序也依赖于时钟值的单调性，即如果连续两次读取时钟，那么第二次读取的值应该大于或等于第一次读取的值。例如，文件更新的时间戳通常用于确定最近的更新。如果时钟在同步过程中，时间向后（即过去）移动了，这就违反了单调性。当需要一次向后的改变时，一个保持单调性的方法是以一个稍慢的速率继续向前运行时钟，直到完成改变为止。

假设计算机时钟的值为下午 2：00，但是应该回退 1 小时，到正确的时间下午 1：00。如果我们以一个稍慢的速率运转时钟，比如实际时间速率的一半，计算机时间和正确的实际时间将在下午 3：00 对齐，而时钟总是单调递增的。以实际时间的一半速率运行时钟意味着实际上每隔一个时钟中断便忽略一次。在下午 3：00 的时候，计算机的时钟速率恢复到其正常的实际时间速率。

本地时钟服务一般提供以下 3 个接口函数。

① Update_Clock()：更新当前的时间（表示为 T_{now}）。每个时钟滴答中断时会调用这个函数，更新必须在临界区中进行，并且一般会关中断。T_{now} 的值是一个正整数，表示从某个已知的起始时间开始的时钟滴答的数目。

② Get_Time()：返回当前的时钟值。它可以是整数值 T_{now}，也可以是一个计算表达式。例如，Get_Time 能够返回一种形式为[年，月，日，时，分，秒]的时间，其中每个值都是从 T_{now} 值中派生的。

③ Set_Clock()：把当前时间显式地设置为新值 T_{new}。

3.7.2 递减定时器

递减定时器可理解为我们现实中用的闹钟。在将来某个特定时刻，一个进程（或线程）可以通过设置一个定时器来请求一个超时信号。在此期间，进程会被延迟、置于睡眠状态或者阻塞，直到被定时器信号唤醒。因此，递减定时器对外提供的一个接口函数是 Delay(T_{dly})：把调用进程阻塞一段时间，时间长度由参数 T_{dly} 指定。T_{dly} 通常是一个从当前时间 T_{now} 开始的正时间间隔。换言之，进程会保持阻塞状态，直到本地时钟时间到达 $T_{now}+T_{dly}$。

为了实现这个函数，我们假设每个进程都有一个硬件递减定时器，并使用函数 Set_Timer(T_{dly})设置这个计数器。该函数把定时器的初始值设置为 T_{dly}。当这个值减小到 0 时，就会产生一个中断，并调用函数 Timeout()。

基于递减定时器和上述函数，我们可以实现如下 Delay()函数：

```
1  Delay(Tdly) {
2    Set_Timer(Tdly);
3    wait(sem-dly); /* 等待中断*/
4  }
5
6  Timeout () {
7    signal(sem-dly);
8  }
```

Delay()函数首先把 T_{dly} 值载入硬件定时器，然后把调用进程阻塞在一个二元信号量上，例如 sem-dly。这个信号量负责硬件定时器的互斥访问，初始值为 0。当 T_{dly} 变为 0 时，中断例程 Timeout 执行信号量 sem-dly 的唤醒操作，把阻塞的进程唤醒。

我们上面的假设——每个进程有一个递减定时器——是不现实的。实际上，硬件定时器通常是由一组进程（或线程）共享的。每个进程拥有自己的一个或多个逻辑定时器。我们对逻辑递减定时器定义以下操作。

① tn = New_LogiTimer()：创建一个新的定时器，并返回其标志符给 tn。

② Del_LogiTimer(tn)：撤销 tn 标识的逻辑定时器，释放其占有的资源。

③ Set_LogiTimer(tn,T_{dly})：它的作用与上面定义的 Set_Timer(T_{dly})函数是等价的，用于把 T_{dly} 的值装载到定时器 tn 中。当这个值减小为 0 的时候，会通过中断调用 Timeout()函数。给定时器装载 0 值会使定时器失效，不再会产生中断。

3.8 使用管程实现中断

中断通常是指在不可预期的时刻发生的一个事件，它会把控制权从正常的执行顺序强制移出。只有通过中断，操作系统才能实现进程的抽象，因为众多进程是逻辑上并行运行的独立活动。事件的异步性（例如输入/输出的完成）也是通过中断处理机制隐藏的。

按照来源的不同，中断通常被划分为内部中断和外部中断。外部中断是通过外部硬件产生的，常见的外部硬件包括输入/输出设备及其控制器（参见第 8 章）。它们使用中断对一些事件发出信号，例如一次输入/输出操作的完成、一个消息的到达或者输入/输出中的一个错误。其他的外部中断源包括定时器、多处理器系统中的其他处理器等。内部中断（或陷入）是由当前计算直接产生的事件。因为它们标识了一些与当前指令关联的错误条件，所以又称作异常。本质上，异常是与当前计算同步发生的。类似地，管理程序的陷入通常也是同步的，例如 SVC 的指令。本节我们主要讨论外部中断，即外部硬件产生的异步事件。

从同一个来源产生的多个中断，我们视为同一类别来对待。不同类别的中断根据其重要性进行优先级排序。对各类中断的常见操作包括以下几种。

- 使能：激活中断。激活之后，以前挂起/禁止的中断可以处理了，将来的中断也可以立即处理。
- 关闭：使中断失效，将来的所有中断都被忽略。但是，一些关键的中断类别（例如电源故障）不能被关闭。
- 挂起/禁止：中断被挂起，即延迟中断的处理，直到它们被使能操作打开。

当一个中断（假设优先级为 P）发生后，系统会自动禁止优先级不超过 P 的其他中断，直到执行一个特殊的指令——中断返回指令（简称 reti）。但是，高优先级的中断处理程序可以抢占低优先级的中断处理程序。

当 CPU 被某个事件（记为 E）中断时，操作系统会执行下面的标准中断处理序列。

（1）保存正在运行的进程或线程的状态，以便它再次运行。这一步通常由 CPU 的中断硬件自动完成。

（2）确认中断的类型，并调用一个与之关联的中断服务例程（Interrupt Service Routine，ISR）或中断处理程序。

（3）执行 ISR。因为 ISR 被视为临界区，所以它应该尽量简短。

（4）恢复之前被中断进程的状态，它会在其先前中断的位置继续执行；或者选择另外一个进程执行，因为 ISR 可能唤醒了某些进程，它们正在等待产生中断的事件（即 E）发生。

图 3.7（a）说明了上述中断处理序列。为了使用某个硬件设备，进程 p 调用函数 Fn() 初始化该设备，Fn() 在设备操作完成后把结果返回给进程 p。函数 Fn() 在初始化设备之后把自己阻塞，以等待设备操作的完成。操作系统会选择另外一个进程来运行。设备在完成操作后会产生一个中断，保存当前运行进程的状态，并唤醒 ISR。ISR 为进程 p 解除阻塞，并发出 reti 指令，该指令会把控制权返回给操作系统。此时，调度器会调度下一个进程来运行，假设最初的进程 p 被启动，使函数 Fn() 得以完成，并返回到进程 p。

图 3.7（a）说明了设计中断处理机制的一些主要困难。首先，函数 Fn() 必须能够在给定的事件上阻塞自己。如果这个函数由用户来写，就需要用户具备操作系统内核的知识（甚至得会修改内核）。其次，ISR 必须能够为与这个事件关联的进程解除阻塞。再次，ISR 必须能够从中断"返回"，即把控制权交给操作系统。即使允许应用程序设计者开发他们自己的中断处理机制，这些问题也必须通过特别设计的内核机制来解决。设计硬件之间的接口和内核例程并使它们清晰和正确是一个艰巨的挑战。

我们的解决方法是：让进程模型包括硬件设备、中断和它们的处理程序，并使用标准的进程间通信结构取代设备的阻塞和唤醒。这些结构包括 P/V、等待/唤醒或者管程操作，它们不需要具备内核知识或者内核知识的扩展。

图 3.7（b）是对图 3.7（a）的修改。我们把硬件设备看作一个单独的进程，它是由函数 Fn() 发出的初始化操作来启动的。函数 Fn() 和 ISR 用于操作硬件，它们是以管程的形式实现的，管程位于硬件和进程 p 之间。进程 p 调用 Fn() 来使用硬件。Fn() 初始化硬件进程，并使用 c 的 wait() 方法把自己阻塞，其中 c 是与设备相关的条件变量。当硬件操作完成时，中断实现为对管程的 ISR 的一次调用。ISR 为中断服务，并发出一个 c.signal() 唤醒函数 Fn()。

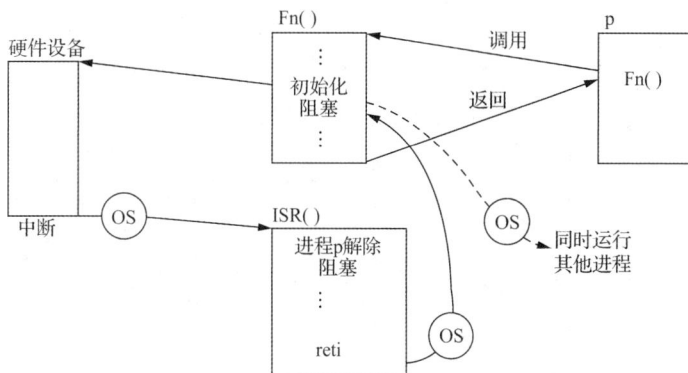

（a）标准中断处理序列

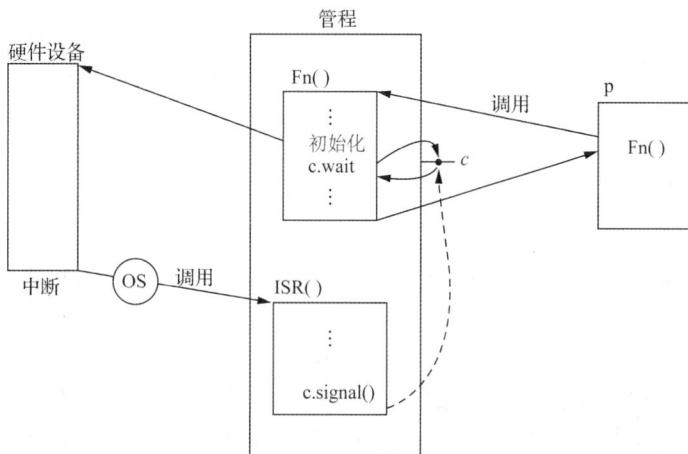

（b）使用管程

图 3.7　中断的实现

　　这种解决方法主要有如下优势：使用函数 Fn() 和 ISR 时不需要具备内核的知识，它们是通过管程原语交互的，并能在应用层实现。阻塞也会导致另一个进程同时执行，但是它对于 Fn() 来说是完全透明的。初始化过程是一个创建进程对硬件进程的调用，类似于创建进程的 fork 调用，或者给硬件进程的一个唤醒消息。中断是对一个管程过程的过程调用，而不是特殊的信号。硬件仍然必须要保存被中断进程的状态，但是从进程 p 的角度看，ISR 与管程的任何其他过程一样。

　　注意：一些过程（例如 Fn()）是由软件进程调用的，而其他（例如 ISR）过程是由硬件过程调用的。因此，管程充当了一个统一的硬件/软件接口。它提供了对临界区的保护，允许硬件在适当的时候（通过调用 ISR）对数据的到达发出信号，并允许进程在需要的时候等待数据或者事件。

　　那么，ISR 过程属于软件进程 p 还是硬件进程？一个合适的回答是让 ISR 属于硬件进程。原因是：这样做与我们的进程抽象完全符合，使得实现代码更加简洁高效，而且管程可以方便地被进程 p 和硬件进程共享了。

　　作为示例，我们利用上述方法实现一个简单的时钟服务器。如 3.7.1 小节所述，它提供 3 个 API 函数：Update_Clock()、Get_Time() 和 Set_Clock。Update_Clock() 与一个周期性的硬件时钟相连，而其他两个过程由调用进程 p 使用，以获得或设置当前时间，如图 3.8 所示。

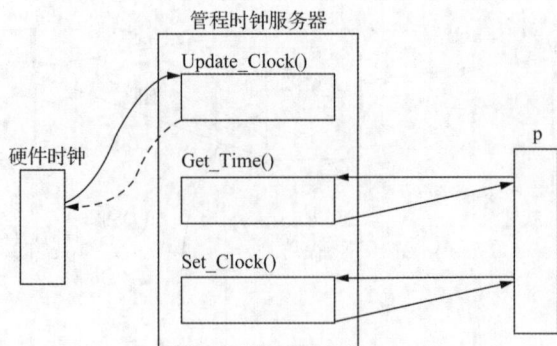

图 3.8　通过管程使用定时器

每个时钟滴答是由一个调用 Update_Clock()的硬件进程产生的。时钟中断处理程序会自动保存当前运行进程的状态，并且调用 Update_Clock()函数。中断处理程序在退出时会恢复最初进程的状态。

3.9　习题

1. 在单处理器系统上，通过禁止中断来实现同步原语的方法对用户程序是不合适的。请说明原因。

2. 通过禁止中断来实现同步原语对多处理器系统是不合适的，请说明原因。

3. 管程的 down/up 操作和信号量的 down/up 操作有何不同？

4. 在解决同一类型的同步问题时，管程和信号量是等价的。请给出证明。

5. 系统中有 n 个进程和 3 个打印机，每个进程的优先级不同。请写一个管程，为这些进程分配打印机，分配顺序由进程的优先级来决定。

6. 请使用信号量模拟两条双向道路的交叉路口的交通情况，要求满足如下规则。

（1）任何时刻只能有一辆车过马路；

（2）当一辆车到达交叉路口并且另一条街道上没有车到的时候，应该允许此车通过；

（3）当两个方向上都有车到达路口时，它们应该依次通过，以防止某个方向上的车被无限延迟。

7. 请使用管程和条件变量解决哲学家用餐问题。

8. 考虑一个 n 层建筑中的电梯，请使用管程管理电梯的上下。在电梯中，当人们按下"呼叫"按钮时，表示想使用电梯；按下标有 $1 \sim n$ 的按钮时，表示指定要去哪一层。

9. 参照 3.4.4 小节的内容，请用读/写锁实现写者优先的读者写者同步。

第4章 死锁

我们已经在哲学家进餐问题中简单介绍了死锁的概念,即每个哲学家有一根筷子,同时在无限期地等待另外一根筷子可用。因为资源已被另外一个被阻塞的进程占有,所以只要进程在这个永远不可能被满足的资源请求上阻塞,我们就称这个进程是死锁的。只有通过操作系统或者用户的直接干预,这种情况才能得到解决,例如,抢占死锁进程占有的资源或者终止一个或多个进程。

死锁的进程不再执行,浪费了内存空间和其他资源,并且这些资源不能再被其他资源使用。因此,我们必须采取一些措施,防止死锁的发生或者当死锁发生时进行处理。

在很多实时应用中,如实时数据通信、机动车监视和控制、生命维持系统、航天器自动控制系统等,任何延迟都可能造成数据丢失或危及人的生命。但这些应用中的死锁不可能一直依赖人的及时干预,因此,自动防止死锁或者解决死锁是很重要的。

本章我们讨论死锁的检测、恢复、避免和预防。

(1)检测和恢复:我们允许发生死锁,但是能够检测死锁的存在并随后解除死锁。

(2)避免:系统动态地筛选所有资源请求。如果满足一个请求会导致系统进入死锁状态,那么该请求便会被推迟,直到可以安全地允许此请求。

(3)预防:系统严格地管理资源的请求和分配,目的是使死锁不会发生。

4.1 系统模型

为方便表示,我们使用图模型表示系统的进程,即资源状态、因资源请求而产生的变化、与死锁相关的状态。

4.1.1 资源图及其状态转换

我们使用资源图表示系统中的进程、资源和它们的关系。资源图是一种有向图,其顶点表示所有的进程和资源类,每一条有向边表示资源的请求和分配。因此,在任意时刻,资源图都描述了进程对所有资源的请求和系统分配给进程的所有资源。

死锁

- 进程:圆形顶点表示一个进程 $p_i (1 \leq i \leq n)$。
- 资源:方形顶点表示一个资源类 $R_j (1 \leq j \leq m)$。资源类中的每个实体表示为方形中的小圆圈。
- 资源请求:进程 p_i 请求资源类 R_j 中的一个实体表示为一条有向边($p_i \rightarrow R_j$),这条边被称为请求边。

• 资源分配：将资源类 R_j 中的一个实体分配给进程 p_i 表示为一条有向边（$R_j \rightarrow p_i$），这条边被称为分配边。每一个分配边都连接着资源类中的一个圆圈，说明当前该实体对其他进程是不可用的。

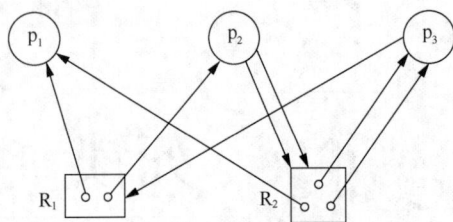

图 4.1　资源图

如图 4.1 所示，系统包括 3 个进程 p_1、p_2、p_3 和 2 个资源类 R_1、R_2，其中 R_1 有 2 个实体，R_2 有 3 个实体。进程 p_1 当前没有请求，进程 p_2 请求 R_2 中的 2 个实体，进程 p_3 请求 R_1 中的 1 个实体；进程 p_1 占有每个资源类中的一个实体，p_2 占有 R_1 的一个实体，进程 p_3 占有 R_2 的 2 个实体。

每个资源图都说明了系统的一个状态，它记录了资源的分配情况和被挂起的资源请求。只要进程请求、获得或者释放一个资源，系统状态就会变为一个新的状态。这 3 种操作定义如下。

（1）请求

请求：进程 p_i 请求资源类 R_j 的实体。请求操作将系统的状态变为包括请求边（$p_i \rightarrow R_j$）的一个新状态。请求操作必须遵从如下约束。

• p_i 在从发出请求到请求被满足期间一直是被阻塞的。因此，在此期间它不能执行任何操作。

• p_i 和 R_j 之间边（包括请求边和分配边）的数目不能超过 R_j 中的实体总数。否则，请求总是无法满足，进程会永远被阻塞。

图 4.2（a）和图 4.2（b）说明了请求操作的结果。最左边的资源图表示系统由两个进程 p_1 和 p_2 以及有 3 个资源实体的资源类 R 组成。在系统状态为 S_0 时，进程 p_2 占有 R 的一个实体，没有其他被挂起的请求。进程 p_1 请求资源 R 的两个实体后，系统转移到新的状态 S_1。状态 S_1 表示出了相应的请求边。

（2）获得

获得：进程 p_i 获得先前请求的资源。获得操作将系统状态变为一个新状态，其中 p_i 所有请求边（$p_i \rightarrow R_j$）的方向与反映分配情况的（$R_j \rightarrow p_i$）的分配边的方向相反。注意：与请求和释放不同，获得操作不是由进程 p_i 自己发出的，而是资源管理器（例如操作系统）执行的授权请求的动作。实际上，进程 p_i 在从发出请求到完成获得期间都是被阻塞的。

获得操作必须遵从以下约束：进程 p_i 发出的所有请求都必须是可满足的。也就是说，每条请求边（$p_i \rightarrow R_j$）必须有对应的空闲资源（R_j 中的小圆圈），以便进程可以一次性得到它请求的所有资源并继续执行，否则进程应保持阻塞状态等待资源。这种策略不允许只分配部分资源给进程，以便简化死锁检测算法。

图 4.2（c）中，在状态为 S_2 时，进程 p_1 获得先前请求的 R 的 2 个实体，S_1 中的两条请求边在新状态 S_2 中变为分配边。

（3）释放。

释放：进程 p_i 释放先前得到的资源。释放操作将系统状态变为一个新状态，其中删除了对应于被释放资源实体的分配边（$R_j \rightarrow p_i$）。释放操作必须遵从以下约束。

• 进程 p_i 当前没有对任何资源类的请求边。这与请求操作的情况相同。

• 进程 p_i 只能释放当前它占有的那些实体，即被释放的资源必须有一条分配边（$R_j \rightarrow p_i$）。

图 4.2（d）中，在状态为 S_3 时，进程 p_1 释放了先前得到的 R 的一个实体。

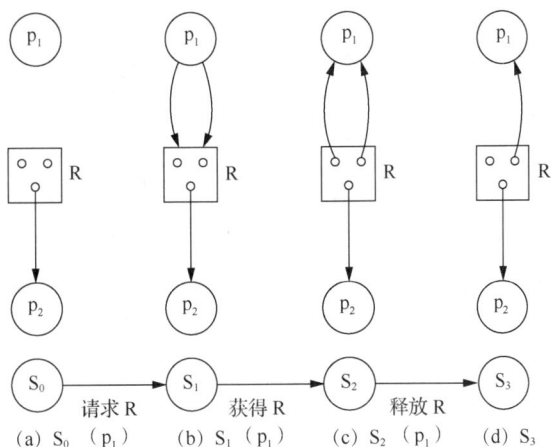

图 4.2 系统状态发生转换

4.1.2 死锁状态和安全状态

系统的可达状态集依赖于进程可以执行的操作。例如，在图 4.2（a）中，进程 p_2 可以释放它正在占有的 R 的实体，产生没有边的一个新状态；或者，进程 p_1 可以请求 R 的 1 个或者 3 个实体。每个操作都会产生一个新的系统状态。通常，我们不知道进程的执行路径和它们的交互顺序，但是系统的可达状态集是有限的。我们的目的是找出（或者防止）那些包含死锁进程的状态。

- 如果在给定状态中，进程不能产生到一个新状态的转移，那么该进程就是被阻塞了，即进程在这个状态时不能请求、获得或者释放任何资源，因为不能满足在这些操作上的一些限制。例如，假设在图 4.2（a）中，进程 p_1 请求 R 的 3 个实体而不是 2 个，那么在新的状态中，它便会阻塞，直到 p_2 释放正在占有的一个实体。

- 如果在给定状态 S 中，进程是阻塞的，并且不论将来发生什么操作（状态变化），进程一直保持阻塞状态，那么该进程就是死锁的。例如，假设在图 4.2（d）中，进程 p_1 请求多于两个的 R 的实体，并且在下一次转换中进程 p_2 也会请求多于两个的 R 的实体，那么两个进程都会阻塞，并且永远保持阻塞状态，即死锁。

- 如果一种状态包含了一个死锁进程，该状态被称为死锁状态。注意：资源图中的环路（见 4.2.2 小节）是死锁的必要条件。

- 如果状态 S 通过合法的请求、获得和释放操作后到达的每一个状态 S' 都不是死锁状态，那么状态 S 就是一种安全状态。

为了更好地理解系统的可达状态，我们举例说明。

假设系统中有 2 个进程 p_1 和 p_2，2 个资源类 R_1 和 R_2 各包含一个文件。进程 p_1 总是先请求 R_1 再请求 R_2，先释放 R_2 再释放 R_1；与此相反，进程 p_2 总是先请求 R_2 再请求 R_1，先释放 R_1 再释放 R_2。

如果我们只考虑 p_1，系统的状态转换如图 4.3 所示。在状态为 S_0 时，资源图没有边；在状态为 S_1 时，p_1 请求 R_1；在状态为 S_2 时，p_1 得到了 R_1。此时它只要释放 R_1，便会回到状态 S_0；或者请求 R_2，便会到状态 S_3；当它得到 R_2 时，系统为状态 S_4，其中 p_1 占有所有资源；释放 R_2 会使其回到状态 S_2……以此类推。同样地，如果只考虑进程 p_2，也会产生类似的状态转换图。

(a) 资源图

(b) 状态变化

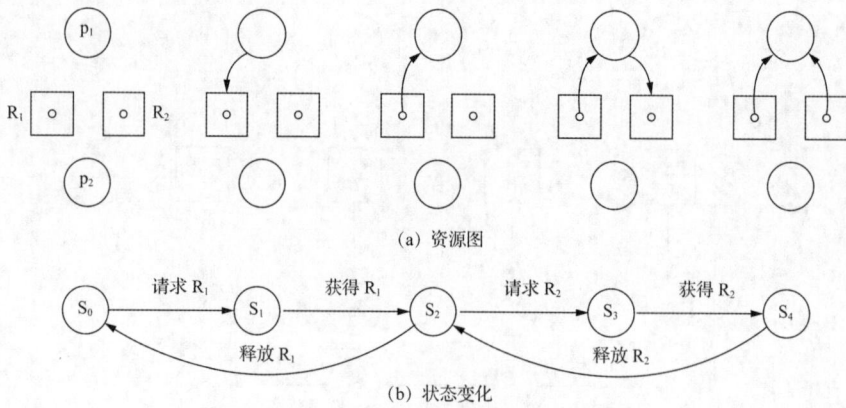

图 4.3　进程 p_1 的状态转换

如果考虑两个进程并发运行，我们会得到系统可达的所有状态的转换图，如图 4.4 所示。每个从状态 $S_{i,j}$ 到 $S_{i+1,j}$ 的平行转换表示进程 p_1 的一个操作，每个从状态 $S_{i,j}$ 到 $S_{i,j+1}$ 的垂直转换表示进程 p_2 的一个操作。例如，在状态为 $S_{1,1}$ 时，每个进程有一条请求边；在状态为 $S_{2,2}$ 时，每个进程有一条分配边；在状态为 $S_{3,3}$ 时，每个进程有一个资源的一条分配边和另一个资源的一条请求边。图 4.4 还给出了死锁状态 $S_{3,3}$ 的资源图。

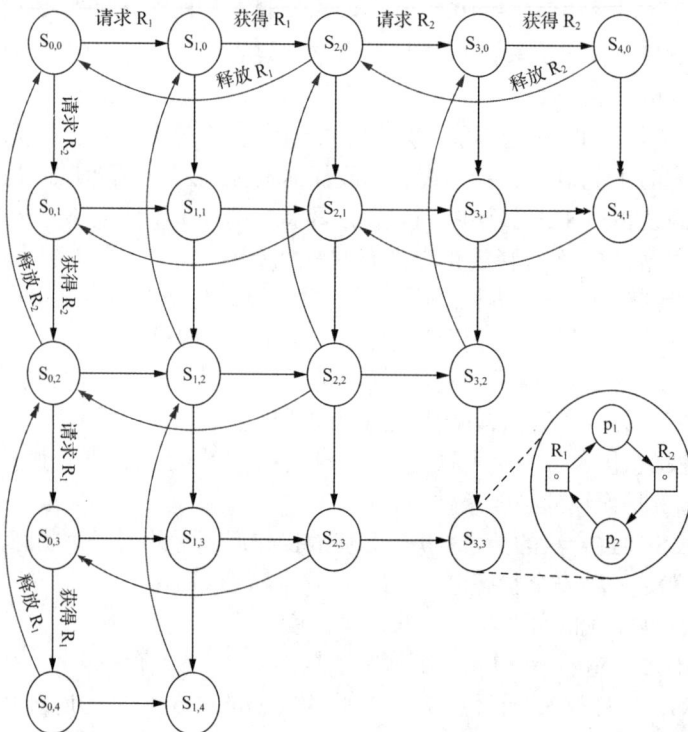

图 4.4　进程 p_1 和 p_2 的状态转换

在状态为 $S_{3,2}$ 和 $S_{1,4}$ 时，进程 p_1 是阻塞的（但是没有死锁）。类似地，进程 p_2 在状态 $S_{2,3}$ 和 $S_{4,1}$ 是阻塞的（但是没有死锁）。

在状态为 $S_{3,3}$ 时，两个进程都是死锁的，因为没有从该状态产生水平或者垂直转换，即 $S_{3,3}$ 是死锁状态。

图 4.4 中除了 $S_{0,0}$ 之外没有状态是安全的，因为可以从任意一个状态到达死锁状态 $S_{3,3}$。

4.2 死锁检测

为了检测当前状态 S 是否是死锁状态，需要确定在状态为 S 时阻塞的进程是否会一直保持阻塞状态。我们使用图简化技术来完成这项工作。图简化技术的执行机制如下：首先，非阻塞进程在状态为 S 时所有能够被满足的请求都是允许的，请求进程没有请求任何更多资源时可以继续完成；在终止前，它们要释放占有的资源，进而会唤醒先前被阻塞的进程，被唤醒的进程以相同的方式继续完成；重复这些操作，直到所有进程都终止（此时可判定 S 不是死锁状态），或者所有进程都被阻塞（此时可判定 S 是死锁状态）。

4.2.1 资源图的简化

对一个表示系统状态的资源图，重复以下步骤，直到图中没有任何非阻塞的进程。
（1）选择一个非阻塞的进程 p。
（2）将 p 移走，包括它的所有请求边和分配边。

如果上面步骤结束时，所有进程节点都被删除了，那么我们称该资源图为完全可简化的。在死锁检测中，我们可以得出以下重要规则。
- 当且仅当 S 的资源图不是完全可简化的，S 是一个死锁状态。
- 给定资源图的所有简化序列都会产生相同的最终图。这就是说，第一步（选择哪一个非阻塞的进程）无关紧要。

由此我们得到死锁检测的一种有效算法：给定一个状态为 S 的资源图，我们可以使用任何顺序的简化，如果最终图不是完全简化的，那么 S 就是死锁状态。

图 4.5 是图简化算法的一个例子。图 4.5（a）是状态 S 的资源图，此时唯一非阻塞的进程是 p_1。图 4.5（b）是简化 p_1 后的图，此时进程 p_2 和 p_4 没有阻塞，可以以任意顺序移除它们。图 4.5（c）是不可简化的，因为进程 p_3 和 p_5 都被阻塞了。因此，原始状态 S 是死锁状态。

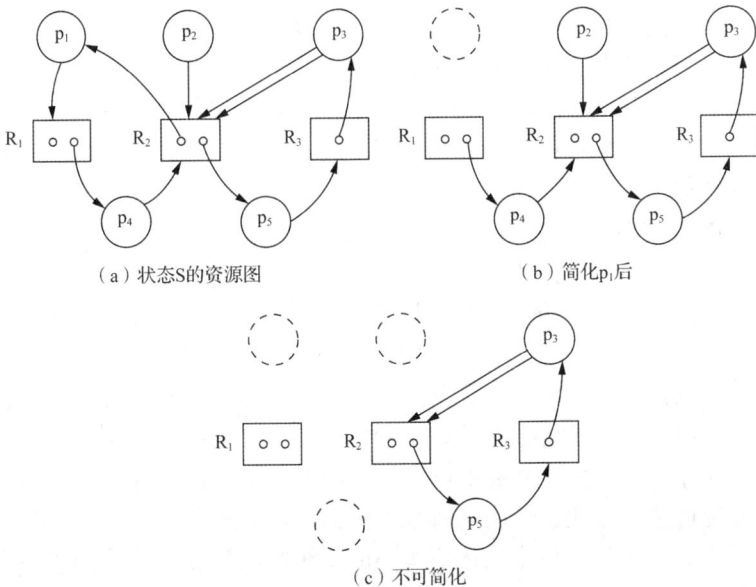

（a）状态S的资源图 （b）简化p_1后

（c）不可简化

图 4.5 图简化算法

4.2.2　死锁检测的特殊情况

在某些情况下，相比 4.2.1 小节的一般结论，我们可以设计更多有效的检测算法。

1．特定进程的测试

在一些场合，我们只对确定特定进程 p 是否是死锁感兴趣，而不是测试整个系统状态。我们可以使用图简化算法来完成这项工作，直到以下事件之一发生：①图可以通过进程 p 来简化，这意味着 p 不是阻塞的，因此不会死锁；②图是不可简化的，在这种情况下，进程 p 是死锁的。在这两种情况中，算法都会在此时停止。

2．连续死锁检测

如果对死锁进行连续的测试，便可以更加有效地完成死锁检测。如果我们知道当前状态 S 不是死锁的，那么，当且仅当引起转换的操作是一个请求，并且执行该操作的进程 p 在 S'是死锁的，下一个状态 S'才是死锁状态。换句话说，S'中的死锁只能由未被立即满足的请求造成。因此，我们只需检测特定进程 p。如果 p 是可简化的，S'就不是死锁状态。

3．立刻分配

一些资源分配程序采用简单的策略，即总是立即允许所有可满足的请求。如果是这种情况，资源图决不会包含任何可满足的请求边，因为这些边立即被变成了分配边。这种系统状态被称为是应急的。例如，图 4.5（a）的状态不是应急的，因为 p_1 没有阻塞，并且其请求可以被立即允许。如果我们分配给 p_1 一个 R_1 的实体，那么状态就变为应急的了。对于死锁检测来说，这便得到了一种更简单的情况：如果一个系统状态是应急的，那么资源图中的一个环路便隐含了一个死锁状态。

有向图中的环路被定义为满足以下两个条件的节点的集合：①环路中的每个节点都可以从此环路中的每个其他节点到达；②从环路内的任何节点都不可能到达此环路以外的节点。例如，在图 4.5（a）中，如果我们删除边 $R_2 \rightarrow p_1$，那么图中只剩一个环路 $\{R_2,p_5,R_3,p_3\}$。如果我们把请求边 $p_1 \rightarrow R_1$ 变为分配边 $R_1 \rightarrow p_1$，那么图 4.5（a）状态就会变为应急的，它包含一个死锁。

为了理解上述检测条件的本质，我们考虑一个包括环 K 的资源图。在 K 中，所有进程必须有被挂起的请求，因为每个节点必须有一条出边。如果状态是应急的，没有一个被挂起的请求能够被满足，那么进程必定是死锁的。注意：环路对于死锁来说是充分条件，但不是必要条件。例如，我们在图 4.5（a）中翻转边 $p_1 \rightarrow R_1$ 后得到的应急状态没有一个环路，但仍然是死锁的。

4．具有单个实体的资源类

在很多情况中，所有的资源类都只有一个实体，常见的例子是文件和锁。在这种限制情况下，只要资源图中存在一个简单的环就说明有死锁。因此，在这种情况下，环是死锁的必要和充分条件。

为了说明这个条件是充分的，假设资源图包括一个环 C。因为在 C 中，每个进程必须有一条入边和一条出边，所以它必须对 C 中的资源发出一个请求，并且必须占有 C 中的资源。这样，C 中的每个进程都被阻塞在 C 中的资源上了，并且只有通过 C 中的其他进程才可以使得资源变为可用。因此，环中的所有进程都死锁了。

所以，为了检测使用具有单个实体资源类的系统中的死锁，我们必须检查资源图中的环路。有一些很著名的算法可以在 $O(n^2)$ 时间内完成检测，其中 n 是节点数。

一个具有单个实体的资源类只会对应一条分配边，这便使得我们可以用一种简单的形式来表示资源图。忽略所有的资源类，将所有请求边直接指向当前占有资源的进程。因为边（$p_i \rightarrow p_j$）表示进程 p_i 被阻塞在了当前被进程 p_j 占有的资源上，即 p_i 正在等待 p_j 释放资源，所以这种图被称为等待图。然后我们可以更简单地得出等待图中的环路是死锁的充分和必要条件。

图 4.6 说明了等待图这个概念。如图 4.6（a）所示，进程 p_1 和 p_2 请求当前正在被 p_3 占有的资源。反过来，进程 p_3 请求当前正在被 p_4 占有的资源。图 4.6（b）表示了相应的等待图：进程 p_1 和 p_2 正在等待 p_3，进程 p_3 正在等待 p_4。

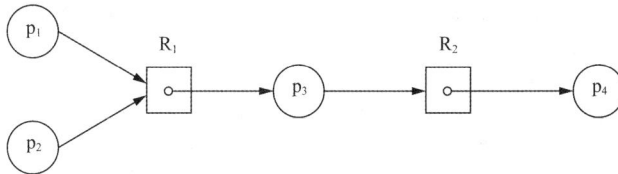

（a）p_1、p_2 请求被 p_3 占有的资源

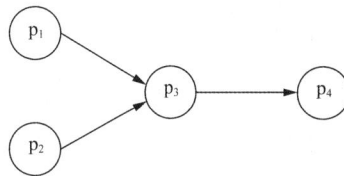

（b）p_1、p_2 正在等待 p_3，p_3 正在等待 p_4

图 4.6 等待图

4.2.3 分布式系统中的死锁检测

4.2.2 小节定义的等待图是在具有单个实体资源类的分布式系统中进行死锁检测的基础。相比而言，增加的困难是没有一个机器具有所有资源请求或者分配的完整视图。因此，等待图本身就是分布式的，一些边穿过了不同机器之间的边界。

每个机器应有自己本地的协调者，负责维护等待图中本地的那一部分。为了检测死锁，我们必须检查全局等待图中的环路。但是因为环路可能会分布在多个机器中，协调者必须通过彼此间交换信息来合作检测这种全局环路。可以采用两种不同的实现方法，要么通过一个中央协调者，要么用一种分布式方法。

1．中央协调者方法

在全局等待图中，检测环路的最简单方法是模仿集中式系统。一个本地的协调者被设计为中央协调者，它从所有其他协调者处收集本地等待图，把它们组合成一个完整的全局图并进行分析以便找出存在的环路。当增加或删除一条边，或者将多个变化集合成组以减少信息流量时，本地图都可以被发送给全局协调者。

检测死锁的集中式方法尽管实现起来很直截了当，但是它有两个主要的缺点。首先，全局协调者变成了性能的瓶颈和故障点。其次，它可能会报告虚假死锁。例如，我们考虑有两台机器 M_1 和 M_2 的一个系统，每个机器有两个进程。图 4.7（a）表示一个全局等待图，它说明进程 p_1 当前正在占有 p_2 请求的资源，p_2 正在占有 p_3（在机器 M_2 上）请求的资源，p_3 正在占有 p_4 请求的资源。假设进程 p_1 请求 p_4 占有的资源，则会增加边（$p_1 \rightarrow p_4$）。同时，M_2 上的进程 p_3 等待超时，将其等待 p2 的边（$p_3 \to p_2$）移除。如果全局协调者首先从 M_1 收到更新，它会构建如图 4.7（b）所示的等待图，并且因此报告死锁。但实际上并不存在死锁，因为实际的等待图不包括虚假边（$p_3 \to p_2$）。

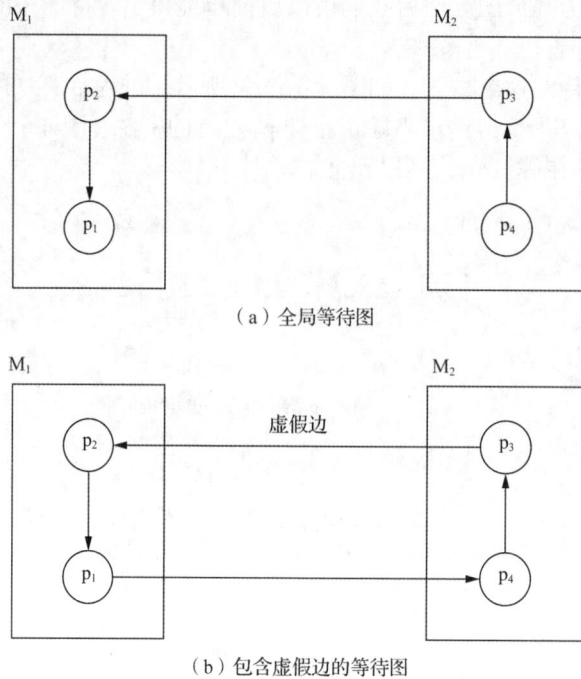

（a）全局等待图

（b）包含虚假边的等待图

图 4.7　虚假死锁

2．分布式方法

完整的分布式死锁检测算法会试图经过等待图中的不同路径，寻找图中的环路，而不是在一个中心位置来收集这种信息。其基本思想是发送一种被称为探针的特殊消息，它可以沿着所有出边复制自身。如果有一个副本到达探针的原始目的地，那么便会检测到一个环路，说明存在死锁。这种方法被称为追边法或者推路法。它有很多不同的实现，这些实现的区别在于探针携带的信息类型和数量是不同的。信息类型和数量必须由每个本地协调者来维护。

我们考虑概念上最简单的方法，即每个探针是它已经经过的所有边的连接。最初的探针是由进程 p_i 在请求进程 p_j 占有的资源而被阻塞时发起的。本地协调器通过增加边（$p_i \to p_j$）来扩展探针，并沿着所有从 p_j 出发的边复制探针。如果没有这样的边，表明当前进程没有阻塞，便将探针丢弃。只要同一个进程在一个探针中出现两次，说明该探针一定回到过一个已经访问过的进程，那么就检测出来了一个环路。

图 4.8 演示了上述算法，它使用了分布在 4 个不同机器上的 7 个进程。假设进程 p_1 请求当前 p_2 占有的资源，创建了一个包含边 $p_1 \to p_2$ 的初始探针。因为 p_2 在等待 p_3，所以探针被扩展为 $p_1 \to p_2 \to p_3$。p_3 在等待 p_4 和 p_7，因此沿着两个不同的路径复制探针。路径为 $p_1 \to p_2 \to p_3 \to p_7$ 的一个探针在机器 M_3 上被丢弃，这是因为 p_7 没有阻塞。另一方面，另外一个探针继续沿着 p_4 经过 p_5。在 p_5，探针再次被复制。到达机器 M_1 时，包含 $p_1 \to p_2 \to p_3 \to p_4 \to p_5 \to p_1$ 的探针闭合成了环路。p_1 在路径上出现了两次：第一次作为探针的初始

者，第二次作为其接收者。因此，M_1 上的协调者检测出了死锁。类似地，M_2 上的协调者发现 p_4 在探针 $p_1 \rightarrow p_2 \rightarrow p_3 \rightarrow p_4 \rightarrow p_5 \rightarrow p_6 \rightarrow p_4$ 中出现了两次，从而检测出另外一个环路。

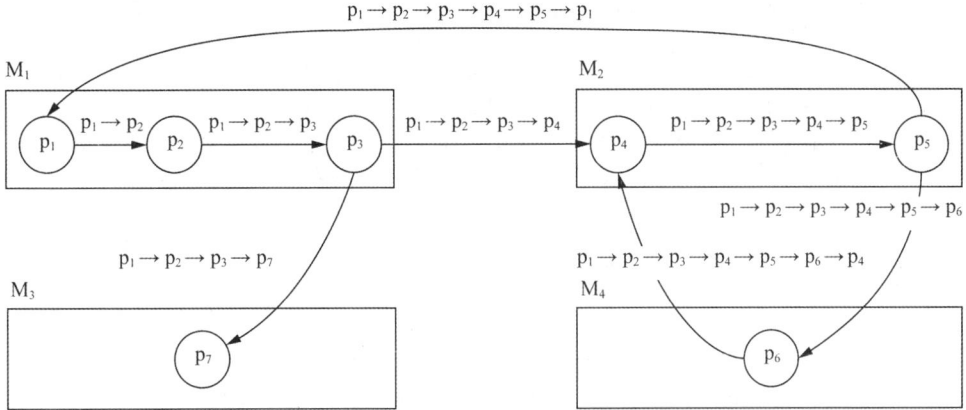

图 4.8　检测环路的探针

以上实现的一个主要缺点是探针的长度是没有限制的。在实际中这可能不是一个严重的问题，因为等待图中的路径通常是很短的。当然，有一些方法可以把探针的长度保持为固定，但需要每个本地控制器维护已知的依赖关系。

4.3　死锁避免

4.2 节讲述了死锁检测和死锁消除。一种完全不同的策略是尽早防止死锁的发展。实现方法是在运行时使用规则进行检测和实施，这种方法被称为死锁避免。

4.3.1　需求图

死锁避免的基本原则是推迟可能会导致系统进入死锁状态的资源获得操作。如果知道进程将来请求资源的信息，那么便可以确定是否推迟资源获得操作。通常，进程不知道它们将来会需要什么资源，但是，它们可以指定其需求的最大值（称为最大需求量）。这是进程在任何时候需要的每种资源的最大实体数。

进程的最大需求量可以用需求图来表示，它是对资源图的一种扩展。除了标有进程、资源、请求边和分配边以外，需求图还包括一组可能请求边（或称为需求边）。在系统的原始状态，这种边（$p_i \rightarrow R_j$）的数目表示进程 p_i 将会需要的资源 R_j 的最大实体数。

每条可能请求边将来可能会被转换成一条实际请求边，随后变成一条分配边。但是进程 p_i 与资源类 R_j 之间的边的总数（即请求边、分配边和需求边的总和）一直保持相同。

图 4.9 演示了需求图的状态转换过程，其中请求边和分配边的表示与以前相同，增加的需求边用虚线表示。

如图 4.9 所示，进程 p_1 在任何时间最多可能请求 R 的 2 个实体，而 p_2 可以请求 R 的 3 个实体。进程 p_2 请求 R 的一个实体是第一个操作。新状态 S_1 说明一条需求边被转换成了一条实际的请求边，请求被允许，从而产生了状态 S_2。下一个操作是进程 p_1 请求 R 的两个实体（在状态 S_3 中），这也被允许了（在状态 S_4 中）。此时，进程 p_2 可能会请求 R 的 3

个实体中的一个，这会阻塞 p_2，直到 p_1 释放实体。

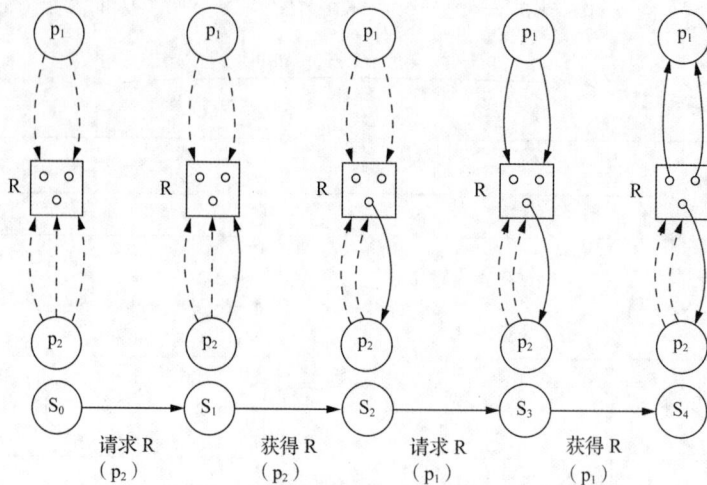

图 4.9　需求图的状态转换

4.3.2　银行家算法

需求图可以用于动态地避免死锁。方法是不允许任何资源获得操作，除非它产生的需求图是完全可以简化的。需求图可以完全被简化，意味着可以处理将来所有可能请求的最坏情况。这就是说，即使所有进程请求它们需求的剩余资源，仍然能够满足所有请求。

定理：如果禁止那些不能产生一个完全可简化的需求图的资源获得操作，那么任何系统状态都是安全的。

这个定理是死锁避免算法的基础，最有名的一个算法是银行家算法[①]。该算法因对银行系统的一种模拟而得名，其中资源类对应于货币，分配对应于借贷，最大需求量被认为是信贷限额。死锁预防可以由"银行家"完成，他在给定状态 S 按照以下方法允许或者推迟任何请求。

① 假设允许状态 S 中的请求，即临时将请求边变为相应的获得边；新的暂时的状态是 S'。

② 简化 S' 的需求边，即将 S' 中的所有需求边都看作实际的请求边，并简化结果图。

③ 如果图是完全可以简化的，则允许最初的请求，即接收 S' 作为新状态，并继续执行；否则，推迟资源获得操作，即还原到原来的状态 S，并把请求挂起。

为了说明银行家算法的工作原理，我们以需求图为例进行说明。如图 4.10（a）所示，它表示的系统状态早于图 4.1 中的系统状态。进程 p_1 和 p_2 对 R_1 的一个实体的请求都未被允许，因此，3 个进程都有对 R_1 的一个实体的请求被挂起。现在使用每个进程的需求边对最初的资源图进行扩充，需求边在图中表示为虚线。银行家算法的任务是确定对 R_1 的 3 个被挂起的请求中，哪 1 个可以被安全地允许。

如果允许 p_1 的请求，则结果如图 4.10（b）所示，这个结果图是完全可以被简化的（首先通过 p_1，然后通过 p_3，最后通过 p_2）。因此，这个请求在这个状态中是被允许的。如果允许 p_3 的请求，也会产生一个完全可以简化的图，因而该请求也被允许。但是，允许 p_2

---

① 该算法由 Dijkstra 于 1968 年提出。

的请求则会产生如图 4.10（c）所示的情况。如果我们把所有的需求边解释为实际的请求边，那么所有的 3 个进程都被阻塞了，此图是不能被简化的。为了防止这种情况的发展，必须推迟 p_2 的请求，直到它能被安全地允许。

当所有的资源类只包含一个实体时，可以更加有效地测试需求图的可简化性。这是建立在以下观察基础上的：只有当资源获得操作在需求图中产生一个环时，需求图才是不可被简化的。因此，为了预防死锁，我们可以使用一个简单的算法，用它记录从获得资源的进程出发的路径。

图 4.11（a）使用具有 3 个进程和 2 个资源类的简单系统说明了这种思想。我们不能允许 p_2 对 R_1 被挂起的请求，因为这样做将会闭合（有向）环 $p_1 \rightarrow R_1 \rightarrow p_2 \rightarrow R_2 \rightarrow p_1$。

我们也可以很容易地测试具有单个实体资源类系统的状态的安全性。这是建立在以下观察基础上的：只有当图中包含无向环时，才可能会产生有向环。换句话说，如果我们不考虑所有边的方向，并确定图中不包含无向环，那么在这样的需求图中不会产生有向环。因此，在这种情况下，所有的状态都是安全的，没有死锁的可能。创建资源图时，只需这样检测一次即可。所以，动态死锁避免就变成了一种静态检测。

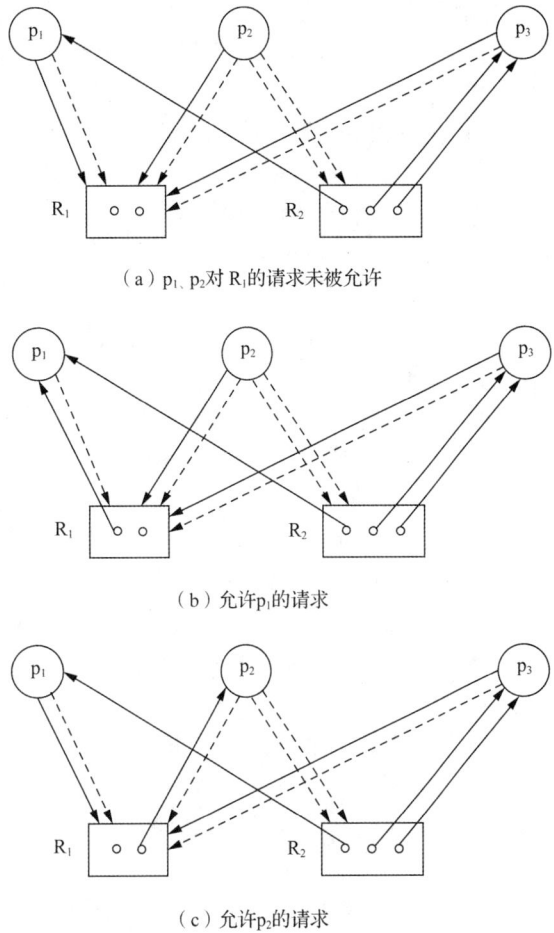

（a）p_1、p_2对 R_1的请求未被允许

（b）允许p_1的请求

（c）允许p_2的请求

图 4.10　使用银行家算法避免死锁

如图 4.11（b）所示，图中所有的状态都是安全状态。如果忽略需求边的方向，我们会看到图中没有形成任何环，这是因为需求边是将来所有可能的请求边或者获得边的超集。

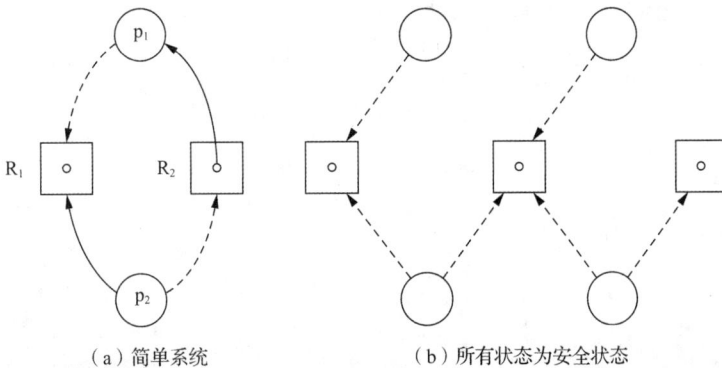

（a）简单系统　　　　　　（b）所有状态为安全状态

图 4.11　具有单个实体资源类系统的死锁避免

总结银行家算法，我们可以发现如下特点。

① 计划性：要根据进程任务制定资源需求计划。

② 诚实：如实向系统声明进程所需要的资源，不要多报或者少报。

③ 大局意识：在系统有足够的资源满足进程的需求，但是如果将资源分配给进程会使系统进入不安全状态时，则不能立即满足进程的资源请求，进程需要先进入等待状态。

4.3.3 银行家算法的一种实现

假定系统有 n 个进程，m 种资源，为实现银行家算法，我们使用如下数据结构：

• 数组 AvaR[m]：表示每种资源可用实例的数量。例如，AvaR[j] = k 表示资源 R_j 有 k 个可用实例。

• 二维数组 Max[n × m]：表示每个进程的最大资源需求。例如，Max[i][j] = k 表示进程 p_i 最多可申请资源 R_j 的 k 个实例。

• 二维数组 Alloc[n × m]：表示已经分配给每个进程的每种资源的实例数量。例如，Alloc[i][j] = k 表示进程 p_i 已获得资源 R_j 的 k 个实例，Alloc[i]表示进程 p_i 已获得的资源。

• 二维数组 Need[n × m]：表示每个进程还需要的额外资源数量。例如，Need[i][j] = k 表示进程 p_i 还需要资源 R_j 的 k 个实例，Need[i]表示进程 p_i 还需要的额外资源。

为了简化表达，给定数组 X[n],Y[n]，我们定义如下的数组比较运算：X ⩽ Y 当且仅当 $\forall i \in [0, n]$, X[i] ⩽ Y[i]。例如，若 X[3]={1, 2, 3}, Y[3]={1, 1, 1}，则 Y ⩽ X。

我们用下述 IsSafe()函数判断系统是否处于安全状态：

```
1  int IsSafe (){
2    int TmpAvaR[m], CanFinish[n];
3    TmpAvaR=AvaR; CanFinish ={ False };
4
5  for (i=0; i<n; i++) {
6    if ( CanFinish[i] == False && Need[i] <= TmpAvaR){
7      TmpAvaR += Alloc[i];
8      CanFinish[i]=True;
9    }
10 }
11 for (i=0; i<n; i++)
12   if ( CanFinish[i] == False ) return 0; // 非安全状态
13 return 1;                                // 安全状态
14 }
```

现在，假定进程 p_i 发出资源请求 Req（一个长度为 m 的数组），我们用下述 DealWithRequest()函数判断该请求是否可以安全允许：

```
1  int DealWithRequest(int Req[m]) {
2    if ( Req > Need[i] )  // 进程请求超过了最大需求
3      return -1;
4    while ( Req > AvaR )  // 没有足够资源可用
5      sleep (1);
6    // 分配资源，更新相关数据
7    AvaR -= Req; Alloc[i] += Req; Need -= Req;
8    if !IsSafe () {        // 更新后状态是不安全的，恢复至原状态
9      AvaR += Req; Alloc[i] -= Req; Need += Req;
10   }
11   // 分配资源后，系统处于安全状态，正常返回
12   return 0;
13 }
```

下面我们举例说明上述算法的使用。假定系统有 4 个进程 $p_0 \sim p_4$ 和 3 种资源 A、B 和 C，资源 A、B 和 C 各有 9、4、7 个实例。系统在时刻 t 的状态如表 4.1 所示。

表 4.1　系统在时刻 t 的状态

进程	已获得			最大需求			可用			还需要		
	A	B	C	A	B	C	A	B	C	A	B	C
p_1	2	1	0	3	2	2	2	2	2	1	1	2
p_2	3	0	2	8	0	2				5	0	0
p_3	2	1	1	2	2	2				0	1	1
p_4	0	0	2	5	3	3				5	3	1

因为序列满足安全要求，所以系统现在处于安全状态。假定进程 p_1 再对 3 种资源分别请求 1 个实体，即 Req={1, 1, 1}。使用 DealWithRequest() 函数可知，如果满足这个请求，会产生如表 4.2 所示的新状态。

表 4.2　系统的新状态

进程	已获得			最大需求			可用			还需要		
	A	B	C	A	B	C	A	B	C	A	B	C
p_1	3	2	1	3	2	2	1	1	1	0	0	1
p_2	3	0	2	8	0	2				5	0	0
p_3	2	1	1	2	2	2				0	1	1
p_4	0	0	2	5	3	3				5	3	1

下面使用 IsSafe() 函数判断这个新状态是否安全，因为序列满足安全要求，所以我们允许进程 p_1 的这个请求。

此时，如果进程 p_2 发出资源请求{2,0,0}，我们不能允许，因为没有足够的可用资源。同样地，如果进程 p_4 发出资源请求{1,1,0}，我们也不能允许，因为这会导致系统处于非安全状态。

4.4　死锁预防

为了确保系统不会进入一种不安全的状态，动态死锁避免要依赖于运行时检测。这是由系统（资源管理器）来执行的，它负责允许或者推迟任何给定的请求。另一方面，死锁预防依赖于在系统上强加的、额外的规则或者条件，这样所有的状态都是安全的。因此，预防是静态的方法，其中所有的进程必须遵从请求或者释放资源的特定规则。

通过分析资源图的常用形式，我们可以发现，满足以下 4 个必要条件便会发生死锁。

① 互斥使用：资源是不可共享的。即在资源图中，从任何资源实体到一个进程最多有一条分配边。

② 占有并等待：进程一定正在占有一个资源并请求其他的资源。即从资源实体到进程 p_1 一定有一条分配边，从 p_1 到其他资源实体有一条请求边。两个实体可以在相同的资源类中，也可以在不同的资源类里。

③ 循环等待：至少有两个进程一定因为等待对方而阻塞，图必定包含一个环，这个环至少包括两个进程和两个资源实体，这样每个进程占有其中一个资源实体并请求另外一个。

④ 非抢占：资源是不能抢占的。即一个资源分配给某个进程后，其他进程不能抢占该

资源。

破坏这 4 个条件中的任一个，便可以预防死锁的发生。

1. 破坏互斥使用条件

如果所有的资源都可以共享（并发访问），那么就没有进程会阻塞在一个资源上，也就不会发生死锁。一些可以以共享形式、非互斥性访问的资源是纯粹的程序代码、只读数据文件或者数据库和时钟。不幸的是，互斥使用是正确使用很多资源类型的基本需要，这个条件通常是不能被破坏的。例如，通常多个进程不能以有意义的方式同时写文件。类似地，数据库事务需要互斥访问记录，以便确保数据的一致性。

在一些情况下，可以通过把不能共享的资源变为可共享的资源来回避对互斥使用的需求。例如，第 1 章中介绍的假脱机输出、打印机或者其他输出设备一次只能够被一个进程访问，以防止它们的输出交叉混杂。为了避免因为等待输出而导致不必要的进程阻塞，很多系统提供了用软件文件实现的虚拟设备，进程可以直接输出到这些文件。当完成的输出序列可用时，它会被发送到实际的硬件打印机上，进程可以没有阻塞地继续执行。

2. 破坏占有并等待条件

破坏占有并等待条件的最简单的方法是让每个进程同时请求它可能需要的所有资源。已经被分配了资源的进程不会再阻塞，因为它不会提出更多的要求。最终它会释放所有的资源（不需要同时释放），这可能会为其他进程解除阻塞。但是一个给定的进程要么有分配边，要么有请求边，但不会两者都有。因此系统不可能死锁，并且每一个状态都是安全的。

这种简单策略的主要缺点是资源利用率很低，进程所需的资源必须在使用前分配好，并且在很长的一段时间内其他进程不能使用这些资源。

一个更加灵活的方法是允许进程按照它们的需要来请求资源，但是总会在发出任何新的请求以前释放它们当前正占有的所有资源。这可能会导致必须重复地请求和释放经常要用到的资源。例如，假设一个进程需要资源 R_1 和 R_2 或者 R_1 和 R_3，但是从来不会同时需要 R_2 和 R_3。为了破坏这种占有并等待的条件，进程不能简单地按照需要释放和请求 R_2 或者 R_3，而同时占有 R_1。相反，进程在请求 R_1 和 R_3 之前必须释放 R_1 和 R_2，反之亦然。

第三种方法是给每个进程测试需要的资源 R 当前是否可用的能力。如果不能用，进程必须在其等待不可用资源 R 变为空闲之前释放它当前正占有的所有其他资源。这些方法没有一个是真正令人满意的。

3. 破坏循环等待条件

只有当进程以不同的顺序请求相同的资源时，资源图中才会产生环。如果所有的进程都以相同的顺序请求所有的资源，那么这种情况就可以避免了。因为通常不知道哪个进程需要哪些资源，也无法预知资源请求的顺序，所以需要给每个资源类分配一个唯一的顺序 SEQ，即对于所有不同的资源类 R_i 和 R_j（其中 $i \neq j$），并且 $SEQ(R_i) \neq SEQ(R_j)$。这样，每个进程在请求资源时，都必须按照这些资源类所规定的 SEQ 顺序来进行。换句话说，任何进程都可以通过查看 SEQ 来确定指定的资源在其他资源之前还是之后。进程在请求资源时，必须严格遵守 SEQ 规定的顺序。如果进程需要请求多个资源，它必须首先请求 SEQ 中序列号最小的资源，然后才能请求序列号更大的资源。如果进程尝试请求一个不符合 SEQ 顺序的资源，系统会拒绝这个请求，以防止潜在的死锁情况。

假设一个系统有 4 个资源类 R_1、R_2、R_3 和 R_4，其中 $SEQ(R_1) < SEQ(R_2) < SEQ(R_3) <$

SEQ(R_4)。图 4.12 表示 3 个进程在竞争这 4 个资源类，进程 p_1 没有被挂起的请求，可以请求 4 个资源类中的任意一个实体；进程 p_2 已经从最高序列号资源类 R_4 中占有了一个实体，并且不允许它再发出更多请求了；进程 p_3 占有 R_1、R_2 和 R_3 的实体，因此，它可以请求的其他资源只能来自于 R_4。

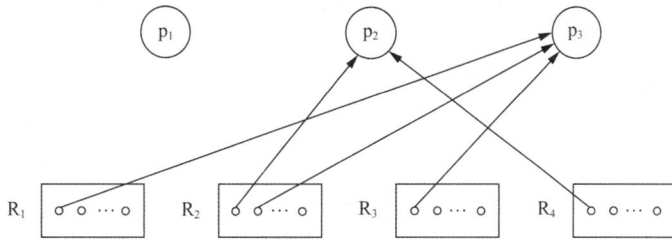

图 4.12　排序资源策略

为最昂贵的或者最稀少的资源指派最高序列号的资源类，可以推迟对这些资源的请求，直到确实需要它们的时候。不过，这种排序资源策略总的资源利用率仍然不是很高，因为一些资源必须在需要它们之前被分配好。这种策略最早是为 IBM OS/360 操作系统设计的。当使用嵌套管程，即当管程中的进程调用另外一个管程中的进程时，这种策略也被用于防止在管程锁上产生死锁。也就是说，必须以给定的顺序来调用这些管程。

4．破坏资源非抢占条件

破坏资源非抢占条件可采用的一种方法是：如果某个占有资源的进程申请另一个不能立即分配的资源，那么它现在占有的资源都可以被抢占。换言之，如果某个进程 p 申请一些资源，那么先检查它们是否可用，若可用，则分配；否则，检查这些资源是否已经分配给等待额外资源的其他进程。若是，则从等待进程中抢占这些资源，并分配给进程 p。若资源不可用并且也未被其他等待进程占有，则进程 p 应等待。此时，若其他进程申请 p 占有的资源，则 p 的部分资源可以被抢占。只有进程获得其原有资源和申请的新资源时，它才能重新执行。该方法常用于可以保存和恢复状态的资源，例如 CPU 寄存器和内存，一般不用于互斥锁和信号量等其他资源。

4.5　死锁恢复

在资源图中，死锁总是包括由交互的进程和资源节点所组成的环。恢复的两个常用方法是进程终止和资源抢占：其中第一种方法消除资源图中的节点和边，第二种方法只删除边，两者的目标都是破坏死锁环。

1．进程终止

最简单粗暴的恢复算法是终止死锁涉及的所有进程，这种方法是不必要的和不经济的。因为在大部分情况中，终止一个进程就足够破坏死锁了。因此，最好一次终止一个进程，释放其资源，并且每步都检测是否仍然存在死锁。重复此步骤，直到消除死锁。

使用这种渐进式方法时，我们必须确定要被终止的进程的次序。以随机的方式选择进程是最简单的方法，但是更加合理的做法是考虑终止不同进程的代价。终止的代价可能是以下因素的组合。

① 进程优先级：这个标准与用于进程调度的标准类似，它可能包括进程类型（如实时

进程、交互式进程或者批处理进程）、进程的 CPU 或者内存需求及其他标准。

② 重新启动进程的代价：很多进程维护了很少的状态，可以很容易地重新启动，包括最常见的交互式进程，例如用户 shell、互联网浏览器及文本编辑器（假设编辑的文件被周期性保存）。相反，有些应用程序不能够"恢复"，必须从头开始重来。例如科学计算程序，它可能以批处理的方式运行几个小时甚至几天。终止这类程序不仅开销很大，而且也会使用户很沮丧。

③ 进程的当前状态：很多进程以各种方式与其他进程合作，因此杀死一个进程可能会严重影响依赖于它的其他进程。例如，在生产者-消费者场景中，杀死消费者或者生产者进程会使得另外一个进程挂起。类似地，杀死在临界区中间的一个进程会导致其他竞争相同临界区的进程死锁。最后，一些操作不是恒等不变的，即重复执行它们会造成负面影响。例如，简单地重新运行被杀死的进程，并不能正确地向文件中添加数据。

通常，选择要终止进程的最佳顺序很大程度上依赖于特定的系统及其应用程序。

2．资源抢占

资源抢占意味着从一个或者多个死锁的进程中夺走竞争的资源。有两个方法可以完成这个工作。第一个方法是：一些资源允许自己被直接抢占，即系统临时释放资源，让其他进程使用资源，并把资源还给原来的进程。可以用这种方法透明处理的资源很少。例如，在打印作业中，临时重新分配打印机会导致多个进程相互交错地打印出文件。内存是少数能够被透明抢占的资源之一，操作系统可以临时把进程或者它的一些数据交换到磁盘中，以后当内存再次可用时重新把进程加载进来。

第二个方法是通过进程回退间接地实现资源抢占。一些系统为了实现容错而周期性地保存进程快照（通常称为检测点）。在系统崩溃时，进程不需要从头重新开始。相反，进程可以回滚到其最后存储的检测点，从那里继续执行。我们可以为资源抢占设计一种机制：当需要从进程中抢占资源时，可以将该进程的状态回滚到它还没有获得该资源的某个检测点，并从该点继续执行，这样进程将会重新尝试获取资源，而不是简单地重复早些时候的请求。与此同时，其他进程可以使用这个资源。

4.6 习题

1．对于哲学家进餐问题，假设有 3 个哲学家 p1、p2 和 p3 使用 3 根筷子 f1、f2 和 f3。每个哲学家执行如下代码（其中，wait()和 signal()操作表示对资源的请求和释放）：

```
1  p1() {                1  p2() {                1  p3() {
2      while (1) {        2      while (1) {        2      while (1) {
3          wait(f1);      3          wait(f1);      3          wait(f3);
4          wait(f3);      4          wait(f2);      4          wait(f2);
5          eat;           5          eat;           5          eat
6          signal(f3);    6          signal(f2);    6          signal(f2);
7          signal(f1);    7          signal(f1);    7          signal(f3);
8      }                  8      }                  8      }
9  }                     9  }                     9  }
```

（1）此系统会产生死锁吗？

（2）如果我们把进程 p1、p2 或者 p3 中 wait()操作的次序反过来，会产生死锁吗？

（3）如果我们把进程 p1、p2 或者 p3 中 signal()操作的次序反过来，会产生死锁吗？

2. 考虑图 4.13 所示的可重用资源图，回答下列问题。

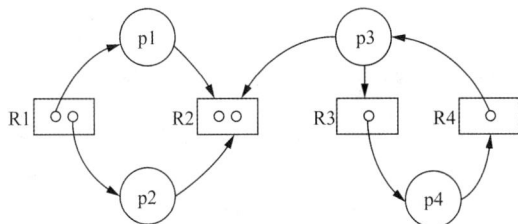

图 4.13　可重用资源图

（1）哪个进程会被阻塞？

（2）哪个进程会死锁？

（3）该图有死锁的状态吗？

（4）该图包含环路吗？如果有，列出组成环路的节点。

3. 考虑 p1、p2 和 p3 这 3 个进程，它们执行如下代码序列：

```
p1              p2              p3
…               …               …
wait(x)         wait(y)         wait(z)
…               …←              …
wait(z)←        wait(y)         wait(x)←
…               …               …
signal(x)                       signal(z)
…
signal(z)                       signal(x)
```

每条线上的箭头指明了相应进程当前正在执行的指令。所有信号量（x,y,z）初始时设为 1。

（1）画出描述上述情况的可重用资源图，其中信号量可以解释为资源，wait()和 signal()操作表示对资源的请求和释放。

（2）尽可能地简化该图，它表示了一种死锁状态吗？

（3）如果你能够增加 3 个资源中任意一个的实体数目，增加哪一个（如果可能的话）便会解除死锁？

4. 使用 4.1.2 小节的定义，说明状态的安全性和死锁不是互补的，即“S 不是一个死锁状态”不表示“S 是一个安全状态”。

5. 4.2.1 小节中给出的图简化算法是非常低效的，第一步要在每次循环中找到一个没有被阻塞的进程，这需要与进程的个数成正比的操作次数。现在开发一个更有效的算法来维护一个无阻塞进程链表，并在每次循环时从这个链表中选择一个进程，然后将其从链表和资源分配图中移除，这种操作会解除其他进程的阻塞状态，反过来，这些解除阻塞状态后的进程又被添加到该链表中。因此，找到一个没有阻塞的进程是简单的常数化操作。（提示：为每个进程维护一个计数器，记录该进程因等待不同资源类上的资源而被阻塞的次数。）

6. 修改图 4.4 的状态转换图，以反映如下变化。

（1）进程可以同时释放两个资源。

（2）直到进程获得第二个资源，它才会释放第一个资源，然后同时释放两个资源。

（3）进程 p_1 只需要资源 R_2。

（4）在（1）、（2）或者（3）中的改变会消除产生死锁的可能性吗？

7. 两个进程 p1 和 p2 都需要访问两类资源 R_1 和 R_2，每类资源各有一个实体。进程重复执行如下序列（以未知速度）：

```
1 p1:                    1 p2:
2 while (1){             2 while (1){
3   request R1;          3   request R2;
4   request R2;          4   request R1;
5   release R1;          5   release R2;
6   release R2;          6   release R1;
7 }                      7 }
```

（1）首先假设进程 p2 当前没有执行，画出与图 4.3 类似的状态转换图，其中每个状态 S_i 对应于 p1 的状态 i。如果有的话，在哪个（些）状态，p1 是阻塞的并且/或者是死锁的？

（2）现在为两个进程画出与图 4.4 类似的状态转换图，每个系统状态 $S_{i,j}$ 表示 p1 的状态 i 和 p2 的状态 j。如果有的话，在哪个（些）状态，p1 是阻塞的并且/或者是死锁的？如果有的话，在哪个（些）状态，p2 是阻塞的并且/或者是死锁的？

（3）根据（2）的状态转换图，画出对应于状态 $S_{1,0}$、$S_{1,1}$、$S_{1,2}$、$S_{1,3}$、$S_{1,4}$、$S_{1,5}$、$S_{2,3}$、$S_{3,3}$ 的资源图。

8. 使用与习题 7 中相同的两个进程和资源，但是现在假设两个进程在请求 R_2 之前请求 R_1。为两个进程画出与图 4.4 类似的状态转换图。如果有的话，在哪个（些）状态，p1 是阻塞的并且/或者是死锁的？如果有的话，在哪个（些）状态，p2 是阻塞的并且/或者是死锁的？

9. 考虑一个由 3 个进程和一个具有 4 个实体的资源类组成的系统每个进程最多需要两个实体。证明系统是没有死锁的，即所有的状态都是安全的。

10. 考虑习题 9 的一般形式，其中系统由 n 个进程和一个具有 m 个实体的资源类组成。证明如果所有进程的所有最大需求的总和比 $n+m$ 个实体小，系统就没有死锁。

11. 图 4.14 是一个发生交通死锁现象的十字路口示意图，请结合该图进行分析：①道路交通中的资源是什么？资源的使用规则是什么？②为什么会发生交通死锁？③交通死锁有哪些特征？④如何解除交通死锁？⑤如何预防交通死锁？

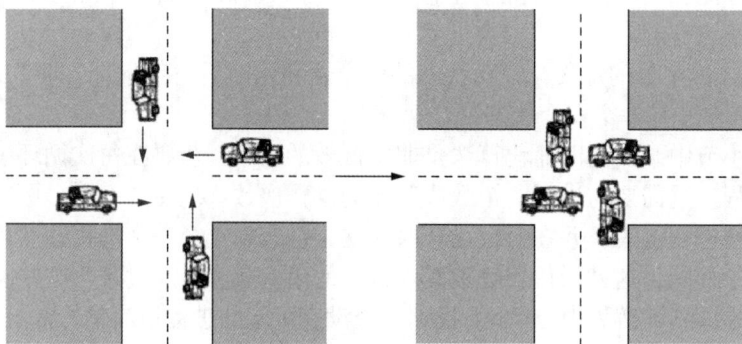

图 4.14　交通死锁

第三篇

内存管理

　　巧妇难为无米之炊，CPU 计算需要代码和数据。计算机的主存储器（简称为内存）就是存放这些数据的地方。为了提高 CPU 利用率，快速响应用户，现代计算机会在内存中并发执行多个进程。操作系统需为这些并发进程提供高效和安全的内存管理机制。

　　本篇讲述操作系统对内存的管理，第 5 章讲述了物理内存管理，包括地址转换机制、分段内存管理、分页内存管理以及多种页表方式，第 6 章讲解了虚拟内存管理，包括交换区域的管理、页面共享和页面替换以及系统内核的典型布局。虚拟内存是本篇的重要思想。采用这种机制，操作系统扩大了物理内存的容量，提升了内存访问速度，其背后的实现方法是动态地址翻译和缓存。

第5章 物理内存

第 1 章提到，内存和寄存器是 CPU 可以直接访问的存储区。内存是一个巨大的字节数组，每个字节都有一个地址。程序必须从辅存（如磁盘）载入内存才能运行，程序计数器的值就是下一条指令地址；CPU 读取并执行该指令，指令的执行可能需要读/写（加载与存储，如 Load/Store 指令）其他内存地址。寄存器访问很快，通常在一个 CPU 时钟周期内完成。但内存访问需要很多时钟周期，会造成 CPU 等待。因此，现代 CPU 中通常包含高速缓存（即 cache），它位于内存和 CPU 寄存器之间，负责自动加快内存访问。另外，为了确保用户进程之间不会相互干扰以及操作系统不受用户进程影响，CPU 通常提供内存保护机制，以确保内存操作的正确。

我们已经知道，操作系统负责管理各类资源，并使进程或线程能够共享这些资源。在前面几章，我们学习了操作系统如何让进程/线程分时共享物理处理器（CPU）。从本章开始，我们将介绍操作系统如何管理空间资源：内存和辅存。本章首先讲述地址转换和地址空间，然后依次阐述分段式内存管理和分页式内存管理，最后讨论多种页表组织方式和加快地址翻译的硬件方法。

5.1 地址转换

1．地址绑定

早期操作系统中的内存布局如图 5.1 所示，操作系统使用开始的 64KB 内存空间，剩余的内存由用户程序使用。

为了支持多道编程（同时运行多个批处理作业）和分时（多个用户同时使用），我们需要在内存中容纳多个进程。怎么才能在有限的内存中容纳多个进程呢？

当把程序加载进内存时，我们需要指定程序指令和数据在内存中的地址，即地址绑定。指令和数据到内存地址的地址绑定可以发生在三个不同的阶段。

图 5.1 早期操作系统中的内存布局

- 编译时：如果内存位置在编译时是已知的，就可以生成使用绝对地址的代码；如果起始位置发生变化，则必须重新编译代码。
- 加载时：如果在编译时不知道内存位置，则必须生成可重定位代码，在加载程序时再绑定地址。

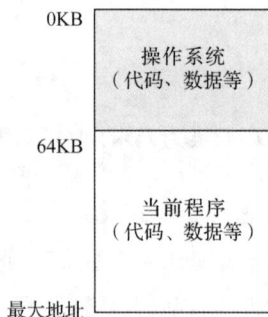

- 执行时：如果进程在执行期间可以从一个内存段移动到另一个内存段，则地址绑定延迟到运行时。该方法需要地址映射硬件的支持，如基址和限制寄存器。

2．函数调用

用户程序的多步处理过程如图 5.2 所示。

为什么我们需要动态内存？原因是多方面的，主要包括。

- 每个进程所需内存量是不同的；
- 用户输入在编译时是未知的；
- 保守的预分配策略会浪费内存空间；
- 程序通常包含函数调用或递归函数。

前面三条是容易理解的，我们下面解释函数调用的情形。对于一个函数调用，编译器会在堆栈上分配一个调用帧，以存储所有局部变量和其他返回给调用者的上下文信息，代码如下：

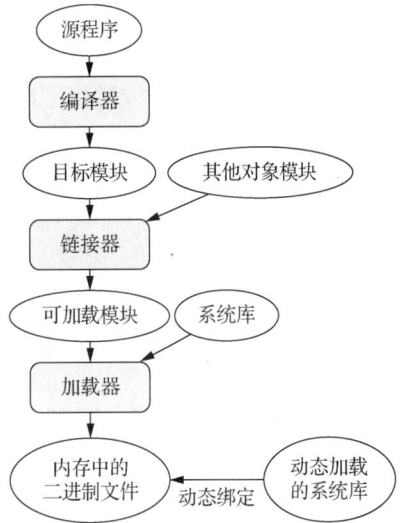

图 5.2　用户程序的多步处理过程

```
1  int called(int a, int b) {
2    int tmp = a * b;
3    return tmp / 42 ;
4  }
5  void main(int argc , char *argv []) {
6    int tmp = called(argc , argc);
7  }
```

在上面的代码中，主函数 main() 调用了函数 called()。在程序的栈中，函数 called() 的调用帧中存储了以下数据：局部变量 tmp、参数 a 和 b 以及指向返回地址的指针 RIP。对于大多数 CPU 的应用二进制接口（Application Binary Interface，ABI）而言，它们在栈中的存储顺序（地址从高到低）是：b、a、RIP、tmp。

程序员不需要考虑调用帧的分配和存储，编译器会根据 ABI 来创建必要的代码。

编译器使用栈存放函数调用帧。栈的"先进后出"特性符合函数调用的特点，使得函数调用帧的存储管理较为简单。栈中存储了一系列函数调用上下文，即多个函数调用帧。在函数开始时，栈会为函数调用帧分配栈内存；在函数返回时，栈会释放这些内存。

另外，有些程序需要在运行时动态申请和释放内存对象。换言之，在编译和加载时，每个内存对象的大小和生命期是未知的。系统称这种动态数据结构为堆，并且通常会提供编程接口，例如，alloc() 用于创建内存对象，free() 用于释放该对象。

我们应如何管理这种动态数据结构？常见做法是将堆抽象为空闲块列表，用链表记录所有可用内存对象及其大小，并对外提供两个接口 alloc() 和 free()。

- p=alloc(size)：获取一个空闲块，按照请求的大小（size）进行拆分，把满足请求块的起始地址返回，将剩余块放回空闲列表。
- free(p)：将 p 指向的内存块添加到空闲列表中。

一般而言，操作系统交给进程一大块内存来存储堆对象，其被称为堆区。一个运行时库（例如 libc）负责管理堆区，进程调用库函数来使用堆区。运行时库的内存分配器旨在提高性能、可靠性或安全性。

3. 内存虚拟化

地址空间是一个抽象概念。用户进程在自己的地址空间使用虚拟地址，操作系统中的虚拟内存机制负责虚拟化物理内存，并为用户进程提供地址空间的抽象。那么，操作系统如何基于有限的物理内存为多个进程构建私有的、足够大的地址空间的抽象？

首先，我们先阐明，内存虚拟化的目标是：①透明，即内存虚拟化对进程是透明的，进程不会参与和感知。②高效，即提供优秀的性能，对系统性能影响越小越好。③保护，即在用户进程之间、用户进程和操作系统之间提供良好的保护。在此目标下，我们讨论如何实现内存虚拟化。

简言之，我们使用地址转换来实现内存虚拟化，即在运行指令时（例如指令获取、加载、存储）转换每个内存地址，把指令提供的虚拟地址转换为对应的物理地址。在每次内存访问时执行地址转换，这提供了极好的透明度，但代价是效率低。

为了提升地址转换的效率，现代 CPU 通常提供硬件支持——内存管理单元（Memory Management Unit，MMU）。MMU 的工作原理如图 5.3 所示，操作系统负责设置 MMU 硬件。

为便于理解，我们首先给出三个假设：

- 用户进程的地址空间必须连续放置在物理内存中。
- 进程地址空间的大小小于物理内存的大小。
- 每个进程的地址空间大小是相同的。

我们先思考第一个问题：如何实现动态重定位呢？MMU 有一个基址寄存器和一个上界寄存器，从名称可以看出，它们分别存放进程地址空间的开始地址和最大地址，如图 5.4 所示。

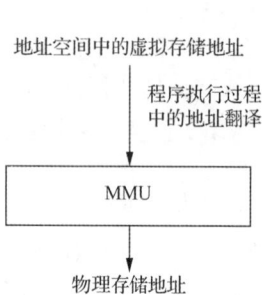

图 5.3　MMU 的工作原理

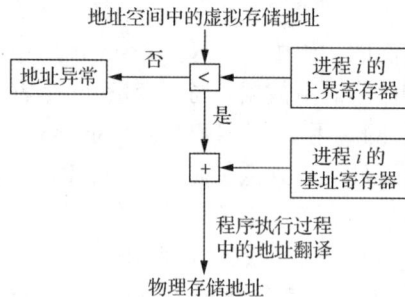

图 5.4　动态重定位

基址寄存器和指令中的偏移量相加，便可把每个虚拟地址转换为对应的物理地址，即重定位。上界寄存器能够确保内存引用不会超出边界，这样就实现了内存保护的目的。在每个进程启动时，操作系统会为它分配（或设置）这两个寄存器的值。

创建进程时，操作系统如何在物理内存中为其分配新的地址空间呢？鉴于我们之前的假设，进程地址空间大小固定且小于物理内存，一个自然的想法是维护一个空闲列表，如图 5.5 所示。

然后，操作系统必须做如下事情：创建进程时，在空闲列表中找到一个空闲条目并将其标记为已使用；进程终止时（例如正常退出或被杀死），将其使用的内存返回到空闲列表中；在上下文切换期间，保存和恢复进程控制块中的基址寄存器和上界寄存器。

图 5.5　空闲列表

5.2 分段内存管理

我们在 5.1 节中使用基址寄存器和上界寄存器对内存进行虚拟化（或者说把进程的虚拟地址转换为物理内存地址）。上述方法的一个主要缺点是会产生内部碎片，堆和栈之间的空间得不到有效使用，造成了空间浪费，如图 5.6 所示。

分段的基本思想是为地址空间中的每个逻辑段记录其基址寄存器的值和长度，以便容纳稀疏地址空间。

既然地址空间中有多个段，那么我们怎么知道当前内存访问的是哪个段？也就是说，硬件需要知道地址属于哪个段，以便计算偏移量。

一种方法是使用虚拟地址中的高 K 位表示段号。例如，图 5.7 使用虚拟地址的高 2 位表示段号。

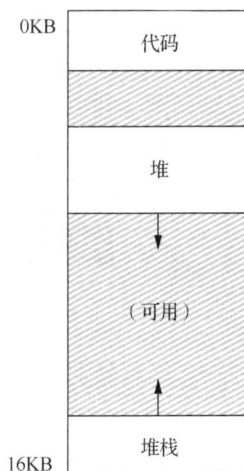

图 5.6 内存碎片

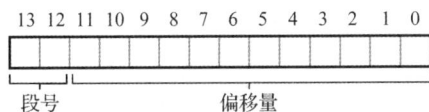

图 5.7 使用虚拟地址的高 2 位表示段号

因此，我们可使用如下方法进行地址转换：

```
1    偏移量= 虚拟地址 & 偏移量掩码
2    如果（偏移量>= 上界寄存器[段] ）
3        引发异常（段错误）
4    否则
5        物理地址= 基址寄存器[段] + 偏移量
```

与其他段不同，堆栈（stack）段自高地址向较低地址生长。因此，除了基址寄存器的值和长度值外，硬件还需要知道段的增长方式。

为了节省物理内存，有时在地址空间之间共享某些内存段很有用。为了支持段共享，我们需要为每个段添加一些保护位，如表 5.3 所示。

在进行上下文切换时，操作系统需要保存和恢复段寄存器。

当用户进程在堆上分配对象时，堆段可能需要增长。这说明我们之前的简单假设（地址空间大小相同）是不切实际的。在每个段大小各异的情况下，我们应如何管理物理内存中的可用空间？

当建立一个新的地址空间时（例如新建进程），操作系统需要在物理内存中为各个段分配内存空间。也就是说，每个进程的地址空间中都有几个段，这些段的大小可能是不同的。随着地址空间的创建和删除，物理内存就会充满零散的、小的可用空间（称为外部碎片），如图 5.8 所示。系统原本有 1MB 内存，在分配了 S_1（大小为 320KB）、S_2（大小为 224KB）和 S_3（大小为 288KB）三个段之后，释放了 S_2，又分配了 S_4（大小为 128KB）；然后释放了 S_1，又分配了 S_5（大小为 224KB）。现在系统中有 3 个碎片，大小分别是 64KB、96KB 和 96KB，但是，此时系统已经无法再为 S_6（大小为 128KB）分配空间了。

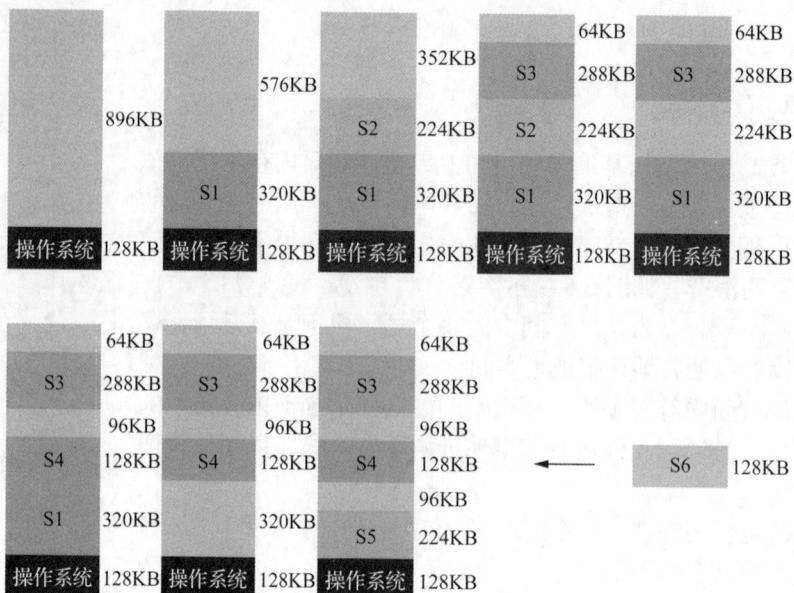

图 5.8　分段会造成外部碎片

5.3 空闲空间管理

5.3.1 使用链表管理可变分区

空闲空间管理

1. 链表法概述

如图 5.9 所示，解决外部碎片的一种方法是紧凑，但是复制段是内存密集型的，其性能开销很大。

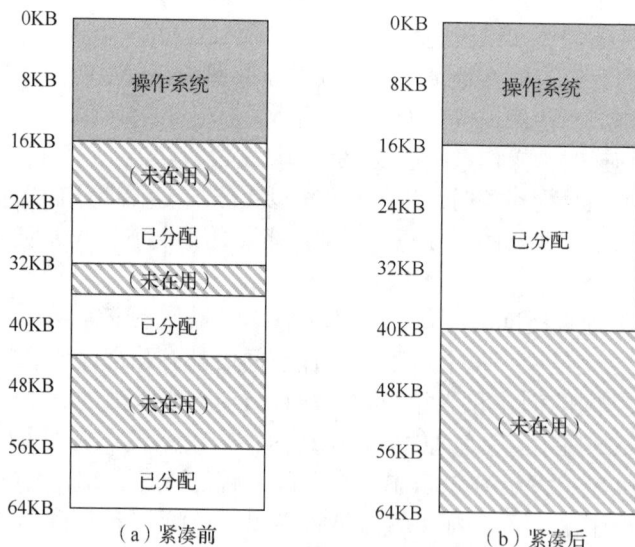

图 5.9　用紧凑法解决外部碎片

另一种方法是使用更好的算法来找到可用的内存空间。对于可变大小的段，最适合管理可用空间的算法是什么？我们的基本思想是使用链表管理空闲内存块。每个链表项（或单元）存储它代表（或指向）的内存块的大小和首地址，这样做的目标是最小化外部碎片，但可能引入内部碎片。

如图 5.10 所示，有三个长度为 10KB 的内存块，其中中间块已被使用，其余两块是空闲可用的。链表记录了这两个块的首地址和大小。

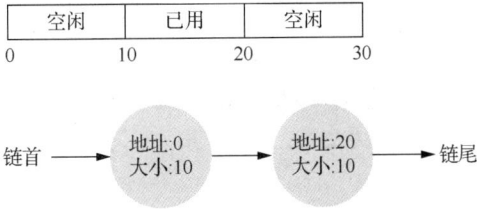

图 5.10　用链表管理空闲内存块

此时，如果进程请求 1KB 的内存，那么内存管理器会拆分某个可用的内存块，以响应该请求。拆分后的链表如图 5.11 所示。

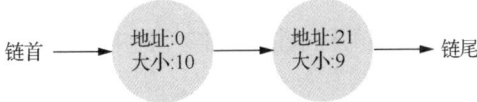

图 5.11　拆分内存块

对于图 5.10，此时，如果进程释放了中间的内存块，那么，变化后的链表如图 5.12 所示。

图 5.12　释放内存块

此时，内存管理器会进行合并操作，合并相邻的可用内存块。合并后的链表如图 5.13 所示。

图 5.13　合并内存块

2．为链表分配空间

你可能很自然想到一个问题，即维护空闲内存块的链表自身也需要占用内存空间，我们如何为它分配空间呢？

对每一个空闲内存块，堆管理器使用其中一小块区域（称为头部或元数据区）来存储该内存块的信息，包括长度和魔数等，如图 5.14 所示。

物理内存　第 5 章

堆管理器使用的头部

ptr

将20字节返回给调用者

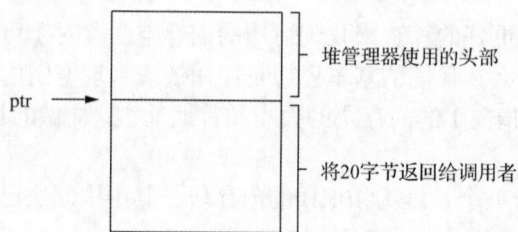

（a）一个分配区域及头部

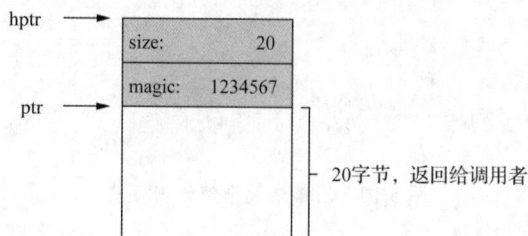

hptr

| size: | 20 |
| magic: | 1234567 |

ptr

20字节，返回给调用者

（b）头部的具体内容

图 5.14　堆管理器

系统以这种方式把记录空闲块的链表嵌入到空闲空间中，如图 5.15 所示，因此就不必再为该链表寻找空间。

图 5.16 展示了分配 3 个块后的空闲空间。

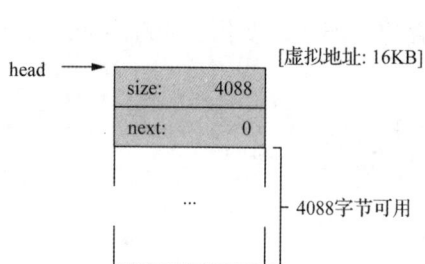

head

[虚拟地址: 16KB]

| size: | 4088 |
| next: | 0 |

4088字节可用

（a）有一个可用块的堆

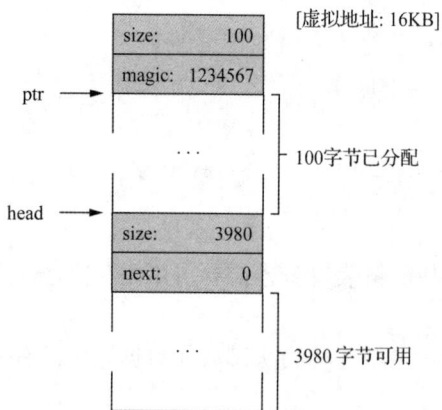

[虚拟地址: 16KB]

| size: | 100 |
| magic: | 1234567 |

ptr

100字节已分配

| size: | 3980 |
| next: | 0 |

head

3980 字节可用

（b）一次分配后的堆

图 5.15　分配一个空闲块

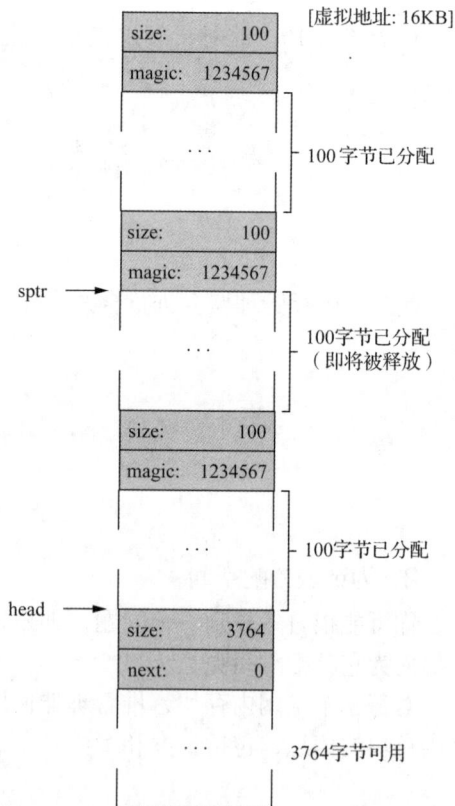

[虚拟地址: 16KB]

| size: | 100 |
| magic: | 1234567 |

100字节已分配

| size: | 100 |
| magic: | 1234567 |

sptr

100字节已分配
（即将被释放）

| size: | 100 |
| magic: | 1234567 |

100字节已分配

| size: | 3764 |
| next: | 0 |

head

3764字节可用

图 5.16　分配 3 个块后的空闲空间

进程释放一个内存块之后，空闲空间如图 5.17 所示。

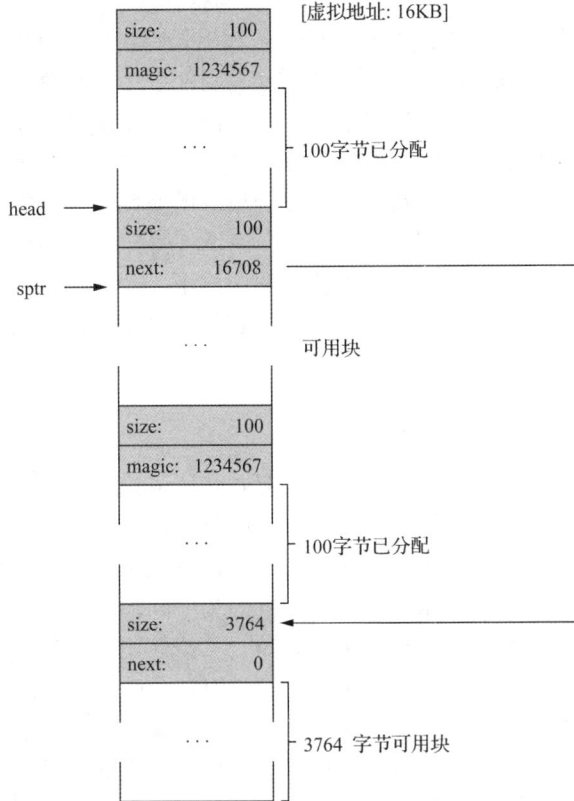

图 5.17　释放一个内存块后的空闲空间

5.3.2　使用位图管理可变分区

管理可变分区的另一种方法是使用位图（bit map）或位向量（bit vector），位图中的每一位都表示某个内存区域及其可用状态（空闲或占用）。例如，假设我们把 1MB 的内存划分成 1 024 个 1KB 大小的块，内存的可用状态就可以用一个 1 024b 长的位图或位串表示：$B=b_0b_1...b_{1023}$，b_i 的值为 0 或者 1，表示第 i 块可用状态（空闲或占用）。假设有 5 个连续内存块 A、B、C、D、E，其长度及状态分别为 2KB（空闲）、2KB（占用）、3KB（占用）、4KB（占用）、5KB（空闲），那么，它们的位图表示为 B=0011111111100000。我们用数组 B[2]表示，每个 B[i]代表 8 位，即 B[0]=00111111，B[1]=11100000。

与链表相比，使用位图的优势在于所有的内存管理操作都可以使用布尔位操作来快速实现。

① 内存块的释放操作可以实现为把位图 B[i]中适当的位置与一个位掩码进行按位与的操作。这个掩码构造如下：对应被释放块的位是 0，其余位是 1。例如，在上面的例子中，释放 B 块可以由下述位操作完成：B[0]=B[0] & "11001111"。

② 空闲块的合并操作在位图方法中是不需要的，因为连续的 0 序列就表示多个对应的空闲块。

③ 空闲块的分配操作可以实现为把位图 B[i]中适当的位置和一个位掩码进行按位或的操作。这个掩码构造如下：对应被分配块的位是 1，其余位是 0。例如，下面的操作将分

配空闲块 A：B[0]=B[0] | "11000000"。

④ 空闲块的寻找操作可以用逻辑移位和按位与操作实现。寻找 n 个连续 1KB 大小的块，需要在位图 B 中查找 n 个连续的 0。假设从 B[0]开始查找，首先我们测试 B[0]最左边的位：TEST=B[0]& "10000000"。如果该位是 0，则变量 TEST 为 0；否则 TEST 为 1。然后我们把掩码向右移动一位，并重复这个按位与操作，以测试 B[0]的下一位。重复上述移位和与操作，直到满足下面的条件：①找到 n 个连续的 0；②到达了 B[0]的结尾；③遇到了一个 1。第一种情况说明我们找到了一个符合要求的空闲块；在第二种情况下，我们继续搜索下一个字节 B[1]，如果直到 B 的最后一个字节我们仍未找到 n 个连续的 0，那么查找就失败了；在第三种情况下，我们会查找位图中的下一个 0，然后从那里开始新的空闲块长度的计算，或者仅作为空闲块的起始点，直到到达位图的末尾或者找到了符合要求的空闲块。

5.3.3　可变分区的分配策略

当进程请求分配内存块时，内存管理器需要查找能够满足请求的空闲块。一般来讲，足够大的空闲块可能不止一个，所以管理器要选择分配哪一个空闲块（即分配策略）。

理想情况下，一个好的分配策略应该具备两个特点：一是内存利用率高，即尽量减少因为太小而不能用的空闲块（也称作外部碎片，因为空间浪费发生在分配块之外）；二是查找速度快，即尽量减少查找合适空闲块的时间。不论使用链表还是位图记录空闲块，管理器都必须顺序扫描空闲块并检查它们的大小。下面是一些最常见的分配策略。

① 首次适配法：这种策略从链表（或者位图）的开头开始查找，当找到能够满足请求的第一个空闲块时，就停止查找。随着分配次数的增多，它会在链表头部附近聚集一些较小的空闲块，因而平均查找时间会逐渐变长。

② 下次适配法：该策略从上次查找停止的位置开始查找，即查找前一次分配后的空闲块。与首次适配相比，它使得空闲块在链表中的分布更均匀，从而减少了平均查找时间。但是实验表明，它的内存利用率低于首次适配法。

③ 最佳适配法：这种策略选择最合适的空闲块来提高内存的利用率，也就是比指定请求稍大的最小空闲块。实验表明，最佳适配法在内存利用方面反而比首次适配法和下次适配法更差，因为它选择最合适的空闲块后会导致剩余的碎片太小而无法使用，因此，最佳适配法会产生数量最多的内存碎片。另外，最佳适配法的查找时间也是最长的，因为它总是要检查所有的空闲块来找到最佳候选，而且很多小空闲块的出现也会使查找变慢。最佳适配法名不副实，是这三种策略中最差的选择。

④ 最坏适配法：与最佳适配法相反，最坏适配法选择满足请求的最大空闲块。换言之，它旨在使剩余的空闲块足够大，以满足后续请求。不幸的是，实验表明，最坏适配法的性能也不如首次适配法或下次适配法。

总之，仿真实验表明，首次适配法在 4 种策略中是最佳的选择。另外，研究人员通过组合上述策略开发出了其他优化策略。选择策略时，应该考虑应用领域中对性能关键的一些参数，例如请求的大小、请求到达时刻以及块在内存中的驻留时间等。

5.4　为内核动态分配可用空间

与用户模式下进程的内存分配不同，内核模式下的内存分配方式具有其独特性和差异性。一方面，内核中的很多结构体的大小是已知的，其中有些结构体的大小还小于一页；另一方面，有些设备直接与物理内存交互，因此需要连续的物理内存。

5.4.1 伙伴内存分配

伙伴内存分配是指以 2 的幂次大小来分配内存，如 4KB、8KB、16KB 等。一个大小为 2^kKB 的空闲块可以被分为两个大小为 2^{k-1}KB 的空闲块，我们称这两个空闲块为伙伴。对于奇数大小的请求，伙伴内存分配通常向上取整到下一个 2 的幂来满足。每次有内存分配请求时，现有内存会递归地分成两个伙伴，直到用最小的伙伴满足请求。假设内存大小为 64KB，当前有个 7KB 的内存分配请求，伙伴内存分配如图 5.18 所示。

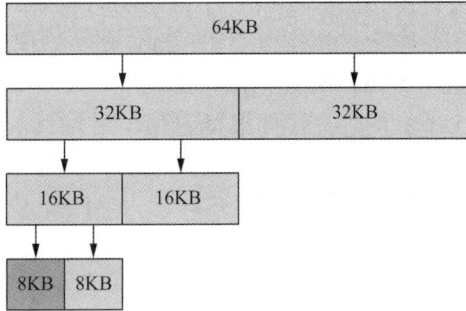

图 5.18　伙伴内存分配

伙伴内存分配的优势是：当一个已分配的内存分区被释放时，它可以很容易地与相邻的空闲分区聚合在一起，使分区的大小增加一倍。聚合后如果条件满足，还可以递归聚合。在本例中，我们最终会得到 64KB 的原始分区。

伙伴内存分配的缺点是：在请求大小不是 2 的幂次时，分区内会有大量空间被浪费。这些闲置空间就是内部碎片。例如，一个 33KB 的请求需要使用一个 64KB 的分区来满足。

假设全部内存为 2^n 个基本分配单位，伙伴系统的一种实现方式是：为记录每种大小（共 $n+1$ 种）的空闲块，伙伴系统各使用一个链表。伙伴系统使用一个数组 H（长度为 $n+1$）记录每个链表的头指针。换言之，H[i] 把大小为 2^nKB 的所有空闲块链接到一起。基于上述结构，我们可以如下实现空闲块的分配和释放操作。

① 分配。当一个进程请求系统分配 k 个存储单元时，系统首先查找满足要求的最小空闲块尺寸。如果这个尺寸的空闲块链表非空，那么系统就从这个链表中移走该空闲块，并把它分配给请求的进程。如果这个链表是空的，系统就再考虑稍大的空闲块尺寸，直到找到一个非空的链表；然后把链表中的第一个空闲块（假定是 H[i]）取下来，分成大小减半的两个空闲块，分别称作空闲块 A 和空闲块 B；空闲块 B 被放到链表 H[i-1] 中；如果 A 的大小是满足请求的最小尺寸，那么就把空闲块 A 分配给进程；否则重复进行上面的操作，即把 A 再分为大小减半的两个块，其中一个块放置到尺寸更小一级的空闲块链表中，再分配另一个块。

② 释放。当某个进程释放某个尺寸为 2^kKB 的内存块（假设为 K）时，系统会先检查 K 的伙伴块是否被占用。如果被占用，那么把 K 添加到尺寸为 2^kKB 的空闲块链表中；如果 K 的伙伴块是空闲的，那么把它们合并为一个大小为 2^{k+1}KB 的空闲块。重复这个操作，直到生成最大的、可能的空闲块。

5.4.2 slab 分配

slab 分配方法是由 Solaris 杰出工程师杰夫·邦威克（Jeff Bonwick）设计的，最早用于 Solaris 2.4 的内核。Linux 内核从 2.2 版本开始也采用了该方法。

slab 分配方法涉及 4 个概念：内核数据结构、物理页面、slab 和高速缓存（cache）。每个 slab 由 1 或多个物理上连续的页面组成，每个缓存由 1 或多个 slab 组成，每个独特的内核数据结构（或内核对象）都有一个缓存。起初，缓存中的所有对象标记为空闲。当需要新对象时，分配器会从缓存中分配一个空闲对象并将其标记为使用。slab 可能处于三种状态之一：满、空、部分，分别表示 slab 的所有对象为使用、所有对象为空闲、部分对象为使用。slab 分配器首先会尝试使用部分 slab 中的空闲对象来满足请求；如果没有空闲对象，则从空的 slab 中分配空闲对象；如果没有空的 slab，则从物理连续页面中分配新的 slab，并把它分配给缓存，再从这个 slab 中分配空闲对象。

slab 分配的优点是：①不会因碎片化而浪费内存，因为 slab 是按照所表示对象的大小来分块的。②可快速满足内存请求。对象是提前创建的，因此可以从缓存中快速分配。当内核使用完一个对象并将其释放时，该对象会被标记为空闲并返回缓存。

5.5 分页内存管理

分页内存管理

我们在前面提到，分段管理的主要问题是：①存在外部碎片；②每个段的大小不能超出可用的物理内存。

这些问题与我们之前的假设是紧密相关的，即内存以可变大小连续分配。现在我们换个思路，以非连续和固定大小为单位分配内存，这种方法称为分页。

因为每个分配单元（称为页面）都是相同大小的，所以不会有外部碎片。分页会带来内部碎片，但内部碎片的长度小于页面的长度。

那么，合适的页面长度为多少呢？一方面，页面越小，内部碎片就越小；另一方面，页面越大，管理开销就越小。

物理内存中每个固定大小的单元称为物理帧（或页帧）。物理帧的大小通常是 2^nB。程序虚拟地址空间中的每个固定大小的单元称为虚拟页面（或页面）。一般地，我们让页面的大小与页帧相同。虽然进程的虚拟页面是连续的，但为它们分配的物理页帧不一定是连续的。

那么，我们如何将物理页帧与进程关联起来呢？在进程运行时，我们需要将它的虚拟地址空间映射到不连续的物理帧。

之前，我们提到 MMU 执行动态地址转换。进程使用虚拟地址，CPU 将物理地址放在内存总线上，硬件支持把虚拟地址转换为物理地址，例如，一个简单的 MMU（只包括基址寄存器和上界寄存器）将虚拟地址和偏移量相加来生成物理地址。

为了实现分段或分页管理，我们需要更聪明的 MMU。

虚拟地址由页码和页面中的字节偏移量组成，低 n 位是字节偏移量，剩下的高位是页码。

例如，如图 5.19 所示，对于一个 32 位虚拟地址，若 n=12，那么其页面大小=2^{12}=4KB，地址空间大小=2^{32}B=4GB。

物理地址由帧号和页面中的字节偏移量组成，低 n 位是字节偏移量，剩下的高位是帧号。

例如，如图 5.20 所示，对于一个 24 位物理地址，若 n=12，那么其页帧大小=2^{12}=4KB（与页面大小相同），地址空间大小=2^{24}B=16MB。

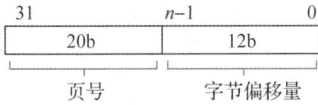

31		$n-1$	0
	20b		12b

页号　　　　　字节偏移量

图 5.19　虚拟地址表示

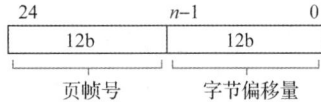

24		$n-1$	0
	12b		12b

页帧号　　　　字节偏移量

图 5.20　物理地址表示

如图 5.21 所示，我们为一个进程的地址空间分配物理页帧，包括代码段、数据段、堆栈段、堆段等。

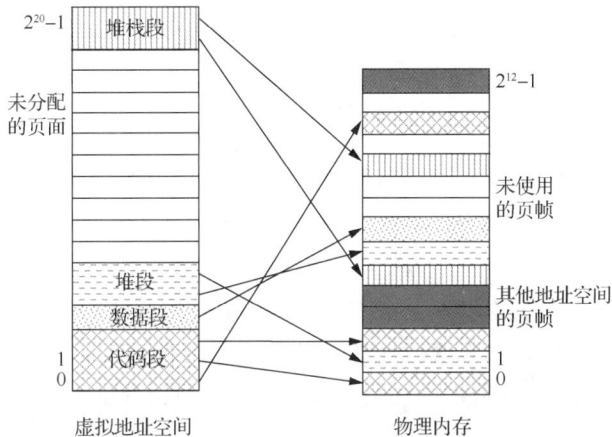

图 5.21　为进程的地址空间分配物理页帧

为了将虚拟地址转换为物理地址，对于每次内存访问，MMU 都需要将页码映射为帧号。从概念上讲，MMU 对每个页码都有一个单独的寄存器，每页的寄存器都包含帧号，类似于基址寄存器，不同的是寄存器值被替换为（而不是添加到）页码。为什么我们不需要为每个页面设置一个边界寄存器？因为每个页面的大小是相同的。

系统中可能有很多进程在运行，每个进程可能要频繁访问内存，那么，地址转换所需的这些翻译信息存储在哪里呢？

5.6　页表

5.6.1　线性页表

1．页表概述

虚拟地址到物理地址的映射存储在内存的页表中。通常我们为每个进程建立和维护一个页表。

页表的一种简单形式是线性页表。例如，如图 5.22 所示，虚拟地址大小为 64KB（16位长），页面大小为 4KB（12 位长），页的数量为 16（4 位长）。物理地址大小为 32KB（15 位长），页帧数量为 8（3 位长），页表项大小为 16B（4 位长）。如图 5.22 所示，对于输入的虚拟地址 0x2004，该页表根据该地址的前 4 个二进制位（即$(0010)_2=(2)_{10}$）查找页表的第 2 项，得到 110；然后把它和虚拟地址的后 12 位拼接，得到物理地址 0x6004。

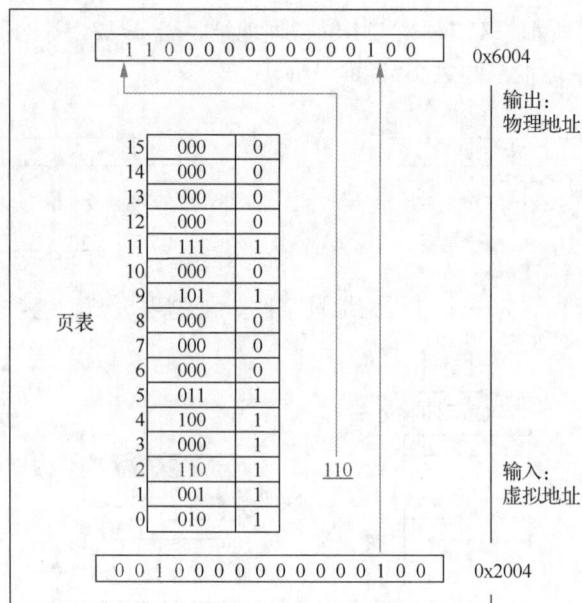

图 5.22 线性页表

每个表项都包含一个从（逻辑）页面到（物理）页帧的映射，它包含与页面对应的页帧的编号以及一些信息位，如有效位、修改位（表示页帧内容被改变）、保护位（读/写/执行）等。例如，为描述页目录表项和页表项中的标志位，Linux 0.12 版本中定义了如下符号常量[①]：

```
1  #define PAGE_DIRTY 0x40      // 位 6，页面脏（已修改）
2  #define PAGE_ACCESSED 0x20   // 位 5，页面被访问过
3  #define PAGE_USER 0x04       // 位 2，页面属于：1- 用户； 0- 超级用户
4  #define PAGE_RW 0x02         // 位 1，读/写权：1-写； 0-读
5  #define PAGE_PRESENT 0x01    // 位 0，页面存在：1- 存在； 0- 不存在
```

我们需要将页表存储在连续的物理内存中，并把页表的基址存储在某个处理器寄存器中（称为页表基址寄存器），该寄存器只能在内核模式下写入。每个地址空间都有自己的页表基址寄存器，我们通常把该寄存器的值存储在进程控制块中，方便重新加载。

图 5.23 展示了多个线程及其地址空间。

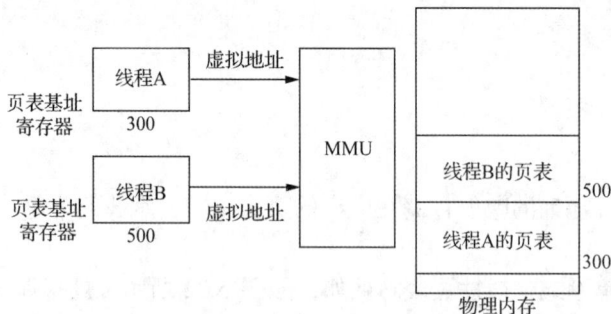

图 5.23 多个线程及其地址空间

---

① include/mm.h。

2. 面临挑战及解决办法

分页内存管理需解决两大挑战：①从虚拟地址到物理地址的映射必须快；②虚拟地址空间越大，线性页表就越大，页表自身需要的内存就越大。如果页面大小为 2^{12}B，虚拟地址为 64 位宽，物理地址为 32 位宽（即 4GB 内存），线性页表有多大？答案是 $2^{52} \times$（20 位+状态位），至少 12PB。而且，更糟糕的是每个（进程）地址空间都有自己的页表。

因此，我们需要设计更好的页表。已知页表大小取决于页面大小和虚拟地址空间的大小，而且存储页表的内存是应该尽量避免的开销。那么，我们怎样做才能既节省内存空间，又能快速找到页表项呢？

线性页表会很大的原因是：每个虚拟页需要一个页表条目，即使它可能没有映射到物理页帧。解决这个问题的方法有两种：引入层次结构（即多级页表）和使用倒置页表。

（1）引入多级页表

我们先介绍多级页表。

如图 5.24 所示，每个页表的大小是一个页面，每个页表项大小为 4B，一个 4KB 大小的页面可以容纳 1024 个表项。每一次地址转换需要三次内存访问。

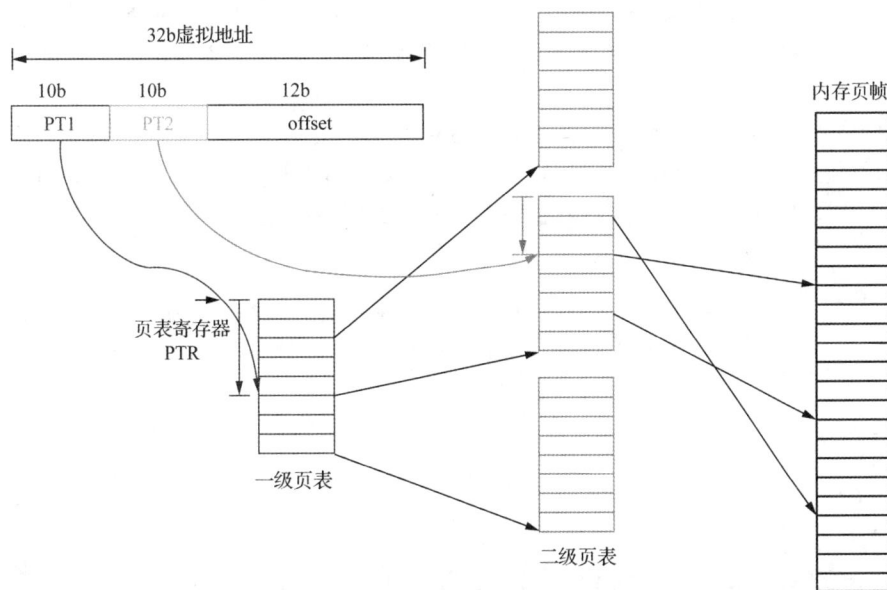

图 5.24　多级页表

从地址转换的速度来看，单级页表比多级页表更快；从节省内存空间来看，多级页表比单级页表更好，原因是并非地址空间内的所有页面都会被分配。例如，堆和堆栈之间的区域就无须分配物理页帧，所以不需要维护映射信息。另外，一些二级页表可以是空的，也无须分配。

例如，Intel x86 架构的分页机制使用两级页表，使用 CR3 作为页目录基址寄存器。如图 5.25 所示，它如此划分 32 位地址：10 位（第一级页表，又称为页目录）+10 位（第二级页表）+12 位（偏移量）。因此，它有 4KB 长的页目录（每个条目有 32 位）和 4KB 长的页表（每个条目有 32 位），每个页面大小为 4KB。

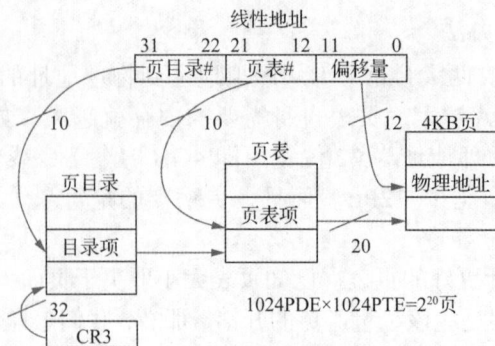

图 5.25　Intel x86 的两级页表

如果我们需要寻址超过 4GB 的物理内存怎么办？Intel x86 架构的分页机制提出的方法是物理地址扩展（Physical Address Extension，PAE）。x86（自 Pentium Pro 起）和 x86-64 都支持物理地址扩展，其页面大小仍是 4KB，但使用三级层次结构的页表。如图 5.26 所示，它将 32 位地址划分为：2 位+9 位（第一级页目录）+9 位（第二级页目录）+12 位（偏移量），其中每个页目录/页表条目有 64 位。

x86-64 架构使用 64 位虚拟地址，页面大小为 4KB（即 12 位偏移量或者 21 位/30 位偏移量；它使用四级页表，称为页面映射表（PML4），包含 512 个条目，支持 256TB 的虚拟地址空间。

Intel 还提供一种 5 级分页机制，用于 x86-64 系列的英特尔处理器。如图 5.27 所示，它将虚拟地址的大小从 48 位扩展到 57 位，虚拟地址空间从 256TB 扩展到 128PB，首先在 Ice Lake 处理器中实现。Linux 内核自 4.14 版本起支持该机制和架构。

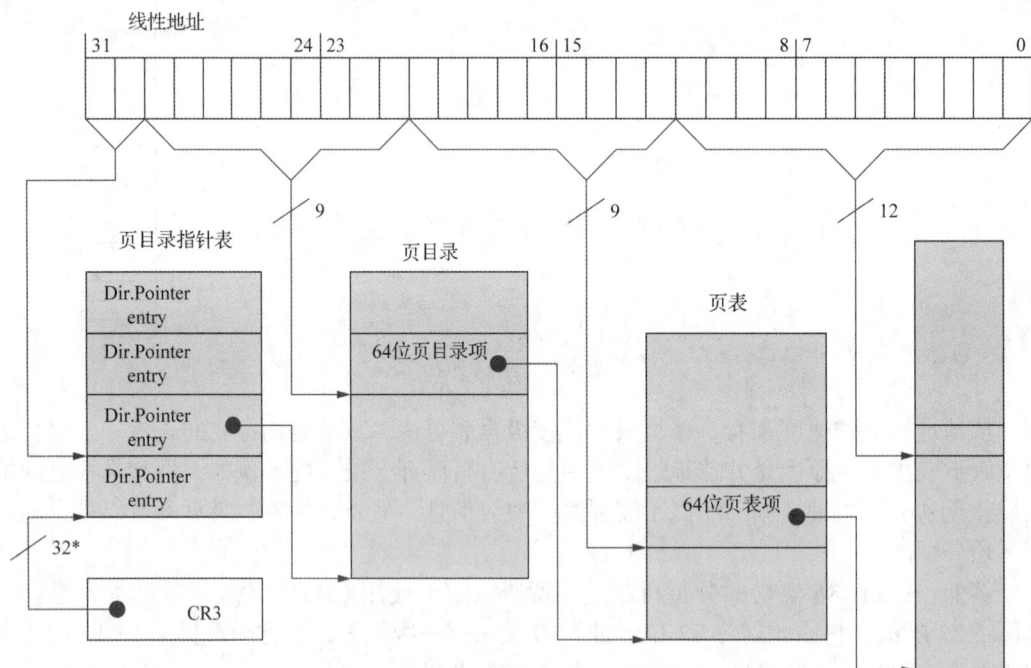

图 5.26　Intel CPU 使用的物理地址扩展

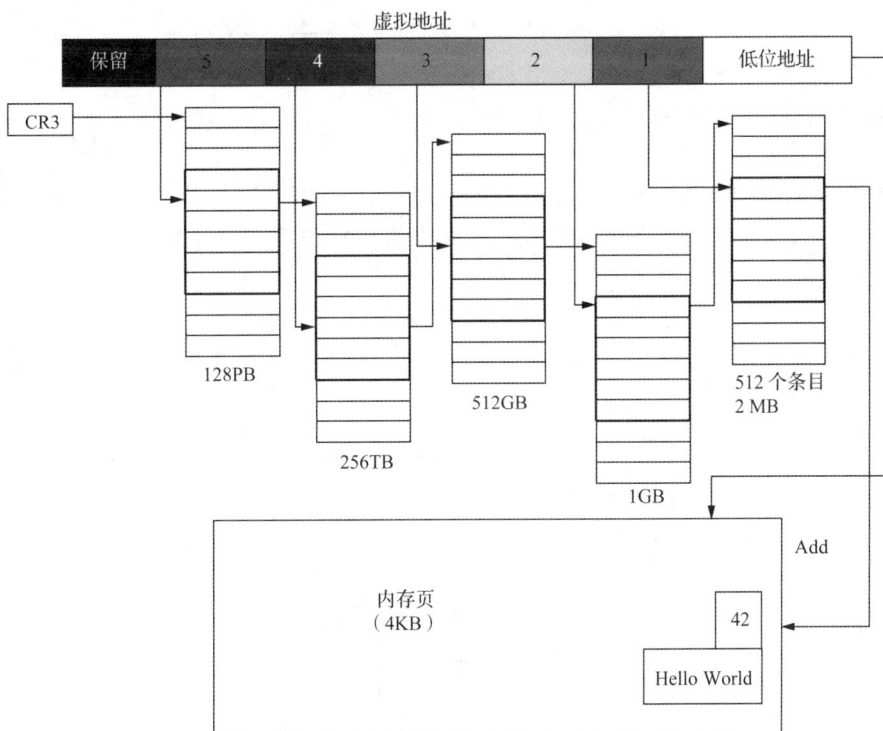

图 5.27　Intel 5 级分页机制

（2）使用倒置页表

下面，我们讨论倒置页表。如前所述，单级和多级页表都为每页内存分配了一个页表条目，页表开销随着虚拟地址空间大小的增加而增加。我们换个角度，思考一个问题：无论何时，内存映射的最大值是多少？

实际上，我们只需要为已有的物理内存映射。考虑一台具有 64 位虚拟地址但只有 256 MB 物理内存的计算机，256MB 的物理内存只能容纳 2^{16} 个 4KB 的页面，因此，我们总共需要 2^{16} 个条目=2^{19}B=512KB，这就是页表所需的内存大小。该方法已用于 PowerPC、UltraSPARC 和 IA-64 架构。

倒置页表为物理内存的每个页帧存储一个条目，以记录该页帧中的页面，因此使用帧号（而非页号）作为索引。

地址转换需要把页面映射为页帧，那么倒置页表应该怎么查找呢？我们可以使用如下方法：①搜索所有条目，以找到匹配的页码。因为是穷举搜索，所以速度很慢。②使用以页码为参数的哈希表。该方法具有 $O(1)$ 搜索时间，速度很快。

分页内存管理需要解决的第二个挑战已经解决了，下面我们解决第一个挑战——性能。由于动态地址转换是在运行时即时发生的，所以每次内存访问都至少需要 2~6 个映射，那就太慢了！为此，我们的解决思路是利用硬件——翻译速查表。

5.6.2　翻译速查表

我们使用 MMU 中的一个硬件缓存区来缓存页表条目并处理缓存未命中的情形。该缓存称为翻译速查表（Translate Lookup Buffer，TLB），又称快表，它是一种小且高速的硬件缓存。

每个 TLB 条目包含页号、页帧号、页表条目的其他状态位等，如图 5.28 所示。

对 TLB 的操作与其他缓存的操作类似。

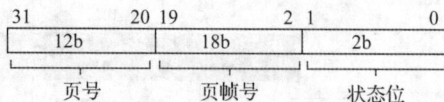

图 5.28　TLB 条目

（1）查找页面

如图 5.29 所示，给定一个页号，该操作会返回对应的帧号。由于 TLB 是全相联存储器，按页码索引，因此，该操作在硬件中执行速度很快，只需要一个时钟周期。

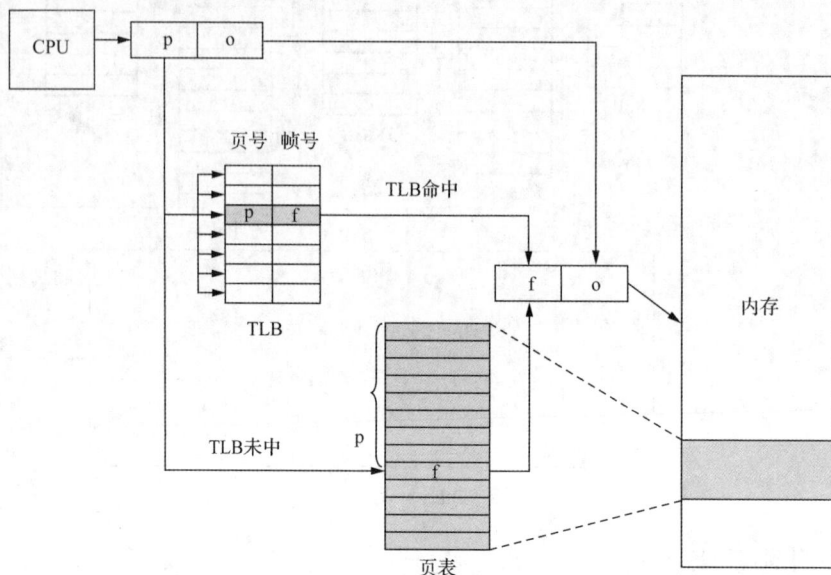

图 5.29　在 TLB 中查找页面

（2）处理 TLB 未命中

当在 TLB 中找不到给定页号时，需查找页表以获取正确的条目，并用找到的条目填充 TLB 缓存，保证 TLB 与页表的内容同步。

（3）使陈旧的 TLB 条目失效

如果一个页表条目被改变，缓存的 TLB 条目必须被作废或更新，以保证 TLB 与页表的内容同步。例如，Linux 0.12 版本中定义了如下宏[①]：#define invalidate() __asm__ ("movl %%%eax,%%%cr3"::"a"(0))。

当 TLB 未命中（条目不在 TLB 中）时，系统会查看内存中的页表，找到正确的条目后将其移入 TLB。此时，我们应该替换哪个 TLB 条目呢？这称为 TLB 替换策略。

对于硬件管理的 TLB（如 x86 CPU）而言，TLB 未命中的情况由硬件处理，硬件定义页表格式，使用页表基址寄存器（Page Table Base Register，PTBR）在物理内存中定位页表。TLB 替换策略是固化在硬件中的。

对于软件管理的 TLB（如 SPARC、MIPS 等 CPU）而言，硬件会生成一个异常，被称为 TLB 未命中故障。操作系统负责处理 TLB 未命中故障，这类似于中断处理。异常处理程序会查找正确的页表条目，并将其添加到 TLB 中。而 TLB 替换策略则由软件管理。

系统中只有一个 TLB，那么操作系统怎样在多个进程之间共享 TLB 呢？换言之，我们应当什么时候使TLB条目无效呢？最合适的时间是在上下文切换到不同地址空间中的另一

---

① 位于 include/mm.h。

个线程时。这样做的好处是可以防止使用 TLB 中存储的、以前地址空间的映射。

一种做法是通过清除所有条目的有效位来清空 TLB。这样，新线程会产生 TLB 未命中故障，直到它缓存了足够多的自己的条目到 TLB 中。

另一种做法是硬件在每个 TLB 条目中维护一个地址空间身份（Address Space Identity，ASID）标签。在每次翻译地址时，硬件将此标签与当前地址空间标签（保存在特定寄存器中）进行比较。这样做的好处是空间复用，无须使所有条目失效。

那么，上述机制是否能够提升内存访问性能呢？我们用有效内存访问时间（Effective Memory Access Time，EMAT）来衡量。首先，我们需要定义一个术语：命中率。命中率是指在 TLB 中找到感兴趣页码的次数的百分比。有效内存访问时间与命中率是相关的。例如，如果一次内存访问用时 100ns，查找 TLB 的时间忽略不计，那么当页码在 TLB 中时，访问页码映射的内存需要 100ns。否则，我们必须首先访问内存，以获取页表和页帧号（100ns），然后访问内存中所需的字节（100ns），总共 200ns（假设页表查找只需要一次内存访问）。如果命中率为 80%，则 EMAT=0.80×100+0.20×200=120ns。也就是说，平均 EMAT 下降了 20%。

因此，现实中我们需要更高的命中率。假设命中率为 99%，那么 EMAT=0.99×100+0.01×200=101ns。

前面我们提到，在动态地址转换期间，我们使用页表保护位强制执行页级保护。一种做法是在每次访问内存时检查页表。这种方法的缺点是效率差。另一种做法是在 TLB 中缓存页级保护位，在每次访问内存时检查 TLB，这种方法比较快。具体而言，TLB 在执行地址翻译时会检查该内存访问是否有效。如果无效（如正在修改文本段的页面），则触发或生成一个保护错误。

5.7 段页式内存管理

分段内存管理能反映程序的逻辑结构并有利于段的共享，而分页内存管理能有效地提高内存利用率。将这两种存储管理方法结合起来，就形成了段页式内存管理。

在段页式内存管理中，进程的地址空间首先被分成若干个逻辑段，每段都有自己的段号，然后每一段再被分成若干个大小固定的页。内存空间的管理仍然采用和分页存储管理一样的方式，即将其分成若干个和页面大小相同的存储块，对内存的分配以存储块为单位。因此，进程的逻辑地址包含三部分：段号、页号和页内偏移量。

为了实现地址翻译，系统为每个进程建立一张段表，而每个段有一个页表。段表表项中至少包括段号、页表长度和页表起始地址，而页表表项中至少包括页号和块号。此外，系统中还有一个段表寄存器，指出每个进程的段表起始地址和段表长度。对一个进程而言，段表只有一个，而页表可能有多个。

采用段页式内存管理时，地址翻译过程如下。
* 根据逻辑地址，得到段号 s、页号 p、页内偏移量 o。
* 判断段号 s 是否越界。
* 根据段号查找段表，找到对应段表项（第 1 次访存）。
* 检查页号 p 是否越界。
* 根据页号查询页表，找到对应的页表项，该页表项中存放有该页所在的物理块号（第 2 次访存）。

- 根据内存块号、页内偏移量找到最终的物理地址。
- 访问目标内存单元（第 3 次访存）。

可见，翻译过程需要访问内存三次。此处也可以使用 TLB 加快查找速度，其关键字由段号、页号组成，值是对应的页帧号和访问保护标志位。

5.8 习题

1. 请写出下面程序的输出：

```
1  int a = 2;
2  int called(int b) {
3    int c = a * b;
4    printf("a: %d b: %d c: %d\n", a, b, c);
5    a = 5;
6    return c;
7  }
8  int main(int argc , char* argv) {
9    int b = 2, c = 3;
10   printf("a: %d b: %d c: %d\n", a, b, c);
11   b = called(c);
12   printf("a: %d b: %d c: %d\n", a, b, c);
13   return 0;
14 }
```

2. 下面这些程序对象存储在内存的哪些区域中？

```
1  int g;
2  int main(int argc , char *argv []) {
3    int foo;
4    char *c = (char*) malloc(argc*sizeof(int));
5    free(c);
6  }
```

提示：存储区域包括堆栈、堆、全局区、代码区。

3. 内部碎片和外部碎片的区别是什么？

4. 使用地址空间标志符的原因是什么？

5. 一个计算机系统具有 32 位的逻辑地址，逻辑地址空间为 4GB，页面大小为 4KB，物理内存为 512MB。以下页表分别有多少个条目？（1）传统的单级页表；（2）倒置页表。

6. 某个分页系统的页表在内存中。如果内存引用需要 50ns，那么分页内存的引用需要多长时间？如果添加了 TLB 且 TLB 命中率为 75%，那么内存引用的有效时间是多少？（当所查页表条目在 TLB 中时，需要用时 2ns）。

7. 考虑一个具有 5 种空闲块大小 $2^0 \sim 2^4$KB 的伙伴系统。（1）假设有以下大小的内存请求序列：1,2,4,2，说明完成所有请求后内存的布局，包括指针数组 H。（2）假设位于地址 4,5,6,7 的 4 个区块的大小都是 1，每次一个区块依次释放，说明每次释放之后的内存布局，包括指针数组 H。

8. 假设内存包含 3 个空闲块，大小都是 10MB，现在需要处理 14 个内存请求的序列（每个请求都是 1MB）。对于下面的每个内存分配方法，确定所有 14 个请求被满足之后剩余空闲块的大小：（1）首次适配法；（2）下次适配法；（3）最佳适配法；（4）最坏适配法。

9. 比较使用位图和使用链表记录内存分配的开销。位图方法以 c 字节的块来分配内存。对于链表方法，假设占用块和空闲块的平均大小都是 16KB。每个标签的大小是 2 字节，并且它们在每个块/空闲块的两端都进行复制。请找出使得这两种方法开销相同时的 c 值。

<table>
<tr><td>第6章</td><td># 虚拟存储</td></tr>
</table>

我们已经知道，分页的主要好处是为进程提供了连续的虚拟地址空间，但允许进程访问非连续的物理内存。分页对硬件的要求是 MMU 硬件必须支持页表，虚拟地址到物理地址的映射集合需要存储在内存的页表中。分页机制的基本思路是 CPU 访问虚拟地址，MMU 访问页表，将虚拟地址映射到物理地址。MMU 使用翻译速查表来缓存页表条目。在 TLB 中找不到某个条目（即 TLB 未命中）时会访问页表，然后把该条目添加到 TLB 中，并且重新执行该访问指令。MMU 使用 TLB 实施页级保护。

现在，我们很自然想到一个问题：如果所有地址空间的总内存需求超出了可用的物理内存，该怎么办？方法是将磁盘用作交换空间，该方法的优点是允许运行大于物理内存的程序。我们把交换空间称为虚拟内存，因为操作系统内核透明地将磁盘用作物理内存。透明是指进程不知道也无须知道。

本章首先讲述了虚拟内存和缺页错误的处理，然后讨论了分页性能、页面共享方法和内核地址空间的访问，最后详细讲解了多种页面替换算法。

6.1 虚拟内存和缺页错误

图 6.1 是交换空间的一个例子。当前系统中有 4 个进程（Proc 0-3），内存有 4 个物理页帧（PFN 0-3），交换空间中有 8 个磁盘块（Block 0-7）。进程 Proc0 使用了 1 个内存页（PFN0）和 2 个磁盘块（Block0 和 Block1），某些页面在磁盘上但不在交换空间中（例如进程 Proc3 的两个页面，用黑色背景表示）。代码段中的页面在可执行文件中。

	PFN 0	PFN 1	PFN 2	PFN 3
内存	Proc 0 [VPN 0]	Proc 1 [VPN 2]	Proc 1 [VPN 3]	Proc 2 [VPN 0]

	Block 0	Block 1	Block 2	Block 3	Block 4	Block 5	Block 6	Block 7
交换空间	Proc 0 [VPN 1]	Proc 0 [VPN 2]	[Free]	Proc 1 [VPN 0]	Proc 1 [VPN 1]	Proc 3 [VPN 0]	Proc 2 [VPN 1]	Proc 3 [VPN 1]

图 6.1 交换空间示例

那么，我们如何知道页面当前是在内存中，还是已交换到磁盘（或是在磁盘上可执行文件内）中了呢？我们用页表项中的一个二进制位表示上述信息，称为存在位。该位为真

（或 1）时，表示该页表项对应的页面在内存中；否则，该页面在磁盘上。

如果页面不在内存中，硬件在地址转换过程中应该做什么？硬件会触发缺页错误。事实证明，缺页错误处理程序是操作系统内核中最通用的处理程序之一。

当存在位（简称 P 位）未设置时，由于页面不在内存中，因此会发生缺页错误。当有效位（简称 V 位）未设置时，也会发生缺页错误（也称为无效缺页错误）。缺页错误处理程序会引发分段错误。

当堆栈或堆增长时，进程可能会请求一个页面，操作系统应该分配一个新页面并将其映射到一个页帧，然后继续执行。

对于堆，进程会调用库例程（如 malloc()、new()）在虚拟地址空间中的堆区域分配空间。当堆空间用完时，程序需要调用内存分配系统调用（例如 Linux 中的 brk），操作系统分配一个或多个页帧，然后在堆段的页表中插入一个新的有效条目。

堆栈是按需增长的，无须系统调用，而是利用缺页错误机制实现。对于映射区域之外的页面，其页表条目被标记为无效。如果程序访问无效页面中的地址，处理器将生成一个缺页错误异常，并陷入到内核中，调用操作系统中的缺页错误处理程序，并为处理程序提供出错地址，即导致错误的虚拟地址。

如果发生故障的地址在堆栈附近，那么操作系统会分配一个或多个页帧，在堆栈的页表中插入一个条目，随后再次执行导致故障的指令。此时，进程会访问扩展后的堆栈。如果发生故障的地址离堆栈很远，那么操作系统向进程发出分段错误异常。

另一种情况是页面是有效的（已映射），但是它不在内存中，而是在磁盘上，即存在位为 0，但有效位为 1。

此时，如果有可用的物理页帧，操作系统会分配它。根据出错地址找出页码，再找出页面对应的磁盘地址，将需要的页面读入此页帧，并更新页表。页面可以存储在可执行文件或交换空间中，然后重新执行中断进程中出现错误的指令。

如果没有可用的页帧，操作系统会基于页面替换算法选择页帧，收回映射到此页帧的页面。然后清除包含该帧的页表条目中的存在位，下次访问此页面将导致缺页错误。如果页表条目的脏位为真，则将该页写入交换空间。

上述操作之后，一个空闲的物理页帧现在可用了，操作系统分配它给进程即可。

对于使用分页的虚拟内存，硬件的作用如下述代码所示：

```
1  VPN = (VirtualAddress & VPN_MASK) >> SHIFT;
2  (Success , TlbEntry) = TLB_Lookup(VPN);
3  if (Success) // TLB 命中
4    if (CanAccess(TlbEntry.ProtectBits)){
5      Offset = VirtualAddress & OFFSET_MASK;
6      PhysAddr = (TlbEntry.PFN << SHIFT) | Offset;
7      Register = AccessMemory(PhysAddr);
8    }else
9      RaiseException(PROTECTION_FAULT);
10 else {        // TLB 未命中
11   PTEAddr = PTBR + (VPN * sizeof(PTE));
12   PTE = AccessMemory(PTEAddr);
13   if (! PTE.Valid)
14     RaiseException(SEGMENTATION_FAULT);
15   else
16     if (! CanAccess(PTE.ProtectBits))
17       RaiseException(PROTECTION_FAULT);
18     else if (PTE.Present){
```

```
19          // 假定使用硬件管理的 TLB
20          TLB_Insert(VPN , PTE.PFN , PTE.ProtectBits);
21          RetryInstruction ();
22      }else if (! PTE.Present)
23          RaiseException(PAGE_FAULT);
24  }
```

如上述代码所示，在 CPU 上执行的进程生成一个虚拟地址，TLB 使用该地址的页号进行查找。如果找到，TLB 获取虚拟地址的页表条目；否则，则称 TLB 未命中。TLB 会检查保护位是否允许操作。如果不允许，则产生保护故障。TLB 组合页表条目中的页帧号和偏移量，生成一个物理地址。MMU 从高速缓存或内存中读取该物理地址，并将值返回给 CPU。

如果 TLB 未命中，即页面的页表条目不在 TLB 中或在 TLB 无效，不同 CPU 架构会采用不同的处理方式。①硬件方式（x86）：MMU 将页表条目从页表（位于内存中）加载到 TLB 中。操作系统已经设置了页表，因此硬件可以访问它。②软件方式（SPARC、MIPS）：生成 TLB 未命中故障，并陷入到操作系统。操作系统查找页表，加载页表条目到 TLB 中，然后返回给进程。

如果发生保护故障，即页访问操作（读/写/执行）与页表条目的保护位不一致，线程或进程会陷入到操作系统内核。正常情况下，操作系统发送段错误，杀死线程或进程。操作系统也可能将此故障用于写入时复制和内存映射文件。

如果出现缺页错误，即页表条目的存在位或有效位为 0，如果页面未映射到任何地址空间区域，操作系统发送分段错误或增长堆栈；否则（即页面已被映射但不在内存中），操作系统分配一个可用的空闲页帧（可能需要收回映射到此页帧的页面），从磁盘将数据读取到页帧中，将页表中的页表条目映射到该页帧，设置其存在位。

综上，我们用图 6.2 描述虚拟内存的层次结构。

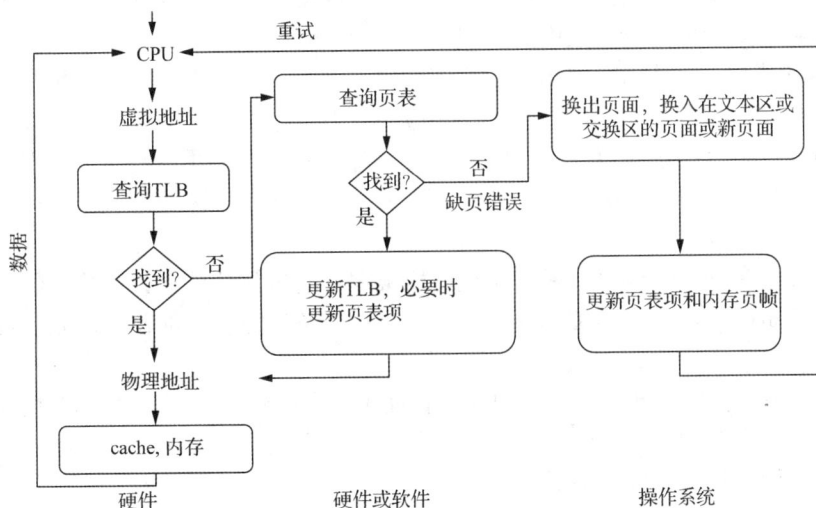

图 6.2 虚拟内存的层次结构

6.2 分页性能

设 p 是发生缺页错误的概率（$0 \leqslant p \leqslant 1$），ma 是内存访问时间，pfst 是缺页错误服务时间，则有效访问时间（Effective Access Time，EAT）为 EAT=(1−p)×ma+p×pfst。

当 pfst = 8ms、ma = 200ns 和 p = 0.001 时，可得

$$EAT=(1−p)×200+p×8\ 000\ 000=200+7\ 999\ 800×p(ns)=8.2(μs)$$

计算结果说明，分页使得计算机的速度降低为原来的 2.4%左右（(8200−200)÷200）。如果我们希望该性能下降在 10%之内，需要让缺页错误的概率满足 220 > 200+7 999 800p→20 > 7 999 800p→p < 0.000 002 5。也就是说，在 399 990 次内存访问中至多出现 1 次缺页错误。

如果有足够的空闲页帧，分页效果最好。如果所有页帧都包含脏页（即页面被修改了），则每个缺页错误需要两次磁盘操作。我们可以使用分页/交换守护进程来提高分页性能。

分页守护进程的思路是定期写出脏页，以加快处理缺页错误的速度。分页守护进程通常实现为一个定期调度的内核线程，用来统计空闲页帧的数量。如果可用页帧的数量太少，操作系统会根据页面替换算法选择页帧，将该页帧写入交换空间，并将其标记为干净。如果以后需要此页帧，则它仍在内存中；如果以后需要一个空页帧，则可以收回此页帧。

按需调页是指只有当运行进程需要页面时，页面才被载入内存。遗憾的是，缺页错误一次只能处理一页。

现在换个角度，假设我们能够根据当前故障预测未来的页面使用情况，就可以预取其他页面。这种情况我们称为页面预取。

6.3 管理交换区域

在处理脏页（内存中已修改但尚未写入磁盘的数据页）的交换过程时，我们可以借鉴内存管理的技术来优化它们在交换区域（如硬盘上的交换空间）的存放。具体来说，可以采用位图或链表来管理交换区域中的空闲页帧。

当需要将某个页面从内存换出到交换区域时，系统会首先查找一个可用的交换页帧。一旦找到，就将该内存页面的内容写入到对应的交换页帧中。为了将来能够快速定位这个被换出的页面，系统会记录该交换页帧的位置信息。这通常是通过更新页表来实现的，具体方法是将对应的页表条目标记为无效，并附加一个指向交换区域中该交换页帧位置的指针或索引。

这样，在发生缺页错误时，操作系统就能根据页表条目的信息，快速定位到交换区域中的相应交换页帧，将其内容读回内存，并恢复页表条目的有效性，从而完成页面的换入过程。

图 6.3 是一个交换区域示例。其中 4 个页面（页号分别是 0、3、4、6）在内存中，而另 4 个页面（页号分别是 1、2、5、7）在交换区中。我们在内存中维护空闲交换帧的位图或链表，以保留它们之间的映射关系。

以 Linux 0.12 版本为例，虚拟内存交换功能由 mm/swap.c 程序实现，它主要包括交换映射位图管理函数和交换设备访问函数。get_swap_page()函数基于交换位图申请一个交换页面，swap_free()用于释放交换设备中指定的页面，swap_out()函数用于把内存页面信息输出到交换设备上，swap_in()函数用于从交换设备上把指定页面交换进内存中。

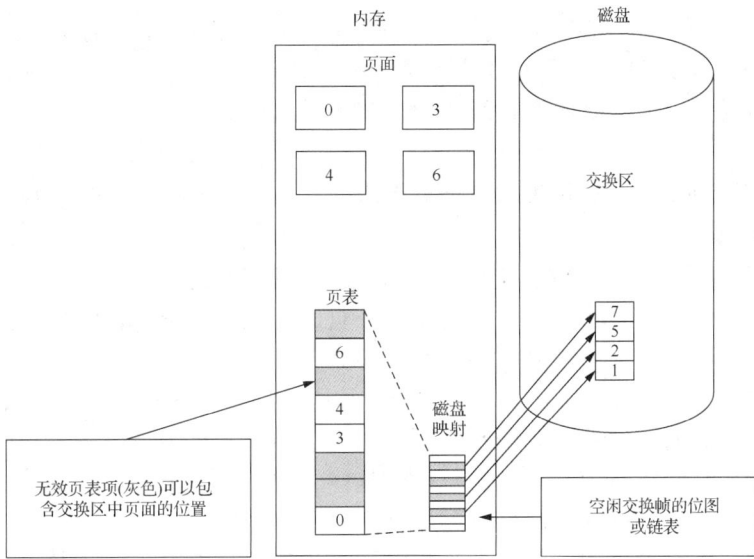

图 6.3　交换区域示例

6.4　页面共享

1. 页面共享概述

通常，进程在自己受保护的地址空间中运行，但是，有时进程需要共享内存。例如，web 服务器的父进程和子进程会共享一些数据（如数据缓存）；再如，当几个用户运行同一个程序时，我们只需保留常用页面的一份副本。

页面共享是指两个（或多个）进程通过将某个页面映射到各自页表中的同一物理页帧来共享内存，如图 6.4 所示。

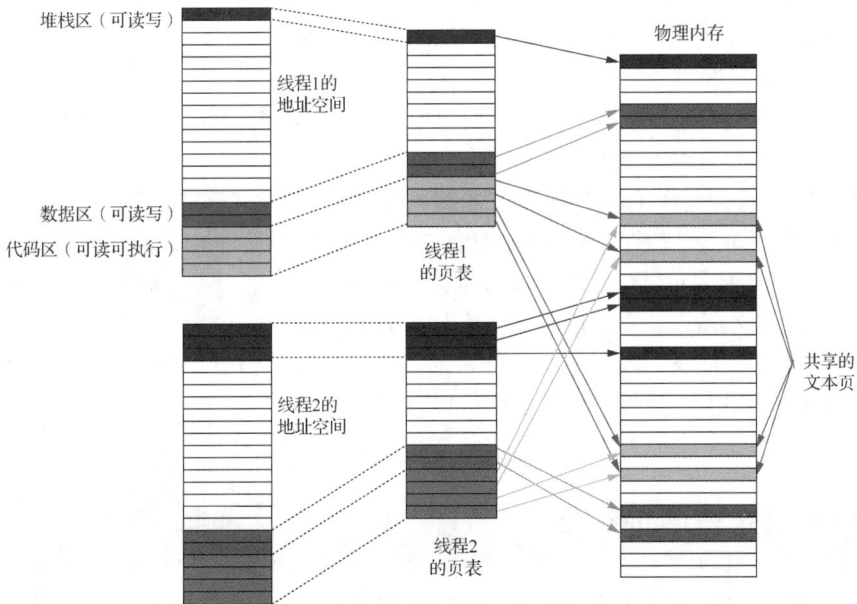

图 6.4　页面共享

- 页表条目可以具有不同的保护位，例如，一个进程启用只读，另一个进程启用写入。
- 共享存储可以映射在每个地址空间中相同或不同的虚拟地址。映射为不同的地址时，虽然使用灵活，但共享内存指针无效。对可重入代码段的共享，必须具有相同的逻辑页号。
- 当页帧被换出时，必须更新所有页表条目，这需要一对多的页帧映射。

2．写入时复制页面共享

fork()系统调用可为子进程创建新的地址空间，并将父进程虚拟地址空间中的页面复制到子进程的地址空间。然而，直接复制每一页内容是一项资源密集型的操作，特别是当大量页面未被修改时，这种复制显得尤为不必要且低效。为了优化这一过程，我们采用写入时复制机制，并在修改之前共享页面。具体过程为：在 fork()执行时，我们首先初始化子进程的新页表，但并不立即复制页面内容；相反，页表被设置为指向父进程原有的页帧，但所有页面都被临时标记为只读。这样，父进程和子进程在初始阶段共享相同的物理页面，直到某个进程尝试修改这些共享页面。当尝试修改一个被标记为只读的页面时，会触发一个保护故障。如果系统检测到这种故障是由写入时复制机制触发的，就会采取以下步骤进行处理：①复制触发故障的页面内容到一个新的物理页帧；②更新父进程和子进程的页表，将原只读页面的条目指向各自的新物理页帧副本，并标记这些新页面为可写；③恢复触发故障的进程的执行，使其能够继续其写操作，就像之前没有发生过故障一样。

此外，当这些最初共享的物理页面不再被需要时（例如，当页面被回收或交换到磁盘时），系统需要确保所有通过写入时复制机制产生的页表条目都得到适当更新，以反映当前的物理页面分配情况。

我们再考虑 mmap()系统调用。mmap()系统调用用于请求内核将文件映射到物理内存，它允许跨地址空间共享内存，在多个地址空间中加载共享库时非常有用。文件可以使用专用和共享模式加载，专用是指不与其他地址空间共享，例如写入时复制；共享是指与其他地址空间共享，例如将更改写入文件。它允许使用内存接口访问文件，并使用加载/存储（而不是读/写）来处理读/写文件。因此，这些文件称为内存映射文件。

3．内存映射文件

操作系统在地址空间内连续映射文件。如果虚拟地址 file_base 存储了文件的开头，那么 file_base+N 表示文件中的偏移量 N。

如图 6.5 所示，操作系统允许按需加载内存中的文件数据（即按需分页）。当访问不存在但有效的页面时，操作系统从文件中读取页帧。当脏页被收回时，操作系统将页帧写入文件。本质上，文件用于后备存储，而不是交换区域。当不同的地址空间映射同一个文件时，它们可以通过内存共享文件数据。另外，操作系统可以映射文件的任何区域。

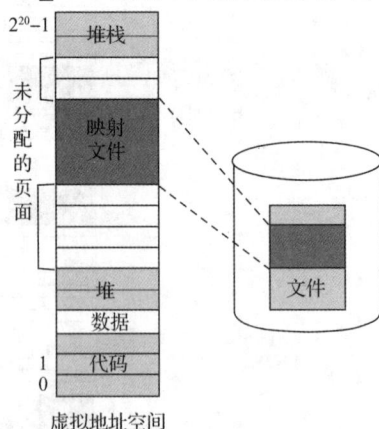

图 6.5　内存映射文件

6.5　内核与地址空间

现在，我们思考一个问题：内核如何访问内存中的自身？对于该问题，我们有如下三种方法。

① 在内核模式下关闭分页。该方法的优点是操作系统可以直接访问物理内存，包括页表；缺点是失去了分页的好处，地址空间只能是连续的。

② 内核有自己的地址空间，使用自己的页表。因为所有用户地址空间的页表也存放在内核地址空间中，所以内核需要区分和维护两种类型的页表（例如需要两个页表基址寄存器）。而且，内核读取用户程序中的数据结构需要多次访问内存。

③ 操作系统将内核映射到每个线程的地址空间中。切换到内核模式时无须更改页表基址寄存器，易于内核读取用户程序中的数据结构。对于中断驱动的系统，这种方法能显著提高系统性能。由于中断可能随时发生，因此在任意机器周期，操作系统应可以从运行用户代码切换到中断处理程序代码。允许内核在每个进程的执行上下文中运行，可以有效支持从用户模式到内核模式的执行上下文切换。操作系统在启动时将其内核代码加载到内存中的固定位置，把该位置映射到每个进程的地址空间的顶部（参见图 6.6），并用系统中断处理程序的起始地址初始化 CPU 的某个寄存器。发生中断时，CPU 切换到内核模式并执行系统中断处理程序指令，这些指令可在每个进程地址空间的顶部地址访问。由于每个进程都将系统内核映射到其地址空间顶部的同一位置，因此当中断发生时，系统中断处理程序代码能够在 CPU 上运行的任何进程的上下文中快速执行。该操作系统代码只能在内核模式下访问，进程在用户模式下运行时，不能读取或写入映射到其地址空间顶部的内核代码地址。

Linux 中的内存布局如图 6.6 所示。32 位处理器最多可以寻址 4GB 的内存。Linux 内核把 4GB 空间划分成两部分，用户进程使用前面 3GB 空间，内核使用后面 1GB 空间，从 0xc0000000 开始。共享地址空间带来了许多性能优势，特别地硬件的地址转换缓冲区可以在内核和用户空间之间共享。

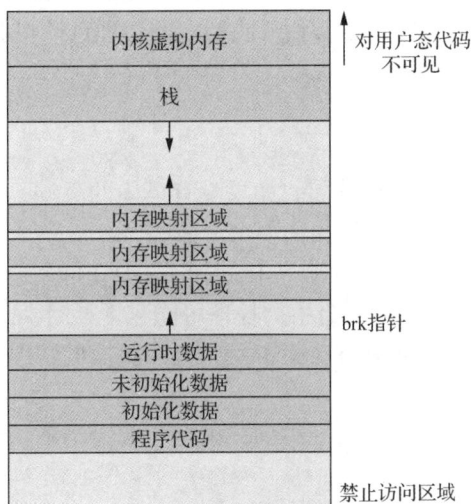

图 6.6　Linux 内存布局（32 位）

Linux 中的内存布局（64 位）如图 6.7 所示。系统可寻址空间大小为 16 777 216TiB（1TiB=2^{40}B），其中，内核和用户空间各占用 128TiB。对每个用户进程而言，堆栈最大为 8MiB，栈最大为 42TiB。

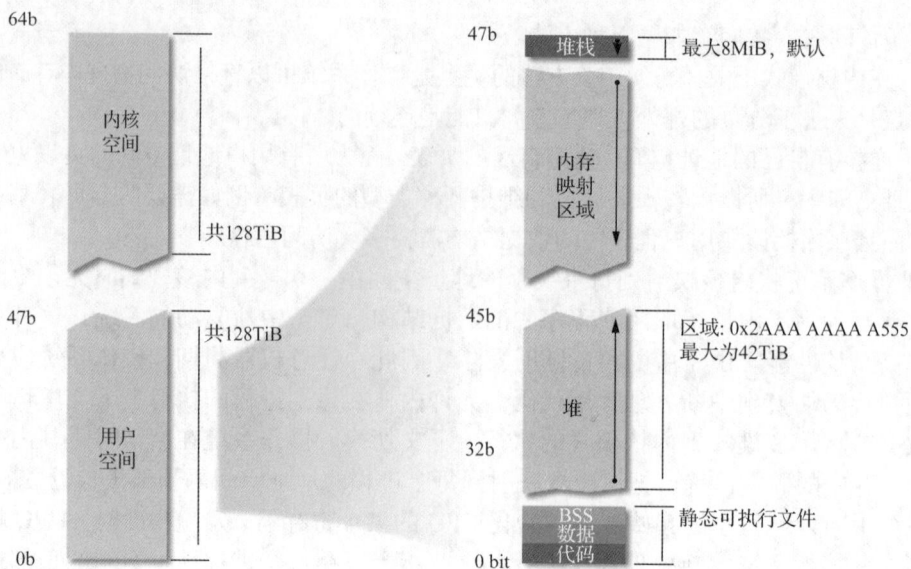

图 6.7　Linux 内存布局（64 位）

我们以 Linux 0.12 版本为例，memory.c 文件用于对内存进行分页管理，实现了对主内存区中内存页面的动态分配和回收操作。内核使用字节数组 mem_map[] 来表示物理内存页帧的状态，每个字节描述一个物理内存页帧的占用状态，其值表示被占用的次数，0 表示对应的页帧空闲。当申请某物理页帧时，就将对应字节的值增 1。当值为 100 时，表示该页帧被完全占用，不能再被分配。其中，get_empty_page() 负责取得一个空闲物理页帧并将其映射到某个指定的线性地址；do_no_page() 是缺页错误中断过程中调用的缺页处理函数；get_free_page() 函数用于在内存中申请一个空闲页，并返回物理页帧的起始地址；free_page() 用于释放指定地址处的一个物理页帧；put_page() 函数用于将指定的物理页帧映射到指定的线性地址。

6.6　页面替换

操作系统按需为程序分配内存页帧。如果没有可用的页帧，则操作系统需要收回另一个页面以释放页帧。问题是我们应该收回哪个页面呢？

页面缓存未命中类似于 TLB 未命中。未命中时需要访问磁盘，磁盘访问时间至少是内存访问时间的 1 000 倍，因此，对未命中的处理可能非常耗时。

分页什么时候能正常工作？只有在很少发生页面替换的情况下，分页才能正常工作。分页方案依赖于访问的局部性。

空间局部性是指程序往往只使用一小部分内存，或者当前访问的内存接近最近访问的内存。

时间局部性是指程序在短时间内使用相同的内存，或者最近访问的内存会再次被访问。程序通常具有这两种局部性，因此分页的整体耗时不是很高。

为什么不换出一个随机页面呢？答案是：如果被换出的页面在短期内被再次使用，则需要将其带回内存。因此，我们需要解决如下挑战：如何找到一个被最少使用的页面？同样的问题也适用于其他缓存系统（如内存缓存和网络缓存）。为解决这个问题，我们需要设计或选择页面替换算法。

6.6.1 页面替换算法

下面我们讨论几种常用的页面替换算法。最优页面替换算法是指如果未来可以完美预测，那么未来最长时间不用的页面应该被换出。假设访问串 RS=cadbebabcd，页帧数量为 4，在时刻 0 内存包含页面{a,b,c,d}。如表 6.1 所示，该算法在时刻 5 和 10 各发生了一次缺页错误，并导致了两次页面置换。

表 6.1　最优页面替换算法

时间		0	1	2	3	4	5	6	7	8	9	10
访问请求			c	a	d	b	e	b	a	b	c	d
页帧	0	a	a	a	a	a	a	a	a	a	a	d
	1	b	b	b	b	b	b	b	b	b	b	b
	2	c	c	c	c	c	c	c	c	c	c	c
	3	d	d	d	d	d	e	e	e	e	e	e
缺页错误							X					X

但是，我们无法准确预测未来，因此我们无法预知未来的页面访问序列，最优页面算法在现实中无法实现，但可以用于模拟研究：运行一次程序，生成所有页面访问的日志；在第二次运行中，使用该日志模拟最优算法。另外，我们可以使用最优页面算法作为基准来评估其他算法。

1．先进先出算法

先进先出（First-In First-Out，FIFO）算法是指替换最先调入内存的页面（即最旧的页面）。如表 6.2 所示，该算法在时刻 5、9、10 各发生了一次缺页错误。

表 6.2　先进先出算法

时间		0	1	2	3	4	5	6	7	8	9	10
访问请求			c	a	d	b	e	b	a	b	c	a
页帧	0	a		a	a	a	a	a	a	a	c	c
	1	b			b	b	b	b	b	b	b	b
	2	c	c	c	c	c	e	e	e	e	e	e
	3	d			d	d	d	d	d	d	d	a
缺页错误							X				X	X

替换最旧页面的一种实现是用一个链表维护内存中所有页面，按页面进入内存的时间顺序进行排序，将新页面添加到列表末尾。出现缺页错误时，替换掉列表前面的页面（最旧的页面）。

该方法有如下缺点：①可能很快会再次需要最旧的页面；②某个（些）页面在整个执行过程中可能很重要（即经常被访问），当它变旧时，更换它可能会立即导致缺页错误。

糟糕的是，FIFO 算法会导致 Bélády 异常。Bélády 异常是指增加页帧的数量会导致缺页错误的数量增加。

还有比先进先出算法更好的算法吗？最优页面算法需要预测未来的页面访问模式，但我们只能从过去吸取教训；最近使用的页面不应该被换出，因为最近使用的页面很可能在近期内再使用。

虚拟存储　第6章

因此，为了提升效率，我们需要一种能够跟踪过去页面访问历史的方法，这需要硬件的支持。

之前提到，每个页表条目都有如下页面状态位。

- 访问位：读取或写入页面时由 CPU 设置，由操作系统清除。
- 修改（脏）位：写入页面时由 CPU 设置，由操作系统清除。

TLB 保留了页表条目的最新副本，因为硬件/操作系统必须将 TLB 与页表条目位同步。我们能使用页表位来估计过去的页访问模式吗？

2．第二次机会算法

第二次机会算法与先进先出算法相似，但为访问的页面提供了第二次机会（Second Chance）。具体而言，是指用一个链表维护内存中所有页面，并将新页面添加到链表末尾。当出现缺页错误时，查看列表中的第一页（最旧的一页），如果其访问位为 0，则选择该位进行替换；否则清除访问位，将页面移动到末尾，即把它作为新的页面，并重复以上步骤。

如果每一页都被访问过，那么第二次机会算法等价于 FIFO 算法。

3．时钟算法

第二次机会算法的实现方案之一是时钟算法。如图 6.8 所示，时钟算法用一个循环列表管理内存中的页面。当出现缺页错误时，算法会扫描循环列表（就像"时钟之手"扫过时钟表盘），查找未设置访问位的页面，而不是像 FIFO 算法那样从列表中移除页面。

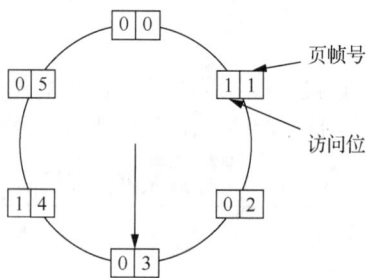

图 6.8　时钟算法

4．增强型第二次机会算法

增强型第二次机会算法也称为最近未使用（Not Recently Used，NRU）页面置换算法，其思想是替换最近未使用的页面。最初，所有页面都是未被访问和修改过的，即访问位=0，脏位=0。该算法定期清除所有页面的访问位。当一个页面最近被访问时，其访问位被设置为 1。

当发生缺页错误时，我们可以把页面分为 4 类，如表 6.3 所示，从序号最低的非空类别中随机选择一个要移除的页面。

表 6.3　NRU 页面置换算法中的 4 类页面

类	访问位	脏位
1	0	0
2	0	1
3	1	0
4	1	1

5．最近最少使用算法

最近最少使用（Least Recently Used，LRU）算法是对 NRU 算法的改进，用于替换未使用时间最长的页面。它需要跟踪页面最近的使用情况。如表 6.4 所示，该算法在时刻 5、9、10 发生了缺页错误。

表 6.4　最近最少使用算法示例

时间		0	1	2	3	4	5	6	7	8	9	10
访问请求			c	a	d	b	e	b	a	b	c	d
页帧	0	a	a	a	a	a	a	a	a	a	a	a
	1	b	b	b	b	b	b	b	b	b	b	b
	2	c	c	c	c	c	e	e	e	e	e	d
	3	d	d	d	d	d	d	d	d	d	c	c
缺页错误							X				X	X

一种实现方法是保留所有页面的堆栈。对于每次内存访问，算法将相应的页面移动到堆栈的顶部，如表 6.5 所示。当发生缺页错误时，替换掉堆栈底部的页面（最近最少使用）。由于需要移动页面，适宜用双链表实现堆栈。

表 6.5　将访问过的页面移动到堆栈顶部

堆栈			c	a	d	b	e	b	a	b	c	d
			a	c	a	d	b	e	b	a	b	c
			b	b	c	a	d	d	e	e	a	b
			d	d	b	c	a	a	d	d	e	a
时间		0	1	2	3	4	5	6	7	8	9	10
访问请求			c	a	d	b	e	b	a	b	c	d
页帧	0	a	a	a	a	a	a	a	a	a	a	a
	1	b	b	b	b	b	b	b	b	b	b	b
	2	c	c	c	c	c	e	e	e	e	e	d
	3	d	d	d	d	d	d	d	d	d	c	c
缺页错误							X				X	X

该实现的不足是需要在每次访问内存时移动列表元素。每次内存访问都会变成多次访问，并且无法用硬件实现。

第二种实现方法是用 MMU（硬件）维护一个计数器，该计数器对每个内存访问进行递增操作。每次使用页表条目时，MMU 将计数器的值写入页表条目，此时间戳值为"上次使用时间"。当出现缺页错误时，操作系统查看页表，并识别具有最旧时间戳的条目。

该方法的问题是必须为每个内存引用更新时间戳，系统开销较大。

第三种实现方法是附加访问位算法，该算法为每个页面维护一个 8 位计数器，初值为零。每次定时器中断时，该算法会把每个页面的访问位移到计数器的高位，并丢弃原有的低位，然后清除所有页面的参考位。当出现缺页错误时，该算法会遍历所有缓存页面，把计数器值最小的页面换出。如果有多个候选页面，算法会任意选择一个换出。

图 6.9 展示了附加访问位算法。在时刻 4，页号为 3 的页面具有最小的计数器值，因此它应该被换出。

访问位 页面0~5	访问位 页面0~5	访问位 页面0~5	访问位 页面0~5	访问位 页面0~5
时刻0	时刻1	时刻2	时刻3	时刻4
101011	110010	110101	100010	011000

页号					
0	10000000	11000000	11100000	11110000	01111000
1	00000000	10000000	11000000	01100000	10110000
2	10000000	01000000	00100000	00100000	10001000
3	00000000	00000000	10000000	01000000	00100000
4	10000000	11000000	01100000	10110000	01011000
5	10000000	01000000	10100000	01010000	00101000

图 6.9　附加访问位算法示例

上述方法的问题是记录保存的粒度受到定时器中断频率的限制。每个定时器间隔内，算法只能将访问位移动到计数器的最高位并丢弃低位，导致在同一个间隔内的多次访问无法精确区分；计数器的位数有限，进一步限制算法能够记录的时间范围，我们只能随机挑选一个页面将其换出。

6．工作集模型算法

工作集模型算法是基于局部性假设的。空间局部性是指进程倾向于使用其内存的一小部分，时间局部性是指进程往往在短时间内使用相同的内存。

工作集是指进程当前需要的页面集，记为 Δ。图 6.10 展示了一个进程在 t_1 和 t_2 时刻的工作集（WS）。如果某个进程的工作集在内存中，则进程不会出现缺页错误。如果工作集不在内存中呢？系统会发生抖动。因为没有足够的页帧容纳工作集，每隔几条指令就会出现一次缺页错误，此时用户程序运行进展缓慢。

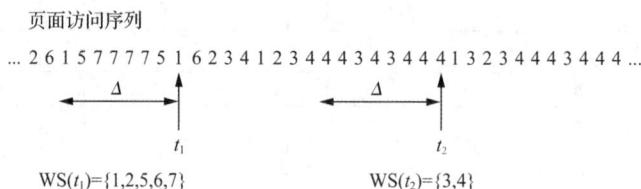

页面访问序列

... 2 6 1 5 7 7 7 7 5 1 6 2 3 4 1 2 3 4 4 4 3 4 3 4 4 4 1 3 2 3 4 4 4 3 4 4 4 ...

Δ ← → t_1　　Δ ← → t_2

WS(t_1)={1,2,5,6,7}　　　　WS(t_2)={3,4}

图 6.10　工作集示例（Δ=10 次内存访问）

按需分页是指在进程开始运行时按需加载页面。页面预取是指在运行进程之前加载它的工作集，以便最大限度地减少缺页错误。操作系统如何决定工作集的大小呢？

操作系统通过分析内存访问模式来决定工作集的大小，这一过程可以简化为查看最后 k 个内存访问（即访问的最近性）或者回顾上一个时间窗口 T（工作集时间间隔）内的内存访问行为。随着 k 值或 T 值（时间窗口的长度）的增大，需要的页面数量也随之增多，如图 6.11 所示。因此，我们的目标是设计一个页面替换算法，将此工作集保存在内存中。

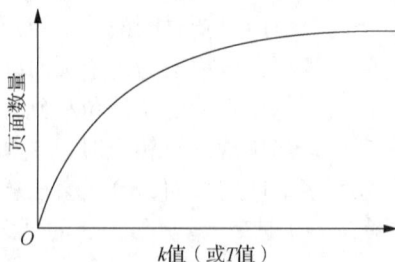

页面数量

O　　　　k 值（或 T 值）

图 6.11　k 值（或 T 值）与页面数量的关系

逼近工作集模型的办法是使用一个固定间隔的计时器和一个访问位。例如，假设t=10 000 时间单位，定时器每 5 000 个时间单位中断一次。为了跟踪每个页面的使用情况，我们在页表中为每个页面保留 2 个访问位。在定时器中断时，系统会复制这些访问位并将其全部重置为 0。如果这些访问位中至少有一个为 1，则说明对应的页面位于工作集中。

在访问页面时，硬件设置该页面的访问位（记为 R）。在计时器中断时，如果 R 为 1，则清除它，并将当前虚拟时间（即进程在 CPU 上的运行时间）写入"上次使用时间"。

当出现缺页错误时，如果 R 为 1，则把当前虚拟时间写入"上次使用时间"；如果 R 为 0，并且年龄≥T，则换出该页，其中年龄=当前虚拟时间-上次使用时间；如果 R 为 0，且年龄≤T，则保留该页在内存中，不进行额外操作。

扫描整个页表之后，如果一个或多个页面的 R=0，则换出年龄最大的页面；否则（即所有页面都已被引用），随机换出一个页面，最好是干净的页面（即脏位为 0）。

假设访问串 RS=cedbcecead，时间窗口 T=3，在时刻 0，工作集包含页面 a、d、e，它们分别在时刻 0、-1、-2 被访问。表 6.6 显示了每次访问时的工作集，其中 '√' 和 '—' 分别表示该页面保留在内存中和不在内存中。

表 6.6　工作集页面替换算法

时间		0	1	2	3	4	5	6	7	8	9	10
访问请求			c	e	d	b	c	e	c	e	a	d
页面	a	√	√	√	√	—	—	—	—	—	√	√
	b	—	—	—	—	√	√	√	√	—	—	—
	c	—	√	√	√	√	√	√	√	√	√	√
	d	√	√	√	√	√	√	√	—	—	—	√
	e	√	√	—	—	—	—	√	√	√	√	√
换入			c			b		e			a	d
换出				e		a			d	b		

从表 6.6 可以看出，该算法的缺页次数为 5。在处理访问串的过程中，工作集的大小在 2~4 之间变化。

至此，我们已经描述和讨论了 7 种页面替换算法。在表格 6.7 中，我们对这些页面替换算法进行了分析比较。

表 6.7　常用的页面替换算法

算法	说明
最优页面替换算法	不可实现，可用作基准
先进先出算法	可能会换出重要页面
第二次机会/时钟算法	FIFO 算法的主要改进算法，时钟算法是现实的
增强型第二次机会算法	LRU 算法的一种变体
最近最少使用算法	很好，但很难准确实施
附加访问位算法	高效，很好地逼近 LRU 算法
工作集模型算法	效果良好，前提是使用适当的时间窗口 T

6.6.2　局部替换与全局替换

如果某个进程出现缺页错误，需要更换页面，那么，我们应该替换哪个进程的页面？

策略 1 是局部页面替换，即选择相同进程的页面；策略 2 是全局页面替换，即可以选择任何进程的页面。上述有些算法可以与任一策略结合使用。例如，LRU 算法既可以用于局部替换，也可以用于全局替换；但工作集算法不可以。

例如，如图 6.12 所示，进程 A 出现缺页错误，局部替换和全局替换的页面都是 A6。

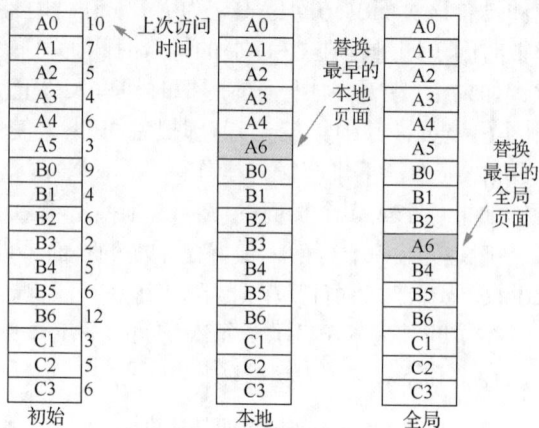

图 6.12　局部替换和全局替换示例

使用局部页面替换策略时，假设内存中有 10 个进程和 5 000 个页帧，每个进程应该得到 500 个页帧吗？不应该。小型进程不需要这么多页帧，而大型进程可能需要更多页帧。因此，一个合适的办法是查看每个进程的需求，并为每个进程提供足够数量的页帧，以防止抖动。

因此，我们需要关注缺页错误频率（Page Fault Frequency，PFF）。缺页错误频率随着进程得到页面的增多而下降。

如图 6.13 所示，若 PFF 太高，我们需要给这个程序更多的页帧；若 PFF 太低，我们应拿走一些页帧，交给其他程序。

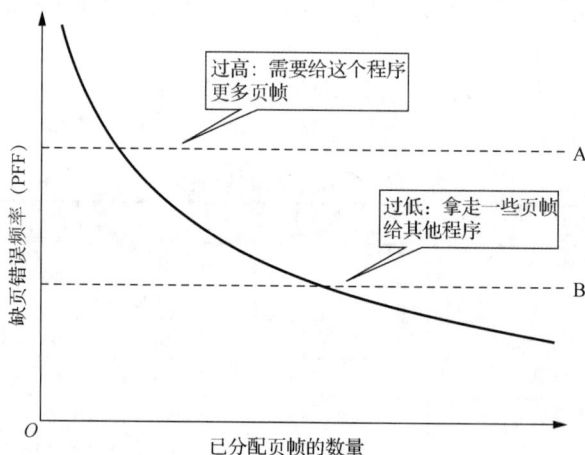

图 6.13　缺页错误频率

缺页错误频率可用于对进程的工作集需求进行估计。我们的目标是合理分配页帧，使所有进程的缺页错误频率大致相等。那么，我们应该如何测量缺页错误频率？对于每个进程，应该设置一个计数器 c 来跟踪其缺页错误次数。每次出现故障时，我们就递增这个计

数器 c，即 $c=c+1$。每秒更新故障频率（ff，以故障/s 为单位），更新方法如下：

$$ff=(1-a)\times ff+a\times c, \quad 0<a<1$$

其中，a 表示当前故障影响所占的比例。当 $a\to 1$ 时，历史故障记录的影响趋于 0。该全局页面分配算法可以与局部页面替换算法相结合。

对于每个缺页错误，运行页面替换算法是昂贵的。通常，操作系统使用分页守护进程来维护空闲帧池。当帧池数量达到低水位线时，进程会运行替换算法，将脏页写出到磁盘上，并释放它们所占用的页帧。这个过程会持续进行，直到帧池数量达到高水位线。

池中的页帧仍包含以前的内容。如果某个页面在重新分配之前被访问，则可以用池中的页帧做备援。

6.7 习题

1. 什么是写时复制？在什么情况下它的使用是有效的？实现这种功能需要什么硬件支持？

2. 考虑一个分页系统，其页面大小为 4096B，字的大小为 32 位。假设每个虚拟地址（p, d）占用一个字，请给出：（1）页表的大小（页表项的数目）；（2）虚拟内存的大小（字的数目）。

3. 3 个函数被链接成一个进程，并被装载到内存，每个函数长度为 2400B。考虑下面的存储管理方案：（1）分页（不分段）：页面大小为 4096B，页表占用一页；（2）分段（不分页）：段表大小为 4096B；（3）段页式（每个函数作为一个单独的段）：页面和分段大小为 4096B，页表和段表各占用一页；（4）二级分页（对页表进行分页）：页面大小为 4096B，页表和页目录各占用一页。

假设这 3 个函数和所有表都驻留在内存中，请给出它们总共占用的内存空间，包括函数占用的空间以及任何页表或者段表占用的空间，并给出由于内部碎片而浪费的空间。

4. 某个计算机系统具有 2^{22}B 的物理内存，通过请求调页方式，为用户提供了 2^{32}B 的虚拟内存空间，每个页面为 4KB。假设用户进程生成了虚拟地址 11123456，请回答如何建立对应的物理地址，并区分软件和硬件的操作。

5. 在一个纯粹分页的系统中，一个程序产生了包含以下虚拟内存地址的访问序列：

$$10,11,104,170,73,309,185,245,246,434,458,364$$

当页面大小分别是 400B、800B、1200B 时，请给出对应的访问串。

6. 一个进程能否有两个工作集，一个用于数据而另一个用于代码？请给出理由。

7. 假设内存有 4 个页框。对下面每种策略，给出访问串 abgadeabadegde 的缺页数目，假设所有页框最初都是空的：（1）最优页面替换算法，（2）先进先出算法，（3）第二次机会算法，（4）最近最少使用算法，（5）工作集模型算法（$\Delta=2$）。

8. 对于访问序列 abcdebcdcbddbddd，使用工作集置换算法时，请给出最小的时间窗口 T，以保证上面的访问串至多产生 5 次缺页；说明每次访问时哪些页面驻留在内存中，用一个"×"号标记缺页。

9. 系统出现抖动的原因是什么？系统如何检测和消除抖动？

10. slab 分配算法为每个不同类型的对象使用单独的 cache，请解释这种方法是否可用于多 CPU 的系统。如果不适用，请描述您的解决思路。

第四篇

文件系统
和输入/输出

　　在某种意义上，人类对计算机系统的需求是贪婪的，既要快速的数据计算，又要持久的数据存储。在第三篇我们提到，操作系统使用内存管理提供快速计算和无限容量。在本篇，我们讲述的第 1 个主题是：磁盘等辅存能够提供大容量和持久化的数据存储，操作系统使用文件系统屏蔽多种辅存的细节，为用户及其程序提供统一的使用接口（第 7 章）。

　　另外，人类使用外设与计算机进行交互，例如输入/输出设备和通信设备，而计算机外设种类繁多且特性各异。因此，本篇的第 2 个主题是：操作系统为设备的输入/输出提供统一的接口和高效的管理（第 8 章）。

第7章 文件系统

内存是易失性设备（即断电后不保留信息），而且其容量是有限的，因此计算机系统必须配备辅存，以便长期保存用户和系统信息。到目前为止，最流行的辅存是随机访问的磁盘和顺序归档式存储的磁带。由于这些设备交互起来很复杂，并且在多用户系统中不同的用户要共享这些设备，因此操作系统使用文件系统来管理辅存上存储的数据，将这些数据组织成文件。文件是数据单元的集合，可以被访问、查找和修改。

文件系统是操作系统的一部分，负责管理操作系统中的文件和辅存设备资源。没有文件系统，就不可能进行有效的计算。本章首先讲述文件管理的基本功能和文件系统的层次模型，然后讲解文件的用户视图、目录操作及实现，最后介绍基本文件系统、文件的物理组织方法和空闲存储空间的管理。

7.1 文件管理的基本功能

文件系统和输入/输出系统协同工作，它有以下三个基本功能。

① 通过隐藏辅存设备和输入/输出操作的物理细节，向用户提供文件和目录的逻辑或抽象视图。

② 有效利用底层的存储设备。

③ 支持不同的用户和应用程序之间进行文件共享。这包括提供保护机制，确保以一种可控的安全方式交换信息。

因为物理设备的接口非常复杂，所以文件系统提供了第一个功能。这种视图经常由于新设备代替过时的设备而发生改变。在第 8 章中讨论的输入/输出系统就是在硬件设备上的第一层抽象。输入/输出系统提供了设备接口，其中设备可以被看作是逻辑块的集合或流，根据设备的类型来决定是顺序访问还是直接访问。

这一层的抽象对大多数应用程序来说依然太底层了。这些应用程序必须根据数据记录的有名集合（文件）来操作数据，并利用目录（有时也称作文件夹）把它们组织成各种有层次关系的结构。因此，文件系统的角色就是将逻辑上输入/输出设备的抽象扩展到文件级别上的抽象。

文件是逻辑记录的数据单元集合，很大程度上与其存储介质无关。逻辑记录是文件中可寻址的最小单元。文件的概念为用户的代码和数据提供了一个简单统一的线性空间。文件和文件中的逻辑记录可以通过在文件系统接口中定义的一组高层操作来使用，这些接口的实现通过文件系统对用户隐藏。

文件系统的第二个目标和功能是有效利用底层的存储设备。存储设备可以保存属于不同用户的文件。我们知道，内存没有移动的磁头，而且对任何位置的访问都要花费相同的时间。与内存不同的是，大部分辅存是机电设备，访问时间很大程度上取决于数据在设备上的位置，比内存慢得多。例如，磁盘访问可能需要（或者有时不需要）寻道操作，读/写磁头的物理运动依赖于磁头当前的位置。由于每次寻道操作都相当耗时，所以文件系统必须采用尽量减少读/写磁头运动时间的方法来存放数据单元。输入/输出系统可以提供额外的优化，例如通过动态排序磁盘操作来减少读/写磁头移动的距离。这种情况在磁带或者其他一维存储器上更加重要，数据的高效访问只能依据其在磁带上出现的位置。文件系统必须确保为任意指定文件在底层存储设备上选择恰当的数据存储位置。

文件系统的第三个功能是文件共享，这与内存中代码和数据的共享相似。在内存中，两个或者两个以上的进程可以同时访问内存的同一部分。它们的主要区别是：与内存信息不同，当文件的属主或创建者当前不再活动时（例如属主可能已经注销），通常文件在辅存上还是存在的。因此，文件共享可能不会同时发生。一个进程也许希望访问另一个进程所创建的文件。这里关键的问题是实施保护，例如控制特定的进程或用户对文件的访问类型。

本章我们主要描述文件系统的前两个功能，并详细讲述物理存储设备对用户和程序透明的必要性。

7.2 文件系统的层次模型

就像其他复杂软件系统一样，文件系统可以根据其主要功能分为几个重要部分。我们采用层次组织方法，每层描述一个比下层更加抽象的机制，在指定层次上的软件模块只能调用同层次或者更低层次模块的服务。尽管不是所有的文件系统都是按照严格的层次结构来设计的，但是这种概念视图是很有用的。因为通过单独地研究每一层，我们可以了解文件系统的复杂功能和它与用户以及输入/输出系统之间的接口。

图 7.1 显示了文件系统的组织结构，左边说明文件系统处于用户和输入/输出系统之间。对于用户而言，文件系统创建了逻辑文件的抽象。其中，逻辑文件可以通过各种文件和目录的命令来操作和组织。文件系统通过调用输入/输出系统的服务和使用逻辑块号交换数据，从而在底层磁盘和其他辅存设备上管理这些文件。输入/输出系统的责任是将逻辑块号转换成实际的物理设备地址（磁盘或磁带地址）。

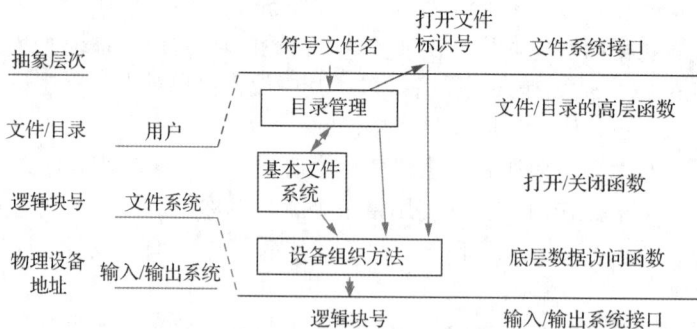

图 7.1　文件系统的层次视图

图 7.1 的右边表示将文件系统划分为三个主要部分：目录管理、基本文件系统和设备组织方法。对用户接口、文件系统接口和输入/输出系统接口，我们在本节概述每一层的任

务。后续几节将详细介绍每一层的功能。

1．文件系统接口

文件系统描述了逻辑文件对用户的抽象，并定义了一组使用和操作文件的方法。它也提供了一种将多个文件组成组并使用目录记录文件的方法。通常可以通过两种命名方式来识别一个文件，具体采用的方式依赖于在该文件上所执行的操作。文件创建时，用户使用符号文件名在目录中查找文件。当文件被作为一个整体进行操作时，如重命名或删除文件，也会用到符号文件名。当然在程序中不方便使用符号文件名，特别是重复使用时。因此，访问文件数据的操作（特别是读和写操作）使用文件的数字标志符，它是由文件系统的更低层产生的。当第一次打开请求的文件并创建利于访问文件所需的数据结构时，便返回一个标识号，即打开文件标识号，如图 7.1 所示，它将用于后面的读、写和其他数据操作。注意：与静态的符号文件名不同，打开文件标识号只是临时的。只有当打开文件的进程保持活动时或者在文件被明确关闭前，它才是有效的。

2．目录管理

目录管理模块的主要功能是使用符号文件名取得操作文件所需的描述信息，然后把这些信息传递给基本文件系统模块，由它打开要访问的文件并将打开文件标识号返回给目录管理模块。随后的读、写操作，系统会根据不同的用户层命令打开文件并生成打开文件标识号。这些打开文件标识号或者被返回给用户，或者被目录管理模块自己使用。例如，为了找到用户请求的文件，通过层次结构进行搜索时，目录管理模块需要重复打开和读取子目录。在搜索过程的每一步，目录管理模块都必须调用底层的基本文件系统模块来打开这些子目录。

3．基本文件系统

基本文件系统主要通过调用打开和关闭函数来激活和停用文件，并负责验证每次请求访问文件程序的访问权限。基本文件系统模块使用内存中一种被称作打开文件表（Open File Table，OFT）的数据结构来维护所有打开文件的信息。当文件被打开时，返回给调用程序的打开文件标识号直接指向打开文件表中相应的表项。在访问文件数据时，如果使用这种标识号（而不是符号文件名），随后的读、写操作便可绕过目录管理模块和基本文件系统模块。

4．设备组织方法

设备组织方法模块将逻辑文件映射到辅存设备上的底层设备块。它从高层应用程序或用户接口接收读、写请求，将每个请求转变为相应的逻辑块号，并把它们传递给下面的输入/输出系统，然后由输入/输出系统在设备和调用程序的内存缓冲区之间实现实际的数据传输。存储块和内存缓冲区的分配和释放也是在这一层处理的。

我们以 UNIX 文件系统为例解释上面的过程。在访问一个文件以前，必须用下面的命令打开该文件：fd=open(name,rw,...)。其中 name 是符号文件名；rw 是打开模式或访问权限，指定文件用于只读、只写或者读/写等。目录管理模块验证此命名文件是否存在以及用户是否有权以指定的读/写模式访问文件。如果可以访问，使用基本文件系统模块中相应的程序将文件打开，并在打开文件表中创建一个新表项。此表项的索引（即 fd 的值，也即该文件的打开文件标识号）返回给调用程序，该标识号用于读/写文件内容。

读命令的形式如下：stat=read(fd,buf,n)。其中 fd 是 open 命令返回的标识号；buf 是一个指针，指向调用程序的内存中的一个输入缓冲区；n 是要读取的字符数。当操作完成后，

stat 的值说明读操作的状态。它会返回实际读取的字符数目，如果发生错误将返回-1。读命令（和相应的写命令）是在图 7.1 中的设备组织方法层执行的。

7.3 文件的用户视图

从用户的视角来看，文件是用于访问控制、检索和修改成组数据元素的命名集合。在其最抽象的形式（逻辑层）中，任何文件的属性都包括文件名、文件类型、文件的逻辑组织和一些额外属性。

7.3.1 文件名和文件类型

组成合法文件名的元素在不同的文件系统之间是不同的。在早期的系统中，文件名的长度受限于少量的字符。例如，MS-DOS 允许 8 个字符，而旧版的 UNIX 系统支持 14 个字符。由于一些特殊的字符在操作系统中保留下来用于特殊用途，所以通常不允许其当作文件名的一部分。其中就包括空格，因为它经常是用于分隔命令、参数和其他数据项的分隔符。

最近的大部分系统已经取消了这种限制，文件名可使用在大多数键盘上能够找到的任意字符。为了更加实用，文件名的长度也不再受限制。例如，MS Windows 系统支持 255 个字符，这其中包括空格和一些标点符号。

包括 MS-DOS 和 Windows95 系统在内的很多系统都是不区分大小写字母的。因此，MYFILE、Myfile、MyFile、myfile 等都是指同一个文件。相反地，UNIX 和 Linux 系统区分大小写，因此上面的名字是指不同的文件。

文件的扩展名是文件名中重要的一部分，它是添加在文件名中的一些简短的附加字符。在大部分系统中，使用句点将其与文件名分开。文件扩展名用于说明文件类型。例如，myfile.txt 说明该文件是一个文本文件，myprog.bin 说明该文件是一个可执行的二进制程序（或加载模块）。常见文件扩展名的长度在 1～4 个字符之间。MS-DOS 这样的一些老系统要求更加严格，文件扩展名的长度要在 1～3 个字符之间。而 UNIX、Linux 和一些更新的系统可以更灵活一些。

文件类型说明了文件的内部格式和文件内容的语义。最简单的例子是由 ASCII（American Standard Code for Information Interchange，美国信息交换标准码）字符序列构成的文件，里面没有任何格式，这种文件通常被称作纯文本文件，并使用.txt 作为扩展名。包含源程序的文件通常使用能够说明其编程语言的扩展名。例如，main.c 可能是一个 C 语言程序，而 main.java 可能是一个 Java 程序。编译后，生成的文件是扩展名为.o 或.obj 的目标文件，然后连接器使用目标模块产生相应的加载模块文件，即一个二进制文件，该文件的扩展名为.bin 或.com，或者是像在 UNIX 系统中那样没有扩展名。

文件的类型一般以文件头的方式存储。例如，任何可执行的 UNIX 文件必须以特殊的魔数（magic number）开头；后面是一系列复杂的元数据，这些数据详细说明了代码段、数据段、堆栈段、符号表等关键组成部分以及加载并执行该文件所需要的其他信息。

支持的文件类型数目以及文件类型和文件扩展名之间对应关系的严格性都依赖于操作系统。每一个系统都定义了一个必须支持的最小的文件类型集合，包括文本文件、目标文件和加载模块文件。除此之外，文件系统必须能够区分一般的文件和文件目录。其他应用程序可以按照它们自己的约定创建和使用文件类型、文件的内部结构和文件扩展名。例如，.doc 文件通常是能够被 MS Word 识别的格式化的文本文件，.ps 文件是能够被 Postscript

打印程序识别的文件，.html 文件是能够被 Web 浏览器识别的包含超文本标记语言信息的文件。

在 MS Windows 系列的操作系统中，可以将特定的应用程序和它可识别的文件类型相关联（注册）。当用户双击和应用程序相关联的文件时，操作系统将自动使用该应用程序打开文件。一些能够被识别的文件类型会在系统安装时注册。但是它们都不是硬编码的，用户可以改变与文件类型相关联的应用程序，这样便扩展了系统的功能。当安装应用程序时，很多应用程序出于某种目的也会定制文件的注册方式。例如，文本处理程序 MS Word 认为所有扩展名为.doc 的文件都是自己能识别的格式，所有这些文件都能在 Word 程序中自动打开。当没有 Word 程序时，这些文件会被 Windows 的简单文本处理程序 WordPad 打开。

7.3.2　文件的逻辑组织

在最高层，文件系统只处理两种类型的文件：目录和普通文件（非目录）。在目录方面，文件系统维护了自己的内部组织结构，以便高效地搜索和管理目录中的内容。对于普通文件方面，文件系统关注两个方面，要么将文件内容传递给调用程序，调用程序根据文件类型进行相应的处理；要么将信息写入文件。传统上，文件系统将任何文件都视为能够使用指定操作访问且每次只能访问一个的逻辑记录的集合。因为这些操作决定了如何访问指定文件的逻辑记录，所以也称它们为访问方法。

文件中的逻辑记录是能够被读、写或者其他访问方法操作的最小数据单元。那么，逻辑记录的组成是什么？操作是如何找到每个记录的地址的？

1．逻辑记录

逻辑记录可以是固定长度的，也可以是可变长度的。在第一种情况下，逻辑记录可以是单字节、字或者是任意固定长度的部件所组成的结构。不管每个记录如何复杂，在一个文件中，所有记录必须有相同的长度。在第二种情况下，记录可能有不同的长度。通常将记录的大小或长度作为记录的一部分来保存，这样访问操作可以方便地定位到任何指定记录的末尾。固定长度记录的文件很容易实现，并且是大多数操作系统支持的最通用的形式。

2．记录寻址

为了访问文件中的一条记录，操作必须以某种方式找到该记录的地址。可以隐式地或者显式地做到这一点。隐式寻址方式按照记录在文件中出现的位置顺序访问所有记录。系统维护了一个指向当前记录的指针，只要访问记录，该指针就会递增。这种顺序访问实际上适合于所有的文件类型。它的主要限制是访问第 i 个记录时，必须读取或者扫描前面第 $0 \sim i-1$ 个记录。

显式寻址方式可以直接或者随机访问一个文件。可以通过指定文件中记录的位置或者使用记录中被称为关键字的指定字段进行访问。在第一种情况下，我们假设文件是记录的序列，这样每个记录就可以使用从 $1 \sim n$（或者从 $0 \sim n-1$）的整数来唯一标识。其中，n 是组成文件的逻辑记录数。在该范围内的整数唯一地标识了一个记录。在第二种情况下，用户必须将指定记录中的一个字段作为关键字。它可以是一个任意类型的变量，但是所有关键字的值在文件中必须是唯一的。一个典型的例子就是身份证号。可以通过指定记录的关键字的值来找到该记录。

图 7.2 说明了 4 种逻辑记录类型。图 7.2（a）所示为一个固定长度记录的文件；图 7.2（b）所示为一个可变长度记录的文件，其中每一个记录的第一个字段说明了该记录的大小；

图 7.2（c）和图 7.2（d）表示通过唯一的关键字来标识每个记录的文件。

（a）固定长度记录

（b）可变长度记录

（c）使用关键字，固定长度记录

（d）使用关键字，可变长度记录

图 7.2　逻辑记录类型

这 4 种设计方法都能很方便地顺序访问记录。然而，只有固定长度记录的设计才能有效地直接访问，这是因为任何指定记录的位置都可以通过其索引和记录长度计算出来。图 7.2（b）和图 7.2（d）必须添加其他的支持结构（如辅助索引），才可能实现直接访问。

尽管长度可变且基于关键字的记录对于很多商业应用程序很重要，但是只有一些现代操作系统在文件层对其提供支持，原因是已经在专门的数据库系统中实现了这种复杂的文件组织方式。这种数据库系统更加适合用不同的方式、从不同的角度管理、组织和显示数据。不过文件目录例外，我们可将目录看作是基于关键字的记录文件，其中关键字是符号文件名。

3．内存映像文件

用于读/写文件的操作通常在格式和功能上同读/写内存操作大不相同。为了消除这种差异，简化编程工作，一些系统允许把文件直接映像到进程的虚拟内存中。为了将文件映像到内存中，系统首先应该在虚拟内存中为文件保留一段连续区域；然后，不是打开文件，而是将文件的内容和这段在虚拟内存中保留的空间进行映射，使两者在内容上等同。

例如，考虑由 n 个字节序列组成的一个文件 X，假设它被映射到一个以虚拟地址 va 开始的进程的虚拟内存中。然后，用户可以简单地直接读/写相应的虚拟内存地址，不必使用特殊的文件访问操作。例如 read(i,buff,n)，其中 i 是打开文件标识号，n 是移动到虚拟内存区 buf 中的字节数。这就是说，从地址 va 开始到 va+n-1 结束的访问，相当于从文件第 1 个字节（索引为 0）访问到第 n 个字节（索引为 n-1）。

在现代操作系统中，为了更有效地管理和访问文件，系统通过动态地将文件内容映射到进程的虚拟内存空间，提供了一种更为便捷和高效的文件视图。这种机制在分段系统和分页系统中有着不同的实现方式，但核心思想相似：将文件视为内存中的一部分进行访问。在分段系统中，文件作为新段被映射；在分页系统中，文件内容被分割成多个页面，并被动态地映射到进程的虚拟内存空间中的页表项上。每个页表项不仅指向内存中对应的页框（如果页面当前在内存中），还记录了该页面在磁盘上的位置（即哪个磁盘块包含该页面的数据）。当进程访问未加载的页面时，系统会从磁盘加载对应页面的数据；当内存不足时，未使用的页面会被写回磁盘。对于只读代码页面来说，磁盘块对应于包含可执行文件的二进制代码文件；对于数据和堆栈页面来说，磁盘块对应于特殊分页或交换文件（或者在磁盘上的一段专用区域）；对于内存映像文件来说，磁盘块对应于被映射的文件。因此，可以使用和分页一样的底层机制来访问内存映像文件。

Linux（和 UNIX）系统提供了系统调用 mmap()，进程可以将文件映射到它的虚拟地址空间上。该函数使用以下参数。

- 被映射文件的文件描述符（详见 7.5.1 小节）；
- 指定要映射的第一个字节在文件中的偏移量；
- 被映射的字节数（假设为 N）；
- 一组标志符和访问权限。

函数返回文件中被映射部分的起始地址。文件的这部分可以通过虚拟地址来访问。当进程不再需要文件或者希望改变映射区域的大小时，它会调用函数 munmap()。此函数将取消第 $1 \sim N$ 个字节之间区域的映射（N 是被映射的字节数），这样便可相应地改变/取消映射。

7.3.3 其他文件属性

除了文件名、文件类型和逻辑组织之外，文件也有很多其他的不同属性。其中一些在用户层是可见的，用户能够很容易地访问和修改它们；而另外一些则是为了实现各种文件和目录管理功能，由系统本身进行维护和使用。每个操作系统的实现都会根据其设计目标和需求，考虑各自应该维护的特定属性。通常应该考虑下面的信息类型。

- 属主名。属主名记录了文件属主的名字。在大部分系统中，文件的创建者就是它的属主。访问权限常常被属主控制着，属主可以授权其他用户以某种方式访问该文件。
- 文件大小。文件系统需要当前文件的大小信息，以便高效地管理磁盘上的磁盘块。文件大小对于用户来说也很重要，因此在用户层很容易得到该信息。例如，目录浏览操作的结果之一就是文件大小。
- 文件使用情况。考虑到安全、故障恢复和性能检测等多种原因，系统必须精确记录并妥善维护文件的使用情况的信息，包括文件的创建时间、最后使用时间、最后修改时间、文件被打开的次数和其他统计信息。
- 文件的处理情况。文件可能是临时性的，当文件关闭、满足一定条件或者创建文件的进程终止时，文件都会被销毁。但它也可能会作为永久性的文件来存储。
- 保护情况。这种信息包括谁可以访问文件以及可以使用怎样的方式来访问文件，也就是可以执行的操作类型，例如读、写或者执行。实施对文件的保护是操作系统提供的最重要的服务之一。
- 文件的位置。为了访问文件中的数据，文件系统必须知道文件的存储位置块。大部分用户对这种信息都不感兴趣，在抽象的用户接口中通常也不能使用这种信息。

7.3.4 文件操作

抽象的用户接口定义了便于管理文件和文件内容的一组操作，用户可以在命令层次上或者从程序中调用它们。这些特定的操作依赖于操作系统本身，也依赖于必须支持的文件类型。下面我们概述常见的几类操作。

1. 创建/删除

在使用文件以前，必须创建（create）该文件。create 命令通常会把符号文件名作为其参数之一创建文件标识号，这样其他命令通过文件标识号就可以引用该文件。delete 或者 destroy 命令与 create 命令产生相反的效果，它会把文件和文件中的所有内容从文件系统中删除。因为误删除一个文件是带有潜在严重后果的常见问题，所以在真正执行删除操作之前，大部分文件系统都会要求确认。另外一个常见的安全措施是暂时性地删除文件，这样以后如果需要还可以恢复。例如，Windows 操作系统会把将要删除的文件放到一个称为回收站的特殊目录中，文件会无限期地保存在该目录中。只有当明确要求清空回收站（比如释放硬盘空间）时，文件才会被彻底删除。

2．打开/关闭

在一个文件用于读/写之前，必须打开（open）该文件。open 命令会创建利于读/写访问文件的数据结构（即文件控制块）。open 命令的一个重要任务是建立用于在磁盘和内存之间传输文件数据的内部缓冲区。关闭（close）命令与 open 命令起到相反的效果，它会把文件与当前进程分开，释放缓冲区，并更新用于维护文件的所有信息。

3．读/写

读（read）操作把文件数据从磁盘传递到内存中，而写（write）操作传输数据的方向正好相反。读/写操作一般使用两种基本方式，即顺序方式和直接方式。它们分别和在 7.3.2 小节中提到的两种记录寻址方式相对应，即隐式方式和显式方式。使用直接读/写方式访问记录时，该记录必须被明确地指派一个编号（也就是在文件中的位置）或者一个关键字。顺序读/写方式则假设存在一个由系统维护的指针，一直指向下一个要访问的记录。每执行一次顺序读操作，它都会输出当前记录并把指针移向下一个记录。因此，如果上一个记录是记录 i，反复执行同样的读操作就能够访问到连续的记录 $i+1$、$i+2$ 等。类似地，顺序写操作将会把新的记录存放在当前指针指向的位置。如果该位置上已经存在一条记录，那么写操作就会覆盖它。如果指针在文件的最后，写操作就会扩展该文件。

4．定位/归位

对很多应用程序来说，完全的顺序访问太有局限性。为了避免每次读文件时都要从头开始，文件系统经常会提供定位（seek）命令。该命令会把当前记录的指针移动到文件中的任意位置。因此，读/写操作后面跟着定位操作实际上模仿了直接访问方式的效果。定位操作的实现依赖于文件的内部组织，但是这通常比从文件从头开始读取所有记录要有效得多。这里讨论的定位操作是高层的文件操作，不要和磁盘的定位操作相混淆。磁盘的定位操作是指将磁盘的读/写头移动到指定的磁道上。

归位（rewind）命令将当前记录的指针重新移动至文件的开始位置。它和定位到文件第一个记录的定位操作相同。

7.4 文件目录

操作系统通常有很多不同的文件。同样，每个用户也经常有很多文件。为了系统地组织这些文件，文件系统提供了文件目录。目录本身就是文件，它唯一的目的就是记录其他文件的信息（也可能包括其他目录）。

目录的信息将用户指定给文件的符号文件名同用于定位和使用文件所需的信息联系在一起。这些数据组成了 7.3.3 小节中所讨论的各种属性，特别是用于定位在磁盘和其他存储介质上组成文件的块的信息。在本节中，我们从用户的角度来看文件目录的组织结构以及在用户层定义的、用于定位和操作文件的操作。

目录最简单的形式可能就是文件列表。其中所有的文件都在一个层次上，没有进一步的细分。很明显，这种目录对于大部分应用程序来说是不够的。因此，实际上所有的文件系统都支持多层次结构。其中，一个目录指向更低一级的子目录，该子目录又依次指向了更低一级的子目录，以此类推。当创建新文件和文件目录或者改变已经存在的文件和目录的关系时，根据实施规则的不同，我们可以在一般的层次结构上采用几种特殊的组织结构。

7.4.1　目录的层次组织结构

1. 树形结构

最通用且实用的目录组织结构之一就是树形结构。在这种结构中，只能有一个根目录，每个文件和每个目录（除了根目录）都只有一个父目录。树的叶节点是数据和程序文件，所有的中间节点都是目录（有时也被称为子目录）。

图 7.3 是一个树形结构的目录示例。其中 D1 是根目录，其他目录称为树的节点或子目录。每一个子目录依次指向更低层的目录（用长方形表示）或者文件（用圆形表示）。例如，D1 中的 b 指向包括 c、n 和 a 的 D3，n 指向文件 F2。D*i* 和 F*i* 都是目录结构中不可见的部分。它们相当于唯一的内部标志符，我们可以直接引用它们，不用关心目录和文件在目录层次中的位置。

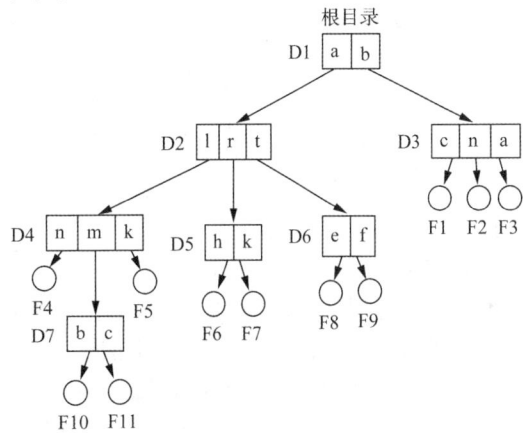

图 7.3　树形结构的目录

在 Linux/UNIX 系统中，根目录通常包括很多具有约定名称的目录，它们指向保存重要系统信息的文件。例如，/bin 包括与各种 shell 命令相对应的可执行二进制程序，如 cd（改变目录）、ls（列出目录内容）或者 mkdir（创建目录）；/dev 目录包含描述特定设备的文件，如磁盘或者用户终端；/etc 目录包括主要为系统管理员使用的程序；/home 目录是所有个体用户主目录的开始点；/tmp 目录用于临时文件。/usr 目录包含可以供所有用户使用的程序和数据。上面的每一个目录都包括很多文件和子目录。

树形目录的主要优点是易于搜索和维护。插入操作会在特定的目录下创建新的条目，然后该条目就会成为新子树的根。删除操作会把指定的条目从父目录中移除，该条目指向的子树也将被删除。例如，从图 7.3 中的根目录删除条目 a，将移除以目录 D2 为根的整个子树。

树形目录的主要缺点在于文件共享是不对称的，每个文件只允许有一个父目录。父目录可以有效地"拥有"该文件。属主决定允许或者拒绝其他用户对该文件的访问，并且必须经过属主的目录来访问该文件。

2. 有向无环图结构

尽管允许文件有多个父目录破坏了树的特性，但是可以以一种对称的方式来实现共享。也就是说，属于不同用户的多个目录可以指向相同的文件和使用不同的符号名称。

图 7.4 是一个有向无环图结构的目
录示例，其中任何文件都可以有多个父
目录。值得注意的是，文件 F8 有三个
父目录（D5、D6 和 D3），其中有两个
使用相同的名字（p）来指向它；目录
D6 有两个在不同层次的父目录。

允许任何给定的文件有多个父目录
的目录层次维护起来比一个严格的树形
结构目录要复杂得多。首先，我们必须
定义删除操作的语义。当文件只有一个
父目录时，可以简单地将文件删除，并
从该目录中移除其记录。然而，当文件

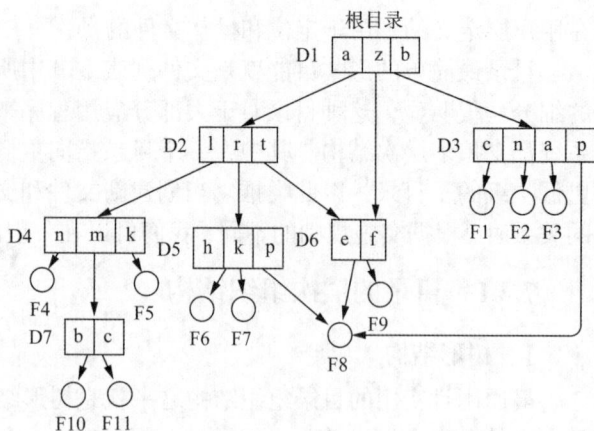

图 7.4　有向无环图结构的目录

具有多个父目录时，第一种方法是只对文件的任何一个父目录执行删除操作，这样就从该
父目录中移除了对该文件的引用。这一策略虽然容易实现，但不幸的是，它会在其他父目
录中留下对一个已不存在的文件的引用，可能会破坏文件的访问保护。第二种方法是仅当
文件在目录层次中的引用计数为 1（即该文件仅存在一个父目录中）时，才执行删除操作
将文件彻底移除。否则，仅从发起删除操作的父目录中移除对该文件的引用，而文件本身
仍保留在系统中。

例如，如果将文件 F8（见图 7.4）从父目录 D5 和 D6 中移除，只需要移除相应的记录
p 和 e。只有把文件从最后的目录 D3 中删除时，才需要将记录 p 和实际文件都移除。

允许有多个父目录的第二个问题是，在图中可能会形成环。图 7.5 显示了一个和图 7.4
具有相同文件和目录的结构，但是有一个从目录 D7 到其祖父目录 D2 的额外连接，这就使
图中形成了一个环。环对目录的很多操作都会产生影响，特别是搜索一个文件可能会多次
经过目录结构的相同部分，甚至导致无限循环。文件的删除操作也会变得更加困难，因为
一个简单的引用计数已经不够用了。出现这种情况的原因是当文件引用构成一个环时，环
内的每个文件的引用计数至少会是 1，这样即使文件从环外不可到达，它也不能仅基于引
用计数为 1 的条件被删除，因为环内部的引用仍然保持着它的存在。

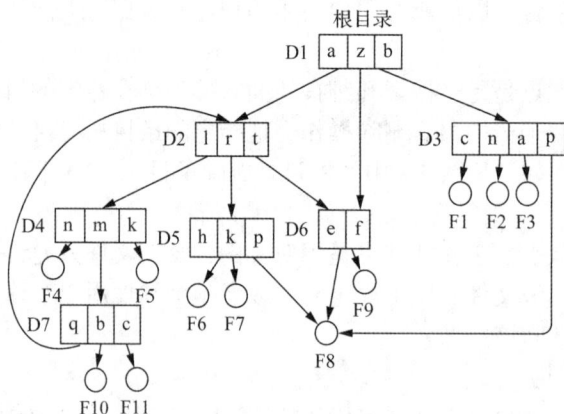

图 7.5　具有一个环的目录

考虑以下情况，例如，在图 7.5 中将目录 D2 从根目录 D1 中删除。目录 D2 的引用计

数是 2（它有两个父目录），因此，从根目录或者不在环中的任何其他目录都不可到达 D2、D4 和 D7，删除操作只会将记录项 a 从目录 D1 中移除，而不是 D2 本身。

处理环结构下的删除操作可使用垃圾收集算法，它会遍历整个目录两次。第一次遍历时，所有到达的部分都被标记；第二次遍历时，所有未被标记的部分都被删除。

大部分文件系统为了避免删除和搜索时产生的上述问题，都不允许在目录结构中存在环，并采用有向无环图结构来组织目录。方法是在另一个目录中插入一个已存在的文件或目录之前使用环检测算法。如果这个新的连接产生了一个环，那么就不允许插入。遗憾的是，这种算法执行起来代价很高，因为它可能要遍历目录结构的大部分。

3．符号链接

为了满足一般文件共享的需求，同时避免在非受限目录结构可能出现的问题，可以采用一种折中的方法。其基本思想是允许有多个父目录，但是要指派其中一个作为主（属主）目录。其他目录也可以引用相同的文件，但是只能使用一种被称为符号链接的辅助连接。图 7.6 显示了与图 7.5 具有相同文件和目录的一个目录结构，但是任何文件只允许有一个父目录；所有其他的连接都必须由符号链接来完成，在图中用虚线所示。因此，属主结构是一个使用实际（非符号）链接来连接各个节点的简单树。

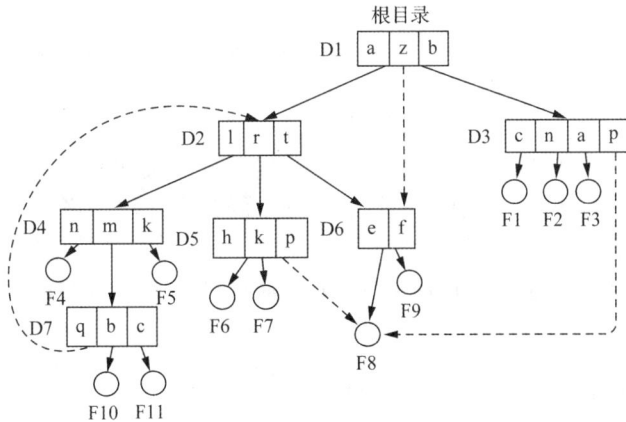

图 7.6　使用符号链接的目录

符号链接的行为根据不同的文件操作而不同。为了读/写文件，不管文件是通过主父目录还是通过只包含一个符号链接的目录来访问的，文件看起来都是一样的。例如，目录 D3 中的记录项 p 在图 7.5 和图 7.6 中都指向了相同的文件 F8。当然，删除操作根据链接类型的不同而有不同的动作。对于符号链接，只会删除符号本身。只有当删除操作应用于实际（非符号）链接时，文件本身才会被移除。如果被删除的文件是目录，相同的操作会递归地被应用于从被删除目录可达的所有文件。

在图 7.6 中删除 D2 不仅会从 D1 中移除记录项 a，而且会移除目录 D2 本身。此外，它会移除从 D2 通过实际（非符号）链接可到达的所有其他文件和目录。相比而言，如果从 D7 删除相同的目录 D2，此时它是通过一个符号链接来记录的，只会移除该链接，即记录项 q。

MS Windows 系统实现了一种被称为快捷方式的符号链接。快捷方式是可以在不同文件夹和菜单之间任意拷贝和移动的文件和文件夹（目录）的指针。删除快捷方式就是简单地删除指针。

UNIX 系统既支持多父目录，又支持符号链接，但是只允许非目录文件有多个父目录。可以从任一父目录中删除被共享的子目录。对于所有的其他交叉引用，可以使用任意数量的符号链接来创建。值得注意的是，一个目录只能有一个父目录，但是可以通过从任意数量的其他目录中的额外符号链接来引用该目录。

4．路径名

所有文件在整个文件系统中必须能够被唯一地标识。通常的做法是将从根到指定文件路径的符号名连接在一起，以生成一个路径名。每个单独的部分都用一个特定的分隔符来分开，如句号、斜杠（/）或者反斜杠（\）。任何路径名都唯一地标识出了文件层次中的某个文件。如果是树形结构的目录，那么任何文件都只有一个这样的路径名；如果是有向无环图结构或者通用图结构的目录，那么同一个文件可能有多个路径名，但是在这些情况中，一个指定的路径名唯一地标识了一个文件。

例如，图 7.6 中的文件 F9 可以使用路径名/a/t/f 和/z/f 来标识。按照 UNIX 系统的约定，开头的斜杠说明路径从根目录开始，后面路径中的斜杠用于分隔目录和文件名。

尽管路径名可以唯一地标识目录结构中的任意文件，但是如果每次访问文件时用户都必须指定全部的路径名，那么它们会特别冗长。为了解决这个问题，大多数文件系统都采用当前目录或者工作目录的概念。进程在运行时可以指定任何它可以访问的目录作为其当前目录（通常使用特殊符号"./"表示），然后可以通过与当前工作目录相关的方式来访问文件。这种路径名称为相对路径名，那些从根目录开始的路径名被称作绝对路径名。

例如，如果图 7.6 中当前目录是 D4（使用路径名"a/l"标识），那么使用相对路径名"m/b"与使用绝对路径名"/a/l/m/b"一样，都指向相同的文件 F10。

为了使一个路径名能标识不在当前目录子树下的某个文件，路径名的一部分必须能够指向它的父目录（通常使用特殊符号"../"表示）。该符号同路径命名的约定联合在一起，可以允许用户向上或向下遍历目录结构。例如，假设 D4 是当前目录，目录名"../t/f"和"../../z/f"都指向了同一个文件 F9。

7.4.2　目录操作

同文件操作类似，操作系统允许程序打开、读取或写入目录。有些操作只对目录才适用。对目录的操作依赖于操作系统和文件系统的层次结构。下面我们介绍常见的目录操作。

1．创建/删除

在能够向目录中添加任何内容以前，必须先创建目录。通常，因为每种文件类型都有不同的内部格式，所以目录的创建命令和普通文件的创建命令不同。对于删除命令，这种差异更加明显。对于目录，问题是如何处理从该目录可到达的所有文件。最简单的选择是只允许删除空目录，这样就强制用户在删除目录之前，必须明确地删除该目录中列出的所有文件。另外一个极端是递归地删除从给定的目录可到达的所有文件。在很多文件系统中，目录删除操作（在 UNIX 中是 rmdir）为用户提供了不同选项。

2．列举

列举操作会产生一个目录中所记录的所有文件的列表。例如，列举图 7.6 中目录"/b"时将显示文件名 c、n、a 和 p。因为目录的目的就是记录一组文件，所以列举（list）命令是最常用的命令之一。列举命令有一些典型的参数或者偏好设置，用户可以选择信息的显示方式。特别是，用户可以指定文件列出时的顺序，如按照文件名的字符顺序、文件大小或者文件记录的一些日期。用户也可以指定列举文件时显示的信息。最简单的展示形式是只列出文件名，或者也可以选择性地包含文件的其他一些或者全部可见属性。此外，文件类型通常也会影响在列举目录时是否将该文件包括在内。

一些操作系统支持列举命令的递归版本，它会显示以被选择的目录为根的整个子目录的内容。这就是说，先显示被选择的目录本身的内容，后面是此目录可到达的所有目录的内容。

UNIX 系统的 ls 命令禁止（默认情况下）显示名字以句号开始的文件，因为这种文件被看作系统文件。但是可以通过在 ls 命令中包含一个参数（-a）来列举它们。可以使用其他参数来控制显示的格式和每个文件显示的信息类型。也可以使用 1s 命令的递归版本。

Windows 操作系统提供了一个特殊的应用程序，即 Windows 资源管理器，来查看目录（文件夹）中的内容。它由一个分割的图形窗口组成，其中左半部分允许用户浏览目录结构，而右半部分显示左半部分选中的特定目录的内容。信息的格式和类型受到与窗口相关的特定菜单的控制。

3. 改变

大部分文件系统支持当前目录或者工作目录，以避免使用绝对路径名。改变目录命令允许用户通过指定目录的绝对或相对路径名来设定当前目录。

除了当前目录以外，文件系统也支持主目录概念。这个目录通常是与指定用户相关的最高层目录，并（默认情况下）在用户登录时被设定为当前目录。如果没有明确指明要改变到哪个目录，改变目录命令在默认情况下会将当前工作目录切换到用户的主目录。

4. 移动

在重新组织目录结构时，需要在不同的父目录之间移动（move）文件（和目录）。在目录间移动一个文件要改变文件路径名。例如，如果要把文件 F11 从目录 D7 移动到目录 D5 中，在图 7.6 中应将其目录名从 "/a/l/m/c" 改变为 "/a/r/c"。

5. 重命名

重命名命令会改变一个文件或目录在其父目录中的名称。因此，尽管用户按照重命名（rename）一个文件来考虑，但是实际上此操作应用于其父目录。例如，将文件 F1 从 "/b/c" 重命名为 "/b/d" 改变了目录 D3 中的记录。如果移动命令允许文件以不同的名称移动到一个新的目录中，那么重命名命令可以被归入到移动命令中。因为对于重命名操作，文件只是以不同的名称简单地被 "移动" 到相同的目录中。

6. 改变保护

改变保护命令允许一个文件的用户（通常是属主）控制谁可以访问文件和可以执行什么类型的操作，如只读、只可执行、读/写。

7. 链接

链接（Link）命令适用于指定文件有多个父目录或者支持符号链接的目录结构。在第一种情况下，它在指定文件和另外存在的目录之间创建一个新的链接，新的链接变成另外的父目录；在第二种情况中，它只会创建一个符号链接。

假设链接命令创建符号链接时使用如下格式：Slink(parent,child)，其中 child 和 parent 分别是指向给定子文件及其新的父目录的任意路径名，那么在图 7.6 中 Slink(/a/l/x,/b)将会在目录 D4（也就是/a/l）中创建一个新记录 x，它将指向目录 D3（即 b）。从此，路径名/a/l/x 和/b 将指向相同的目录 D3。

8. 查找

当目录结构变得庞大和复杂时，查找（find）一个特定文件会很困难。因此，事实上所有的文件系统都支持多种查找命令。使用查找命令时，通常由用户指定搜索的开始位置，可以是当前目录、工作目录或者任何其他目录。可能的搜索标准包括使用通配符来指定部分匹配的文件名和各种其他可见属性的结合，如文件大小、文件类型和文件记录的各种日期信息。

当文件必须被定位时，可以从用户接口来显式地调用查找命令，也可以由操作系统来调用查找命令。特别是，当用户点名执行一个程序文件时，文件系统会按照一组约定来定位和调用指定的程序。

在 Linux/UNIX 系统中搜索程序文件时，Linux/UNIX 系统允许用户详细指定调用一个程序时需要搜索的所有目录。这些目录的路径名被列在用户主目录中的一个特定系统文件（如.cshrc 文件）里，该文件包含用户的各种偏好。调用一个程序时，系统会以给定的顺序检查这些目录，直到找到匹配的文件名或者穷尽了目录列表（该情况下搜索失败）。

7.4.3 文件目录的实现

正常情况下，目录必须被存放在辅存上，这是因为可能会有大量的目录并且每一个目录都包含很多条目。大部分文件系统为了读/写方便，会将文件目录同普通文件一样对待。但是，它们的内部组织对于有效地访问文件起了非常重要的作用。任何目录都包含一个条目集合，每一个条目对应于一个文件或者子目录。这里必须回答的两个重要问题是：

① 在每一个目录项中应该维护什么信息？

② 在目录中如何组织单独的条目？

每个条目中必须记录的信息有符号文件名和指向附加描述信息的指针或索引。极端情况下会在目录项中记录关于指定文件的所有信息。第一种方法的缺点是需要一些额外的磁盘操作来访问描述信息；第二种方法的缺点是目录可能会变得很庞大，并且更加难于管理。此外，条目的大小可能会变化。因此，系统需要支持一种由复杂的、大小可变的记录组成的文件结构。

即使使用第一种方法，我们也要面对必须管理长度可变的符号文件名的问题。如果长度被固定为少量字符，每个条目可以为最大文件名长度预留空间。这是多数老式系统采取的技术，其中文件名被限制为 8 个字符。为长文件名保留最大空间比较浪费。一个可能的解决方法是为每个文件名保留少量的固定空间，后面跟着为长文件名准备的指向溢出堆的指针。

第二个问题是关于指定目录文件中文件项的内部组织结构的。首先，目录管理程序必须能够有效地删除和插入记录。其次，这些记录能够通过相关的符号文件名来访问，必须支持基于内容的搜索。最简单的方法是将记录组织成具有固定大小的未排序数组。当需要大小可变的记录时，可以使用大小可变的数组或者链表来代替。使用这两种方法，插入和删除记录都很简单，但是搜索时为了找到指定的匹配就需要顺序扫描。当记录很少时，这是可以接受的。但是如果预料到文件链表会很长，那么就需要更加有效的机制来加快搜索。一种方法是用哈希表实现目录。这样搜索、插入和删除记录都会相当高效。这里的一个困难是确定哈希表的适当大小，此决策依赖于要管理的文件项的数量。

另一种方法是用 B-树来实现目录。B-树组织结构如下。每一个节点包括 s 个插槽（每个插槽可以保存一个数据项）以及 s+1 个指向树的下一层节点的指针。在任意时刻，每个节点都必须至少有一半是满的，即至少包含 s/2 个记录项和相应数量的指针。一个数据项由一个记录关键码（例如文件名）以及其他信息（如文件属性或指向它们的指针）组成。

如图 7.7（a）展示了一个 s=2 的 B-树示例。节点按照以下规则进行组织：对于给定关键码 k 的数据项，其左指针指向的子树只包含关键码按选定顺序（如词典式顺序）小于 k 的节点；右指针指向的子树只包含关键码大于 k 的节点。这就为定位关键码为 k 的记录确定了一个简单算法。从根节点开始，将 k 与节点中记录在的项相比较。如果找到一个匹配项，就访问相应的记录。否则，沿着在该节点中找到的小于 k 的最大记录 k' 往下搜索。如此反复直到找到所需的记录。搜索操作的开销与树的深度成正比，即为树的深度的对数。例如，为了定位关键码为 k=dg 的记录，首先沿着记录 ck 的右指针往下搜索，再沿着记录 eb 的左指针往下搜索。最终在叶节点上找到需要的记录 dg。

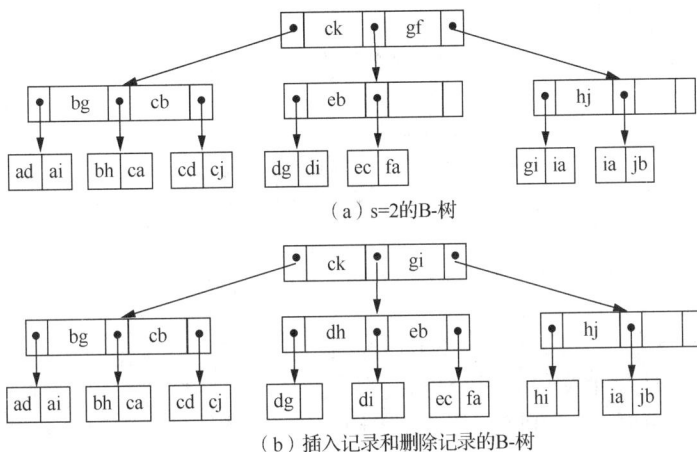

（a）s=2的B-树

（b）插入记录和删除记录的B-树

图 7.7　B-树

B-树的一个重要特性是它是平衡的，即根节点与任何叶节点之间的距离是固定的。定义在 B-树上的插入和删除操作保证了这种属性。执行这种操作可能需要分裂或折叠在根节点与受影响的节点之间的路径上的节点。尽管如此，插入或者删除的开销还是与文件大小的对数成正比。图 7.7（b）所示为在图 7.7（a）中插入记录 dh 和删除记录 gf 后的结果。

然而，简单 B-树在顺序操作方面的性能并不理想。这是因为逻辑上相邻的关键码可能会被任意存放在树结构中相距很远的地方，对于指定的关键码 k，没有一种简单的方法可以确定逻辑相邻关键码的位置。实际上，访问逻辑相邻的关键码在性能上的开销与执行直接访问是一样的。

为了提高顺序访问的性能，人们提出了简单 B-树的一些变体，其中最流行的是 B$^+$-树。B$^+$-树与 B-树的主要的区别是 B$^+$-树只在叶节点中保存关键码，并用简单的链表将叶节点链接在一起。没有叶的节点形成了一个普通的 B-树，其唯一作用是作为定位所需叶节点的一种索引。在 B$^+$-树上执行的搜索、插入和删除与 B-树上的操作有相同的对数级的开销。但是，B$^+$-树在顺序访问方面也很有效：给定一个关键码 k，逻辑上的后继关键码可以在相同的节点上找到（与关键码 k 直接相邻），如果 k 是该节点上最右面的关键码，那么可以沿着指向相邻叶节点的指针找到逻辑上的后继关键码。

以 UNIX 和 Windows 系统为例来阐述文件目录的实现方式。UNIX 系统中的 Berkeley 快速文件系统（BFS）允许文件名最多有 255 个字符。每个目录都组织成大小可变的数组，其中每个元素都描述了一个文件或子目录。它记录了文件名、文件类型（用于区分目录或普通文件）和一个称为索引节点号的数字，该数字标识了关于文件的描述信息。因为目录项是长度可变的，随着时间的推移，它们会散布在长度可变的空闲空间中。当文件系统需要根据文件名查找给定文件项或为了容纳新的文件项而查找空闲块时，都会采用顺序搜索的方法。

为了避免维护独立的空闲块列表，BFS 采用如下约定：每一个文件项后面都紧跟着一个空闲块（大小可能为 0）。空闲块的大小作为每个记录的一部分进行存储。这样就有效地将目录项变成了由文件信息和一个（可选的）空闲块所组成的对。图 7.8 给出了 BFS 目录的组织结构，它显示了一个名字为 abc 的文件项。当搜索指定的文件名 abc 时，系统使用长度标志 $l1$ 顺序扫描索引记录项，并用字符串 abc 比较记录在每个记录项中的文件名。当搜索指定长度为 n 的空闲块时，系统再次使用 $l1$ 扫描记录项，但不是查找匹配的字符串，而是寻找 $l1-l2 \geq n$ 的记录项。

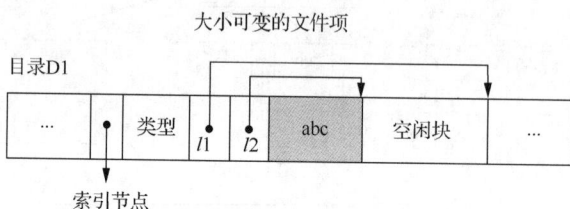

图 7.8　BFS 目录的组织结构

Windows 2000 的本地文件系统 NTFS 使用 1KB 的描述符来描述每个文件和每个目录。目录的内容根据其长度不同可以用两种方式来组织。对于短目录，文件项（每一个都由文件名和文件描述符索引组成）直接保留在目录描述符中。如图 7.9（a）所示说明了目录 D1 的情况，它包含了文件 abc 的记录项。当文件项的数目超过了 1KB 描述符的长度时，就会分配一系列的附加块（称为连续块 runs）来保存文件项。并以 B$^+$-树的形式组织这些连续块。如图 7.9（b）展示了目录 D1 在这种情况下的情形。以字母 a 开始的、包括文件 abc 的文件项在第一个附加的连续块中。

我们以 Linux 0.12 版本为例，每个目录项的结构相对简单，只包括一个长度为 14 字节的文件名字符串和该文件名对应的 2 字节的索引节点（inode）号，如下所示。

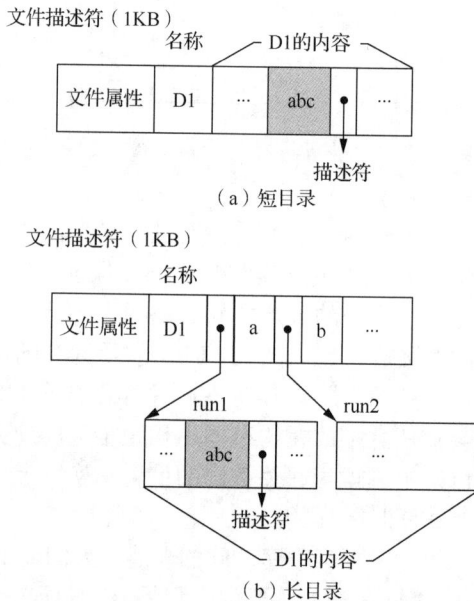

图 7.9　NTFS 目录的组织结构

```
1   // include/linux/fs.h
2   #define NAME_LEN 14      // 名字长度值
3   // 文件目录项结构
4   struct dir_entry {
5     unsigned short inode; // 索引节点号
6     char name[NAME_LEN];  // 文件名
7   };
```

fs/namei.c 文件实现了根据目录名或文件名寻找对应 inode 的函数 namei()，以及目录的建立和删除、目录项的建立和删除等操作函数和系统调用。

7.5 基本文件系统

基本文件系统的主要功能是打开和关闭文件。在对某个文件进行读、写或者其他操作之前，需要先打开这个文件，若指定的文件不存在，该操作会建立此文件。关闭文件与打开命令起到相反的作用，当不再需要文件时才会关闭文件。这些结构或描述符是文件系统管理和操作文件的基础。

7.5.1 文件描述符

在 7.3 节，我们介绍了与文件相关的各类描述信息，包括文件名、文件类型、逻辑组织、大小、属主和保护情况，以及文件在辅存上的位置。这些信息保存在什么位置是一个重要的设计决策。一种设计思路是，以不同的子系统或者应用程序使用信息的用途为基础，将描述信息分散在不同的数据结构中。例如，某些信息可能被保存在父目录中，而其他信息放在磁盘的专用部分，还有一些信息和文件本身放在一起。另一种设计思路是将文件的所有描述信息都集中放在一个统一的、从父目录能够指向的数据结构中，这种数据结构通常被称为文件描述符。

EXT2 文件系统为系统中的所有文件和目录提供了一种全面且设计精良的描述符。这种描述符具有非常好的设计，通常称作索引节点（inode，"i"代表"index"）。表 7.1 列出了 EXT2 文件系统中的 inode 结构的各个字段名称、大小和含义。

表 7.1　EXT2 文件系统中的 inode 结构

大小/字节	字段名称	含义
2	mode	此文件可以读/写/执行吗
2	uid	此文件的所有者是谁
4	size	此文件有多少字节
4	time	此文件最后一次被访问是什么时间
4	ctime	此文件创建于何时
4	mtime	此文件最后一次修改是在什么时间
4	dtime	删除此 inode 的时间
2	gid	此文件属于哪个组
2	links count	这个文件有多少个硬链接
4	blocks	这个文件分配了多少块
4	flags	ext2 应如何使用此 inode
4	osd1	一个取决于操作系统的字段
60	block	一组磁盘指针（共 15 个）
4	generation	文件版本（nfs 使用）
4	file acl	超越模式位的新权限模型
4	dir acl	目录的访问控制列表

在每个索引节点中保存的信息有：
- 属主的标识；
- 文件类型（目录、普通文件、特殊文件）；
- 保护信息；
- 逻辑文件记录到磁盘块上的映射；
- 创建、最后访问和最后修改的时间；
- 共享（指向）此文件的目录数。

在 LINUX 系统中，所有的索引节点都保存在磁盘的一个专用表中。目录结构只包含逻辑文件名和相应的索引节点号。该号作为索引节点表的索引用于检索文件的详细描述信息。这种设计允许使用大量的描述符，并通过允许多个目录项指向相同的索引节点以支持文件共享。

相比之下，NTFS 文件系统采用了不同的策略。它将所有的文件描述符都集中存储在一个名为主文件表（Master File Table，简称 MFT）的特殊文件中。这个文件可以位于磁盘的任何位置。MFT 中的每个项都是大小为 1KB 的记录，用于描述一个文件或目录。MFT 的前 12 个记录项是为特殊文件保留的，这些特殊文件包括根目录、用于记录空闲和已占用磁盘块的位图、日志文件以及用于维护文件系统的其他文件。剩余的记录项则供用户文件和目录使用。每个 MFT 记录项都以属性/值对的集合形式组织，其中包含文件或目录的各种属性，如文件名（最大长度可达 255 个字符）、时间戳、访问信息以及实际的文件内容。

打开和关闭文件涉及文件描述符的两部分：①用于验证请求访问的合法性的保护信息；②用于查找在辅存设备上的文件数据块所需的定位信息。

我们以 Linux 0.12 版本为例，它的索引节点（m_inode）的定义如下。

```
1   struct m_inode {
2     unsigned short i_mode;   // 文件类型和属性(rwx 位)。
3     unsigned short i_uid;    // 用户 id(文件拥有者标志符)。
4     unsigned long i_size;    // 文件大小(字节数)。
5     unsigned long i_mtime;   // 修改时间(自 1970 .1.1:0 算起, 秒)。
6     unsigned char i_gid;     // 组 id(文件拥有者所在的组)。
7     unsigned char i_nlinks;  // 文件目录项链接数。
8     unsigned short i_zone [9];   // 直接(0-6)、间接(7) 或双重间接(8) 逻辑块号。
9     /* 下述信息也保存在 indoe 中 */
10    struct task_struct * i_wait; // 等待该 i 节点的进程。
11    struct task_struct * i_wait2; /* 用于管道*/
12    unsigned long i_atime;   // 最后访问时间。
13    unsigned long i_ctime;   // i 节点自身修改时间。
14    unsigned short i_dev;    // i 节点所在的设备号。
15    unsigned short i_num;    // i 节点号。
16    unsigned short i_count;  // i 节点被使用的次数, 0 表示该 i 节点空闲。
17    unsigned char i_lock;    // 锁定标志。
18    unsigned char i_dirt;    // 已修改(脏) 标志。
19    unsigned char i_pipe;    // 管道标志。
20    unsigned char i_mount;   // 安装文件系统标志。
21    unsigned char i_seek;    // 搜寻标志(lseek 时)。
22    unsigned char i_update;  // 更新标志。
23  };
```

Linux 使用文件结构体（file）在文件描述符（也称文件句柄）与索引节点之间建立关系。

```
1  struct file {
2    unsigned short f_mode;      // 文件操作模式（RW 位）。
3    unsigned short f_flags;     // 文件打开和控制的标志。
4    unsigned short f_count;     // 对应文件引用计数值。
5    struct m_inode * f_inode;   // 指向对应 i 节点。
6    off_t f_pos;                // 文件位置（读写偏移值）。
7  };
```

7.5.2　打开和关闭文件

无论文件的描述信息如何构建，文件的主要内容均都存储在磁盘上。当文件被使用时，为了高效地持续访问文件数据，相关信息的关键部分会被加载到内存中。为此，文件系统维护了一个打开文件表（Open File Table，OFT），以记录当前所有已打开的文件。打开文件表中的每一项都对应一个已打开的文件，即正在被一个或多个进程使用的文件。

打开文件表由打开和关闭函数负责管理。当某个进程首次访问某文件时，就会调用打开函数。函数在打开文件表中寻找并分配一个空闲记录项，用文件的相关信息来填充该记录项，并把它与能够有效地访问文件所需的所有资源联系在一起，如读/写缓冲区。有些系统不需要明确的打开函数，系统会在第一次访问文件时隐含地执行打开操作。

当文件不再需要时，要么通过调用关闭函数，要么由于进程终止而隐含地执行关闭操作。关闭函数会释放为访问文件而用到的所有资源，将所有修改的信息保存到磁盘上，并释放打开文件表的记录项，从而使该文件对特定进程表现为非活动状态。

在不同的文件系统中，打开和关闭函数的实现细节虽然各有差异，但它们都需要完成一些核心任务以确保文件的正确访问和管理。我们在此列出了这些函数需要完成的常见任务。

（1）打开函数
- 使用文件描述符中的保护信息，验证进程（用户）有权访问文件并执行指定的操作。
- 在打开文件表中查找并分配一个空闲记录项。
- 分配在内存中的读/写缓冲区和给定的文件访问类型所需的其他资源。
- 填充打开文件表记录项的内容，包括初始信息，如顺序访问文件的当前位置（设为0），从文件描述符中拷贝过来的相关信息，如文件长度和在磁盘上的位置，以及附加的运行信息，如指向分配缓冲区或其他资源的指针。
- 如果上面的操作都完成了，为了随后访问文件，把指向刚分配的打开文件表记录项的索引或指针返回给调用进程。

（2）关闭函数
- 将所有修改的内存缓冲区的内容写到相应的磁盘块中，同步修改过的内存缓冲区。
- 释放所有分配的内存缓冲区和其他资源。
- 使用打开文件表记录项中的当前数据来更新文件描述符，包括文件长度的改变、磁盘块的分配或者使用信息（如最后访问/修改的日期）。
- 释放打开文件表记录项。

在 UNIX 系统中存在两种打开文件表机制。一种是由内核维护的共享系统级打开文件表，另一种是通过输入/输出库为每个用户实现的私有打开文件表。系统级打开文件表支持对文件的无缓冲访问，但是私有打开文件表支持有缓冲的访问。图 7.10 说明了在两种类型的打开文件表、文件目录和包含文件描述符的表（索引节点表）之间的关系。

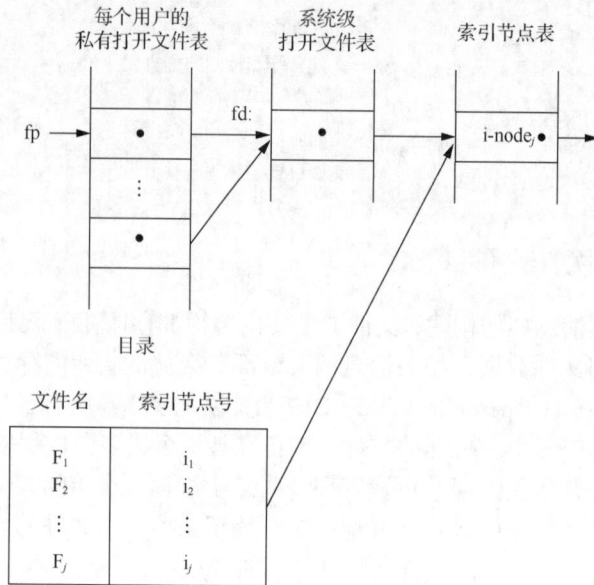

图 7.10　UNIX 系统中的打开文件表

第一个命令用于打开文件进行底层无缓冲区的访问：fd = open(name, rw, ...)。open 函数首先在文件目录中搜索给定符号名，即图 7.10 中的 F_j。找到后，读取相应的 $i\text{-node}_j$ 来验证所请求的访问类型 rw 是否被允许。如果验证成功，函数会在系统级打开文件表中创建一个新的记录项，并将该记录项的索引 fd 返回给调用程序。如 7.2 节中所述，打开文件表记录项包含了定位文件所需的所有信息。随后，我们可以使用以下命令来读或写字节序列：stat = read(fd, buf, n)或者 stat = write(fd, buf, n)。

这两个函数都是通过系统级打开文件表的记录项 fd 来访问文件数据的。它们会从/向内存位置 buf 处读/写 n 个字节的数据，并在变量 stat 中记录有多少字节已被成功地读出/写入。需要注意的是，这两个操作都是无缓冲的，因此，每次调用都会直接导致一次磁盘访问（或者磁盘缓冲访问，如果磁盘块最近已经被访问过的话。）

为了执行带有缓冲区的文件访问，我们需要使用以下命令来打开一个文件：fp = fopen(name, rwa)。在这个命令中，name 代表文件的符号名，而 rwa 则用于指定文件是用于读取、写入还是追加数据。

fopen 函数会在当前进程的私有打开文件表中创建一个新记录项，并将读/写缓冲区与记录项关联在一起。随后，它会调用底层的 open 函数，后者会在系统级打开文件表中创建一个新记录项（如果文件尚未被其他用户打开）。如果文件已经被其他用户打开，那么 fopen 函数会在系统级打开文件表中找到相应的记录项。无论哪种情况，系统级打开文件表中的索引 fd 都会被记录到私有打开文件表的记录项中。因此，私有打开文件表中的每个记录项都能够通过系统级打开文件表中的记录项来指向对应的文件。

fopen 函数将指向私有打开文件表的记录项的指针 fp 返回给调用程序。当使用函数来执行有缓冲的数据访问时，便会用到指针 fp。例如，c=read(fp)使用 read 函数把文件的一个字符返回到变量 c 中，并将当前文件的位置移动到下一个字符。此操作被缓冲，因为字符是从内存缓冲区中拷贝出来的，该内存缓冲区在初始时由底层的无缓冲区进行 read 操作填充。read 后面的操作不需要磁盘访问，直到文件的当前位置移动超出缓冲区的末端。此时，会调用另一个无缓冲区进行 read 操作，以便使用文件中后面的字符序列重新填充缓冲区。

7.6 文件的物理组织方法

在辅存设备（如磁盘或磁带上）上的数据被组织成物理块（或者物理记录）的序列，通常其中一个块用来存储能够使用一个输入/输出操作读或写的最少数量的数据。块的大小由存储介质的特性来决定。一些逻辑文件记录可以被映射到一个物理块上，一个逻辑文件记录可以分布到一些物理块上。每个物理块中逻辑文件记录的个数称为分块因子。在本节中，我们假设分块因子为 1，即每个物理块只存储一个逻辑文件记录。

磁盘和磁带是最经常使用的辅存介质。磁带上的块需要按顺序排列和寻址，而磁盘作为二维的表面（有时有多个表面），其上的每个数据块都由磁道号和磁道中的扇区号来标识。处理磁盘物理地址是输入/输出系统的任务。从文件系统的角度来看，将所有磁盘块从 0 到 $n-1$ 编号，磁盘可以看作一个一维的逻辑块序列，其中 n 是组成磁盘的所有块的数量。这种抽象使得文件系统可以将所有磁盘和磁带看作由块号所标识的线性块序列。在本节内容中，我们主要关心磁盘，并使用术语"磁盘块"来表示顺序编号的逻辑块，它们由输入/输出系统提供并作为文件系统的抽象接口。

文件的物理组织方法的主要任务是确定如何将哪个磁盘块分配给逻辑文件记录，以优化数据的读/写或者其他数据处理操作。这种信息被记录在前面所介绍的文件描述符中。

7.6.1 连续组织

连续组织是指一个文件被映射到一系列相邻的磁盘块上。在这种情况下，文件描述符中用于定位磁盘块所需的信息相对简单，仅需第一个块的块号和组成文件的块的总数。如图 7.11（a）所示为使用连续组织方法从块 6 开始并由 4 个块所组成的文件的映像。

连续组织的主要优点在于，它能够简化对固定长度记录的顺序访问和直接访问。特别在顺序访问时，连续组织方法的效率极高。这是因为相邻的磁盘块通常被映射到磁盘上的同一磁道或相邻磁道上，从而最大限度地减少了搜索时间，即移动读/写磁头所需的时间和磁盘旋转的延迟时间。连续组织方法对只读（输入）或只写（输出）文件特别适用，因为这类文件往往只需要按顺序读取或写入整个文件。在只能进行顺序访问的设备（例如磁带）上，连续组织是实现高效数据访问的唯一机制。

然而，使用连续组织方法分配磁盘块也存在主要问题，即在删除和插入记录时缺乏灵活性。此外，对于长度可变的记录，改变记录的长度很困难。在这些情况下，为了保持分配的连续性，一种方法是在物理上移动修改位置之前或之后的所有记录，另一种方法是只允许在文件的末尾进行插入和删除操作。

使用连续组织方法分配磁盘块还存在一个问题，即如何处理文件因插入或追加新记录而增大的问题。一种方法是预先设定文件的最大长度。但这种方法存在弊端：如果预设空间过小，文件可能无法扩展，或者需要将其迁移至磁盘上其他具有足够连续块的位置。若预设空间过大，则会造成资源浪费。

最后，连续组织会把磁盘分裂为空闲块序列和分配块序列。这与在内存中管理大小可变的分区的问题相似。文件系统必须记录可用的空闲块，并使用与内存管理中相似的机制将空闲块分配给文件，如最先适配和最佳适配。

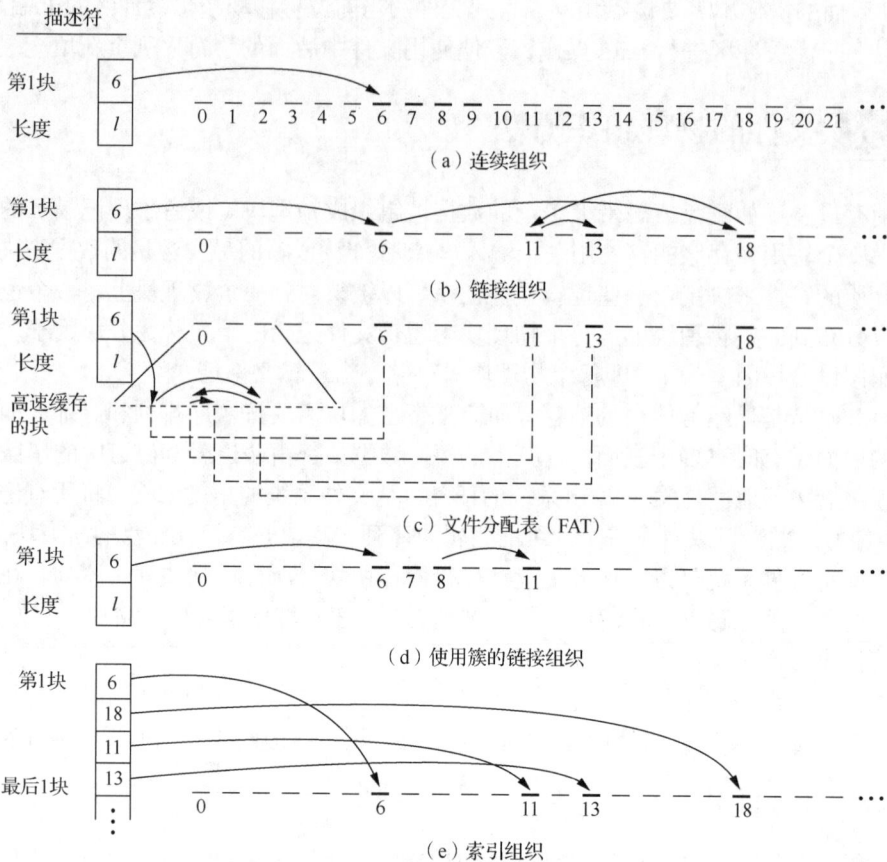

图 7.11　磁盘上的文件组织

7.6.2　链接组织

使用链接组织方法，逻辑文件记录被散布在辅存设备中。每个块通过一个前向指针链接逻辑上的下一块，如图 7.11（b）所示使用链接组织方法、从块 6 开始、总共有 4 个磁盘块组成的文件。

链接组织的主要优点是可以容易地插入或删除记录，因此扩增或者缩减文件时不必过多地拷贝数据，也不需要对文件的大小设置上限。顺序访问方面使用链接组织是很容易的，但是效率比使用连续组织低。原因是块的号码只有读出在其前面的块之后才能知道，这就导致一次只能读一个磁盘块。因此，每个块都会受到磁盘平均旋转延迟的影响。此外，每个块都可能驻留在不同的磁道上，需要磁盘寻道操作。

另一个问题是链接组织在直接访问方面的效率很低。为了访问一个指定的块，需要读或写操作顺着指针链从首部往前找，直到找到所需的块。此外，链接组织的另一个问题是可靠性低。如果一个磁盘块被破坏且无法读取，那么指针链就断了，导致难以找到文件的剩余部分。

下面我们讨论链接组织的其他变体。

将块指针隔离在磁盘上的一个单独区域中，而不是将其作为磁盘块的一部分进行维护，这样可以克服简单链接组织方法的很多缺点。可以建立一个数组 PTRS[n]来实现这一点，其中 n 是组成磁盘中块的总数。每个条目 PTRS[i]对应一个磁盘块 i。如果块 j 在文件中跟在块 i 后，那么条目 PTRS[i]就包含了相应条目 PTRS[j]的值 j。

指针数组保存在磁盘的特定区域中，如 0 磁道的前 k 个块。数目 k 依赖于磁盘中块的总数 n 和用于表示每个记录项 PTRS[i]的位的数目。例如，需要使用一个 4 字节的整数来记录磁盘号。如果块的大小是 1024 个字节，在每个指针块中可以容纳 1024/4=256 个磁盘号。当 k=100 时，PTRS 可以记录的数据块的数目是 25 600，因此 n=25 600+k=25 700。

这种链接组织的变体组织方式称为文件分配表（简称 FAT），它已经被一些个人计算机的操作系统所采用，包括 MS-DOS 和 OS-2。如图 7.11（c）所示为使用文件分配表来组织的、与图 7.11（b）相同的文件，但是指针被单独放在磁盘的前 3 个块中。因此，PTRS[6]=18，PTRS[18]=11，PTRS[11]=13，PTRS[13]=NULL。这种机制与简单链接组织相比的优点是可以高效地执行顺序访问。在包含数组 PTRS[n]的少量连续块中集中地存放了所有必须顺序访问的指针，并且可以只使用一个读操作来读取。因此，为了进一步减少定位指定文件的块所需要的时间，通常可以把这些连续块缓存在内存中。

链接组织［图 7.11（b）或图 7.11（c）］的一个显著局限是，单独的块散布在整个磁盘上。这就增加了磁盘定位的次数和所需时间。优化链接组织的一种方法是将所有相近的磁盘块聚集在一起，这种组织方式更适于那些聚集在一个柱面或者少数相邻的柱面上的磁盘块。另一种优化方法是将相邻的块的序列链接在一起而不是单独的块链接在一起。如图 7.11（d）所示，图中说明了这种思想。它显示了一个分配在两个链接的磁盘块组上的文件，一个块组由块 6 到块 8 组成，另外一个只有块 11 组成。这种组织方式结合了连续组织和链接组织方式的优点。

7.6.3 索引组织

索引组织的目的是允许文件记录的直接访问，同时解决存储设备的连续组织机制中固有的插入和删除时产生的问题。记录可以像使用链接组织时一样散布在辅存设备上。索引表记录了组成指定文件的磁盘块。

根据索引表的组织方式和存放位置，有几种索引形式。最简单的索引形式中，每个索引表只是块号的一个序列。如图 7.11（e）所示为把索引实现为文件描述符的一部分的示例，显示了与链接组织［图 7.11（b）和图 7.11（c）］中一样的、由四个块组成的文件。

由于描述符的大小非常重要，所以一些文件系统把索引表存放在了一个单独的块中。这个表可以像其他块一样驻留在磁盘上的任意位置。描述符本身只包含索引块的号，而不是整个索引表。

下面我们讨论索引组织的变体。

简单索引组织机制的主要限制是每个索引表的大小是固定的。该大小决定了文件可以占用的块的最大数量。可以像在图 7.11（d）所示的基于簇的链接组织一样，通过记录相邻块组，而非单独的块来解决这个问题。不过，可能的记录项的数目还是固定的。因此，索引表必须足够大以容纳可能的最大文件。有几种方法可以解决这个问题。一种方法是将索引组织成多级层次。例如，在一个二级层次结构中，每个根的记录项或者主索引都会指向一个叶节点或者二级索引。在二级索引中的记录项指向实际的文件块。这就使得二级索引的数目和管理文件所需的空间都是可变的，它们的变化依赖于文件的大小。

多级层次索引的一个主要的缺点是，随着层次深度的增加访问一个块所需的磁盘操

文件系统 第 7 章

作数也会增加。增量式索引机制可以使这种开销最小化，允许索引根据文件的大小而扩增。该机制给实际文件块在最高索引层分配了固定数目的记录项。如果这些记录项还不够容纳一个文件，可以通过额外的、连续的、更多的索引来扩展索引。第一次扩展可以是增加另外的 n 个块。第二次扩展可以增加一个二级树，提供 n^2 个附加块。第三次扩展可以增加一个三级树，提供 n^3 个附加块，以此类推。

这种增量索引机制的主要优点是访问文件时的开销与文件的大小成正比。如果大部分所用文件是小文件，那么不需要间接方式就可以高效地访问它们。同时，通过额外的间接访问，可以创建非常大的文件。

UNIX 操作系统采用三级增量式索引机制来管理文件存储。在这个机制中，每个文件描述符，或称为索引节点（inode），都包含 13 个记录项，这些记录项描述了逻辑文件如何映射到磁盘块上（如图 7.12 所示）。前 10 个记录项直接指向保存文件内容的块，每个块的大小为 512 字节。如果文件需要多于 10 个的块，索引节点的第 11 个记录项就指向一个间接块。这个间接块包括 128 个指向存储器附加块的指针。这样就总共有（10 + 128）个块用于保存文件内容。如果这些块仍然不够，索引节点的第 12 个记录项通过双重间接方式指向另外的 128^2 个存储块。最后，如果文件超过了总共的（10 + 128 + 128^2）个块，那索引节点的第 13 个记录项通过三重间接方式会指向额外的 128^3 个存储块来存放文件。

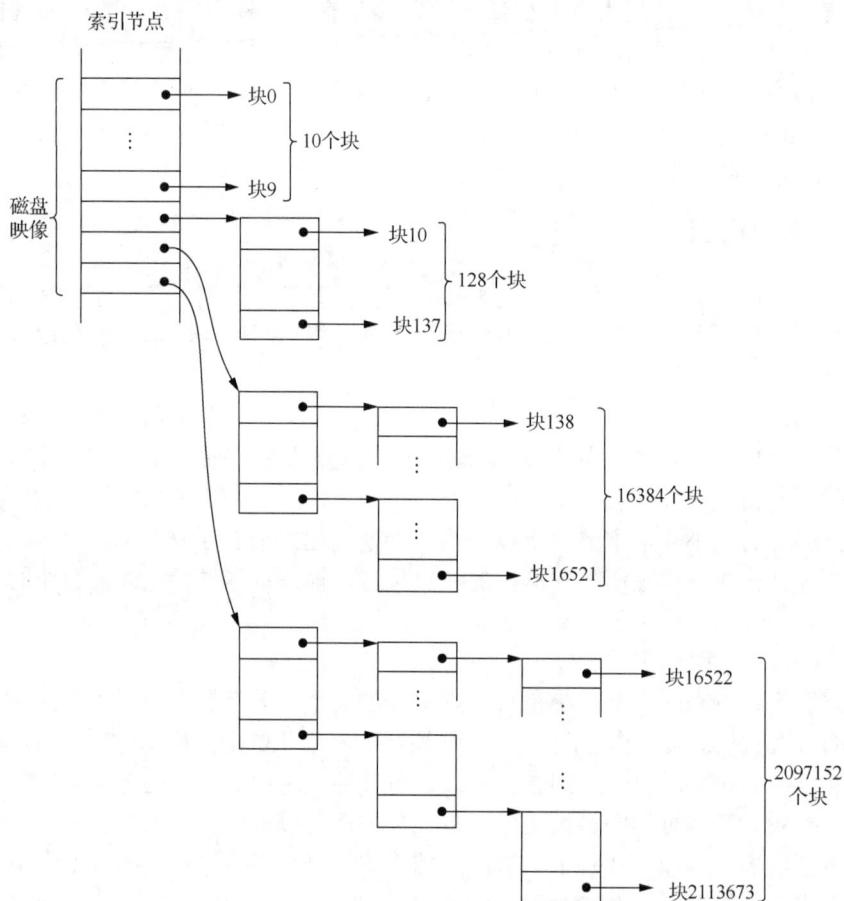

图 7.12　UNIX 操作系统中的文件映像

7.7 空闲存储空间的管理

当创建或者扩增文件时，文件系统必须为其分配新的磁盘块。决定分配哪些块是很重要的，因为它直接影响到后续磁盘访问的次数。同样，当文件被删除或者其大小减小时，可能要释放一些块并将其加入到空闲磁盘空间池中。

分配磁盘块和记录空闲空间是文件系统的设备组织方法的核心功能之一。通常很多不同的文件共享同一磁盘空间。一些内存管理的技术在这里也是适用的。记录磁盘空闲空间主要有两种方法。

7.7.1 链接表组织

在链接表组织方法中，可以将所有的空闲块看作单独的一个文件。这个文件可以使用在本节先前提到的记录文件块的技术来组织。特别是，可以采用简单链接表方法［如图 7.11（b）或（c）所示］，其中每个空闲块包含了一个指向其在链接表上的后继块的指针。该方法的主要缺点是不便于块的聚集。而且，分配或释放的效率较低。该方法经常用在必须同时分配或者释放多个块的情况中。简单的链接组织需要对每个块有一次单独的磁盘访问。类似地，在空闲链上添加几个块也需要单独地写每个块。

一个更好的方法是将相邻的块组链接在一起而非将单独的块链接在一起。这同图 7.11（d）中修改过的链接表方法类似。将相邻的块聚集在一起不仅缩短了链接表，而且更容易使用一次磁盘访问操作来分配（和释放）多个块。

7.7.2 位图组织

由于磁盘空间以固定大小的块进行分配，因此磁盘空间的状态可以方便地以位图的方式来维护，其中每一位都可以表示状态（空闲或者占用）。因为每个磁盘块都只需要一个附加位，所以磁盘空间浪费很少。例如，如果磁盘存储器以 512 个字节的块来分配，位图的开销仅为 $100/(512×8)≈2.4\%$。

在位图中，相邻的空闲块和占用块的序列自然地以 0 和 1 的组合的方式聚集在一起。因此，如同在内存管理中介绍的一样，所有的操作可以使用位处理操作来高效地实现，包括在指定的邻近区域寻找空闲块、分配块和释放块。

7.8 习题

1. 考虑图 7.6 中的目录层次结构。
（1）对于文件 F4 和 F8 来说，最短绝对路径名是什么？
（2）当前工作目录为 D3 时，对于相同的文件 F1 和 F8 来说，最短相对路径是什么？
（3）当前工作目录为 D7 时，对于相同的文件 F1 和 F8 来说，最短相对路径是什么？
（4）假设去掉图中所有的符号链接，请回答上面的三个问题。
2. 考虑一个有 n 个字符的顺序文件 f。写出一个程序的伪代码，此程序能够通过向该文件末尾拷贝和追加文件内容而使文件长度增加一倍。文件系统维护了在文件中的当前读/写位置 p，并支持如下操作：seek(f,n)移动 p 到文件 f 的第 n 个字符；ch=read(f)返回位置 p 处的字符并前移 p；write(f,ch)向位置 p 处写入字符 ch，并前移 p。读和写操作都是使用 512

个字符的内部缓冲区来缓存的。请写出具有最少磁盘操作次数的程序。

3. 考虑一个不支持文件打开或关闭操作的文件系统，此外，读/写操作必须指定文件的符号路径名。

（1）假设面向块的读/写操作，每次会访问一个固定长度的块。每次读/写操作会执行哪些任务，而这些任务通常是否由打开/关闭命令执行？

（2）假设没有 OFT 记录当前的位置和读/写缓冲区，能否支持顺序读/写？

4. 考虑一个由 3 个磁盘块构成的文件。对于图 7.11 中展示的五种文件组织方法，即（1）连续组织；（2）链接组织；（3）文件分配表（FAT）；（4）使用簇的链接组织；（5）索引组织，确定完成如下任务并从磁盘上读取的磁盘块的总数。（假设文件描述符已加载到内存中，并且任意时刻内存只能保存一个数据块。）

（1）首先向前顺序读取文件，然后反方向读取文件。

（2）只读文件最后的字节。

5. 通常，文件的长度不是块大小的精确倍数。因此，每个文件的最后一块的一部分没有被占用。这与内存中的内部碎片类似。

（1）导出一个公式，计算因内部碎片而造成的空间开销，其形式为使用文件平均长度 l（字节形式）和磁盘块长度 b（字节形式）的函数。

（2）计算如下文件长度与块长度的所有组合的开销。

b:512,1024,2048（字节）

l:100,1000,10000（字节）

6. 使用连续组织方法进行磁盘块分配，磁盘由连续的占用的和空闲的磁盘块组成。这一方法存在与在内存中产生外部碎片相类似的问题。但是有一点不同：内存要么有内部碎片要么有外部碎片，但不会同时有，然而使用连续组织方法分配的磁盘两者都有。为什么这两种情况有所不同呢？

7. 考虑图 7.12 中的层次组织，假设每个间接块包括 256 个指向存储设备附加块的指针，而不是 128 个。最大的文件存储空间是多少个块？

8. 假设对图 7.12 中的层次结构进行调整，每个文件的第一个块是数据结构索引节点的一部分，并且不需要额外的磁盘访问；要访问所有其他的块。进一步假设，80%文件占用的磁盘块少于一个，其他 20%平均占用 d 个块。

（1）调整后的机制中，每个文件将减少的磁盘访问次数是多少？

（2）对于 d=2 和 d=4，计算每个文件将减少的磁盘访问次数。

9. 比较使用位图和使用链接表表示空闲块的情况。磁盘总共包括 B 个块，其中 F 个是空闲的。一个磁盘地址需要 d 位。位图为每个块使用 1 位。链接表是维护在磁盘上专用部分的一个数据结构。每个链元素指向了一个单独的空闲块。

（1）假设链接表方法单独地连接了所有的块，给出两种方法使用相同大小的磁盘空间时的条件。

（2）当 d=16 位时，确定为了保存上述状态必须释放的磁盘的分数比。

（3）假设链接表方法连接了相邻块组，而不是单独的块，重复解答上面的问题（1）和（2）。这就是说，每个链元素指向了组中的第一块，并包括了一个说明在该组中有多少块的 2 字节的数。一个组的平均大小是 5 个磁盘块。

10. 假设将一个包括文件名为 x、y 和 z 的新目录加载到图 7.6 中的目录 D6 上。

（1）原来合法的路径名哪些变成非法的了？

（2）原来的文件和目录哪些变成不可访问的了？

第8章 输入/输出系统

计算机系统利用多种设备与外部世界（包括人或其他计算机系统）进行通信。另外，计算机系统还需配备非易失性存储器。这些设备在存储器容量、访问速度和成本等方面各不相同。在操作系统中，输入/输出系统管理通信和存储设备。输入/输出系统很难以系统化方式进行设计和维护，主要原因是需要支持大量不同类型的设备，而且必须能够扩展以支持新设备。

本章首先分析基本输入/输出问题和模型，然后描述了输入/输出设备和设备驱动程序的细节，接着讨论了设备管理方法，包括缓冲、高速缓存、调度和错误处理等。

8.1 设备管理的基本问题

各种设备可被粗略划分为两种类型：通信设备和存储设备。前者可以进一步细分为输入设备和输出设备。

输入设备是接收外部实体（如人类用户、生物或者化学过程、机械对象或者另一台计算机）数据，并将这些数据转变为能够在计算机存储器中存取和处理的二进制格式的设备。常见的输入设备包括键盘、扫描仪、定点设备（如鼠标、控制杆或者光笔）。输出设备是从计算机上接收二进制数据，并将它们转变为其他格式或者介质，以便外部实体使用的设备。常见的输出设备包括不同类型的打印机、绘图仪、显示设备和声音合成器。大多输入设备和输出设备都提供了人机接口。当一台计算机通过网络与另一台计算机相连时，网络便被视为一种可以产生各种格式的输入数据和输出数据的通信设备。

存储设备内部以非易失性的形式维护能够被计算机访问和利用的一些数据。存储设备可进一步划分为输入/输出设备和只输入设备。最常见的输入/输出设备是磁盘和磁带，这两者都用于数据的大量存储。某些形式的光盘如 CD-R 或者 CD-RW 是可写的，但是大部分被划入到只读类别中。CD-ROM（compact disks/read-only-memory）上的数据是由制造商预先写入的；记录的数据可以使用便宜的 CD-ROM 驱动器来读取。

所有通信设备和存储设备都被称为输入/输出设备，操作系统与这些设备直接交互的部分是输入/输出系统。输入/输出系统的一个主要任务是让更高层的进程能够使用设备。输入/输出系统可以完成以下三个基本功能：

（1）通过隐藏物理设备的细节，向用户或者其他高层的子系统提供一种对通信设备和存储设备的逻辑或者抽象视图；

（2）便于通信和存储设备的高效使用；

（3）支持对通信和存储设备的方便共享。

这三个功能与文件系统的功能相似，文件系统以文件的形式提供了一种对辅存的高层抽象。但是，输入/输出系统不仅必须在更低层次上处理辅存，而且必须处理所有其他类型的通信和存储设备。

首先，第一项功能凸显了设备在多个方面的显著差异，包括数据处理速度与粒度、可靠性、数据表现形式、多进程或用户共享能力以及数据传输方向（输入、输出或双向）。由于所有设备均通过底层硬件接口进行控制与访问，因此这些差异尤为显著。进程或用户发出的每个逻辑命令，通常需分解为一系列底层操作，以驱动输入/输出设备并监控操作进度。例如，从磁盘读取一个字，需产生一系列指令，以移动读写磁头至目标磁道、等待旋转延迟直至读写磁头通过目标扇区、传输数据，并检查多种可能的错误情况。而每个步骤又由数百个硬件设备层指令组成。使用输入/输出设备的进程则无须关注此类底层细节，通常通过适当抽象对其隐藏。理想情况下，输入/输出系统应仅定义少量抽象设备类型或类，可通过少量读、写以及其他高层操作集合进行访问。

第二项功能强调性能。大部分输入/输出设备彼此间都是相互独立的，能够并发操作以及与 CPU 并发执行。因此，输入/输出系统总体的目标之一是，通过最大化 CPU 的执行和输入/输出设备的执行并行性表而优化性能。为了达到这个目的，CPU 必须对设备的请求快速响应以便减少空闲时间，与此同时，CPU 为设备服务的负载不能太大。这就对输入/输出请求的适当调度、采用数据缓冲和其他专门的技术提出了要求。

最后一项功能反映出：一些设备可以被多个进程并发共享。但是对很多工作来说，有些设备每次必须被独占性地分配给一个进程。前者的典型实例是磁盘，其中多个进程可以与他们各自的读/写操作交叉执行而不影响正确性。相反，后者的典型实例打印机在打印作业期间必须分配给一个单独的进程，以防止与来自不同进程的输出交叉。因此，控制设备的访问不仅涉及适度保护的问题，还涉及设备分配和调度。

8.2 输入/输出系统的层次模型

输入/输出系统是驻留在单独设备的底层硬件接口和高层子系统之间的软件层，高层子系统包括文件系统、虚拟内存系统和使用设备的用户进程。因为大多数硬件设备的接口都是相当复杂的，而且会根据设备类型或单独的设备模型而有很大不同，所以要使用一些抽象的层次来填补高层用户与系统进程之间的鸿沟。

图 8.1 所示为输入/输出系统的层次。每一种设备，如硬盘或者键盘，都可以被一种称为硬件控制器的专门的硬件设备访问。因此，与设备相关的软件从来不会直接与任何设备通信，而是通过软件-硬件接口向相应的硬件控制器发送命令和从相应的硬件控制器接收命令。这些任务通常是通过读写由控制器提供的硬件寄存器来完成的。这些寄存器组成了输入/输出系统与硬件控制器之间的底层接口，即软件-硬件接口。

如图 8.1 所示，输入/输出系统可以再被细分为两层。顶层特定与设备无关的软件组成，但底层由与具体设备相关的软件组成。输入/输出系统每部分的职责可以概括如下。

- 与设备相关的软件。与设备相关的软件包括各种设备驱动程序，设备驱动程序组成了输入/输出系统的更低层。它们表达了要访问的设备的特殊信息。由于设备类型和模型存在较大差异，设备驱动程序必须由设备制造商提供，而不是操作系统设计者。因此，只要一种新设备添加到系统中，就必须安装相应的设备驱动程序。

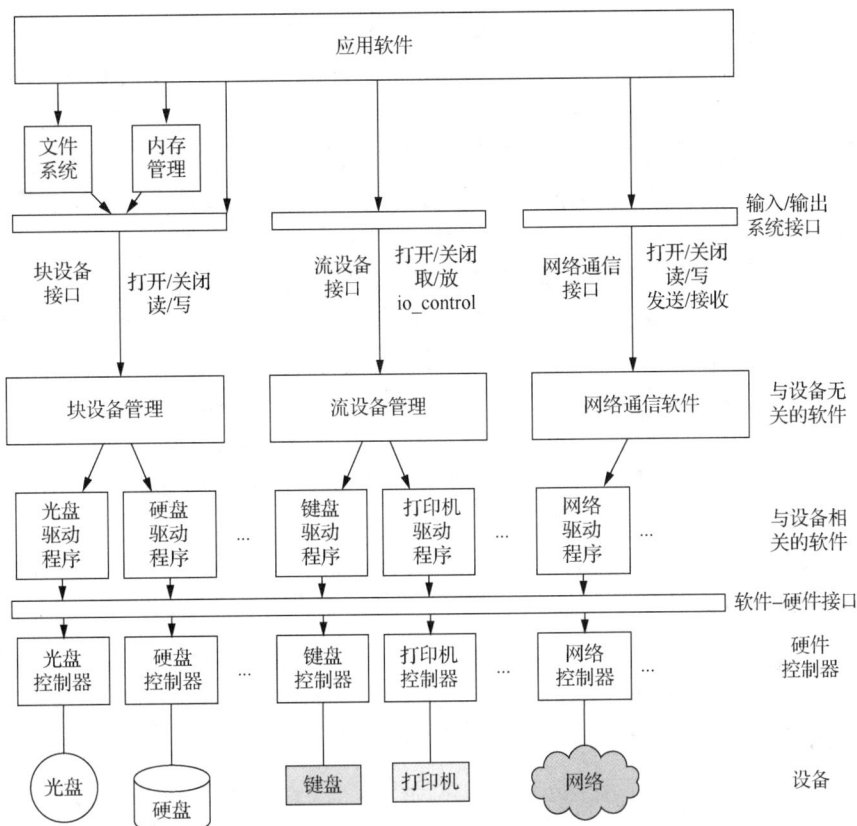

图 8.1　输入/输出系统的层次视图

● 与设备无关的软件。与设备无关的软件使输入/输出系统能够支持很多功能，以确保能支持很多类型的设备而且每次替换或者增加设备时无须进行修改。这些功能包括数据缓冲、数据高速缓存、设备调度、设备命名和以与设备独立的方式提供的其他任务。

● 输入/输出系统接口。用户进程和其他更高层的子系统通过高层抽象接口来访问所有的输入/输出服务，我们将这类高层抽象接口称为输入/输出系统接口。每个接口都与一类设备相对应，并提供了用于访问相应设备的一组通用操作。在图 8.1 中显示了常见的三种类型：块设备接口、流设备接口和网络通信接口。

8.2.1　块设备接口

块设备接口的名称反映了大部分直接访问的大容量存储设备的本质特征，如磁盘或光盘（如 CD）。这类存储设备用连续的块来组织数据，通常其中块的大小是固定的，并且支持通过块号或者地址直接访问磁盘块。

块设备接口通常支持以下高层操作：打开操作，验证设备是可操作的并为访问做准备；读操作，把由逻辑块块号指定的块的内容复制到由地址指定的内存区域中；写操作，它使用从内存区域中复制过来的数据覆盖指定的磁盘块；关闭操作，如果设备被独占性地使用便释放设备或者减少共享设备的进程数目。以上高层操作都由输入/输出系统映射为设备支持的底层操作。例如，读或写操作会检查请求的数据是否已经在内存的磁盘高速缓存中。如果存在，它便执行访问；否则，它会启动必须的磁盘寻道操作到包含对应磁盘块的柱面上，然后进行实际的数据传输操作。

需要注意的是，块设备接口隐藏了磁盘是由柱面和柱面里的磁道所组成的二维结构。它将磁盘视为与磁带类似的磁盘块的线性序列，但是与磁带不同，接口使磁盘可以被随机地访问。

一些系统允许应用程序或者特定的系统进程通过块设备接口直接访问磁盘。但是，因为磁盘通常是共享的，所以大部分应用程序被限制于只能访问文件系统接口，文件系统接口只允许通过读和写文件来间接地访问磁盘。

文件系统使用块设备接口直接访问磁盘（如图 8.1 所示），因此，文件系统将对文件的操作转变为相应的、使用块号作为参数的块设备命令。输入/输出系统的任务是把逻辑块号转变为实际的磁盘地址，并启动和监视在设备与内存之间数据块的传输。

虚拟内存系统也使用块设备接口。当发生缺页时，系统会找到所需的页面（代表了磁盘上的一个或者多个数据块），并使用输入/输出系统把这些块读到内存中。如果作为缺页的一部分，要把页面从内存中收回，那么虚拟文件系统会通过调用输入/输出系统相应的 seek 和 write 命令把这些页面写回磁盘上。

我们以 Linux 0.12 版本为例，内核使用一个块设备表 blk_dev[]来管理各种块设备。每种块设备都在块设备表中占有一项。块设备表中每个块设备项的结构如下。

```
1  // kernel/blk_drv/blk.h
2  struct blk_dev_struct {
3    void (* request_fn)(void);        // 请求项操作的函数指针。
4    struct request * current_request; // 当前请求项指针。
5  };
6  extern struct blk_dev_struct blk_dev[NR_BLK_DEV]; // 块设备表, NR_BLK_DEV 是一个常量
```

Linux 内核使用一个数组 request[]管理对块设备的操作请求，该数组及请求的结构如下所示。

```
1  // kernel/blk_drv/blk.h
2  struct request {
3    int dev;          // 使用的设备号（若为-1，表示该项空闲）。
4    int cmd;          // 命令(READ 或 WRITE)。
5    int errors;       // 操作时产生的错误次数。
6    unsigned long sector;          // 起始扇区。(1 块=2 扇区)
7    unsigned long nr_sectors;      // 读/ 写扇区数。
8    char * buffer;                 // 数据缓冲区。
9    struct task_struct * waiting;  // 任务等待操作执行完成的地方。
10   struct buffer_head * bh;       // 缓冲区头指针。
11   struct request * next;         // 指向下一请求项。
12 };
13 extern struct request request[NR_REQUEST]; // 请求项数组, NR_REQUEST 是一个常量
```

每个块设备的当前请求项指针与请求项数组中该设备的请求项链表共同构成了该设备的请求队列。项与项之间利用字段 next 指针形成链表。这种数组加链表方式管理的好处是：①利用请求项的数组结构在搜索空闲请求块时可以进行循环操作，搜索访问时间复杂度为常数；②链表结构能够高效满足电梯算法插入请求项的操作。

8.2.2 流设备接口

第二个主要的接口是流设备接口，也经常被称为字符设备接口。它控制产生或者消费字符流的设备，字符通常是任意长度的。单独的字符必须以它们出现在流中的顺序来访问，

并且不能直接寻址。流设备接口支持取（get）和放（put）操作。取操作把输入流中的下一个字符返回给调用者，而放操作把新字符追加到输入流中。这种接口代表了很多通信设备，如键盘、定点设备、显示终端和打印机。

除了基本的取/放操作以外，每个设备还可以完成许多其他的功能，这些功能在不同类型的设备之间有很大差别。例如，终端可以响铃、切换反显或者闪烁光标；调制解调器可以被初始化或者断开连接；打印机可以改变其内部字体表和很多其他设置。为了以统一的方式来实现所有的这些不同功能，接口通常提供了一种通用的 io_control 指令，用于接收很多不同的参数以实现对很多具体设备功能的相关控制。

因为大部分流设备都不能共享，但是必须由一个进程来占有设备以防止不同读或写操作的交叉，所以提供了打开和关闭操作来占有和释放设备。

针对磁带的接口面临着特殊的挑战。磁带是面向块的，因为读或写操作传输整块的数据，其中块可以是固定长度或者变长的。但是，与磁盘不同，磁带访问数据时是连续的；它的读写命令不能指定块号，这使得它又是面向流的。针对磁带，一种更好的解决方法是扩展面向流的接口，使得命令每次不仅可以请求单个字符（取/放操作）而且也可以读写任意长度的连续块。其他有用的扩展通常也是添加在接口上的。例如，归位（rewind)命令允许从开头重新读和写磁带，定位（seek）操作可以跳过一些磁盘块。

8.2.3 网络通信接口

更多的计算机正被不断地连接到通信网络中。设备连接方式有两种，既可以通过调制解调器使用电话线传输数据，也可以使用相应的以太网适配器访问以太网。不管连接方式如何，网络可以使一台计算机与其他的计算机或者设备进行通信，例如打印机或者终端。这种结构在配置计算机系统时提供了很大的灵活性，因为这些设备并不专门用于特定计算机，而可以被很多计算机共享。特别是，这种结构使得昂贵的打印机或者其他特殊的设备不能被任何单独的机器所独占，从而变得更加经济实惠。网络也使用户可以从不同的地方、使用不同的终端来访问他们的计算机。X 终端是使用自己的内部进程、键盘和鼠标的一种复杂的图形终端，它不依赖于任何一台特定的计算机，但是可以通过网络与其他不同计算机进行通信。

为了使用一个没有与计算机直接相连的设备，系统必须首先建立与该设备的连接。这就需要计算机和设备使用网络范围内的标志符彼此命名，并且两者都要表示出与另外一个相通信的愿望。在 UNIX、Windows NT 和其他系统中支持的、对这类连接常见的抽象是套接字（socket）。套接字可以被看作连接的终点，可以通过其接收数据或者发送数据。因此，如果两个进程——一个在主机计算机上，另一个在设备上——期望通信，那么每个进程都会创建一个套接字，并将其绑定（bind）到对方的网络地址上。创建套接字和把套接字绑定到实际地址上的两个命令是高层接口的一部分。一旦建立起连接，进程间便可以使用不同的通信协议交换数据。

通信协议有两种基本类型，分别是无连接的和基于连接的。在无连接的通信中，进程通过向打开的套接字写入消息来简单地将消息发送（send）给其他进程，其他进程可以使用相应的接收（receive）命令从其套接字取回消息。典型的无连接的通信协议的实例是由美国国防部（DoD）开发的 UDP（User Datagram Protocol），因此，使用无连接的通信协议发送或取回的消息被称为数据报。

在基于连接的通信中，两个进程必须首先建立更高层的连接。这种连接由发送进程通过发出连接（connect）命令来发起的。接收进程通过发出接收（accept）命令来完成连接。可以把建立这种单向连接与在两个进程间打开一个共享文件相类比。发送进程使用与顺序文件的写命令类似的写命令，将数据追加到"共享文件"中；接收进程使用对应的顺序读命令，返回"共享文件"中未曾读取的指定数据。最常见和使用最广泛的、具有代表性的、面向连接的通信协议是 DoD 开发的 TCP/IP（Transmission Control Protocol/Internet Protocol）协议。

输入/输出系统的主要任务之一是把组成其接口的高层操作转变为对硬件设备的底层操作。为了更好地理解输入/输出系统在每层中必须执行的特定任务，必须首先说明大部分常见设备的特性和操作的原则。

8.3 输入/输出设备

8.3.1 显示器、键盘和定位设备

大部分基本的用户终端由用于输入的键盘和用于输出的显示器所组成。当今大部分系统也包括作为定位设备的鼠标。用户在线交互的其他常用定位设备包括操作杆或者轨迹球。注意，"终端"一词经常只被用来指显示器。其他时候，连在网络上的整个 PC 也被称作终端。在本章中，我们认为终端是显示器、键盘和定位设备的组合体。

1. 显示器

显示器与电视装置类似，因为它们都用于在图像屏幕上动态显示信息。大部分显示器使用与电视装置相同的技术。屏幕的内部涂上了一种特殊的化学物，当被一束电子激活时，它会在一定时间周期内发光。屏幕被分为像素（图像元素）或者图像点，每一个像素都可以被单独激活。一束电子每秒连续扫描屏幕 30 次到 60 次。每一次扫描，它会通过激活相应的像素来刷新屏幕上的图像，这样便使人眼能够看到图像。根据显示器依赖的基本技术，通常这种显示器被称为阴极射线管（Cathode Ray Tube，CRT）显示器。

便携式计算机还有很多其他的 PC 都使用了平面显示器。这类显示器以使用液晶显示器（Liquid Crystal Display，LCD）或者等离子显示器等不同技术为基础。与 CRT 类似，平面显示器也被分为极小的单元，每一个单元表示一个像素。但不同的是，它不使用电子束，而是使用由水平线和垂直线组成的网格来定位单独的像素行与像素列。使用在一条水平线和一条垂直线之间的电荷来激活这两条线交界处的单元。在液晶显示器中，被激活的单元阻塞经过它的光，因此会变暗；在等离子显示器中，被激活的单元会发出光来因此会变亮。

一个显示器的像素密度或者分辨率决定了图像的清晰度。典型的 15 寸显示器可能有 800×600 个像素；一个 21 寸显示器可能有 1280×1024 个像素。

从输入/输出系统的角度来看，显示器可以被分为两种基本类型：面向字符的和面向图像的。每一种都需要不同类型的交互作用。

面向字符的显示器要求的显示对象是字符流，即一次处理流的一个字符。每个字符要么显示在光标在屏幕中的当前位置上，要么被解释为控制命令。每个控制命令（或者一连串的这种字符）的含义依赖于特定的显示器类型和使用协议；典型的命令包括移动光标到当前行的末尾或者开始、移动光标到出发点（显示器的左上角）、回退光标或者切换反向

显示模式。面向字符的显示器的主要限制是显示器被细分为很小的、数量固定的行（水平线）与列（在每行线内的位置），其中每个位置只可以显示从固定集合中选择出的一个单字符。面向字符的显示器的典型大小为 25 行，每行有 80 个字符。

如图 8.2（a）所示为面向字符的显示器的原理。它显示了设备控制器中的一个字符输出缓冲区，它是 CPU 可写的一个单字符寄存器。寄存器的内容（在例子中是字符 t）将被复制到显示器屏幕中当前光标所在的位置。

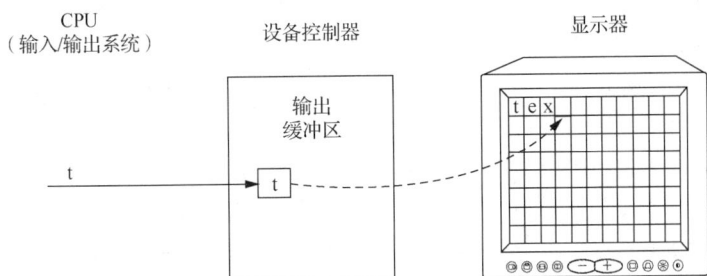

（a）面向字符的显示器

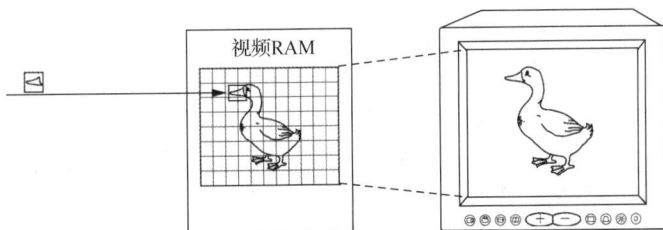

（b）面向图像的显示器

图 8.2　显示器

面向图像的显示器利用单独的视频 RAM 来保存整个图像的副本。屏幕上的每一个像素都在视频 RAM 中有一个相应的位置。对于黑白屏幕而言，一位就足够表示一个像素了。对于彩色显示器来说，位的数量决定了每个像素可能的颜色数量。一个字节有 8 位，允许有 2^8=256 种不同的颜色，两个字节允许有 2^{16}=65,536 种不同的颜色。显示器硬件连续读取视频 RAM 的内容，称作图像的位图，并在屏幕上显示。

面向图像的显示器相较于面向字符的显示器有两个优点。首先，每个像素在视频 RAM 中表示为单独的单元，因此位图可以表示任意一种图像，只受到显示器分辨率的限制。其次，CPU 可以随机地访问视频 RAM 中的单元，进而通过修改相应的单元来随意修改显示的图像。如图 8.2（b）所示为面向图像的显示器的基本原理，其中，CPU 正在修改图像的一部分。

2．键盘

在第一台计算机出现以前，键盘就已经存在了。实际上，最常见的键盘类型——QWERTY 键盘——现在仍然在使用，它是在 19 世纪后半阶段为打字员设计的。它的名字是从键盘的布局而来的，其中非数值字符的顶层一行以字符 Q、W、E、R、T、Y 开始。创建其他键盘布局会提高计算机的使用效率，并且不易产生重复性的压力损伤（如腕关节综合征）。但是，由于大多数人还要学习键盘的键入技巧，并且不愿意换用其他键盘布局，所以 QWERTY 键盘仍被广泛应用。

输入/输出系统　第 8 章

键盘依赖于人类用户的打字速度，是最慢的输入设备。即使是最有技巧的打字员也难以持续保持输入超过每秒 10 个字符的速度。同时，每个键入的字符通常需要一些可见的动作，例如在屏幕上显示字符。因此，毫无疑问，键盘是面向字符的设备。当用户按下一个键时，相应的字符被放到键盘控制器中的一个输入缓冲区中，CPU 从那里取走相应字符。从输入/输出系统的角度来看，键盘与面向字符的显示器类似。主要的差别是数据流的方向：显示器用于输出 CPU 产生的字符，而键盘用于输入字符。

3．定位设备

使用键盘的键移动光标很不方便，且移动受到被显示文本、预先定义的线和字符位置的限制。使用面向图像的显示器，用户可以指向屏幕中的任意位置，如在应用程序之间切换、选择和移动文本或图像的某些部分，画出面向线的图像。定位设备中最典型的设备之一是鼠标，它发明于 20 世纪 60 年代。最常见的类型是光电鼠标，其使用从鼠标底部的空洞中突出的一个小球，当鼠标在平面上移动时，摩擦力使球滚动。在水平和垂直位置上的任何变化，如同按住或者松开任何按键一样，会被硬件检测到，并转变为字节流。输入/输出软件从输入缓冲区中取得这种数据，并使应用软件可以使用该数据，应用软件决定了在显示器上显示的光标移动情况和由按鼠标键所产生的动作。

鼠标的一种替代品是轨迹球。轨迹球的硬件和软件与鼠标的很相似。主要的差别是监视轨迹球运动的球位于设备的顶层；它直接由手来移动，设备是静止的。鼠标的另一种替代品是操纵杆。它也被用于控制光标，但是通常比鼠标或者轨迹球多一个控制键。

与鼠标类似，轨迹球和操作杆会报告由输入/输出软件从硬件缓冲区中提取的事件流所表示的位置和按键的变化。像键盘一样，定位设备是面向字符的。定位设备的输入速度相当慢，每秒最多输入几百个字节的字符流。

8.3.2　打印机和扫描仪

打印机将软拷贝输出（如存储在文件中的信息或者显示在显示器上的信息）转变为硬拷贝输出（如打印在纸上的信息）。通过从硬拷贝中产生数字化的软拷贝数据，扫描仪完成与打印机相反的功能。

1．打印机

用于产生硬拷贝输出的打印机分为以下几种。在最高层，我们可以将打印机细分为击打式和非击打式打印机。前者包括行打印机、菊花轮打印机和点阵打印机三种。这三种打印机的工作原理同打字机一样，都是利用墨盒机械地把每个字符印在纸上。

最简单的非击打式打印机是热敏式打印机，它使用加热的针把图像烙印到特殊的、对热敏感的纸上。热敏式打印机很昂贵，而且输出质量较差。热敏式打印机过去主要用于计算器和传真机，但是现在大部分已被应用更高级技术的打印机（包括喷墨打印机和激光打印机）所代替。

喷墨打印机是由佳能（Canon）公司开发的。由于其价格相对低廉、打印质量较好，不但可以产生文本而且可以产生任意的图像，所以在 PC 上很流行。喷墨打印机的工作原理是在纸张经过墨水喷射器时，把极小的、速干的黑色或者彩色墨水流喷洒在纸上，来形成图像。

激光打印机与相关的 LCD 和 LED 打印机都使用与复印机一样的技术。在带负电荷的硒鼓上使用激光（或者在 LCD/LED 打印机中使用液晶/发光二极管）产生图像。墨粉（碳粉）是带电的，可以粘在图像区域中。然后，图像被传到纸上，加热以使墨融化，并与纸融合在一起。

打印机两个关键的核心指标是输出质量和速度。前者以每英寸中的点数（Dots Per Inch，DPI）来衡量；后者通过每秒的字符数或者每分钟的页数来衡量。喷墨打印机和激光打印机的速度在每分钟 4 页到 20 页之间。

大多数打印机都是面向字符的设备，它们接收以控制字符和可打印字符流形式的输出数据。字符流高度依赖于设备，必须隐藏在特定的设备驱动程序中，设备驱动程序通常由打印机厂家提供。

2．扫描仪

大部分扫描仪使用电荷耦合设备阵列，即使用一排紧密排列的、可以检测光的强度和频率变化的接收器列。当在给出的图像上移动阵列时，检测得到的值被转变为输入/输出软件从设备中可以取到的数据流。

最常见的扫描仪类型是平板扫描仪和馈纸式扫描仪。平板扫描仪与复印机类似，要扫描的文件被放在一个固定的玻璃表面上。馈纸式扫描仪更像传真机，其中每张单独的纸必须从机器中经过。两种类型的扫描仪把给出的文本或者图像页变成位图（即像素矩阵）。对于黑白图像，每个像素使用 1 位便足够了；对于彩色图像，每个像素至少需要使用 24 位来表示不同的颜色。

8.3.3 辅助存储设备

因为内存是易失的而且受到大小的限制，所以辅助存储设备（辅存）是必需的。如果存储介质是可以移动的，那么它就可以被用来在不同的计算机之间移动程序和数据。最常见的辅存形式是软盘、硬盘、光盘等。

1．软盘

软盘使用带有磁性的盘片来存放数据。自 20 世纪 60 年代被引入以后，软盘的尺寸逐渐变小，直径从 8 英寸变小为 5.25 英寸再变为 3.5 英寸。

在软盘上的信息被组织成同心圆或者磁道（track）。每一个磁道被细分成扇区（sector），其中扇区是一次操作能够读或写的信息单元（字节数量）。软盘通过一个可移动的读/写磁头来执行读写，该磁头必须被定位在包含目标扇区的磁道上。因为磁盘在读/写磁头下面旋转，所以才能访问特定扇区的内容。

为了简化文件系统或者其他使用磁盘的应用程序，扇区被依次从 0 到 n-1 编号，其中 n 是组成软盘的总扇区数。这样编号为软盘提供了一种抽象的视图，即它是扇区的一种线性序列，而不是一种二维结构。二维结构中每个扇区需要两个数值来寻址，即磁道号和磁道上的扇区号。

图 8.3 说明了这个概念。图 8.3（a）展示了一个被细分成多个磁道的软盘表面，每个磁道有 18 个扇区。每个磁道中的扇区从 0 到 17 编号。如图 8.3（b）所示为逻辑视图，其中所有的扇区都被顺序编号。尽管编号可以在输入/输出系统的最低层由软件完成，但通常由硬件的软盘控制器来完成。因此，输入/输出系统只管理这种更加方便的软盘的逻辑视图。那么，为了获得最佳性能，可以优化硬件。例如，可以透明地跳过损坏的扇区；可以使用每个磁道的不同扇区号，以说明磁道的物理长度依赖于其直径这一事实；或者可以为了优化寻道时间和旋转延迟，而为扇区编号。

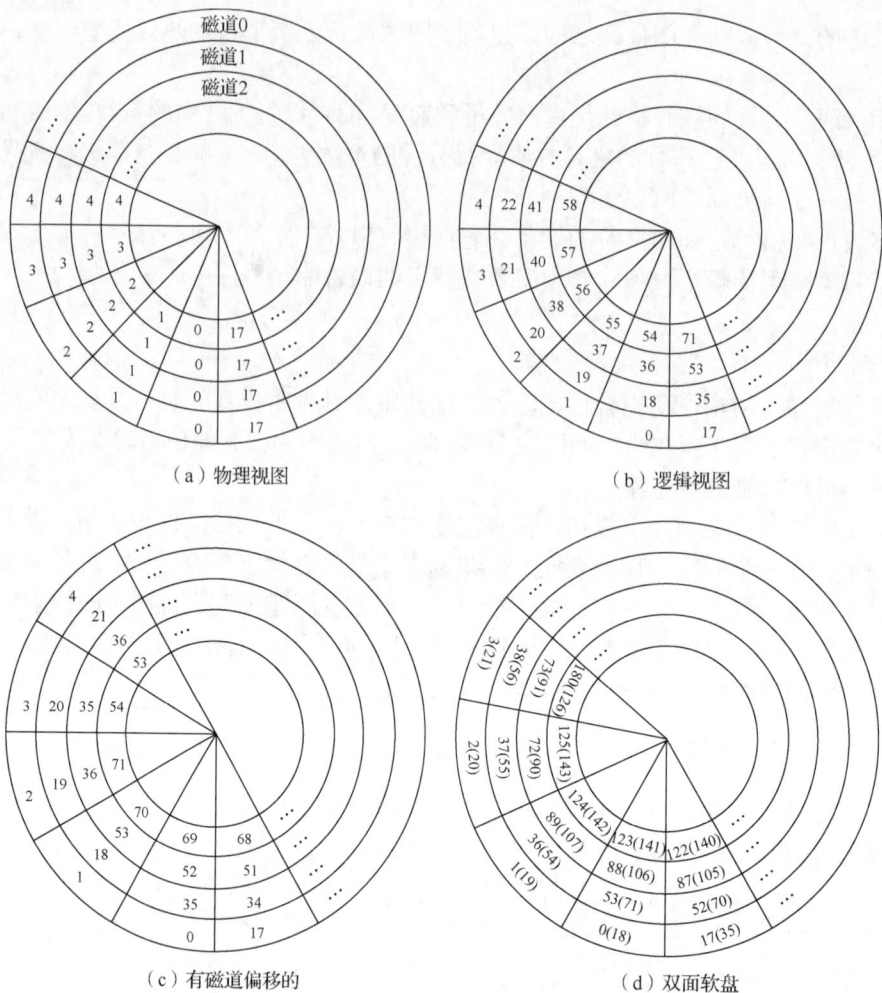

（a）物理视图　　　　　　（b）逻辑视图

（c）有磁道偏移的　　　　　　（d）双面软盘

图 8.3　软盘扇区编号

　　为了说明扇区编号，我们考虑在图 8.3（b）中顺序读取扇区 17 和 18。这需要将读/写磁头从磁道 0 移动到磁道 1。因为磁头移动会使用一些时间，所以当读/写磁头在位置上时，扇区 18 已经旋转过去了。那么系统为了访问扇区 18 则会等待磁盘再旋转一周。为了解决这种问题，在每个磁道上的扇区的顺序编号可以采用一个或者多个扇区的偏移，以便给读/写磁头足够的时间到达位置。这种偏移被称为磁道偏移。如图 8.3（c）所示，图中的编号定义了一个大小为 1 的磁道偏移。如果在相邻磁道间寻址的时间与读一个扇区的时间相同（或者更少），那么这种设置就是恰当的。在图 8.3（c）中，当经过扇区 35 时，读/写磁头从磁道 0 移动到了磁道 1，一旦磁头到达新的磁道 1，就会准备好读取扇区 18。

　　一些软盘使用双面来记录信息。因此，在相同的直径上一直有两个磁道，每一个磁道在磁盘的一面。不需要移动读/写磁头便可以访问的扇区的数量是单面组织方式的两倍。因此，当为扇区顺序编号时，在移动到下一对磁道以前包含两个磁道的扇区和减少读/写磁头的移动是很重要的。如图 8.3（d）所示，图中显示了与图 8.3（c）相同的软盘的编号，但是这里假设两面都可以保存信息。每个扇区的第一个号码给出了在磁盘的顶层表面上扇区的逻辑编号，"/"后面的数字为在底层表面上扇区的编号。例如，逻辑扇区 0~17 在顶层表面上的磁道 0（最外层的磁道）上，下一个扇区组 18~35 在底层表面的磁道 0 上。注意，这个例子中也使用了图 8.3（c）中大小为 1 的磁道偏移。

2．硬盘

硬盘与软盘在原理上类似，因为它也是在旋转的磁性表面上记录信息。像软盘一样，它在一个同心环的磁道上存储信息，每一个磁道被细分为多个扇区。硬盘和软盘之间的主要差别是前者是不可拆装的，而且能够存放更多的数据。硬盘通常使用旋转的、带磁性的磁片的两面。而且，每个硬盘可以使用堆在相同旋转轴上的多个磁片。每个表面可以使用自己的读/写磁头来访问，所有的磁头都被安装在相同的磁臂上，并且可以协调移动。图 8.4 说明了一个有多个磁片的硬盘的基本结构。使用 n 个双面的磁片，在相同的直径上会有 $2n$ 个磁道。因为要访问这样的磁道时，定位不需要移动读/写磁头，而且物理结构上与中空的圆柱类似，所以每一组这样的磁道被称为一个柱面（cylinder）。因此，可以从两个不同的视角来看硬盘：由不同大小的磁道组成的表面的集合和由相同大小的磁道组成的柱面集合。

为了构建硬盘的抽象视图，磁盘的所有扇区都被顺序编号。这种编号通常由硬件控制器来完成，与双面的软盘的编号类似，其目的是减少磁盘访问时最耗时的部分，即在柱面之间寻道的时间。

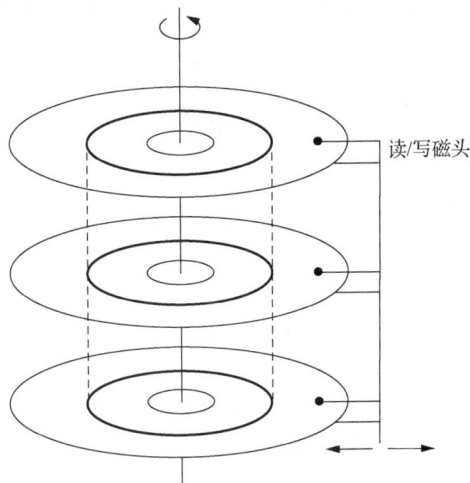

图 8.4　硬盘的基本组织

3．光盘

光盘或者 CD 在很多重要的方面都与磁盘不同。最初，光盘以数字的形式来记录音乐。因此，在光盘上的信息不是以同心磁道的方式排布的，而是沿着一条连续的螺旋结构。每一比特位用沿着该螺旋结构的一系列的点来表示，这些点反射或吸收沿着螺旋结构的激光束的光。在 20 世纪 80 年代早期，同样的技术被用于存储计算机数据。应用这一技术的光盘被称为 CD-ROM。ROM 表示"read only memory"，说明在 CD-ROM 上的信息与硬盘或软盘上的信息不同，不能被修改。因此，它只被用于软件或者数据的分发。这些信息必须使用复杂的过程，将不能反射的点烧到磁盘的铝表面上，从而被预先记录在 CD-ROM 中。CD-ROM 与磁盘相比有更高的信息存储密度。一个双面的、4.72 英寸的 CD-ROM 可以存放超过 10 亿个字节的数据，相当于几百个软盘的容量。

CD-R 是可录制的 CD-ROM。与普通的 CD-ROM 类似，CD-R 的内容一旦被写入就不能修改了。当然，CD-R 需要使用不同的技术来完成写操作，一种便是使用经济实惠的 CD 刻录机。CD-R 也被称为一次写入多次读出（write once read many，WORM）光盘。可以读写多次的 CD-RW 使用了另外一种技术，因此可以像磁盘一样操作。光盘的最新发展是多用途数字盘（digital versatile disk，DVD）和 DVD-RAM。它们具有不同的数据格式，从而增加了其容量，每个面的容量大约为 3GB。

光盘上的信息都被分配给与磁盘扇区类似的扇区，并且磁盘驱动器可以直接访问。一些设备也支持被称为磁道的、高层的扇区组，用来模拟磁盘中的同心环。因此，从输入/输出软件的视角来看，光盘使用与磁盘类似的原理来操作，即软件指定它希望读写的逻辑扇区，磁盘控制器硬件执行必需的寻道、旋转延迟和数据传输操作。

8.3.4 存储盘的性能特性

在对比软盘、硬盘与 CD-ROM 时，我们依据的是它们各自最显著的特性，具体对比结果详见表 8.1。值得注意的是，CD-ROM 的特性与磁盘（硬盘与软盘）存在显著差异，这主要归因于它们所采用技术的不同以及设计目标的差异。具体而言，CD-ROM 通过连续的螺旋轨迹来存储数据，因此其容量直接由整个盘面的扇区数量决定，而非磁盘那样由每个磁道的扇区数量和每个盘面的磁道数量共同决定。此外，由于这一存储方式的不同，CD-ROM 上并无"相邻"磁道的概念，而只能确定盘面上任意扇区的平均寻道时间。并且，CD-ROM 的旋转速度并非固定不变，这与磁盘形成了鲜明对比。CD-ROM 的旋转速度会随着读/写激光头位置的改变而改变：当激光头位于盘片中心附近时，旋转速度较慢；而当激光头移至盘片外缘时，旋转速度则相对较快。这一设计背后的原因在于，CD-ROM 最初是为了以恒定速率流式传输音乐而设计的。因此，CD-ROM 的转速在 200～530 r/min 之间变化。其基本速度可以按 k 的倍数提升，其中 k 为 2 至 40 之间的偶数，采用此类提升技术的 CD-ROM 驱动器通常被称为 2×、4× 等，意味着它们的数据传输速率相应地提高了 k 倍。

表 8.1　几种存储盘的特性

特性	软盘	硬盘	CD-ROM
每个扇区的字节数	512	512～4096	2048
每个磁道的扇区数量	9,15,18,36	100～400	333 000（扇区/表面）
每个表面的磁道数量（柱面数量）	40,80,160	1000～10 000	333 000（扇区/表面）
表面数量	1～2	2～24	1～2
寻道时间（相邻磁道间）	3～5 ms	0.5～1.5 ms	—
平均寻道时间	30～100 ms	5～12 ms	80～400 ms
旋转速度	400～700r/min	3600～10 000r/min	200～500 kr/min

根据表 8.1 中列出的特性，我们可以推导出 CD-ROM 另外两个关键的性能指标：总存储容量和数据传输率。磁盘的总存储容量（简称存储量）是通过将以下四个参数相乘来计算的：盘面数量、每个盘面的磁道数量、每个磁道的扇区数量以及每个扇区包含的字节数量。举例来说，如表 8.1 所示，最小容量的软盘的存储量为 $1 \times 40 \times 9 \times 512 = 184\ 320$ 字节，约等于 184KB。目前，软盘的典型存储量有 1.44MB 和 2.88MB 两种。而对于大型硬盘，其存储量可达 $12 \times 10\ 000 \times 300 \times 4096 = 147\ 456\ 000\ 000$ 字节，即约 137GB。

CD-ROM 的总存储量计算方式为每个表面的扇区数量乘以扇区的长度。大约是 $333\ 000 \times 2048 = 681\ 984\ 000$ 字节或者 0.64GB。

数据传输率可以从两个不同的维度来解释。最高数据传输率是一旦读/写磁头定位在要传输的扇区的开始位置，数据流入或流出磁盘时的速率。最高数据传输率直接依赖于磁盘的旋转速度和每个磁道的扇区数量。例如，转速为 7200r/min 的盘每旋转一周需要 1/7200=0.000 138 8min，也即每旋转一周需要 8.33ms。假设每个磁道有 300 个扇区，所有的 300 个扇区要在 8.33ms 中通过读/写磁头。因此，每块要使用 8.33/300=0.028ms。因为每个块由 512 个字节组成，最高数据传输率是每 0.028ms512 个字节，对应于 17.43MB/s。当确定对指定磁盘块或者磁盘块组的总访问时间时，要使用最高数据传输率，总访问时间由寻道时间、旋转延迟和块传输时间共同决定。

对于CD-ROM而言，数据传输率依赖于其传输速度。使用单倍速的CD-ROM驱动器，数据的速率是150KB/s，并以速度因子k的速度增加，对于$2\times$的驱动器来说是300KB/s，$4\times$的驱动器是600KB/s，依此类推。

持续的数据传输速率是磁盘在连续传输数据时的速度。这包括跨柱面上寻道的时间和随着时间的逝去而访问数据的负载。持续的数据传输速率是很多应用程序使用的一个重要性能特性，特别是用于处理实时数据的一些应用程序，要保证能够满足它们对跨越不同表面和柱面的数据的传输要求。最高数据传输速率通常比持续的数据传输速率高数倍。

由于具有顺序访问、低耗费和大容量等特点，磁带主要用于长期的文档存储或者数据备份。磁带有几种不同的变体，分别独立的卷或者盒或磁带。最常见的类型是数字音频磁带（digital audio tape，DAT）和数字线性磁带（digital linear tape，DLT）。DLT将磁带分段为多个并行的道，因此，它比DAT有更大的存储量和更高的数据传输率。

DAT的存储容量在几十万个字节到几十亿个字节之间，它的数据传输率大约为2MB/s。DLT的最大存储量为40GB，数据传输率可到达2.5MB/s。

磁带上的信息通常以被称为记录或者块的字节序列的形式来组织，其长度可以是固定的或者是可变的。磁带驱动控制器支持读或写下一个顺序块的操作。输入/输出软件分别从输入缓冲区中取得这些块，或者向输出缓冲区中放入这些块。因此，在数据访问的目的方面，磁带的块与磁盘扇区是类似的。

8.3.5　网络

网络允许两台或者多台计算机相互交换数据。根据网络的大小、速度、拓扑结构、交换数据使用的协议和实现所需的硬件来区分，网络有很多不同类型。从每台计算机的角度来看，网络，包括与其连接的所有其他计算机，是一种资源或者数据的终点，即一种输入/输出设备。像所有的其他设备一样，计算机也有一个控制器与网络相连。其中，网络接口卡（network interface card，NIC）通过寄存器从输入/输出软件中接收输出数据，并把这些数据传输给在其他计算机上的、与其相对应的控制器。类似地，网络接口卡也从网络上的其他控制器接收输入数据，并使得寄存器中的输入/输出软件可以使用这些数据。

不同控制器为了实现彼此间通信而使用的协议依赖于网络的类型。例如，以太网只使用一条总线，所有的控制器都与其连接。每一个控制器都可以把数据放在这条总线上，其他的控制器可以接收。控制器使用一种重播信息的特殊协议来解决冲突问题（两个或者多个控制器同时向总线传输数据）。其他常见的网络类型是令牌环（toking ring）和时槽环（slotted ring）。前者使用了一种特殊的消息（称为令牌），它在环中所有的控制器之间循环。只有当前持有令牌的控制器才可以向在环中的另外一个控制器传输数据，从而避免了任何冲突。而在时槽环中，数据包帧沿着环循环，每一帧都被置为满或空。当控制器收到一个空帧时，它可以向其填充数据，将其标记为满，并将帧沿着环传递给目的控制器。

控制器可以用于处理底层通信协议。在这一层中，控制器已经在如表示0和1的电压、每一位传输的物理周期有多长、使用多少引脚/导线来连接控制器和其他底层问题上达成协议。输入/输出软件处理高层任务，如传输错误、将长信息打包成固定长度的数据包、包沿着不同的通信路径路由、在终点组装各数据包和支持不同应用程序所需的很多其他高层功能。

电话网络也被计算机用来交换数字数据。电话线最初被设计用于携带连续的声音数据，因此它们使用模拟信号；这些信号被转化为正弦波（载波）。为了传输数字数据，要改变正弦波振幅、频率或者相位，进行调制。调制解调器是一种接收比特流作为输入并产生调制的模拟信号（或者反过来）的设备。因此，为了通过电话网络在两台设备之间发送数据，发送和接收的设备两方都必须有一个调制解调器。发送调制解调器将数字信号变为模拟信号，接收调制解调器将从电话线上传输过来的模拟信号还原为数字信号。

电话网络需要一个拨打的号和一个已经建立的连接。因此，任何数据的交换只发生在两个直接相连的设备之间，这样便大大简化了输入/输出软件必须要提供的协议，而不再需要将消息打包、包的路由和组装或者通用网络的任何其他的高层功能。调制解调器被看作是一种面向字符的设备，它可以产生或者消费字符流。因此，从输入/输出软件的角度来看，调制解调器更像是打印机或者键盘，而不是网络。

8.4 设备驱动程序

设备驱动程序的任务是从输入/输出系统的更高层进程接收命令，并与其控制的设备交互以完成这些命令。对于块设备来说，最常用的命令是读或者写由块号指定的一块数据。对于面向字符的设备来说，最常见的请求是取和放数据流中的下一个连续的字符。在网络驱动程序中，高层的命令，如使用套接字的命令，按照通信协议被转换为更底层的命令。驱动程序发出的命令是把一个数据包发送到另外一个由网络地址指定的设备上，或者接收到达网络上的数据包。

上述每一个请求必须被驱动程序进一步转变成由设备控制器发出的底层操作的特定操作序列。通过读/写在设备控制器中可访问的特定硬件寄存器来完成驱动程序与控制器之间的通信。这些寄存器是软件和设备硬件的接口。图8.5展示了一个设备控制器的典型接口。操作码寄存器和操作数寄存器由驱动程序来写入，以表明驱动程序希望控制器执行的操作。操作数的数量依赖于特定的操作码。例如，查找磁盘上指定的柱面的请求需要柱面号作为唯一的操作码；另外，磁盘读操作可能需要两个操作码，即当前柱面上的磁道和磁道上的扇区。

图 8.5 设备控制器接口

使用硬件数据缓冲区向或者从设备中传输数据的操作也很常见。对于输出操作，控制器将数据的当前内容传输到设备中。对于输入操作，控制器从设备接收数据，并将其放入数据缓冲区。数据缓冲区的容量可以从一个字节（面向字符的设备）变到几百个字节（高速的块设备）。

当控制器检测到寄存器中的新操作码时，它便开始处理相应的请求。在此期间，忙标志寄存器（一个布尔型的标记）被置为真，表明控制器正处于忙碌状态，不能接收任何新的请求。完成的操作的结果被放在状态寄存器中。除了正常完成以外，可能的结果包括依赖于设备类型和请求的操作不同的、很多潜在的问题和失效。驱动程序通常在控制器通过

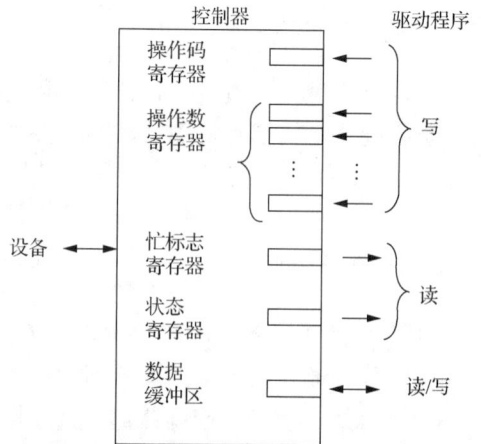

重新设置忙标志来说明其工作完成以后，再读取状态寄存器。如果操作成功，它便可以访问数据缓冲区中的数据。如果操作失败，驱动程序必须分析产生故障的原因，并且要么去纠正错误（例如重新尝试由于暂时性故障而导致的失败操作），要么向发出请求的更高层进程报告操作失败。

图 8.5 中显示的设备控制器相当复杂。它表示了一种快速块设备控制器，如用于磁盘的那些。面向字符的设备的控制器通常有更简单的接口，由一个输入或者/和输出字符缓冲区组成，并没有操作码和操作数寄存器。如果输入设备将单独的字符放入输入缓冲区，其中 CPU 就会使用简单的忙/就绪信号的"握手"协议或者使用中断来取得字符。从 CPU 到输出设备的字符流以类似的方式来处理。

很多出厂的计算机就已经装备了一组可以与很多设备相连接的通用控制器。最常见的通用控制器是串口和并口。两者都是将单个字符传输到设备中或者从设备中传取出单个字符；前者沿着一条线路每次发送一位数据，后者使用多个并行的线路每次发送整个字符。

8.4.1　设备寻址

驱动程序将每个输入/输出请求指定给使用寄存器接口的控制器。完成这一工作的一种方法是提供特殊的输入/输出指令来读/写控制器的寄存器。另外一种方法是扩展内存的地址空间并将控制器的寄存器映射到新的内存地址上。图 8.6 所示为这两种方法的示意图。在第一种情况下，如图 8.6（a）所示，CPU 必须使用不同的指令格式区分内存和设备地址。例如，为了把特定 CPU 寄存器（cpu_reg）中的内容存放到给定的内存位置（k），可以使用如下指令：

```
store cpu_reg, k
```

相反，为了将同一 CPU 寄存器中的内容复制到控制器的寄存器中，则需要使用具有不同操作码和格式的一种指令，例如：

```
io_store cpu_reg, dev_no, dev_reg
```

其中，dev_no 指定了设备（即设备控制器地址），dev_reg 指明了控制器中的寄存器。

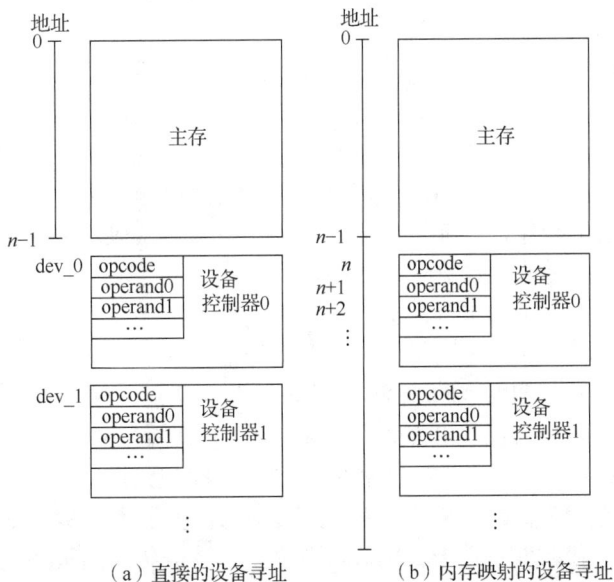

（a）直接的设备寻址　　　　（b）内存映射的设备寻址

图 8.6　设备寻址的两种方法

这种方法很明显的缺点是：为了区分内存寻址和设备寻址，必须使用两种不同类型的指令。第二种方法，被称为内存映射的设备寻址，该方法允许内存和设备使用相同的指令格式。如图 8.6（b）所示，指令 store cpu_reg, k 表示：如果 k∈[0,n-1]，把 CPU 寄存器中的内容存放到内存位置上；如果 k≥n，会把 CPU 寄存器存储到控制器的某个寄存器中。例如，图 8.6（b）中，设备 0 的操作码寄存器被映射到地址 n 上。因此，指令 store cpu_reg,n 表示把 CPU 寄存器的内容存放到设备寄存器 0 中。内存和设备的这种统一视图大大简化了输入/输出编程。

我们定义了在驱动程序软件和控制器硬件之间的基于寄存器的接口，现在思考如下两个重要的问题，它们引发了输入/输出的几种不同的形式。

（1）在发出一个操作请求和控制器由于输入/输出而变忙以后，怎样才能检测到操作完成呢？

（2）在输入或者输出数据的操作中，谁负责移动在控制器数据缓冲区和内存之间的数据？

8.4.2 基于轮询的可编程输入/输出

在输入/输出处理的最简单的形式中，CPU 对作业负有全部责任。这就是说，当设备完成指定操作时 CPU 会明确地检测出来，在数据的输入/输出操作中，CPU 会在控制器数据缓冲区与内存之间移动数据。第一个任务是通过反复读和监测控制器的忙标志符来完成的——这个任务通常被称作轮询（polling）。一旦忙标志符变为假，CPU 便可以访问数据缓冲区。在输入操作中，它会把数据复制到内存中；对于输出操作，它会在请求相应的输出操作以前，将数据从内存发送到数据缓冲区中。

图 8.7 说明了基于轮询的可编程输入/输出采用的协议。它包括以下步骤。

（1）CPU 将输入操作所需操作数写入到相应的操作数寄存器中。所需操作数的数量和类型依赖于控制器的复杂性和操作类型。假设磁盘的读/写头使用定位操作已经定位到了正确的柱面上，那么一个简单的控制器为了输入或者输出操作便可能需要指定磁道号和扇区号。更加高级的控制器可能只需要接收逻辑磁盘块号，就可以自动地得到柱面、磁道和扇区号，并执行定位操作（如果需要的话）。相反地，从键盘或者另外一种本质上连续的设备中，得到下一个字符则不需要指定任何操作码。

（2）为了执行输入操作，CPU 会写入操作码，激发控制器来执行操作。此时，增加忙标志，表明控制器正忙，在此期间忽略发出的任何其他操作请求。

（3）为了执行请求操作，控制器使用相应的设备专有的硬件协议与设备交互。它将从设备中得到的输入数据传输到数据缓冲区中。

（4）当控制器/设备正在工作时，CPU 通过不停地读取和监测忙标志来轮询控制器。（如同在前面章节中讨论的一样，这只是另一种形式的忙—等）。

（5）一旦操作完成，CPU 为了监测控制器报告的问题，便会读取状态寄存器。

（6）没有报告任何错误时，CPU 将数据的内容复制到内存中，请求进程以便获得数据。

输出操作使用的协议与之类似。主要的不同是，检测到设备不再忙时，驱动程序便把要输出的数据放入到控制器数据缓冲区中。然后写入需要的操作数（如同上面的第 1 步一样）和操作码（如在第 2 步一样），执行将数据从缓冲区传输给设备的操作（第 3 步），轮询设备是否在工作（第 4 步），检查操作的状态（第 5 步）。

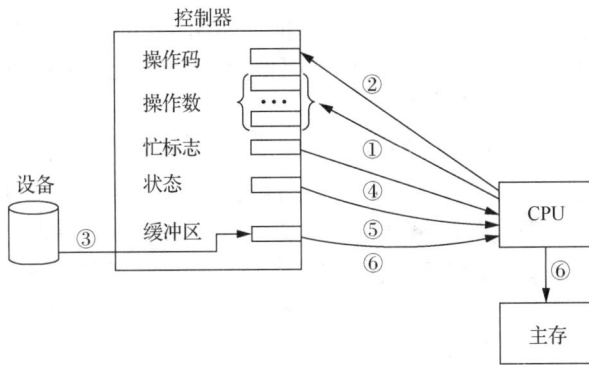

图 8.7 基于轮询的可编程输入/输出

下面我们分析实现这种轮询机制所需的输入/输出编程。假设从一个连续设备（如调制解调器）中读取一串字符，并将其写入到另外一个连续设备（如打印机）中。为了完成这种输入/输出，CPU 不断执行在内存与控制器数据缓冲区之间复制数据、写控制器寄存器、监测忙标志符和状态寄存器的上述协议。下面的伪代码在更抽象的层上而不是基于寄存器协议，描述了驱动程序执行的操作。

```
1  Input:
2    i = 0;
3    do {
4      write_reg(opcode , read);
5      while (busy_flag = = true) { ...??...};
6      mm_in_area[i] = data_buffer;
7      ++i;
8      compute;
9    } while (data_available)
10
11 Output:
12   i = 0;
13   do {
14     compute;
15     data_buffer = mm_out_area[i];
16     ++i;
17     write_reg(opcode , write);
18     while (busy_flag == true) {...??...};
19   } while (data_available)
```

write_reg 指令表示写目标寄存器，其中，目标寄存器是指初始化输入操作的 opcode 寄存器。此后，驱动程序通过重复执行 while 循环直到 busy_flag 变为 false 来轮询忙标志符。（标志符为 "??" 的语句的含义稍后介绍。）为了简化说明，代码中省略了检查状态寄存器。假设操作成功，驱动程序从控制器数据缓冲区中把当前字符复制到内存中。内存区使用字符数组 mm_in_area[] 表示，i 是存放当前字符的位置，每次存放一个字符后，该位置加一。循环的最后语句（即 compute）表示任何可能的计算，如处理刚收到的字符。输出循环的流程也是类似的。

使用轮询的问题在于，检查输入/输出是否完成以及在控制器与内存之间移动所有数据都要由 CPU 来完成。这些任务给 CPU 带来了严重的负担。在低速的面向字符的设备中，轮询的要求尤为棘手。CPU 可能会花费很多时间进行忙—等，即执行 while 循环等待忙标志变为 false。

有几种方法用于处理循环问题，但均不尽如人意。第一种方法是简单地接受这种情况，

输入/输出系统 ▷ 第 8 章

即在等待输入/输出完成时让 CPU 空闲。就是把上面伪代码中（第 5 行）标为 "??" 的语句变为 "no-op"，即 while 循环的空循环体。这种方法浪费了宝贵的 CPU 资源，通常是不可接受的。

第二种方法是通过在 wait 循环的每一次重复期间，执行其他工作，以便使轮询不是太频繁。这就是说，"??" 语句可以被另外的不需要当前输入或者输出的其他计算代替。把 CPU 执行与输入/输出处理进行重叠，提高了 CPU 的利用率。这种方法存在的问题是在等待输入/输出操作完成时，驱动程序通常没有其他事情可做。因此，这种技术仅应用于那些底层的输入/输出操作能够被应用层可见的系统中。如果应用程序可以发起一个输入操作（通过写控制器寄存器），并可以访问忙标志符，那么它可以明确地将计算与输入/输出交替执行以便提高性能。然而，这种交替执行很难实现。为了取得两者的合理交替执行，程序必须精心组织，注意分开输入/输出命令和计算代码。如果忙标志符被检查得不够频繁，设备将无法得到充分利用；相反，过于频繁地检查忙标志符，会导致 CPU 资源的浪费。

图 8.8 说明了这种困境。水平线表示 CPU 和设备忙碌的时间；每一个实心垂直箭头表示测试和随后通过写操作码寄存器启动设备的操作，每一个虚线垂直箭头表示检查忙标志。如图 8.8（a）所示，发出的轮询过于频繁，导致浪费 CPU 资源。如图 8.8（b）所示，轮询过少，导致设备不能被充分利用。找到适当的平衡是很困难的，特别是当设备的忙时间可以变化时。这种方法对于分时环境也不合适，分时环境中 CPU 在不同的进程之间透明地切换，在设备操作的实际时间中 CPU 会失去对进程的控制。

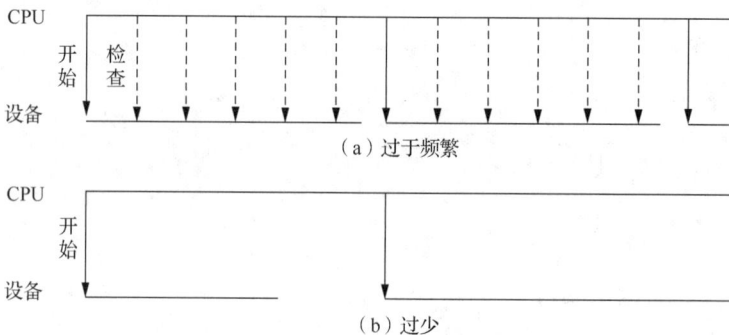

图 8.8 轮询的频率

第三种减少由轮询导致的 CPU 负载的可能方法是，在发出 I/O 指令后，进程主动释放 CPU。在处理 I/O 操作时，其他进程可以使用 CPU。当由于正常进程调度，等待进程又重新开始时，它便可以测试忙标志符。如果设备仍然在忙，它会再次释放 CPU；反之，它会继续执行。这就保证了良好的 CPU 利用率（其他的进程可以运行），但是设备利用率可能会很低。这是因为发出 I/O 指令的进程不能在输入/输出完成时立即重新开始。只有当调度进程使进程重新运行时才检查忙标志符，这会导致不可预测的时间延迟。这种延迟不仅会浪费资源而且可能导致数据丢失，例如，很多设备（如调制解调器）以固定的速率产生数据；如果数据没有被及时处理，它会被新数据覆盖掉。

8.4.3　基于中断的可编程输入/输出

在对轮询的讨论中，我们很难找到进程在等待输入/输出完成时，可以执行的、适当大小的、有用的工作。一个更好的方法是当处理输入/输出时挂起进程，与此同时让其他进程使用 CPU。在多道程序设计环境中，通常有足够的就绪进程可以运行。但是，为了优化输入/输出设备的使用，一旦 I/O 操作完成，便需要重新开始等待进程。可以使用中断达到这个目的。中断是一种信号，它会使 CPU 挂起当前执行的操作，将控制权传递给确定中断原因的特殊操作系统内核代码，并调用适当的程序（中断处理程序）来处理引起中断的事件。

当设备控制器完成一次输入/输出操作时，它会激发一个中断。此时，系统会立即发出下一条指令。因此，不需要不停地检查忙标志符，而使得 CPU 可以专注于运行其他进程。图 8.9 展示了输入操作使用中断的可编程输入/输出的一种通用协议，具体步骤如下。

（1）CPU 将写操作所需的操作数写入到控制器中的对应寄存器中。

（2）CPU 为写操作写入操作码，激发控制器开始写操作。在轮询的情况下，会增加忙标志符。此时不需要为了检测输入/输出是否完成而明确地检查这个标志符。相反，它只被用于初始时确定设备不忙并且可以接收新的命令。一旦操作被初始化，进程会阻塞自己，释放 CPU。

（3）设备控制器为了执行当前操作而与设备交互。在输入操作中，它将数据从设备传输到其数据缓冲区中。与此同时，其他进程可以在 CPU 上运行。

（4）当操作完成时，控制器发出中断。这就导致当前正在运行的进程被挂起、CPU 转移到中断处理程序。分析中断产生的原因，正在等待刚刚完成的 I/O 操作的进程继续运行。

（5）重新运行的进程通过检查状态寄存器来验证操作是否已经成功完成。

（6）假设没有检查到错误，进程把数据从控制器数据缓冲区复制到内存中。

注意，两种输入/输出操作协议主要的不同在第 4 步。在轮询的情况中，请求 I/O 操作的进程也负责检测自身操作是否完成。在中断的情况下，请求进程被阻塞，此时，操作系统其他部件，特别是中断处理程序，必须参与检测输入/输出完成状态。

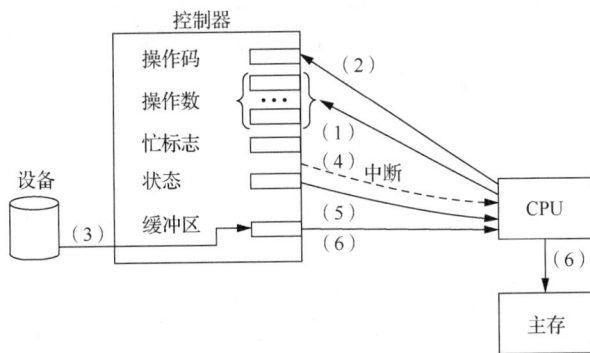

图 8.9　基于中断的可编程输入/输出

现在我们分析中断驱动程序的输入/输出编程模式并把它与前面的显式的轮询机制相比较。假设一个进程从连续设备上读和到连续设备上写一个简单的字符串。下面的伪代码描述了驱动程序执行的操作流程。这段代码实质上是一个 I/O 中断的中断服务程序。

```
1  Input:
2    i = 0;
3    do {
4      write_reg(opcode , read);
5      block to wait for interrupt;
6      mm_in_area[i] = data_buffer;
7      ++i;
8      compute;
9    } while (data_available)
```

```
10
11 Output:
12   i = 0;
13   do {
14     compute;
15     data_buffer = mm_out_area[i];
16     ++i;
17     write_reg(opcode , write);
18     block to wait for interrupt;
19   } while (data_available)
```

这段代码与轮询的代码结构上类似，主要的不同是没有检查忙标志符的循环等待。取而代之的是，进程在使用 write_reg 操作初始化 I/O 操作以后，通过释放 CPU 而进入阻塞状态。当由于 I/O 完成中断而重新运行进程时，从数据缓冲区（输入的情况）或者到数据缓冲区（输出的情况）要复制的数据便已经准备好了。每次循环中的 compute 操作还是表示为了输入或者输出每个字符必须处理的一些过程。

图 8.10 的时序图说明了典型的中断驱动的输入中，CPU 软件和 I/O 设备之间的交互流程。假设当前正在运行的用户进程发出了一个读操作请求。该请求被传递给 I/O 系统，系统会调用相应的设备驱动程序来处理该操作。驱动程序写必要的控制器寄存器，并开始操作。在读操作以后和在设备变为忙之前或者紧随其后，当前进程被阻塞。系统调用进程调度程序，并选择下一个准备就绪的进程运行。只要设备还是忙碌状态，其他就绪的进程便可以分时共享 CPU 资源。最后，输入/输出操作完成并产生中断，从而挂起当前正在运行的进程，开始中断处理。在中断控制器的控制下，中断处理程序确定由 I/O 完成而引起的中断，把控制权返回给驱动程序。接下来，在驱动程序会分析刚刚完成的读操作的状态，如果成功，便把数据从控制器缓冲区传输到内存中。如果要输入更多的数据，驱动程序须马上开启设备，以便把其空闲时间减到最少。完成上述工作后，再次调用进程调度程序来确定应该执行哪个进程。图 8.10 中，我们假设重新执行原先的用户进程，则在其可以访问的内存中已经有了先前请求的输入数据。

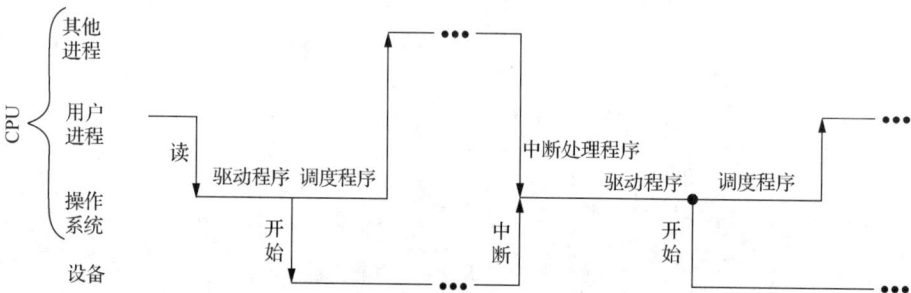

图 8.10 中断驱动的输入/输出时序

UNIX 中的设备驱动程序可以分为两部分，分别称为上半（top half）和下半（bottom half）。只要进程请求一个 I/O 操作，便会同步调用上半。在图 8.10 中，读操作将调用设驱动程序的上半，它会开启设备并终止。当设备完成时，通过中断异步调用下半。下半复制数据到硬件缓冲区。然后，根据操作类型，要么终止要么调用上半的一部分，并使用下一个操作重新开启设备。

在终端输入（键盘）的情况中，这两部分是完全独立的。只要在键盘（或者鼠标）上按下一个键，便会调用下半。它会把相应的字符从硬件缓冲区复制到内存中的 FIFO 缓冲区（也被称为 C-列表）中。进程通过调用设备驱动程序的上半，从这个缓冲区中取出字符。

当 FIFO 缓冲区为空时，便会自动阻塞进程。

使用中断能够迅速、自动检测出 I/O 操作的完成。因此，进程不必为了优化 CPU 和 I/O 设备的使用，而担心以不同的时间间隔来检查设备标志。但是，图 8.10 也说明了通过中断驱动处理相比轮询所获得的灵活性并非没有代价。中断产生的负载是相当大的，包括调用中断处理程序和其他操作系统程序。这些程序会执行成千个 CPU 指令。相反，检查忙标志可以只用两个机器指令完成———一条指令是寄存器读，另一条指令是条件分支。尽管如此，轮询只在非常特殊的环境下有效，如使用特定的嵌入式系统或者进程必须不确定性地等待多个设备的时候。实际上，所有的通用计算机，包括 PC，都使用中断来管理 I/O 和其他操作。

8.4.4　直接内存访问

使用可编程的输入/输出时，要么通过轮询要么通过中断，CPU 需要承担在内存和控制器数据缓冲区之间移动所有数据的负担。对于慢速的、面向字符的设备，如键盘或者打印机，这是可以接受的，因为在设备完成单个字符的传输以前，CPU 可以处理成千条指令。然而，在快速设备中，CPU 在初始化和监视设备与内存之间的每次单独的数据传输的负载是很高的。为了减轻这种问题，可以把直接存储器访问（Direct Memory Access，DMA）硬件添加到系统中。DMA 允许设备控制器直接从内存读取数据或者直接把数据写到内存中。使用 DMA，CPU 只需要命令控制器执行数据块的传输，实际的操作直接由 DMA 控制器来完成。如同在可编程的 I/O 中一样，使用轮询可以检测出 I/O 的完成。当然，因为 DMA 的主要目标是尽可能地把 CPU 从众多的负载中解放出来，所以使中断更加有效。

当与 DMA 控制器交互时，直接存储器访问输入/输出时 CPU 采取的步骤如图 8.11 所示。尽管看起来与图 8.9 没有太大的差别，但在细节上有如下几个差别。

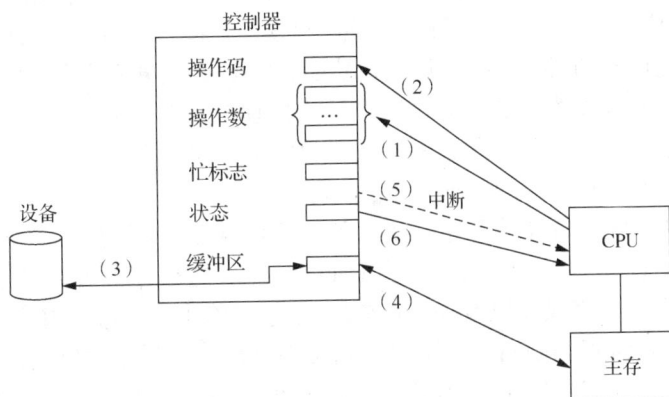

图 8.11　直接存储器访问输入/输出

（1）CPU 将与当前 I/O 操作相关的操作数写到控制器操作数寄存器中。这通常比使用可编程的 I/O 要复杂很多，因为 DMA 控制器在执行输入/输出操作时比可编程的方法有更多的自主性。特别是，操作数必须包括要传输数据在内存的开始位置和要传输的字节数。

（2）CPU 把操作码存放到控制器的操作码寄存器中，初始化控制器，即增加其忙标志符以表明此时它不再接收任何其他的命令。当控制器忙时，CPU 可以执行其他计算。

（3）控制器与设备交互以完成数据向或者从数据缓冲区的传输。

（4）控制器在其数据缓冲区和操作码中的一个指定的内存区域之间复制数据。为了在设备和内存之间传输一连串的字符和块，需要反复执行步骤 3 和步骤 4。

（5）当操作完成时，控制器重置其忙标志符，并向 CPU 发出中断，以表明它准备接收下一个命令。

（6）CPU 读和检查状态寄存器以确定操作是否被成功地完成。

在输入/输出处理中，CPU 的参与已经大大减少。若要完成从内存读（或向内存写）字符流的任务，可以使用下面的伪代码。

```
1  Input or Output:
2  write_reg(mm_buf , m);
3  write_reg(count , n);
4  write_reg(opcode , read/write);
5  block to wait for interrupt;
```

我们比较这段简单代码与使用基于中断的可编程的输入/输出的代码（在 8.4.3 节中）。使用后者，CPU 必须执行一个循环，在每次迭代中处理一个字符。使用 DMA，CPU 只须写操作码控制器和适当的操作数即可，该操作数包括在内存中的开始位置（m）以及读或写的字符数（n）。这样，CPU 就可以执行其他计算了。只有在控制器把 n 个字符都传输到内存中（或者在某方面失败）后，它才会中断。

使用 DMA 存在一个问题，DMA 控制器干扰了 CPU 的正常操作——两者为了访问内存要相互竞争。当控制器处于读或写内存中的数据的过程时，CPU 会暂时延迟，这种干扰被称为周期窃取（cycle stealing），因为 DMA 已经"窃取"了 CPU 的执行周期。假设 DMA 的使用没有在任何方面增加访问内存的总次数，并且 CPU 经常访问其内部寄存器或者高速缓存中的数据，不必访问内存，产生的冲突就是有限的，而且使用 DMA 的好处也是明显的，例如，大量降低了 CPU 对输入/输出处理的参与度。

尽管 DMA 把 CPU 从直接执行数据传输中解放出来，然而为了数据传输，仍然有很多工作要 CPU 来完成。特别是，为了确定可能的错误、试图纠正或者从发现的错误中恢复，并且执行各种特定设备的代码转换和格式化功能，CPU 必须分析每个中断设备的状态，以便这些任务可以被有效地委派给特定的输入/输出处理器或者设备来处理。这种特定的设备可以看作 DMA 控制器的一种更复杂的形式，它们负责同时管理几个设备，并且监督在这些设备中的每一个与内存之间的数据传输。

不像简单的 DMA 控制器，后者只会根据其寄存器接口解释提交给它的命令，一个输入/输出处理器有自己的存储器，从中可以执行程序。这种命令可以是复杂的特定输入/输出指令串、逻辑和算术操作以及控制语句。当输入/输出程序准备好，CPU 会把命令存放到输入/输出处理器的可执行内存中。然后，CPU 初始化输入/输出处理器，该处理器执行其当前进程，只有在它完成任务时才会中断 CPU。在这种方式中，输入/输出处理器可以负责传输复杂的数据序列，包括所有必需的错误纠正或者数据转换，不需要 CPU 的任何协助。

8.5　缓冲和高速缓存

缓冲区是一个存储区域，例如专门的硬件寄存器或者内存的一部分，可以被用于生产者进程的数据存放，直到被消费者进程取用。我们可以根据其组织和用途将缓冲区分为两种：先进先出（FIFO）缓冲区和直接访问缓冲区。

如图 8.12（a）所示为 FIFO 缓冲区。使用 FIFO 缓冲区的主要原因是该类型缓冲区消除了生产者进程和消费者进程在时间上的相互影响。没有 FIFO 缓冲区时，两个进程必须严格地同步执行，在数据由生产者进程产生时，消费者进程需要准备好接收数据。使用 FIFO 缓冲区允许生产者和消费者进程并发地异步执行。

如图 8.12（b）所示为直接访问缓冲区，也被称为缓冲区池（buffer pool）或者缓冲区高速缓存（buffer cache）。直接访问缓冲区也能消除生产者和消费者进程之间的相互影响。使用它的主要原因是避免在消费者进程多次访问相同数据时重复产生相同的数据。例如，当文件系统（消费者进程）多次访问相同的文件块时，输入/输出系统（生产者进程）不用从磁盘中反复读取磁盘块。相反，它使用缓冲区作为高速缓存保留最近访问的块，以备将来使用。

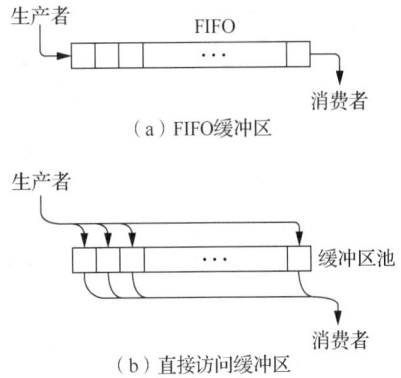

（a）FIFO缓冲区

（b）直接访问缓冲区

图 8.12　两种缓冲区

使用 FIFO 缓冲区和直接访问缓冲区这两种缓冲区，主要基于另外两个重要原因。首先是处理生产者进程和消费者进程之间交换数据在粒度上的不匹配问题。如果生产者进程的数据粒度比消费者进程的小，生产者进程可以在缓冲区中存放几个数据单元以便为消费者进程创建一个大的数据单元。相反，如果生产者进程的粒度更大，消费者进程可以在缓冲区中以几个小单元的方式提取每个数据项。

使用缓冲的第二个原因是它提供不属于生产者进程或者消费者进程的内存空间。这便使得消费者进程在等待产生数据时可以被换出。相反地，当数据从缓冲区中正在被消费时，生产者进程可以被换出。这两种情况下，使用缓冲都能提高内存的使用效率。

在缓冲区中，数据项（根据应用不同，可以是字符或者块）的数量和组织方式对性能来说是很重要的。下面我们对常见的选择及其折中进行分析。

8.5.1　单缓冲区

单缓冲区允许生产者进程无须等待消费者进程准备就绪便可以输出数据。进程间的数据异步传输对于性能来说至关重要。当然，生产者进程和消费者进程必须协调两者的操作，以确保当消费者进程访问缓冲区时缓冲区是满的，在缓冲区被新的数据覆盖以前是"空的"（即内容已经被复制）。

如前所述，简单的设备控制器通常使用单缓冲区。对于输入设备，控制器是生产者进程，而设备驱动程序是消费者进程。对于输出设备，生产者和消费者的角色便反过来了。在两种情况中，数据通过控制器数据缓冲区每次交换一个字符或者数据块。

使用单缓冲区的一个缺点是（即并发性不该丢失的原因），当消费者进程复制缓冲区时，生产者进程是空闲的。相反，当生产者进程填充缓冲区时，消费者进程是空闲的。

图 8.13（a）中说明了使用单缓冲区的循环的时间线（timeline）。这与使用轮询的输入次序一致，其中设备是生产者，CPU（设备驱动程序）是消费者。CPU 开启设备并重复轮询设备的忙标志符。当输入/输出完成时，缓冲区中的数据被复制到内存中。当正在填充缓冲区时，CPU 是空闲的，当缓冲区正在被复制到内存中时，设备是空闲的。

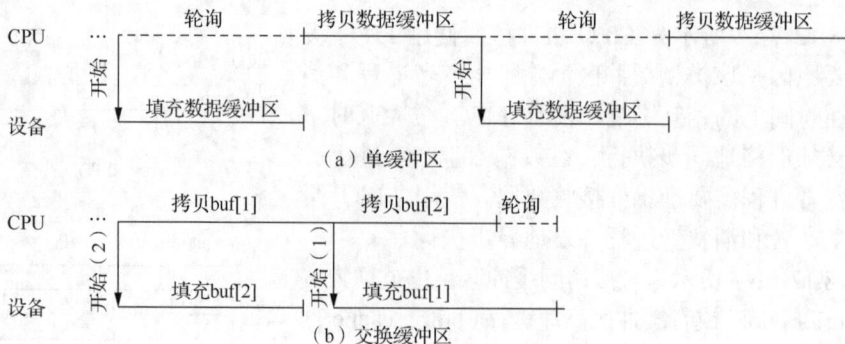

图 8.13　缓冲

8.5.2　交换缓冲区

我们可以通过使用控制器中的两个独立的缓冲区 buf[1]和 buf[2]来减少由缓冲区的互斥使用而带来的空闲时间。当控制器在填充 buf[1]时，CPU 可以并行复制 buf[2]中的数据，反之亦然。在每一次输入/输出操作完成时，缓冲区的角色倒转过来。下面用于输入一串字符的代码说明了这种交换缓冲区技术的实现原理。

```
1  Input:
2   i = 0;
3   b = 1;
4   write_reg(mm_buf , buf [2]);
5   write_reg(opcode , read);
6   do {
7     while (busy_flag == true); /* 忙-等 */
8     write_reg(mm_buf , buf[b]);
9     write_reg(opcode , read);
10    if (b == 1) b = 2; else b = 1;
11    mm_in_area[i] = buf[b];
12    ++i;
13    compute;
14  } while (data_available)
```

变量 b 说明了正在使用两个缓存区中的哪一个，初始时被置为 1。后面跟着初始的 write_reg 操作，它会写必需的操作码和操作数寄存器。一个操作数是为下次操作使用的缓冲区号（1 或者 2）。初始 write_reg 操作开始填充 buf[2]。系统会在两个缓冲区之间重复循环交替：只要使用操作数发出对 buf[1]的操作，便将 b 改为 2，反之亦然。这样，随后的内存副本会一直使用另外一个缓冲区，即当前没有被设备填充的那一个。

图 8.13（b）说明了 CPU 与输入设备之间的交替结果。每次迭代时输入每个字符的时间是存储器复制操作和设备输入操作中的最大耗时。假设这些时间是可以比较的，交换缓冲区技术消除了在图 8.13（a）中见到的很多的空闲时间。

8.5.3　环形缓冲区

交换缓冲区通过增加 CPU 与输入/输出操作之间的工作重叠来提高性能，实际上这是在理想情况下的优化，此时数据以恒定的速率产生和消费。然而，在现实情况下，时间顺序很少如此简单。程序通常包含突发的输入/输出活动，然后进行一段时间的计算。输入或读取数据的时间也可能依赖于数据的类型和其他的环境，它会根据调用的不同而不同。类似地，由于每次调用会访问不同的物理记录，控制器忙碌的时间也会发生变化。例如，需要定位操作的磁盘块的访问比对当前柱面上的块的访问慢很多。在多道程序设计环境中，给定进程执行的速度和设备当前的可用性是不可预知的。因此，用户进程通常等待输入/输出完成，在进程复制缓冲区时，设备通常是空闲的。

解决这个问题的方法是给系统增加更多的缓冲区，从而进一步增加生产者进程与消费者进程之间的异步性。使用 n 个缓冲区，在生产者进程必须阻塞并等待消费者进程清空一些或者全部缓冲区以前，生产者进程可以产生 n 个数据项。相反，当 n 个缓冲区已满时，消费者进程在其必须阻塞以等待生产者之前，可以执行 n 次迭代。

这个方法与有界缓冲区问题的解决方法类似。后者的所有程序都假设有一个可以保存 n 个数据项的缓冲区，以保证生产者进程在消费者进程之前可运行 n 步，没有丢失数据。这种缓冲区组织被称为环形缓冲区，因为生产者进程和消费者进程都顺序访问以 n 为模的缓冲区。

8.5.4 缓冲区队列

环形缓冲区可以高效地实现为一个数组形式。但是它的主要限制是其固定参数 n 的选择，这是一个非常重要的参数。如果 n 太大，浪费了内存空间；如果 n 太小，生产者进程或者消费者进程会被频繁阻塞。在某些情况中，消费者进程不能阻塞。例如，不能停止调制解调器的数据传输，如果数据没有以其产生的速度被消费，那么就会丢失。类似地，也不能告知正在敲键盘的用户停止输入，在字符被传输的时候，系统必须接收所有的字符。

可以通过一种缓冲区队列实现无界缓冲区的方式来解决这个问题。对于每个要插入的新的数据项，生产者进程创建一个新的列表元素，并将其插入到队列前面。消费者进程从队列的后面移走元素。这就使得生产者进程可以在消费者进程以前执行。这种缓冲区队列的主要缺点是效率低。操作队列是很耗时的，因为每一个操作都需要动态地进行内存管理。

UNIX 实现了一种称为 C-列表的缓冲区队列形式，它是在链表和数组实现之间的一种折中，用于字符的输入和输出。该方法的核心是以链表的形式来组织字符数组，而不是单独的字符。图 8.14 所示为 C-列表的原理示意。它显示了一个包含 104 个字符的缓冲区队列，这些字符存放在 3 个大小为 64 个字符的 3 个数组中。消费者进程（如用户进程）通过使用并增加 rear 指针来读取字符。当 rear 指针到达当前数组的末尾时，便会把数组从队列中解除链接，并从下一个数组继续读取。类似地，生产者进程（如键盘驱动程序）使用并增加 front 指针来存放字符。当 front 指针到达当前数组的末尾时，它会分派一个新的数组，并把其添加到队列的前面。

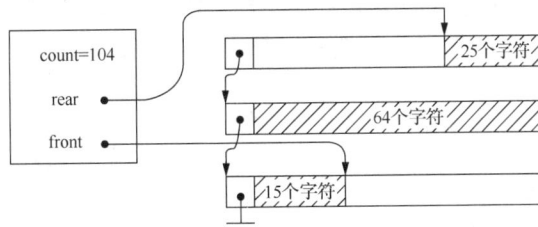

图 8.14 UNIX 中的 C-列表

8.5.5 缓冲区高速缓存

FIFO 缓冲区对于流设备（如终端和打印机）来说是最有效的，这是因为流设备中的数据必须以其产生的先后顺序依次消费。对于直接访问设备（如磁盘），数据以一种随机的顺序（由程序决定）被访问，且相同的数据可能会被访问多次。因此，缓冲区的主要角色是作为最近被访问的数据的高速缓存，以避免其重复产生。

缓冲区高速缓存通常被实现为缓冲区池。每一个缓冲区高速缓存都由其当前保存的磁盘块来标识。缓冲区高速缓存的实现必须满足下面两个需求。首先，给定一个块号，它必须能够快速检测对应块当前是否在高速缓存中，并取得其内容。其次，它必须利于当前不再需要的缓冲区的重用。

实现第一个需求的方法是通过散列表来访问缓冲区，其中每个记录将具有相同散列值的块链接在一起。满足第二个需求的方法是通过一种策略将单独的缓冲区链接在一起，典型的有最近最少使用（Least Recently Used，LRU），这样最少可能被再次访问的缓冲区可以被优先重用。这与使用 LRU 页面替换策略类似。为了进一步提高缓冲区高速缓存的管理效率，可能还要实现其他的列表。

BSD UNIX 提供了作为块设备软件层（图 8.1）的一部分的磁盘块高速缓存。它由 100 个到 1000 个单独的缓冲区所组成。因此，文件系统和应用程序的所有输入/输出请求中的很大一部分（通常为 85%或者更多）可以通过访问内存中而不是磁盘上的数据得到满足。这种虚拟内存系统使用了更底层的接口，它绕过了缓冲区高速缓存，但是实现了根据其要求而专门定制的自己的高速缓存机制。

在缓冲区高速缓存中，每个缓冲区都由一个头指针表示，该指针指向了实际的大小可变的缓冲区区域并记录了缓冲区的大小、数据所属文件的描述符、在文件中的偏移量和其他信息。它也包括指向其他缓冲区的两个指针。第一个实现了散列表，第二个实现了缓冲区可能驻留在上面的其他可能的 4 个列表。

图 8.15 所示为 UNIX 中缓冲区高速缓存的示意。它显示了散列值 h_i 的一个数组，每一个值都指向一个缓冲区链表，这些缓冲区的标识值散列到相同的值 h_i 上。例如，块 $b71$ 到 $b75$ 都假定散列到相同的值 h_7 上。这使得系统可以根据指定的块号，快速找到缓冲区。此外，每个缓冲区只会位于单个列表中。Locked 列表（缓冲区 $b11$ 和 $b51$）包括不能够被转存到磁盘上的缓冲区，这些缓冲区通常被文件系统内部使用。LRU 列表（缓冲区 $b21$、$b71$ 和 $b72$）维护了根据 LRU 策略排序的缓冲区。在列表末尾的缓冲区（如 $b72$）被首先重用，但是只有在 Age 列表为空时才会这样。当删除文件时，这个列表把已经释放和期望再次访问的缓冲区链接在一起。它也包括了预计将来要访问的(连续文件的提前读)并已经读取的缓冲区。Empty 列表包括了存储区域当前大小为 0 的缓冲区。Empty 列表中的缓冲区是为缓冲区保留的位置，直到另一个缓冲区缩小或者产生空闲内存空间时才可以再次使用它们。

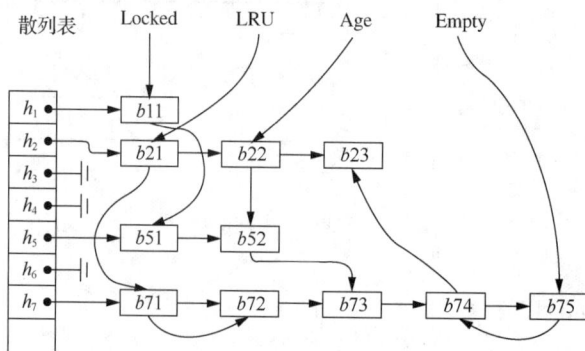

图 8.15　UNIX 中的缓冲区高速缓存

我们以 Linux 0.12 版本为例，探讨 buffer.c 程序对高速缓冲区的操作和管理。高速缓冲区是块设备与其他内核程序之间的桥梁。除了块设备驱动程序以外，内核程序如果需要访问块设备中的数据，就要经过高速缓冲区来间接地操作。系统把高速缓冲区划分成 1024 字节大小的缓冲块，这与块设备上的磁盘逻辑块大小相同，并采用散列表和包含所有缓冲块的链表进行管理。在高速缓冲区初始化过程中，初始化程序从整个高速缓冲区的两端着手，分别同时设置缓冲块头结构和划分出对应的缓冲块。高速缓冲区的高端被划分成一个个 1024 字节大小的缓冲块，低端则分别建立起对应各缓冲块的头结构 buffer_head。该头结构用于描述对应缓冲块的属性，并且用于把所有缓冲头连接成链表，其定义如下述代码所示。

```
1  // include/linux/fs.h
2  struct buffer_head {
3    char * b_data;                   // 指向该缓冲块中数据区的指针。
4    unsigned long b_blocknr;         // 块号。
5    unsigned short b_dev;            // 数据源的设备号(0 = free)。
6    unsigned char b_uptodate;        // 更新标志：表示数据是否已更新。
7    unsigned char b_dirt;            // 修改标志：0- 未修改，1- 已修改。
8    unsigned char b_count;           // 使用该块的用户数。
9    unsigned char b_lock;            // 缓冲区是否被锁定。0- ok , 1- locked
10   struct task_struct * b_wait;     // 指向等待该缓冲区解锁的任务。
11   struct buffer_head * b_prev;     // hash 队列上前一块。
12   struct buffer_head * b_next;     // hash 队列上下一块。
13   struct buffer_head * b_prev_free; // 空闲表上前一块。
14   struct buffer_head * b_next_free; // 空闲表上下一块。
15 };
```

Linux 也使用散列来查找高速缓存的块。此外，它把所有的缓冲区分为三种类型的列表。

（1）空缓冲区根据缓冲区的大小，将其放在 7 个不同的列表中；以 512 个字节开始，每次加倍。

（2）包含合法块的缓冲区被放在 3 个不同的列表中：locked、clean（即只读的）和 dirty（即已修改的）；对 clean 与 dirty 的区分，避免了当从高速缓存中收回缓冲区时不必要的磁盘写，这由时间戳和一些其他的系统参数来控制。

（3）为缺页服务时由分页系统使用的临时缓冲区。只要操作完成，这些缓冲区就被释放掉。

8.6 磁盘调度

访问一个环形磁盘上的块的时间由三部分组成。寻道时间，即把磁盘的读/写磁头定位到包含要访问的块的柱面上的时间。旋转延迟，即等待要访问的块经过读/写磁头的时间。传输时间，即把块复制到磁盘上或者从磁盘中复制出来的时间。

寻道时间由于需要读/写磁头的机器运动，是最长的。它取决于移动的物理距离，使用柱面数来表示。寻找到邻近的柱面通常要用几毫秒；到任意一个柱面的平均寻道时间，对于硬盘驱动器来说，接近 10ms，对于软盘驱动器来说大概是其 5 到 10 倍。旋转延迟取决于磁盘的旋转速度，对于硬盘来说大概在 5~15ms/r 之间。实际的数据传输时间最短，对于在硬盘上的一个扇区来说，一般花费少于 0.1ms，对于软盘上的扇区来说，一般花费少于 1ms。（见表 8.1）

上面的数据充分说明了：为了取得磁盘的高性能，需要减少寻道时间和旋转延迟时间。这就需要从两个层次上进行优化。首先，在理想情况下，必须把可能要被顺序访问的或者成组的块相邻存放在相同的柱面上。这是一个文件分配问题，我们已经在第7章讨论过了。将属于相同文件的块聚集在少量的柱面上，这样对于特定进程来说，便减少了寻道操作的次数和其移动距离。

然而，对于磁盘的请求可能同时来自于多个进程。这些请求的交错将会忽视访问或引用的本地性。因此，为了在运行时对进来的请求序列连续进行排序，必须使用其他的优化技术。这种排序维护了引用的本地性，提高了磁盘性能。

因为寻道时间和旋转延迟都较长，所以我们必须把对不同柱面的请求和对每个柱面上的单独块的请求进行排序。我们首先考虑对在一个磁道上的块的请求的排序。因为磁盘总是在沿一个方向旋转，所以解决的方法很直接。假设读/写磁头以升序的方式经过磁道上的块，那么给定要访问的磁道上的块的列表，也需要按升序排序。这样，在磁盘的同一次旋转过程中，便可以访问到列表中所有的块。

有多个表面的磁盘，也可以对在相同的柱面中的所有磁道应用相同的技术。对在每个磁道上要访问的磁盘块的列表进行排序，并在一次旋转中访问它们。因此，为了访问在一个给定柱面上的所有磁盘块，要旋转 s 次，其中 s 是表面的数量（每个柱面的磁道数）。在此期间，不需要移动读/写磁头。

对不同的柱面访问进行排序是一个难题，因为读/写磁头要在不同的柱面上来回移动。因此，在任何时候，我们必须决定读/写磁头下面应该向哪个方向移动。如同开放端点的流（open-ended stream）一样，对不同磁盘块的访问请求是动态到达的，这一事实使得问题复杂化。这些请求被放在一个队列中，并在队列中等待时机。只要磁盘完成当前操作，磁头调度进程必须检查队列的当前内容，并确定下次为哪一个请求服务。

磁头调度进程在做出决定时可以遵从多种的策略。要考虑的最重要因素是：①磁盘的整体性能，由磁盘持续的数据速率反映；②对待并发访问磁盘的进程的公平性；③执行调度算法的代价。

为了说明不同的算法，假设以下场景。读/写磁头从柱面 0 开始。磁头调度进程为了满足对柱面 5 的请求将其移动，在这里它要为对在该柱面上的磁盘块的所有请求提供服务。在完成了对应请求以后，队列包括一个含有三个新请求的请求序列，它们按顺序依次是对柱面 12、4 和 7 的请求。下面的三种算法说明了以哪种次序访问三个柱面以及在多个选择之间的权衡。

8.6.1　先来先服务

磁盘调度的最简单方法是以请求到达队列中的先后顺序为其服务，即先来先服务（First-Come First-Served，FCFS）。对于前述例子而言，调度进程会把读/写磁头从柱面 5 移动到柱面 12，然后到柱面 4，最后到 7。如图 8.16（a）记录了读/写磁头的移动。经过的柱面总数是 23。

在易于实现的同时，FCFS 算法的主要缺点是它没有以任何措施试图优化寻道时间。它适合于磁盘并非性能瓶颈的系统。在这种情况下，队列大部分时间只包含一个或者很少请求。FCFS 在单道程序系统中也可能是够用的，其中磁盘块访问队列已经说明了由文件块聚集和顺序访问所带来的严重的本地化。

8.6.2　最短寻道时间优先

多道程序和分时系统往往给磁盘带来沉重负担，它们的访问方式缺乏本地化，因为来自不同进程的请求会相互交叉。最短寻道时间优先（Shortest Seek Time First，SSTF）算法通过下一次访问时总是选择最近的柱面来解决这个问题，把总寻道时间减到最小。在上面的例子中，因为柱面 4 是与当前柱面 5 最接近的一个，磁头调度进程为了首先访问这个柱面，会重新排列队列中的三个请求的顺序。下一次它会移动到柱面 7，最后到 12。如图 8.16（b）记录了读/写磁头的移动轨迹，其中磁头总共只经过了 14 个柱面。

SSTF 算法将总寻道时间减到最短，磁盘总带宽最大。它的主要缺点是它为个别请求提供服务时的不可预知性。考虑下面的情况。当访问柱面 4 时，对柱面 3、6、2 的新的请求持续到达队列。SSTF 算法会在访问柱面 12 以前为所有的这些请求提供服务。原则上，对在柱面 5 附近的柱面的无限制的请求序列会把对柱面 12 的服务无限期地拖延。这种不可预知性和可能带来的偏远请求的饥饿问题，对一个通用的分时系统来说是不可以接受的，分时系统必须保证对于所有用户具有一定程度的可接受响应。

8.6.3　电梯或者扫描算法

在 SSTF 算法的贪婪特性与维护访问的公平性的需求之间很好的一种折中方法是电梯或者扫描（Scan）算法。其基本策略是尽可能地在相同的方向上继续移动磁头，然后再变到相反的方向。使用电梯时，请求来自于两个不同的来源：在每一层的呼叫按钮和电梯箱体内的目的地按钮。此处我们为磁盘磁头调度进程使用与电梯相同的调度方法。使用磁盘磁头调度进程时，只有一个由不同进程发出的、对不同柱面（目的地）请求的请求流。因此，输入/输出系统把对一个特定柱面的每一个请求转变为一个调用 elevator.request(dest)，其中 dest 是柱面号。在读完该柱面上的相应块以后，系统会发出调用 elevator.release()，以便处理下一个请求。

如图 8.16（c）记录了在扫描算法下读/写磁头的移动轨迹。当它在柱面 5 上时，其当前的方向是向上的，没有像 SSTF 算法中一样，调头为最近的柱面 4 服务。相反，它会继续在相同的方向上为柱面 7 和柱面 12 服务。在向下扫描时为柱面 4 服务。应用这一算法时经过的柱面总数是 20，这个数在前两个极端值（23 和 14）之间。与 SSTF 相比，扫描算法为每个服务提供更好的公平性，确保没有一个请求可以被无限期地拖延。

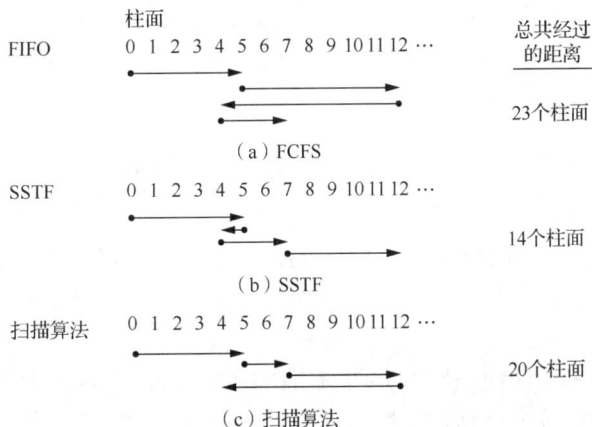

图 8.16　磁盘调度算法

为了进一步提高其性能，有几种基本扫描算法的变体。最重要的一个是环形扫描，只在一个方向上为请求服务，即从最低到最高。当它到达最高柱面时，读/写磁头简单地移动回柱面 0，并开始下一次扫描。这进一步地平衡了磁盘块的平均访问时间。使用简单的扫描算法，接近磁盘中心的磁道比在边缘上的柱面平均而言会更早得到服务。

8.7 错误处理与数据备份

大部分存储和通信设备都包括机械移动部分，这种结构使得它们很容易出错。而且，设备由很多不同的厂家制造，在系统的生命期中可能有若干次被更新的模块替代。因此，确保与这些设备无误地交互是一个巨大的挑战。

根据不同标准可以将错误分为以下几类。暂时性错误或失效指的是在极为特殊且难以复制的环境（例如电压波动或特定时刻的事件）下才会发生的错误。相对而言，持久性错误则是指只要重复执行相同的程序，就会一致且可预测地发生的错误。例如，损坏的电线、磁盘表面的划痕或除以零操作，都属于持久性错误的范畴。

错误还可以细分为软件错误与硬件错误。持久性软件错误通常只能通过纠正并重新安装出错的软件来消除。暂时性软件错误虽可用相同方法修正，但由于其难以复制，往往难以追踪与分析。若这些错误不频繁出现或破坏性不强，通常会被视为必须接受的"既定事实"。在某些情况下，我们甚至期望某些暂时性软件错误的发生，并利用特定机制来处理它们。一个典型例子便是网络数据传输中由于不可预测的网络延迟、资源不足（如缓冲区）或其他无法控制的因素而导致数据包丢失或损坏。此时，通信协议会执行必要的重试或重传操作，或使用错误纠正码尝试修复部分损坏的数据。这种纠正码机制将能反映数据内容的冗余数据位与实际数据一同传输，其中，冗余位的数量决定了能检测或纠正多少位损坏的数据。

临时性硬件错误也可以通过重试或重传操作来纠正，如磁盘尝试把读/写头正确地定位在特定的柱面上时失败，或者由于磁盘块上存在灰尘颗粒导致读失败。只有当错误持续存在时，它才被报告给更高层的进程。某些类型的持久性硬件错误可以被操作系统有效地处理，而不用涉及用户或者其他高层进程。最常见的这类错误是部分存储介质失效，特别是磁盘上的块损坏。这类错误很常见，因为覆盖在磁盘表面上的磁很容易被破坏。为了处理单个块的失效而替换整个磁盘不是一种可以接受的方法。相反地，系统必须能够检测到坏块或失效块，从失败中恢复过来，并继续使用包含这种块的磁盘工作。有几种可能的方法，可以与其他方法相结合，从不同方面处理介质失效问题。

8.7.1 坏块的检测和处理

在磁盘用来保存数据以前，它必须被格式化。这个过程将可用的磁盘空间分为特定大小的块（扇区），并且为每个块提供了某些数量的冗余信息以检测和纠正错误。一个单独的奇/偶数（计算出来的，例如在块中的所有位的异或）可以检测出一个失效的位。更常见的是，添加到每个块中的多位海明码可以检测和纠正多于一位的失效的位；数量依赖于使用的码的位数。

计算出奇偶位或者错误纠正码，并与每次磁盘写一起写，在读每个磁盘块时检查。当检测出一个错误时，系统会重新读几次以便处理暂时性的读失效。如果错误继续存在，磁盘块被标记为永久性地遭到破坏，从而避免今后所有的访问。必须对软件透明地完成这项工作，以避免对输入/输出系统或者应用程序的修改。

从驱动程序的视角来看，磁盘是连续编号的 n 个逻辑块序列，即 $b[0], \cdots, b[n-1]$。当块 $b[k]$ 被破坏时，简单地将其标记为不可用便会在序列中造成一个缺口，使输入/输出大大地复杂化。一个更加有效的方法是让磁盘控制器内部透明地处理所有从逻辑到物理块再到输入/输出软件的映射。特别是当块不可用时，控制器需要修改映射关系，以便软件可以继续使用没有任何缺口的、逻辑块的相同序列。

为了使这种重新映射透明化，必须在开始时把一些块保留为备份；否则，物理块的丢失会减少逻辑块的数量。假设磁盘由总共 np 个物理块组成，其中 $np > n$。当保存逻辑块 $b[k]$ 的物理块被破坏时，控制器通过将一个备用块分配给块 $b[k]$，或者把所有的从 $b[k]$ 到 $b[k+1]$ 的块向右移动一个块，来重新映射块。图 8.17 为坏块的两种处理机制。

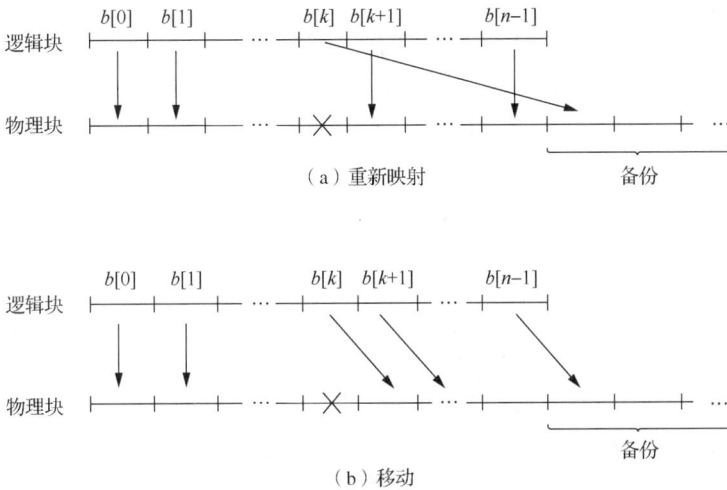

（a）重新映射

（b）移动

图 8.17　坏块的处理

第一个方法（如图 8.17（a）所示）的优点是只有一个块需要重新映射，但是如果备用块与原先失效的块处于不同的柱面，则会导致性能下降。我们假设块 $b[k-1]$、$b[k]$ 和 $b[k+1]$ 原先都驻留在相同的柱面上。为了读这三个块的序列，原本只需要一次定位操作。当 $b[k]$ 被重新映射到一个不同的柱面上时，则需要三次定位操作来读相同的块序列。

解决这个问题的一种方法是在每个柱面上分配一些备用块，并一直试图在与失效块相同的柱面上分配备用块。如图 8.17（b）所示的方法将所有跟在失效块后面的所有块向右移。这虽然需要更多的工作来修复磁盘，但是消除了分配不连续的问题。

8.7.2　稳定存储

当一个磁盘块损坏时，就不能读取其存储的信息了。如果使用了纠错码并且损坏只影响到能够被纠正的位的数量，那么就可以恢复信息并把它存放在一个新磁盘块中。但是当损坏很多时，信息就只能被丢弃了。另外一种可能的数据丢失是系统崩溃。如果系统当磁盘写操作在进行中时发生了崩溃，就无法保证操作已被正确地完全执行了。一个部分修改了的磁盘块通常是不正确的，并被认为存在数据丢失。

数据丢失并不是什么好事，但是结果取决于使用这个数据的应用。在很多情况下，应用程序如果可以再次运行，丢失的数据可以重新生成。在其他情况下，丢失的数据可以从备份的文件中恢复过来。但是，很多应用程序，例如需要连续操作的数据库系统或者各种时间紧要的系统日志，则需要数据总是可用的、正确的和一致的。

没有系统能够绝对保证可以消除可能的数据丢失，不管系统选择提供多少层次的备份，总是会有一种情况使得所有安全措施失效。但是我们可以将危害减少到在任何实际应用中都可以接受的水平。获得较高级别的数据安全的一种方法是使用稳定存储。这种方法使用多个独立的磁盘来存储重要数据的冗余副本，并在访问它们的时候采取严格的控制措施。

考虑一个有两个磁盘 A 和 B 的稳定存储。在正常无故障的操作下，两个磁盘包含彼此的精确副本。假设两个磁盘不会在同一时刻失效，其中一个总是会包含所有正确的数据，假如每一次读和写操作都遵从以下规则，并且在恢复期间也是这样。

- 写。把磁盘块写到磁盘 A 上。如果成功，写相同的块到磁盘 B 上。如果两次写有一个失败，执行恢复协议。
- 读。从磁盘 A 和 B 中读块。如果不同，执行恢复协议。
- 恢复。我们必须区分两种不同类型的失效：①自发的介质失效中，一个或者多个块（可能是整个磁盘）不能访问了；②在一次读或者写操作期间系统崩溃。

（1）读或写操作失效，意味着在一个磁盘上的块损坏了。系统会读取在另外一个、仍然存有正确数据的磁盘上的相应块中的数据，并存放在两个磁盘上的一个新磁盘块中。然后，可以报告失败的读/写操作。如图 8.18（a）所示为磁盘 B 上的一个磁盘块被破坏的情形。磁盘 A 上的相应磁盘块中的数据 X 被用于从这种介质失效中恢复过来。

（2）当在读操作过程中系统崩溃时，在系统恢复后可以简单地执行重复读。当在写磁盘 A 的过程中系统崩溃时，磁盘 B 上的数据是正确的，并可以用来恢复磁盘 A。相反地，当在写磁盘 B 的过程中系统崩溃时，磁盘 A 上的数据是正确的，并可以用来恢复磁盘 B。

图 8.18（b）中，在磁盘 A 和 B 上两个相应的磁盘块包含不同的数据 X 和 Y。这种差异是由于在写期间发生系统崩溃。如果在向磁盘 A 全部写完以前发生崩溃，那么数据 Y 是正确的，可以替代 X。如果在向磁盘 A 全部写完以后发生崩溃，那么 X 是正确的，可以用来替代 Y。在恢复以后，两个磁盘还是彼此的精确副本。而且，系统知道被修复的磁盘块包含的是在写操作以前存储在块中的旧数据，还是由写操作放在此处的新数据。

（a）坏损块

（b）系统崩溃后块不匹配

图 8.18　稳定存储

就使稳定存储的概念可以工作而言，对两个磁盘单独失效的假设是很重要的。两个磁盘同时失效的概率是两个磁盘单独失效的概率的乘积，这对于所有实际用途都是可以忽略的。多个磁盘副本的增加进一步降低了这种可能性，但是绝不可能降为 0，特别是当考虑到由自然灾害（火灾、洪水、地震）、恐怖主义或者战争带来的灾难性损坏。

8.7.3　独立磁盘冗余阵列

独立磁盘冗余阵列（Redundant Array of Independent Disks，RAID）的目的是增加容错性、提高性能或者两者都实现。它通过在不同磁盘上维护冗余数据来增加容错性。通过把数据分布到多个磁盘上来提高性能，性能的提高是由增加的数据传输率来体现的。因为可以在每个磁盘上并行处理输入/输出操作，RAID 的数据传输率是每个单独磁盘的数据传输

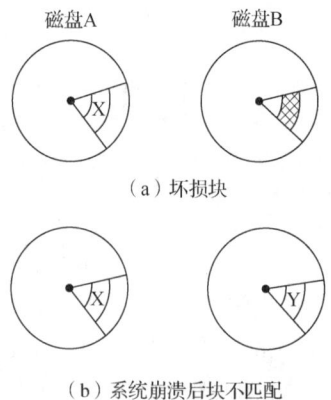

率的和。

根据使用的数据冗余的级别不同，有不同类型的 RAID。图 8.19（a）所示为 RAID 最简单的形式，是稳定存储概念的一种扩充。它提供了每个主磁盘的精确副本，这样对于每个块 b_i，在另外一个磁盘上有一个副本 b_i'。这样的 RAID 具有高容错性，但是很浪费，因为它使得所需存取器的数量增加了一倍。

图 8.19（b）所示为另一种 RAID 组织方式，其中只有从主数据中取得的、有限数量的信息被保存在其他的磁盘上。信息表示为 $f(b_1, b_2, \cdots, b_n)$，可以是通过主磁盘上的相应位或者磁盘块计算出的奇偶校验值，也可以是纠错码，能够检测和纠正在主磁盘上的多位错误。

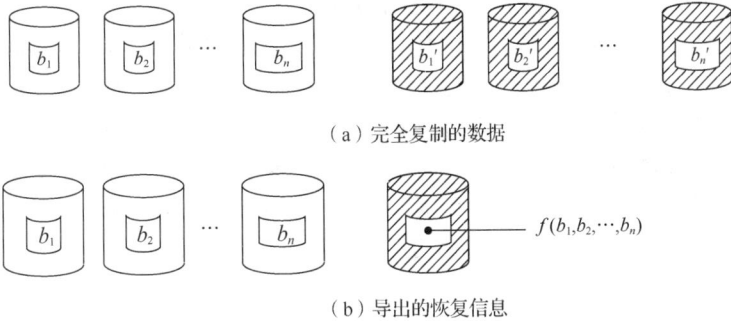

（a）完全复制的数据

（b）导出的恢复信息

图 8.19　RAID

在基本的组织方式中，有几种不同类型的 RAID。基本的折中是在冗余信息的数量（增加了磁盘数量）与要取得的容错性级别（即可以纠正的位的数目）之间。冗余信息可以集中存放在专门的磁盘上或者散布在主数据之间。位置在性能中扮演了重要角色；它决定了在正常操作和从故障中恢复的过程中数据访问的效率（访问时间和带宽）。

8.7.4　设备共享

一些设备（例如磁盘）可以被多个进程同时访问。这些请求由调度进程对请求排序并将其提交给驱动程序，就像前面讨论的一样。但是，很多设备（例如键盘、终端、打印机或者磁带驱动器）只是串行可用的。这就是说，它们一次只能被一个进程使用；否则，可能会发生毫无意义的数据交叉。

为了提供串行的可重用性，大部分输入/输出系统都有接口命令，允许进程请求和释放单个设备。如前所述，一些系统（特别是 UNIX/Linux）将设备看作与文件类似的数据流。因此，用于请求和释放访问文件的打开和关闭命令被用来请求和释放设备。若设备当前正在使用时，打开命令将会阻塞请求进程，或者它可能会返回一条说明设备状态的信息。使用打开/关闭命令来控制设备的共享为访问文件系统和输入/输出系统提供了一个统一的接口。

第 1 章介绍的假脱机技术经常应用于非交互式输出设备中，如打印机。进程的输出数据没有在其产生的时候就立刻被送给打印机，而是先被写到一个文件中。文件起到虚拟打印机的作用。使用这种组织方式，多个进程可以同时输出数据，而不需要预约打印机。输出文件被保存在一个特殊的 spooling 目录中。然后由一个专门的服务进程来依次处理这些文件，并把它们逐一发送给打印机。为了优化底层网络的使用，文件传输、电子邮件和其他网络通信的处理方式与此类似。

8.8 习题

1. 一台快速激光打印机每分钟打印 30 张纸，其中每张纸上有 3000 个字符。系统使用基于中断驱动的输入/输出，处理每个中断要用 50μs。若每次向打印机输出一个字符，那么CPU 的负载是多少？使用轮询代替中断会更有效吗？

2. 假设一个鼠标的位置改变 0.1mm，便会产生一次中断。它通过把半个字（2 个字节）写入到一个 CPU 可以访问的缓冲区中，来报告每次这种改变。如果鼠标以每秒 30cm 的速度移动，那么 CPU 必须以多大的速度来获取数据？

3. 完全填充一个有 800 像素×600 像素和 256 种颜色的图形监视器屏幕比完全填充一个面向字符的、有 25 行、每行 80 个字符的黑白监视器的屏幕要多用多长时间？如果图形监视器屏幕使用双倍的分辨率，即 1600 像素×1200 像素，重新进行计算。

4. 假设一个磁盘由 c 个柱面组成，每个柱面上有 t 个磁道（即 t 个表面），每个磁道上有 s 个扇区（块）。假设磁盘的所有扇区都以柱面 0、磁道 0、扇区 0 开始，从 0 到 n-1 顺序编号。推导出一个公式，根据给定的连续块号 k，$0 \leqslant k \leqslant n$-1，计算相应的柱面号、磁道号和扇区号。

5. 两个相同的容量为 100KB 的文件 f1 和 f2，被存放在两个不同的磁盘上。文件块随机地分布在磁盘扇区上。两个磁盘的平均寻道时间是 10ms，旋转延迟为 5ms。它们的磁道组织方式不同。磁盘 1 的每个磁道由 32 个扇区组成，每个扇区容量为 1KB，磁盘 2 的每个扇区由 8 个扇区组成，每个扇区容量为 4KB。计算磁盘 1 和磁盘 2 分别使用多长时间来顺序读取每个文件。

6. 考虑一个平均保存文件长度为 5KB 的磁盘。每个文件被连续地分配在相邻的扇区上。为了更好地利用磁盘空间，它必须被周期性地顺序读取每个文件，并把它写回到一个新位置。假设平均寻道时间是 50ms，每个磁道有 100 个扇区，旋转速度为 5000r/min，估计移动 1000 个文件要使用多长时间。

7. 考虑一个单独的消费者进程，它与 n 个独立的生产者进程通信。每个生产者进程使用单独的缓冲区为消费者进程提供数据。假设填充缓冲区的时间 f 比复制和处理缓冲区的时间 c 长，即 f=kc，其中 k≥1 是个整数。

（1）画出时间图（与图 8.8 类似），说明消费者进程和不同生产者进程（每个生产者进程填充 n 个缓存区中的一个）的并发操作。

（2）为了使 CPU 一直处于忙状态，要使用多少个缓冲区，即 n 的最佳值是多少？

（3）当 k=1，即 f=c 时，缓冲区的理想数目是多少？有多个独立的生产者进程对此仍然还有帮助？

（4）当 k<1 时，缓冲区的理想数目是多少？

8. 一个由 n 个磁盘组成的 RAID 中，每个大小为 512 个字节的磁盘块使用一个 4 位的错误纠正码。编码没有存放在一个单独的磁盘上，而是散布在 n 个磁盘上，这样任何磁盘 i 都保存了磁盘 i+1（对 n 取模）的编码。确定整个磁盘被错误码所占用的分数比。

9. 考虑有 n 个柱面的磁盘，柱面顺序编码 0,1,2,…,n-1。系统刚完成柱面 125 的服务请求，磁头已经移动到柱面 143 了。要求服务的请求队列如下：143，86，1470，913，1774，948，1509，1022，1750，130。其中 143 是最早的请求，130 是最新到达的请求。

（1）柱面在用以下调度策略时，将会以什么顺序得到服务：

- FCFS
- SSTF
- 扫描算法

（2）在每种策略下，读/写磁头经过的距离（柱面数量）是多少？

（3）考虑扫描算法的一种变体，其中读/写磁头只在一个方向上为请求服务，即向上扫描过。当它完成最高柱面号的请求时，它会向下移动到有最低柱面号的请求，在其向下扫描期间没有为任何请求服务。这种被称为循环扫描的策略的优点是磁盘在所有柱面上将服务分布得更加平均。相比而言，普通的扫描算法给予靠近磁盘中心的柱面优先对待。使用循环扫描算法为上面的队列中所有的请求服务时，需要确定读/写磁头必须经过的柱面数。

10. 考虑磁盘磁头调度进程下面的实现方式：使用一个单优先级的等待队列 q；根据进程到变量 headpos 的距离将进程放到队列中，headops 是当前磁头的位置。构建一种场景，说明为什么这段代码不能正确地实施 SSTF 算法。

```
1  monitor disk_head_scheduler {
2    int headpos = 0, busy = 0;
3    condition q;
4    request(int dest) {
5      if (busy) q.wait(abs(dest - headops));
6      busy = 1;
7      headops = dest;
8    }
9    release () {
10     busy = 0;
11     q.signal;
12   }
13 }
```

第五篇

系统保护
与安全

人类已经迈入互联网和物联网时代，在享受它们带来的巨大便利的同时，也要面对种类繁多的安全威胁。因此，操作系统要管理用户、进程对计算机系统资源的访问，保护系统物理资源和信息资源（如代码和数据）的完整性，确保只有得到授权的进程才能访问 CPU、内存和其他资源，以防止非法访问和恶意破坏等攻击。

本篇的主题是系统保护与安全。第 9 章介绍了操作系统面临的常见安全威胁和对应的安全保护措施，并重点讲述了用户鉴别和安全通信的主要方法。第 10 章阐述了操作系统的内部保护机制，包括指令级访问控制、高层访问控制和信息流控制。

第9章 系统安全接口

企业、教育医疗部门、政府组织以及军事单位对计算机系统的依赖日益加深，这带来了一些新的安全问题。这些问题源自恶意攻击或偶发攻击。恶意攻击尝试读写敏感数据，或者破坏系统的正常运行。多数情况下，攻击者是某个把攻破计算机系统作为个人成就的黑客。我们也经常会碰到某些蓄意犯罪行为，这些行为经常会造成较大的经济损失、社会不公和个人伤害。偶发攻击来自人们的失误、硬件故障、操作系统和其他软件组件中的潜在漏洞，或自然灾害如火灾、地震和断电等。其后果可能像恶意攻击一样严重。

因此，操作系统必须提供两类保护机制和策略：①第一类负责控制系统边界，即控制谁可以进入并使用系统（本章的主题）。②第二类负责监控和控制系统中合法运行的进程的行为（第 10 章的主题）。

本章首先描述可能存在的安全威胁种类，然后分析建立有效保护边界时必须解决的两个核心问题：一是用户鉴别，涉及允许用户进入系统的过程；二是对从设备或其他计算机流入系统的数据进行保护，其中，保护数据不受篡改和损失的主要技术是加密。

9.1 安全威胁

在计算机科学领域中，术语"保护"和"安全"没有精确的、普遍接受的定义。它们涵盖了很多方面内容和应用。我们把保护定义为对攻击、入侵、损害或纠缠等进行防御或监视的行为或状态，而安全则被定义为免受危险、风险、忧虑或恐惧的状态。因此，保护可以看作是获得安全所必需的机制和策略的集合；换言之，安全是目标，而保护是达到此目标的方法。

9.1.1 威胁类型

根据要防范的安全威胁的类型，我们把保护和安全问题分为以下四个基本类型。

- 信息泄露。信息的非授权传播，可能涉及窃取，抑或是能够访问信息的用户的不法行为。典型的例子包括学生提前获取即将来临的考试试题；对机密军事文件的非法获取；或者是对企业所属的研究结果的窃取。该类问题的一个重要方面是对隐私权的保护，隐私权是一种描述个体控制其所属信息的收集、存放和分发的能力的社会策略。侵犯隐私权会导致个体或社会团组的巨大损失。例如，监视某人的经济业务或个人活动可能会引发敲诈勒索。

- 信息损坏。因错误或破坏行为造成的信息损坏丢失。明显的例子有重要的操作系统数据结构（如进程或资源队列）的丢失；为消除竞争而对个体或组织的研发成果的破坏；

在法律诉讼中对含有重要证据的单据或法庭记录的删除。信息虽未泄露但是可被损坏，同样，信息虽未损坏但是可被泄露。

- 服务的非授权使用。绕过系统的审计策略，非法使用某些专有服务或得到免费计算资源。计算设备的用户对计算服务的态度与对其他资源的态度常常不同，例如，某人即使被轿车属主授权使用他的轿车，若没有轿车主人的许可，他也不会让第三人使用此轿车。但是，对于同一个人来说，让第三方使用一个授权的计算账号或软件就会被认为是可以接受的。尤其是对于一个商业计算机端游戏，多数人都会为朋友复制游戏副本。在解决此类问题时，我们必须认识到，计算机账号、数据文件或程序等都是有价值的资源，甚至可能构成商业资产。因此，对这类服务的非授权使用必须被视为非法行为。

- 拒绝服务。有意地妨碍合法用户即时地使用系统服务。随着社会对计算机的依赖逐渐加深，即时响应变得愈加重要。在许多场合，服务的延迟都会引发严重后果。这种延迟可能是无意的，如系统故障；或者是有意的，如破坏行为。这两种情况造成的拒绝服务，可能导致不可预料和难以承受的时间延迟，也可能造成信息的永久损坏或丢失。例如，硬盘的机械故障需要服务工程师进行必要的修复，即使读/写臂停止硬盘上的数据也没有损坏，并且问题消除后，硬盘恢复正常运行。但因故障导致的系统不可用会带来严重的损害。此外，系统可能正在监视某些实时事件或进程，它的失控行为可能会对人的生命或财产造成严重威胁。在许多商业领域，计算机系统的不可用会导致巨大的经济损失，例如航班订票系统的不可用。在很多情况下，硬件或软件故障既会造成服务拒绝，也会造成信息损坏。

9.1.2 攻击方式

攻击者可以采用多种方式实施上述安全威胁。我们首先讨论攻击者所针对的目标资源。

- 硬件资源。包括 CPU、内存、辅存设备和通信设备。非法垄断 CPU 会造成服务的非授权使用和对其他进程的拒绝服务。非法访问内存或辅存设备会造成信息窃取或损坏。非法访问通信设备会造成信息丢失，攻击者还可能被利用假冒某个用户或服务，以访问用户或进程/服务之间交换的其他信息。

- 软件资源。包括存放的数据文件、程序、（系统层和用户层）进程、虚拟内存和各种系统组件（如队列、表格或端口）。读取或损害存储程序或数据文件，其后果与攻击辅存设备相似，主要区别是攻击点不同，信息访问是通过文件系统，而非直接访问硬件。同样地，攻击虚拟内存与攻击物理内存类似，主要区别在于发生侵害的抽象层次不同。被攻击的进程（包括各类系统服务）会崩溃或发生故障（包括拒绝服务）。冒名顶替者会欺骗某个进程执行非授权服务。最后，对系统层或其他内部资源的非法访问会被用来绕过操作系统实施的保护机制。

对硬件和软件资源的攻击种类繁多，其中不乏狡猾的手法。下面是对主要的攻击类型的描述。

（1）内部攻击

- 作为合法进程直接访问。攻击者或者成为一个真实的系统用户，或者冒用某个真实用户的身份标识。这样攻击者就可以建立一个合法进程或线程，并以此滥用用户的权限来读/写、修改或使用系统的其他资源，或者以此发现其他安全缺陷。

- 通过代理间接访问。攻击者在被攻击系统内成功放置一个程序，此程序被调用时，可代表攻击者执行非法任务。代理程序执行时会作为其他用户进程的一部分，因此攻击者在实施攻击时不必亲自在系统中操作。

（2）外部攻击

• 通过合法通道进行攻击。作为网络组成部分的计算机可以通过通信线路接收来自其他计算机的消息。攻击者可以使用合法网络连接向远端计算机发送消息，并假冒合法服务或真实的用户（或客户端）。这会导致信息被窃取或信息损坏，还会造成服务被非授权使用或拒绝服务。

• 通过非法通道进行攻击。通过窃听或物理上修改现有的、连到某台计算机的通信线路，攻击者可以建立非法的通信渠道，由此导致的安全侵害包括上述的通过合法通道所造成的问题。另外，这种攻击方式中，攻击者能够获取或修改其他远程用户或服务与被攻击计算机之间交换的信息。

在上述四类攻击中，有许多已知的攻击实例，如表 9.1 所示。其中，某些攻击，例如伪装攻击和反复试验攻击，含义广泛，可以归到上述四类攻击之中。下面我们详细分析各类攻击并给出可能的防范措施。

表9.1　安全攻击的分类

内部攻击		外部攻击	
直接访问	间接访问	合法通道	非法通道
信息浏览、信息泄露	特洛伊木马、陷阱门	病毒程序、蠕虫程序、远程执行	窃听、回收站搜索
伪装攻击、反复试验攻击			

1．信息浏览

安全攻击中的信息浏览是指对存储的非授权信息进行搜索。当某块内存被分配给某个进程时，它可能还含有上次计算所遗留的数据。对此内存区的浏览可能会泄露属于其他用户或操作系统本身的敏感信息。对于物理内存和虚拟内存而言，该问题都有可能发生。同样地，之前分配给其他用户或系统的磁盘或磁带上的空闲空间，在重新分配给某个进程时，也可能含有敏感信息。

信息浏览是系统内部攻击的典型例子，它可以由在系统约束下执行的任何进程实施。针对信息浏览的明显保护措施是，在重新分配内存区域和磁盘块给其他进程前，始终确保先清除其中的所有内容。

2．信息泄露

所有用户都依赖于由操作系统、商业服务提供商或其他用户提供的各类服务。实现服务的常用方法是采用单独进程（服务器）的形式，用户使用消息传递或其他进程间通信方式与其联系。为使服务实现指定的功能，用户一般需要为其授予某些特权，特殊地，服务可能需要用户希望保留的某些信息。某个不可信服务会（有意地或无意地）把这类隐私信息泄露给服务属主或第三方（把信息复制到非授权进程可以访问的文件或内存，或者使用进程间通信直接发送）。

与浏览相似，信息泄露由系统内部某个合法进程执行。如何防范信息泄露被称为禁闭问题，它是最困难的安全挑战之一，因为一旦信息被泄露就已经可由服务进程访问了。如 10.4.1 节所述，从一般意义上讲，禁闭问题是不可解的，因为即使精心设计的系统也可能存在隐蔽信道。

3．特洛伊木马

许多服务不是以单独进程的形式实现，而是以程序形式由用户在其环境中调用。例如，多数系统软件（如编译器和连接器）、常用工具程序（如编辑器）、专用软件包（如图形库或数学运算包）以及用户可能使用的其他应用程序。类似于作为单独进程的服务，以程序形式的服务也需要访问属于用户的信息。因为程序作为用户当前进程的部分被调用，它们一般会继承调用进程的所有特权，所以与单独进程不同，此类程序不仅可以访问通过消息或参数明确提供的信息，还能访问调用程序可访问的任何信息。可见，此类程序不仅能泄露敏感信息给第三方，还能执行许多恶意任务，包括修改或毁坏用户域中的信息，以用户名义发送邮件、进行网络经济业务或滥用系统资源。

通过作为合法用户进程的部分来执行并盗用额外特权，从而暗中执行非法行为的程序，称为特洛伊木马程序。该名字起源于希腊神话：希腊军队围攻特洛伊城 10 年未果，佯装放弃围攻，在城门口留下了一个巨大的中空木马。特洛伊人以为此马是战利品，便把它拉进城里。晚上，藏在马中的希腊士兵为大军打开城门，攻占了特洛伊城。

特洛伊木马是系统内部间接攻击的典型例子。特洛伊木马程序是一种代理，其属主不必出现在系统中。通过引诱用户从互联网上下载并执行恶意程序（如 Java 小程序）进行攻击，特洛伊木马也会被用于来自系统外部的攻击。限制特洛伊木马攻击的可能危害主要是对各类资源的访问控制问题，在 10.3 节中我们对此进行讨论。

4．陷阱门

陷阱门是一种未公开且未记录的系统特性，它会被利用执行某些未授权行为。这种特性可能是由系统设计缺陷造成的。例如，缺少对参数的检查，使用未定义的操作码，或存在异常的未经测试过的行为序列都会造成系统处于不可预料的状态，致使系统易受攻击。还有一种可能，某个系统程序员有意地在系统内部放置一个陷阱门，留作日后使用。陷阱门是一种常见攻击行为，有时在开发某种程序时甚至是必须的。例如，在测试或调试某个登录程序或其他鉴别程序时，程序员可能会加入某条特殊命令以绕过被测试的程序。然而，在完成开发或测试之后，这种陷阱门可能会被有意或无意地留在系统内，此后很可能会被发觉并被盗用或滥用。

陷阱门是从系统内部攻击的代理。检测并消除陷阱门是非常困难的，因为每个陷阱门都被实现为某个合法程序的特定功能。唯一的安全措施是明确控制陷阱门的使用及消除陷阱门。在某种程度上，这可以看作一种对劣质或恶意产品的抵制。

5．病毒程序

病毒程序与生物病毒的相似性表现在三个方面。第一，病毒程序通过主动复制自身以感染更多的系统。第二，病毒程序自身不能独立工作，它需要附到某个宿主程序上，宿主程序执行时，病毒程序才会随之执行。第三，病毒程序是用于破坏其所侵占系统的恶意程序。随着病毒程序扩散到不同系统，危害会越来越大，它既可以在指定的时间发生，又可以被指定的事件激活。例如，已被广泛报道的 Michelangelo 病毒程序被设计为在 1992 年 3 月 6 日（意大利艺术家米开朗基罗 Michelangelo 的生日）清除被感染计算机的硬盘内容。

病毒程序的传播方式包括以下几种，通过可移动媒介（如软盘、磁带）在用户间共享的可执行程序、文件传输、带有可执行附件的电子邮件等，还可以从互联网下载。当被感染程序执行时，病毒程序首先尽力感染更多的用户环境中的其他程序，其方法是把自身的一份拷贝附到目标程序上，修改程序的开始指令，使目标程序在执行原本代码之前先执行病毒程序代码。

　　由于电子通信的迅猛发展和普及，如今病毒程序可以在数小时之内传遍世界并造成严重的经济损失。例如，1999 年 Melissa 病毒程序通过电子邮件附件在数天之内传遍世界，其导致的拒绝服务和信息损坏所带来的经济损失估计达数百万美元。另一种更具杀伤力的病毒程序 Love Letter，它因为在复制时邮件主题为 Love Letter 而得名，在数小时内造成了上亿美元的经济损失。

　　防范病毒程序的最有效措施是避免运行任何不可信或未知出处的程序。但是，尽管一个完全同外部世界隔绝的系统能够保证不受病毒程序的影响，可是对多数用户来说这并不现实。针对可能的感染风险，很多系统采用了各种各样的病毒检测和清除软件。一种病毒检测的基本依据是，病毒程序必须以某种方式修改宿主程序，一个简单的表现形式是程序长度的增加，这样病毒检测软件就会检测到。为逃避这种检测，比较复杂且高级的病毒程序通过确保受感染程序能够通过反病毒检测，来达到隐藏自身的存在。例如，病毒程序可以采用数据压缩技术来保持原程序的长度不变，从而逃避检测。

　　另一种病毒检测程序的依据是，病毒程序必须对每个已感染的程序进行标记，以避免重复感染，因为那样会使得程序长度不停地增大。这种标记又称病毒程序签名，是一种描述病毒程序的特殊模式或特征。病毒检测软件可以扫描所有程序并查找是否含有已知的病毒程序签名，以判断程序是否被感染。高级病毒程序会采用加密技术隐瞒其签名，并使病毒检测程序无法识别。针对此类高级病毒程序可以采用如下方法进行检测：首先在一个安全环境中运行或解释程序，并定期地实施基于已知病毒签名的扫描，随着病毒程序对自身的解密，其签名就会被检测出来。

　　一旦发现病毒程序，就要立即从系统中清除它们。在单机系统中，可以停止所有进程，清除病毒程序，然后恢复所有暂停程序到原始状态，同时必须升级病毒检测软件以防止再次被感染。在共享文件系统的网络计算机中，病毒程序的清除会更加困难，因为必须同时从所有机器中清除病毒程序，以防它们相互感染。

　　病毒程序是利用合法通信途径从系统外部发起攻击的例子。其主要目标是造成信息损坏或拒绝服务。

6. 蠕虫程序

　　与病毒程序相似，蠕虫程序也是一种能够将自身复制到其他计算机的程序。其目标也与病毒程序类似，旨在造成信息损坏或造成拒绝服务。与病毒程序不同，蠕虫程序不需要依赖宿主程序。它们不是代码片段，而是能够作为独立进程执行的完整的自包含程序。

　　蠕虫程序通过利用操作系统或其他系统软件的缺陷或弱点进行传播，因此，它们不如病毒程序普遍或盛行。病毒程序只需在同宿主程序通过合法通信途径传播时避免被检测到，但是，每个蠕虫程序必须寻找系统存在的缺陷。一旦这些缺陷被修补，那么蠕虫程序便无法传播。蠕虫程序利用的典型缺陷包括系统为远程用户或主机提供的远程登录工具、远程执行工具以及各类服务（如电子邮件服务）的设计缺陷。

　　Morris 蠕虫。1988 年，一位康奈尔大学的研究生 Robert T. Morris 制造并发布了第一个蠕虫程序，该程序被称为 Morris 蠕虫。它利用 UNIX 系统的三个不同缺陷在互联网上的成千上万台机器上传播，引发了大规模的拒绝服务攻击，造成了极大损害。

　　第一种传播方法是使用 UNIX 的远程外壳软件（remote shell，Rsh）。Rsh 允许一台机器在另一台机器上远程创建一个外壳（shell）进程，且不需提供口令。这一功能原本设计用于相互信任的机器之间，这些可信机器清单存储在一个配置文件中。Morris 蠕虫就是利用这一点，通过已侵占机器透明地传播到其他允许产生远程 shell 的机器上。

第二种传播方法利用了 finger 软件中的一个缺陷（bug），finger 软件在许多 UNIX 系统中作为后台进程运行，并可以被其他系统远程调用。它接受用户登录名为参数，返回该用户的信息，如用户的真实姓名、家目录、主机名、空闲时间等。当被调用时，所提供的参数（用户登录名）被放在运行堆栈中。蠕虫程序利用的缺陷在于，字符串拷贝函数未检查参数的最大允许长度。蠕虫用一个超出最大允许长度的参数调用 finger，导致缓冲区溢出并覆盖了 finger 的堆栈。其结果是，函数并不将信息返回给其调用者，而是跳转到堆栈上精心设计的参数所指定的地址。

图 9.1 展示了蠕虫程序攻击方法。假设当前执行函数 foo 调用了 finger，图 9.1（a）中描述了调用 finger 之前堆栈的情况。它包括三部分：①foo 退出后的返回地址；②foo 的局部变量；③foo 的调用者在调用 foo 时传递的参数。图 9.1（b）表示用有效参数 abc 调用 finger 后的堆栈变化。堆栈增加了三部分内容：①finger 应该返回的地址（foo 中某个位置）；②finger 的局部变量；③foo 传给 finger 的参数（abc）。图 9.1（c）描述了一种攻击情况，其中传递的参数长度超出了缓冲区的最大允许长度。因此，字符串 abcdefgh 溢出并覆盖了部分堆栈内容，包括 finger 的返回地址。这导致 finger 结束后，它不会返回到 foo，而是返回到 h，h 是一个被故意放到返回地址单元中的地址。h 可以是攻击者选择的任意地址，蠕虫程序可以有效地接管整个进程，并在远程机器上创建自身；然后，从远程机器上继续攻击其他机器。

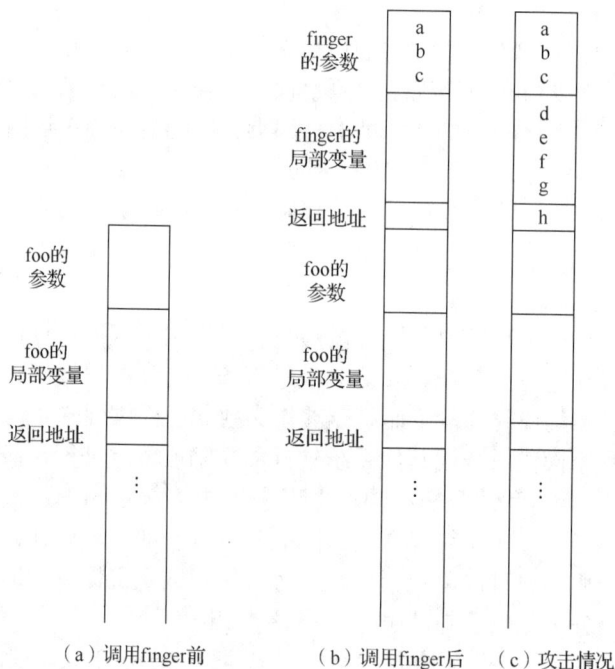

（a）调用 finger 前　　　（b）调用 finger 后　　（c）攻击情况

图 9.1　Morris 蠕虫使用的攻击方法

第三个传播方法是利用邮件程序 sendmail 的调试选项。该选项在系统正常使用模式下应该被禁止，可是为了方便配置邮件系统，它常常被保留为可用状态。调试选项支持相关命令，允许蠕虫程序把自身作为邮件发送到远程主机，并在那里以新进程形式创建自身。

类似于病毒程序，蠕虫程序也是系统外部攻击的例子。它使用系统提供的合法途径到目标服务机，并欺骗其执行非法操作。Morris 蠕虫程序可以使用三种不同的方法进行传播，并在到达目标机后使用几种狡猾的方法隐藏自己的存在。由此可见，建立防范蠕虫程序的通用和有效的方法比较困难。由于每个蠕虫程序可能独具特色，因此我们最寄予希望的策略就是尽早发现它们并予以清除。

7．远程执行

网络（如互联网）可以支持多种形式的移动代码传输。在特洛伊木马攻击中，最有名的就是从远程机器上下载可执行代码的场景。与之相反的是上传，即用户可以从本地把可执行代码发送到远程机器。如果允许用户在远程机器上执行代码，则该系统就被视为支持远程执行。移动代理是一种更高级的远程执行形式。它是一种能够在运行时自主地在不同机器间移动的程序。移动代理执行某个专门的迁移命令，指示系统把代理程序及其执行状态打包进一个消息中，然后发送到迁移命令所指定的机器。接收方机器恢复移动代理的运行环境，使移动代理继续执行。

移动代理与蠕虫程序的相似之处在于它们能够在不同机器间移动或复制自身。主要区别是，移动代理是在系统规定内合法执行。它不会利用系统缺陷进行迁移，而依赖于支持其移动能力并在系统内操作的特定服务程序。因此，移动代理只能访问安装了此类服务程序的机器。

所有远程执行形式都为来自系统外部的攻击提供了可乘之机。系统必须采取措施保护自己，避免执行由移动代理或远端代码发起的非法操作。最安全的方法之一是使用解释来代替纯模式下的直接执行。在解释代码时，解释器作为一个可信系统组件，能够验证迁移代码的每一个行为，其主要不足是代码解释会带来性能上的降低。对于代码的直接执行，可以使用各类沙盒技术来限制迁移代码的活动范围和能力，以使可能的危害最小化。

8．窃听

由于终端或其他设备与主机之间，以及计算机网络中各个节点间的通信线路无法获得绝对的物理保护，因而构成了潜在的攻击弱点。作为通信线路的一种物理连接方式，窃听的表现形式有两种：被动方式和主动方式。在被动方式下，入侵者只是对通信线路进行窃听但不修改其内容，这种方式可被用于复制敏感数据、旁路用户鉴别机制，或者获取如口令等敏感信息，以便进行后面的"合法"入侵。

电磁接收与被动窃听是具有同样目的的类似方法，它通过监听系统或系统组件发出的电磁信号来获取信息，通常不需要物理修改系统硬件，因此不会留下任何痕迹。通信线路和阴极射线终端都易受到此种攻击影响。而无线通信更加脆弱，它只是使用固定频率的无线电波来广播信息。在其广播半径内的任何人都能使用一个简单的无线接收器接收到信息。

主动窃听是指入侵者对传输数据进行修改。两个典型例子为是搭车传输和信息打劫。搭车传输是指当合法用户暂时不在线时，入侵者在通信线路之间或使用终端传输的字符之间插入附加的信息，但不对鉴别信息进行任何修改。而信息打劫是指原消息在到达目标前被截获，并被完全地修改或用新消息替换，此时通常需要断开通信线路，并让所有消息经过一台假冒真正消息源和目标的第三方机器。该技术的一个典型应用是截获并丢弃合法用户的登出命令，并给此用户返回一个假冒的会话中止响应，然后继续以该用户的特权使用此会话。

一般而言，防范窃听的唯一有效方法是对传输信息加密，使得入侵者无法识别。但是，对于会造成信息丢失或服务拒绝的恶意破坏行为，是很难防范的，除非能够完全控制对系统组件的所有的物理访问。

9. 回收站搜索

很少有人或组织关心日常工作中产生的各类废弃物。但令人惊奇的是，对在废物篓中可以方便找到的打印纸、资料、废弃内存、笔记、废磁带磁盘以及其他废弃物进行检查分析，往往可以成功地得到导致攻破系统的信息。

回收站搜索是一个来自系统外部攻击的典型例子。该方法使用非授权渠道得到某些重要信息，可以依此进入系统（例如发现了有效口令），或者直接得到系统内部维护的敏感信息（例如在废弃打印纸上的信息）。防范此类攻击的唯一有效的方法是对废弃物进行严格的管理控制。例如，对敏感文件进行强制性粉碎，或毁掉可能被用于攻击的废弃物。

10. 伪装

伪装是指假冒用户或进程的行为，这种行为既可能发生在系统外，也可能发生于系统内。在前一种情况下，入侵者可以通过被动窃听的方式捕获一个合法用户的登录序列，然后使用此序列假冒用户进入系统。后一种情况下，入侵者可以使用主动窃听的手段断开已登录到系统中的某个用户的通信线路，然后使用此用户标识继续与系统通信。

假冒服务通常被称为哄骗，是一种来自系统内部的假冒攻击手段。它欺骗毫无防备的用户误以为正在同一个真正的服务通信，进而取得用户的敏感信息。

假冒系统。一个典型的攻击场景是在由不同用户使用的机器上（例如公用计算机的共享终端），攻击者会假冒登录程序，一般地，登录程序会要求想要登录的用户输入用户名和口令。攻击者会编写一个程序，该程序会模仿登录程序在屏幕上显示同样的提示语句。这样，毫无防备的用户在尝试登录时会键入所需信息，结果这些信息就被攻击者的程序窃取。在获得这些信息后，假冒程序会调用真正的系统登录程序接受用户登录和登出，这样就清除了攻击者的行为序列。

11. 反复试验

许多鉴别机制都是基于这样一个前提：从大量可能选择中猜测某个有效序列的可能性极小。用户口令就是一个熟知的例子，不幸的是，在反复试验攻击中有许多方法可以提高猜测成功的可能性。我们在 9.3 节中对此以及相应的防范措施进行讨论。

一些系统基于同样的原理可以生成不可伪造的证明书或权限，且只有持有这些证明书或权限的用户才可以执行某些任务。确保不可伪造的一种方法是从可能选择的巨大空间中选取随机数作为证明书。这种情况下猜测出一个有效序列是非常困难的。

9.2 安全保护措施

9.1 节的讨论和例子表明，安全保护问题涉及多个方面，单一的方案无法提供完全的安全计算环境，相反，我们需要采取一系列的防卫措施来实现整体的系统安全。任何安全策略和机制的安全性取决于其中最弱的环节，因此必须注意平衡这些防卫措施的交互。其他需要考虑的因素包括提供保护机制的经济成本，这一般会增加系统的复杂性，还有可能因为保护负载而带来性能降低。

下面描述几种为了提高系统安全性采用的基本安全措施，它们构成了在结构和功能上相对完整的保护系统。

9.2.1　外部安全措施

外部安全措施的主要目的是控制对计算设备的物理控制。对于单用户系统（例如个人计算机），这通常由计算设备的属主决定，属主可以对系统硬件或软件做任意修改。但是，共享的计算机系统，通常被安装于只准少数授权用户可以进入的房间内。这取决于管理策略，可以通过锁、徽章、登记过程或监视仪器等物理防护措施来实施。对计算设备的物理访问的不恰当控制会造成如前所述的各种潜在安全威胁。例如，入侵者可以读取或修改信息，利用某些服务，通过管理员终端或物理修改系统组件绕过保护机制以造成拒绝服务。

假设已采取外部安全措施，可以有效阻止可能的入侵者进入系统，那么其他的系统安全责任就由操作系统来承担。操作系统必须包含必需的内部安全措施，以禁止或尽可能降低潜在安全侵害带来的风险。

9.2.2　用户标识鉴别

当某个授权用户执行登录程序时，系统会创建一个表示其存在的记录。该记录一般以进程形式存在，代表该用户可以执行任务。当这样的进程被创建时，我们称之为用户成功地进入了系统。

任何保护系统所必需的一个基本任务是，当用户进入系统时鉴别用户标识。用户标识鉴别（以下简称用户鉴别）通常是系统内部安全措施所实施的第一项安全检查关卡。9.3 节我们会分析许多可能的模式。

在计算机网络中，与用户鉴别相关的问题是，如何对通过通信线路与某台计算机联系的远端进程进行鉴别。特别是，服务提供商必须对每个来自有效客户端的请求服务消息进行鉴别，并且要把所有应答仅传递给该客户端；同样地，客户端必须使用鉴别机制确保它们在与有效的服务提供商交换信息，而非与假冒者进行通信。

考虑到物理上无法保护传递用户登录请求和其他服务请求的通信线路不受破坏或干扰，因此，通过这些线路传递的所有消息必须得到保护。唯一可能的方法是使用加密来隐藏传输信息的内容，并在收到信息后进行鉴别。我们会在 9.4 节对各类方法进行描述。

一旦用户成功进入系统，其所有行为（由用户进程表示）都受到操作系统实施的内部保护机制和策略的控制（参见第 10 章）。按照其解决问题的种类，这些机制和策略可以分为两类：访问控制和信息流控制。

访问控制与主体访问资源的能力有关。执行过程中的一个基本问题是：主体 S 能对资源 R 执行操作 f 吗？目前多数系统在文件系统层提供此类控制。在这里，主体是用户或进程，它们被约束在各自的内存空间。通过给文件系统发送合适的命令，它们可以访问存在辅存设备上的文件。依据文件系统的复杂性，系统可以提供各种程度的访问控制。最简单情况是，一经许可访问后，系统不区分进程执行的操作类型。而比这种"全有全无"策略复杂的策略模式，则会识别例如读、写、追加或执行等操作类型，并依据请求的操作决定许可还是拒绝访问。访问权限自身的传播也受文件系统的控制，文件系统实施每个文件属主所规定的指示。在物理指令层也需要访问控制，这主要由硬件来实现。

然而，上述的访问控制机制不足以解决许多保护问题。例如，上述访问控制机制不能回答下面问题：主体 S 能否获得包含在资源 R 中的信息？这种情况下，主体 S 不必具有对 R 的实际访问权限，信息可能经由其他主体到达 S，或者信息被复制到 S 可以访问的资源中。一般来说，访问控制机制无法检测此类信息传输，因此，含有控制信息流的规范和实施策略的其他保护机制是必需的。

9.2.3 通信安全措施

计算机系统一般同输入设备和输出设备相连。这些设备可以直接连到系统，但更常见的情况是，它们被放置在不同地区或房间，可以经由网络访问。同样地，存储设备（如文件服务器）也常通过网络来访问。多数系统支持各种通信设备，允许用户同其他机器上的用户交换信息（电子邮件、程序或数据文件），或使用各类远程服务。所有这些交互方式都需要在通信线路上传递信息，其中某些线路可能是公共的（如调制解调器使用的电话线），这使得入侵者可以轻易访问这些信息。逐渐地，越来越多的信息经由无线通信途径进行交换，它们可以被任何持有对应接收器的人读取。为确保通信安全性，系统必须提供安全措施来保护信息的机密性、完整性和真实性，多数措施都是基于加密技术。系统还必须能够检测恶意软件（如病毒程序和蠕虫程序）的存在，这些恶意软件一般都是通过网络进行传播。

9.2.4 威胁监视

尽管使用了安全保护措施，但仍无法完全阻止对计算设备的所有可能的攻击。为减少某次成功攻击带来的危害并抑制后续攻击，监视系统的安全非常重要。最常用的威胁监视措施是建立一种自动记录所有可疑行为的监视机制。可疑行为的例子包括失败的登录过程、对特权指令的尝试使用或对内部系统过程的调用等。审计记录按文件时间序列记录这些事件，它可用于实时地发现可能的入侵者或用作分析潜在威胁的外部程序基础。威胁监视还包括对非授权软件（例如蠕虫程序和病毒程序）的查找。

9.3 用户鉴别

9.3.1 鉴别方法

任何内部保护机制若想生效，首先应保证只有授权用户可以进入系统。因此，任何多用户计算设备必须能够鉴别用户标识，并建立描述用户权限和特权的适当内部记录。这种用户鉴别机制的基础如下。

- 知道某些信息；
- 拥有某些物品；
- 某个体的生理/物理特征。

第一类最常见的例子是口令验证。在进入系统前，用户必须回答一系列问题，这样可以降低口令被成功猜测的可能性。这类似于银行等组织采用的安全程序，在这些程序中客户必须提供母亲的姓名、出生日期等类似信息，银行才可以提供所需的客户服务。

第二类常见例子是用户知道控制对终端进行物理访问的密钥组合。这类物理保护措施经常同用户鉴别的逻辑方法（如口令或对话）结合采用。

依赖一个不可伪造物进行用户鉴别的突出例子是，使用含有机器可读信息的磁卡。它们经常同密码或口令结合使用，以降低丢失或失窃带来的损失。例如，银行计算机 24 小时可访问的自动取款机就是使用这种控制方式。其他常见例子包括警卫可以显式地检查的标牌、进入办公室或机房使用终端的钥匙。

第三类用户鉴别方法是生物识别方法，它依赖于个体的生理特征。最典型的特征可能不是面貌，而是指纹。另外一种方法是使用手形识别，测量手指的长度或手的长、宽和厚度。同样地，"脸形几何"测量下颚、鼻子和眼睛之间的距离，这些对不同个体来说都是唯一的。其他方法还有，测量声音频率和振幅的声音模式识别，以及基于眼睛视网膜和虹膜的模式识别。此外，签名动力学（例如书写速度和压力）也可成功用于用户鉴别。

除了实现成本较高，生物识别方法的主要问题还在于识别过程的不确定性。它会导致两种错误，错误警告（拒绝授权用户）和接受冒名顶替者。这两种错误的关系可以通过下面的例子进行说明。

假设某个鉴别机制返回一个位于某个范围内的数值 n，而不是简单的是或否。再假定授权用户的行为聚合在 1 附近，而假冒者行为聚合在 0 附近。产生 0 或 1 附近数值的可能性服从正态分布。因此问题就在于如何选取一个合适的阈值，来决定某个数值 n 代表的是授权用户还是假冒者。

图 9.2（a）所示为数值 n 在 0 或 1 附近的分布情况。可以看出，阈值被理想地设定在 0 和 1 的中点处。然而，实际情况并非总是这种整齐有序的分布。如图 9.2（b）所示，有很多真实行为和假冒行为交叉重合的情况，阈值左边的阴影区域代表了被拒绝的真实行为，而其右边的阴影区域代表了被接受的假冒行为。通过调整靠近 0 或 1 的阈值，我们能够减少一类错误，但同时增加了另一类错误，错误识别的总体数量则无法减少。

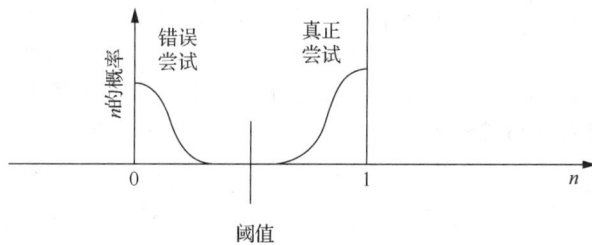

（a）数值n在0或1附近的分布

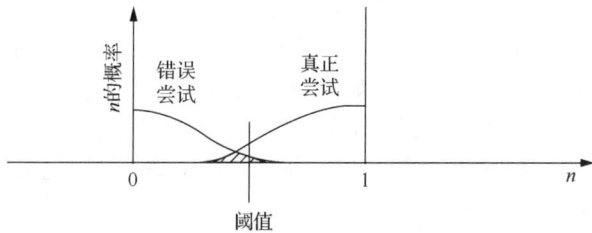

（b）真实行为和假冒行为交叉

图 9.2　用户鉴别机制中的敏感性

9.3.2　口令保护

口令既是最常用的用户鉴别方法，也是最有可能被攻击的目标。成功的口令保护措施应保证如下两点：禁止对系统内存放和维护的口令进行非授权访问；禁止或尽量消除对口令猜测的反复尝试。

1．保护口令不受非授权访问

系统以文件形式维护口令。每一项包含一个授权用户及其相应的口令。有两种方法保护口令不受非授权访问。第一种方法是依靠文件系统的访问控制机制：只有授权用户（如系统管理员）可以读取口令文件。但这种方法存在两个问题，首先，必须相信系统管理员不会滥用访问特权，其次，如果入侵者成功侵入系统并访问口令文件，那么所有用户的口令都将失效，需要为所有用户生成新的口令。

第二种方法采用加密技术。对加密技术的讨论参见 9.4.1 节。为了保护口令，假设我们有一个具备两种性质的哈希函数 H。

（1）$H(P)$，生成唯一值 C，其中 P 是明文；

（2）给定 C，满足 $C=H(P)$，且即使当 H 已知时，也无法计算出 P。

具有上述性质的函数称为单向函数，因为其反向是不可知的，即满足 $P=H^{-1}(C)=H^{-1}(H(P))$ 中的 H^{-1} 是不可知的。

使用单向函数 H，口令可以通过只存储其加密形式而得到有效的保护。当用户 U 生成新口令时，设为 pw，系统在口令文件中只记录其哈希值 $H(pw)$。在以后鉴别用户 U 时，对 U 提供的口令 pw' 应用函数 H，若加密后的值 $H(pw')$ 与存储值 $H(pw)$ 一致，则 pw' 是正确的口令，即 $pw=pw'$，这样就确认了用户 U 的身份。

第二种方法的主要缺点是无法抵抗计算机辅助的反复试验攻击。也就是说，给定一个加密后的口令 C，入侵者可以使用大量的口令 P' 进行试验，并查找满足 $C=H(P')$ 的 P'。由于口令文件不禁止读访问，入侵者可以使用各种口令破解程序对它们进行分析，甚至可以把口令文件复制到其他计算机，进而可以没有任何风险地进行透彻分析。

2．禁止口令猜测的反复试验

许多系统允许口令是由字母和数字（或更特殊的字符）组成的任意序列，唯一限制是口令字串的最大长度。如此可以创建大量的不同口令。例如，使用键盘上的 26 个字母和 10 个数字，若限定四位长度，即可创建数量多于 100 万的不同口令。表面上看，猜测一个有效口令的可能性极小，然而，对实际系统的研究表明，用户喜欢使用的口令可以容易地被猜出，要么因为口令太短，要么因为采用了某个自然语言单词，这样就大大缩减了口令命名空间。例如，通过对大量的 UNIX 口令文件分析，发现近 25% 的口令可以较容易地被猜出，它们大都基于用户的个人信息，如用户或其亲人的名字、姓名的首字母或出生日期等个人数据、系统词典中的英语单词、常用名、外来语或从在线资源中容易得到的其他词汇。即使增加控制字符、数字或大小写字母的排列等多种变化，也可以通过穷尽搜索辅以简单经验猜测出来。

还需注意的是，尽管猜测某个特定用户的口令可能很难，但是入侵者只要猜出任何一个可以进入系统的口令即可。因此，从系统管理员的角度来看，即使系统维护的成千上万的口令中只有一个口令被猜出，也会给系统带来巨大的威胁。可以采用下面几种措施来减少这种危害。

- 系统生成的口令。系统可以生成包含大小写字母、数字和控制字符的随机序列作为口令。这种方法充分使用了可用命名空间，进而降低了口令被成功猜测的可能性。为了减少对此类无意义的口令的管理难度，系统可以使生成的口令字串读出发音，这些字串虽然没有任何意义但是容易被用户记住，而不是完全的随机口令字串。

- 系统检验的口令。一种用户更容易接受的方法是，用户可以在满足特定安全准则的口令中进行选用。例如，口令应达到一定的最小长度，至少含有几个控制字符或数字字符，大小写字母混合等。该方法的问题是，组成有效口令的规则是常见的，会被口令破解程序用来缩小其查找空间。另一种类似的方法是，使用与入侵者相同的工具（如常用的口令破解程序）来测试每个新的口令是否易于被猜出。只有通过测试的口令才可以被接受为有效口令，否则要求用户重新选择不同的口令。

- 具有时限的口令。经常采用日期或使用次数的限制，可以减少成功入侵可能带来的危害。当达到限制条件时，用户必须使用新的口令。该方法可用于防止入侵者长期盗用某项系统服务，但是，在防止信息损坏或失窃方面，其有效性是有限的。

- 一次性口令。具有时限的口令的极端情况就是只能使用一次性的口令。此时的难点在于对于每一次会话如何给用户提供一个可选的口令列表，因为携带口令列表既不方便也不安全。第一种方法是给用户一个专用计算器，根据用户请求生成新的口令，其算法是系统已知的某种内部算法，且该算法可以由系统重新生成。这种专用计算器可以嵌入到计算芯片的塑料卡中，这种卡一般称为智能卡。这种卡本身可以使用个人标识码（Personal Identification Number，PIN），即一种形式简单的口令进行保护。

第二种口令生成方法是采用密钥函数（设为 f），为了鉴别用户，系统给用户一个随机数（设为 n），称为暗号，用户给系统返回作为口令的 $f(n)$，由于每个 n、$f(n)$ 是不同的，因此每个口令仅有一次有效性。举一个简单例子，假设函数 $f(n)=3 \times n/2$，若暗号 n 为 50，用户需要返回 75 作为口令。

第三种方法是使用某种单向函数，这种函数类似用于保护计算机所存口令文件的函数，在这种方法中某个口令可以被多次使用，但不会有误用危险。方法是使用相同的单向函数对给定的口令反复加密，每次加密生成一个不同的口令，每个口令只能使用一次。因为系统可以执行相同的加密序列，所以它可以对每个提交的口令进行鉴别。但是，口令序列的使用顺序必须与生成时的顺序相反，原因是在已知单向函数的情况下，可以容易地推导出序列中的下一个口令；而推导出序列中的上一个口令是不可能的，因为单向函数的反函数是不可知的。

假设 $H()$ 是一个单向函数，假设用户和系统知道最初的口令 pw，用它来生成五个不同的一次性口令。用户提交如下值：$H(H(H(H(pw))))$，$H(H(H(pw)))$，$H(H(pw))$，$H(pw)$，pw。注意如果入侵者捕获到这些口令中的一个，他就可以轻易地推导出那些曾经用过的口令（根据定义它们已经无效了），但是不能推导出后面的口令。

一次性口令尤其适用于计算机网络，即使入侵者通过窃听等手段成功得到某个口令，由于该口令只能使用一次，因此入侵者也无法盗用此口令。

3．系统扩展的口令

在存储口令前，系统可以对用户透明地在内部扩展口令。这样增加了口令长度并降低了被猜测成功的可能性。这种技术被称为口令加盐，它已经在 UNIX 中实现，口令只以加密形式保存。当用户给出新口令 pw 时，系统生成一个随机数作为 salt（盐），并将其作为所给口令的扩展。系统将扩展 salt 和加密后的扩展口令 $H(salt, pw)$ 存放在口令文件中，并与该用户相关联。图 9.3（a）所示为 UNIX 系统的口令加盐过程。用户标识 ID 被用于选取与之对应的条目，salt 和 $H(salt, pw)$ 的值就存在该条目中。

如图 9.3（b）所示，鉴别用户时，使用用户 ID 选中同一条目。然后使用 H 对用户给出的口令 pw' 和条目中的 salt 进行加密，若结果 $H(salt, pw')$ 与条目中存储的值 $H(salt, pw)$ 相同，即可认定该用户是合法用户。

需要说明的是，虽然扩展以非加密形式存放在口令文件中，入侵者也不可能准确猜出口令，因为现在 $H(salt,pw)$ 的长度大于 $H(pw)$ 且一次 pw 猜测必须与每一个 $salt$ 进行配对尝试，假设入侵者的词典有 n 个词且想测试其中是否有合法口令，若不使用口令扩展，入侵者会对这 n 个词加密，并检查这些加密形式是否出现在口令文件中，当使用随机扩展时，入侵者将不得不对每个词和每个可能的扩展组合进行试验，来检查它们的联合加密形式是否出现在口令文件中。

（a）口令扩展

（b）用户鉴别

图 9.3　UNIX 中的口令加盐

9.4　安全通信

9.4.1　加密原理

加密是一种密写科学。它提供技术把一些文本（称为明文）转换为没有特殊知识无法识别的密文。此类转换一般通过函数 E 实现，该函数以密文 P 和加密密钥 K^e 为参数，生成密文 C。即：

$$C=E(P,K^e)$$

要把密文转换为明文，需用解密函数 D 和解密密钥 K^d。即：

$$P=D(C,K^d)=D(E(P,K^e),K^d)$$

加密主要用于三种目的：机密性、完整性和真实性。下面我们讨论这三个概念以及加密是如何支持它们的。

安全通信

假设发送者 S 给接收者 R 传输一条加密过的消息 $C=E(P,K^e)$，并且 R 可以解密 C 得到 P。只有发送者知道加密密钥 K^e 并且只有接收者知道解密密钥 K^d。在上述前提下，我们可以得到如下结论。

- 机密性。机密性旨在防止信息泄露。发送者 S 和接收者 R 都希望禁止第三方读取所传输消息的内容。只要 R 和 S 的密钥保持机密性，消息的机密性就可以得到保证，因为只有 R 能够转换 C 为明文 P，并且读取其内容。

- 完整性。完整性描述传输过程中信息损坏或修改问题。如果消息在 S 和 R 间传输时，被第三方做了（有意或无意地）修改，那么接收者 R 在接收到消息时必须能够检测到修改。R 能够成功解密消息的事实可以保证密文 C 没有被修改；否则解密后会得到毫无意义的一串比特，而非可以阅读的明文 P。加密密钥和解密密钥安全存放的事实可以保证入侵者不能修改明文 P，或者把它替换为不同的文本。

- 真实性。真实性关心消息的来源。可以分为两个主要方面，一是确认消息的创建者，

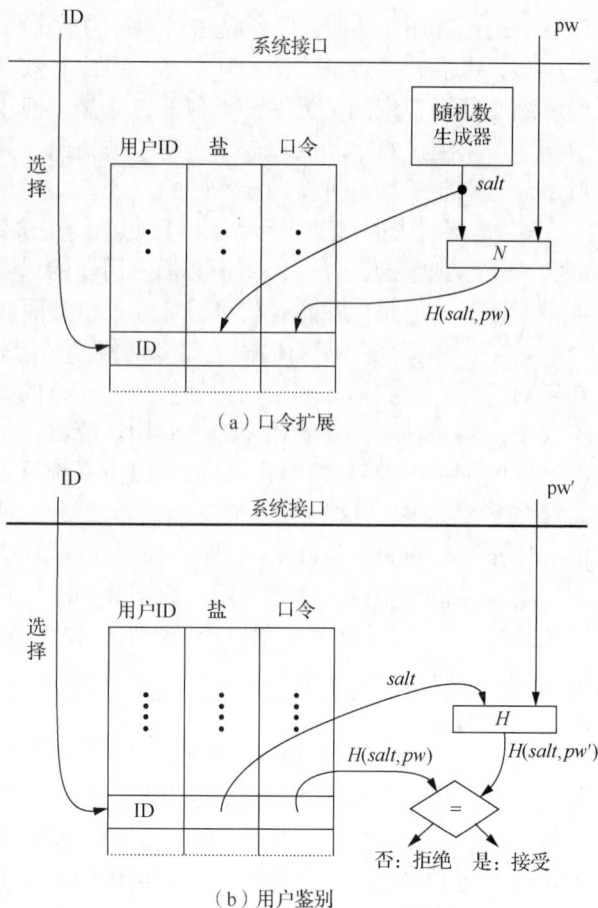

二是确认消息的发送者。

- 创建者的真实性。消息 C 的接收者 R 需要保证 C 的内容是由发送者 S 创建的，即 C 不是由第三方生成的假消息。只要 S 和 R 彼此信任，C 的创建者的真实性可以由消息是使用加密密钥 K^e 加密这个事实来保证。因为加密密钥只有 S 知道，任何其他进程不能创建可以使用 K^d 解密的消息。有些应用不能假设 R 和 S 可以彼此信任。这时鉴别 C 的真实性也是必要的，即使 S 否认曾经创建了 C，但一般称此为不可否认性。它允许 R 向自己和第三方（如法官）证明，消息 C 确实是 S 创建的。这意味着，S 不可以宣称 C 是第三方或者是接收者 R 自己创建的。只有当 $K^e \neq K^d$，并且无法互相导出时，不可否认性才能得以保证。此原则是数字签名的基础，将在 9.4.3 节中详细讨论。

- 发送者的真实性。S 创建一条消息 C，不意味着 S 是 C 的发送者。入侵者可能截获了某条 S 发送给 R 的消息，然后再重新发送给 R。发送者的真实性保证了 S 不仅创建了 C 而且发送了 C 的副本。这一点仅靠加密无法做到，因为有效的加密消息 C 可以被复制和重新发送多次，接收者能够成功地解密每个伪造的副本。要解决这个问题，S 和 R 必须遵循某个协议以禁止消息重新发送（参见 9.4.2 节）。

9.4.2 密钥加密系统

之前，几乎所有加密系统都是基于对称加密的，加密和解密使用相同的密码，即 $K^e = K^d$。术语密钥表示发送者和接收者共用的密码。加密函数和解密函数也相同，即 $E = D$，这极大简化了加密系统的实现并方便了其使用。对于相互安全通信而言，所需的只是一个加密/解密函数和一个共享密钥。

图 9.4 所示为密钥加密系统的主要原理。其中，发送者 S 和接收者 R 通过一个非安全通信途径进行通信。在给 R 发送任何敏感明文 P 之前，S 首先使用 E 和密钥 K 对它加密，再将加密后的消息 $C = E(P,K)$ 传输给 R，R 使用相同的密钥 K 和解密函数 D 对其解密，得到初始明文 P。

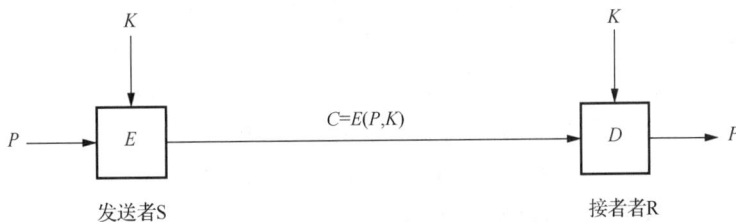

图 9.4 密钥加密原理

1. 实现机密性、完整性和真实性

我们使用图 9.4 所示场景来描述如何实现通信的各类保护。若没有密钥 K，则无法解密 C，因此传输信息的机密性得以保证。若没有密钥 K，任何人不能生成有效的加密消息，因此传输信息的完整性得以保证。以上情况下，发送者 S 和接收者 R 必须相互信任对方会秘密保存好密钥 K。既然发送者和接收者都关心信息的机密性和完整性，一般地，我们可以假设密钥 K 不会被有意泄露。

相比之下，用密钥加密系统实现真实性比较困难。若 S 拒绝承认，就无法得到消息创建者的真实性；S 有理由这样做，因为 R 知道 K，R 自己可以伪造消息，或把 K 给第三方用于伪造消息（如 9.4.3 节所示，这个不可否认性相关的问题可以使用公钥加密系统成功地解决）。

此外，发送者的真实性，即是谁实际发送了 C 的副本，这一点也无法确定，因为消息可以成功地被 R 解密。C 可能只是 S 发送的以前消息的一个副本。因此，尽管 S 是 C 内容的创建者，但 C 的发送者有可能是个假冒者。这种消息重放攻击可被用于欺骗接收者执行非幂等的行为，例如，如果在服务器和自动取款机之间交换的用来分发现金的有效命令序列被截获，那么假冒者就能够通过反复地重新发送该命令序列从受害者的账户中提取现金。

通过在消息中加入包含消息新鲜度的附加信息可以解决消息重放问题。附加信息可以采用两种形式：①一个随机数 nonce。②一个时间戳，表示系统时钟的当前值。

如下协议说明了如何使用随机数 nonce 来禁止从进程 S 发给进程 R 的消息重放。

	S	R
(1)	$\leftarrow N$	
(2)	$C=E(P,N,K)\rightarrow$	

第一步，R 发送给 S 一个随机数 N（随机数 nonce）。该步称为给 S 发送暗号。进程 S 把 N 与明文 P 组合，例如通过简单串接，然后用密钥 K 对消息 P、N 加密，并发送给 R。当 R 解密消息时，得到明文 P 和随机数 nonce 值 N'。若 N' 与初始随机数 nonce 值 N 相等，R 可以确信收到的消息不是以前消息的重放，而是对上一个暗号的响应。

如下方法使用时间戳检测或限制消息重放。

	S	R
	$C=E(P,T,K)\rightarrow$	

T 是发送者的当前时间，与随机数 nonce 一样，它会与明文 P 组合。接收者 R 检查 T 的值以确定消息的新鲜度，若 T 太旧可以拒绝该消息。注意这不能完全禁止消息重放，它取决于接收者 R 对接收旧消息的容忍度。对比随机数 nonce 而言，时间戳的主要优点在于接收者 R 不必发送任何暗号。当加密消息被用作在不同进程间传输的不可伪造的票证（权能）时，时间戳也可用于检查加密消息的有效性。

最有名的密钥加密系统之一是数据加密标准（Data Encryption Standard，DES），它被美国作为国家标准，用于政府和商业领域（美国国家标准局 1977 年颁发）。DES 把明文分成 64 位大小的字块，使用 56 位的密钥进行加密。加密函数包括 16 次转换，每次转换中，使用位代替和变换把被加密的文本与密钥组合。解密是对这 16 次转换的反向过程。

由于计算机运算速度的不断提高，DES 逐渐无法抵抗暴力攻击。在 20 世纪 90 年代末期，数周计算内穷尽搜索 2^{56} 个密钥空间成为可能。表面上看来，一个可行的方法是增加密钥长度。但实际上广为接受的方法是连续多次应用相同的 DES 算法，而不是开发采用更长密钥的转换算法。三次 DES（Triple-DES）就是这么一种方法。它依次使用三个 56 位的密钥。即：

$$C=E(E(E(P,K^3),K^2),K^1)$$

其中，E 是数据加密算法，P 是明文，C 是密文，K^i 是 3 个 56 位密钥。这样可以有效地把长度增大到 168 比特，若使用当今的暴力计算技术进行穷尽搜索，将需要万亿年之久。

2．密钥分发和鉴别

在两个进程使用加密通信之前，双方必须拥有相同的密钥 K。若密钥由其中一个进程生成，那么如何安全地把它传送给其他进程就是一个问题。我们可以通过计算机系统之外的途径（如密使服务）来发送密钥。但这对多数应用而言是笨拙、昂贵和耗时的。它还需要每个进程为每个可能通信的进程维护一个单独的密钥。

多数进程事先并不清楚可能的通信伙伴，因此我们需要一种模式，它能允许不同进程按需动态建立一个公共密钥，在信息交换完毕后就将其废弃。一种常用的方法是通过一台可信服务器建立一个短期的会话密钥。

3．可信服务器方法

此方法依靠一台公共的可信服务器，该服务器负责会话密钥的管理和分发，被称为密钥分发中心（Key Distribution Center，KDC），它与系统中的每个进程共享一个密钥 K 并给每个进程分配一个不同的密钥。开始时，在系统之外安全地建立这些密钥。这要比在各个进程间交换密钥更为简单。首先，每个进程只需要维护一个密钥以便与 KDC 通信，只有 KDC 必须为所有进程维护全部密钥。其次，密钥在进程的整个生命期内有效。

在上述假设下，两个进程 A 和 B 可以使用如下协议与 KDC 通信获得新的秘密会话密钥。

	KDC	A	B
（1）	←A,B		
（2）	$E(K_{AB},B,ticket,K_A) \rightarrow$		
（3）			ticket →
	$ticket=E(K_{AB},A,K_B)$		

假设 A 启动与 B 的信息交换，它把自己的标识（A）和它要通信的进程的标识（B）发给 KDC。该信息一般不用加密。KDC 给 A 返回应答消息 $E(K_{AB},B,ticket,K_A)$。KDC 用 A 的密钥加密这个消息，以保证它是由 KDC 生成的。解密后，这个消息包括三个组件：K_{AB} 是新的会话密钥；B 是 A 使用密钥通信的进程的标识；ticket 是发送到 B 的加密消息。这样在协议中，A 可以确保拥有一个有效的会话密钥以便与 B 通信。

协议的第三步要求 A 把从 KDC 获得的票证 ticket 发送给 B。票证的形式为 ticket=$E(K_{AB},A,K_B)$。它使用 B 的私钥 K_B 加密，这样 B 可以确保这个票证是由 KDC 生成的。解密后，票证中含有会话密钥和进程 B 可以使用与进程 A 通信的标识。

上述协议是一般密钥分发和鉴别协议的一个简化版本。该简化版本为 A 和 B 产生一个唯一的会话密钥，易于受到重放攻击。例如，假设某个密钥被攻破而必须被丢弃，入侵者可以通过重放旧的票证 ticket=$E(K_{AB},A,K_B)$ 给 B，使用已被攻破的密钥欺骗 B 与之通信。B 会认为这是来自 A 的新的通信请求，而实际上，入侵者可以通过截获出入 B 的消息来假冒 A。同样地，入侵者也可以重放 KDC 之前发送的旧消息 $E(K_{AB},B,ticket,K_A)$，欺骗 A 与之通信。

为防范重放攻击，原协议使用两个随机数：一个用于 A 和 KDC 间的交换，以便 A 能够鉴别 KDC；另一个用于 A 和 B 间的交换，以便 B 能够鉴别 A。

最著名的密钥分发和鉴别系统之一是 Kerberos，它基于上述协议并支持如下两个重要扩展，使其更适用于一般的客户端/服务器环境。

（1）分发给与服务器通信的客户端的会话密钥有受限的有效期。如前所述，会话密钥通过 KDC 生成的不可伪造的票证从客户端传输给服务器。Kerberos 扩展了票证概念，在其中加入了一个时间长度，该时间长度定义了会话密钥保持有效的时间窗口。

（2）客户端必须先向 KDC 证明自己的身份，然后才可以接收分发给自己的票证。这可以使用口令完成，但是要求 KDC 为每台服务器提供口令是笨拙且费力的。通过把客户端鉴别分成两个层次，Kerberos 解决了这个问题。在登录时，使用口令对用户进行鉴别；然后发送给客户访问一台专门服务器的在整个登录会话期间有效的票证，该专门服务器的任务是分发用于访问其他应用服务器的票证。

图 9.5 给出了 Kerberos 的整体结构。密钥分发中心由两个组件构成：认证服务器（Authentication Server，AS）和许可证颁发服务器（Ticket Grant Server，TGS）。使用服务器 B 的客户 A 必须遵从下面协议。（为简化说明，我们省略了用于阻止消息重放的随机数）如下步骤引用了图 9.5 中箭头上所标示的数字。

（1）A 从 AS 处得到 TGS 所需的许可证。

① 登录时，A 向 AS 提供口令以证明身份。

② AS 向 A 返回消息 $E(K_{AT}, \text{tg-ticket}, K_A)$，其中 K_{AT} 是与 TGS 通信的会话密钥，tg-ticket 是一个允许颁发的许可证。该消息使用 A 的私钥 K_A 加密，因此 A 可以获得 K_{AT} 和 tg-ticket。

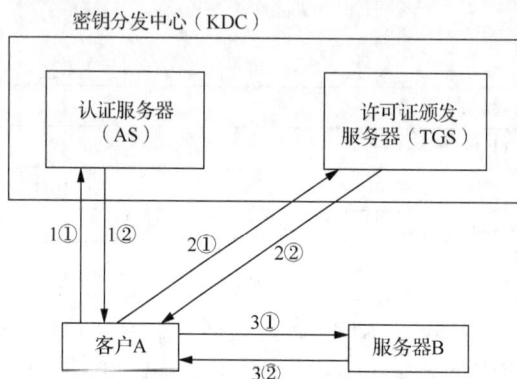

图 9.5　Kerberos 的体系结构

（2）A 从 TGS 处得到服务器 B 所需的许可证。

① A 向 TGS 申请针对所需服务器 B 的许可证。在申请中，A 提供 tg-ticket（在图 9.5 的 1b 中获得）和一个认证符 AUT_{TGS}。许可颁发的许可证的形式为 tg-ticket=$E(A, TGS, T_{s1}, T_{e1}, K_{AT}, K_{TGS})$。只有 TGS 可以解密它，它的含义是：在 T_{s1} 到 T_{e1} 这段时间内，允许 A 从 TGS 处取得服务器许可证，并且 A 必须使用 T_{AT} 进行认证。认证符 AUT_{TGS} 完成后面的任务，其形式为 $\text{AUT}_{TGS}=E(A, K_{AT})$，用于向 TGS 证明 A 是此请求的创建者。

② TGS 给 A 返回消息 $E(K_{AB}, \text{sg-ticket}, K_{AT})$，其中 K_{AB} 是与服务器 B 通信的会话密钥，sg-ticket 是授权 A 访问 B 服务的许可证。此消息使用会话密钥 K_{AT} 加密，确保只有 A 可以得到 K_{AB} 和 sg-ticket。

（3）A 从服务器 B 处获得服务。

① A 向 B 请求所需的服务。在请求中，A 提供 sg-ticket（在图 9.5 的 2b 中获得）和一个认证符 AUT_B。服务授权许可证的形式为 sg-ticket=$E(A, B, T_{s2}, T_{e2}, K_{AB}, K_B)$。它只能由 B 解密，它表示在时间段$(T_{s2}, T_{e2})$内，允许 A 从 B 处获得服务，并且 A 必须使用 K_{AB} 进行认证。认证符 AUT_B 执行后面的任务，其形式为 $\text{AUT}_B=E(A, K_{AB})$，用于向 B 证明 A 是此请求的创建者。

② B 执行所需服务，然后返回结果给 A（若需要，使用会话密钥 K_{AB} 对结果加密）。

协议中忽略的两个随机数用于阻止 A 和 AS 或 A 和 TGS 之间的消息的重放。

9.4.3 公钥加密系统

非对称加密系统使用不同的密钥进行加密和解密。如果使用任何计算工具都无法从一个密钥推导出另一个密钥，那么可以将其中一个密钥公开，而将另一个密钥保持私有。这种采用两个密钥的系统称为公钥加密系统。

公钥加密系统的基本原理如图 9.6 所示。发送进程 S 与接收进程 R 通过非安全的途径通信。在把敏感明文信息 P 发送给 R 之前，S 首先对明文进行加密。与密钥加密系统不同，明文被加密两次，第一次使用 S 的私钥 K_S^{pr}，第二次使用 R 的公钥 K_R^{pu}。接收进程 R 先使用 R 的私钥再使用 S 的公钥对密文 $C=E(E(P, K_S^{pr}), K_R^{pu})$ 解密，得到明文 P。其中加密和解密的顺序并不重要。

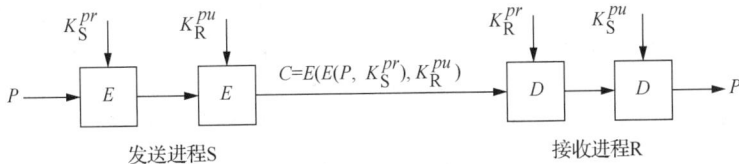

图 9.6　公钥加密原理

尽管公钥加密系统一般要比私钥加密系统计算更复杂、成本更高，但它具有很多优势，包括可以对消息内容实施完全认证（不可否认性）。

1．实施机密性、完整性和真实性

我们使用图 9.6 所示例子来描述通信保护的各个方面是如何实现的。传输信息的机密性类似于私钥加密系统，因为所传输的密文 $C=E(E(P, K_S^{pr}), K_R^{pu})$ 使用 R 的公钥加密，只有 R 可以（使用自己的私钥）解密它。

消息完整性基于如下事实：R 可以使用 S 的公钥成功地解密消息的部分内容 $E(P, K_S^{pr})$，意味着这部分内容除了 S 之外，任何人都无法创建。

真实性的保障分为两种情形。消息发送者的真实性可以使用 9.4.2 节中的协议决定，该协议使用随机数来阻止重放攻击。消息创建者的真实性与完整性的保证方式相同：消息的部分内容 $E(P, K_S^{pr})$ 使用 S 的私钥（只有 S 知道）加密，因此只有 S 可以创建它。注意，即使 S 否认也可以证明是他创建了该消息。也就是说，R 能够向第三方（如法庭法官）证明，一定是 S 创建了 $E(P, K_S^{pr})$，进而证明 S 创建了明文 P。回顾前面的内容（9.4.2 节），这在对称密钥加密系统中是不可能实现的，因为在对称密钥加密系统中 S 和 R 共享同样的密钥，二者都有可能创建消息。

使用（非共享的）私钥加密也是数字签名的基础，我们稍后对此进行讨论。

最著名的公钥加密系统之一是 RSA，它因三个发明人的姓而得名（Rivest, Shamir, and Adelman）。对于任意长度的消息，RSA 的加密方式如下：首先把消息拆分成小块，每一块解释为一个整数 P，对所有小块独立加密。

加密函数为：

$$C=E(P)=P^e \bmod n.$$

其中，整数 e 和 n 联合起来作为公共加密密钥。

解密函数为：

$$P=D(C)=C^d \bmod n$$

其中，整数 d 和 n 共同定义了私有解密密钥。

选择三个整数 e、d 和 n 时，必须满足下面两个条件：

（1）$P=D(E(P))=(P^e \bmod n)^d \bmod n$，即，解密函数必须是加密函数的反函数。

（2）从 e 和 n 推导出 d，在计算上必须是不可行的，即，给定公钥（e，n），不可能导出对应的私钥（d，n）。

以下规则可以生成符合上述两个条件的三个整数 e、d 和 n：

（1）选择两个质数 p 和 q，并求其积 n。例如，我们可以选择 $p=5$ 和 $q=7$，$n=p\times q=35$（仅用于示例）。一般来说，p 和 q 必须是大数，一般大于 10^{100}。

（2）选择足够大的质数 d，使得 d 和（$p-1$）×（$q-1$）没有公因子。即，d 和（$p-1$）×（$q-1$）的最大公约数是 1。在我们的例子中，（$5-1$）×（$7-1$）$=24$。因此，我们可以选择 d 为 5,7,11,13,…，它们中没有一个因子是 24。假设我们选择 $d=11$。

（3）选择 e，使其满足下述条件：$e\times d \bmod(p-1)\times(q-1)=1$。在我们的例子中，我们必须寻找满足条件 $e\times 11 \bmod 24=1$ 的 e，下列数 11,35,59,83,107,…都满足这个等式。假设我们选择 $e=59$。上述选择 $n=35$、$e=59$ 和 $d=11$ 会形成如下的加密和解密函数：

$$C=E(P)=P^{59} \bmod\cdot 35$$
$$P=D(C)=C^{11} \bmod 35$$

注意 e 是使用 d 和（$p-1$）×（$q-1$）推导出的。若反过来，即从 e 推导出 d，我们还需要知道 p 和 q。它们是 n 的两个秘密保留的质数因子。因为大数分解在计算上是不可行的，所以从 n 推导出 p 和 q 是不可能的，即给定公钥（e，n）是不可能推导出私钥（d，n）的。

2．公钥分发和认证

使用私钥的主要问题是如何在相互通信的一对进程之间建立并共享相同的私钥。共享私钥的传送需要依赖一个安全信道。使用公钥加密系统，每个进程生成一对密钥，一个作为（公开的）公钥，一个作为（秘密的）私钥。由于所有进程的公钥对于其他进程都是可以自由获得的，因此不需要通过安全信道分发它们。相反地，使用公钥面临的问题是如何认证每个公钥。也就是说，当一个进程 A 宣称其公钥为 K 时，其他所有进程必须能够认证 K 确实是 A 的公钥而非其他进程的公钥，否则，某个宣称是进程 A 的假冒者 C，会尝试假冒某个发送者传输信息时，使用 C 所宣称的 A 的公钥 K_C^{pu} 来加密信息。

虽然密钥认证问题不同于密钥分发问题，但其解决方法是类似的。它们都要使用可信服务器。

3．可信服务器

此处可信服务器充当 KDC 的角色。它维护所有进程的标识和公钥。进程使用一对密钥与 KDC 秘密通信：K_{KDC}^{pr} 是只为 KDC 所知的私钥，K_{KDC}^{pu} 是对应的公钥。公钥必须被认证，由于所有进程只管理单一密钥，这比认证所有可能的公钥更易于实现。

使用 KDC 的公钥 K_{KDC}^{pu}，任何进程都可申请并得到其他进程的认证公钥。假设进程 A 想要得到进程 B 的公钥。通过如下协议可以做到：

	KDC	A
（1）	← A,B	
（2）	$E(B, K_B^{pu}, K_{KDC}^{pr})\rightarrow$	

进程 A 向 KDC 发出请求，其中含有自己的标识（A）和其他进程的标识（B），该请

求可以无需保护地发送。KDC 会返回一条用 KDC 的私钥 K_{KDC}^{pr} 加密的消息给 A，这就保证了只有 KDC 可以生成包含进程 B 的公钥 K_B^{pu} 的消息内容。至此，A 就可以使用 B 的公钥加密发送给 B 的消息，或者认证来自 B 的消息的真实性。

4．将公钥加密系统用于数字签名

如前所述，公钥可用于保证消息的不可否认性，即通过使用某个进程或用户 S 的公钥对某个消息解密，这便可以向第三方证明 S 是最初明文的创建者。其他进程创建相同消息的唯一方法是，S 有意地把它的私钥发布给那个进程，即对自己的签名进行了委托授权。

不幸的是，由于加密代价高，使用公钥加密系统对大文本进行加密不太实际。由此，数字签名的概念被提出用于解决此问题，既保留对整个文档进行认证的功能，又以较小的代价实现了目标。其基本思想是，减小要签名的明文文档 M 为一个短的比特序列 d（称作文档摘要）。这一过程是通过一个特殊哈希函数完成的：$d=H(M)$。其中 H 具有如下性质：

（1）H 是单向函数。即，给定 M，容易计算出 $H(M)$，但是给定 $H(M)$，无法计算出 M。

（2）H 不会导致冲突。即，给定 $M≠M'$，$H(M)=H(M')$ 的可能性非常小。

人们已经开发了许多此类单向函数并广泛应用于实际中。其中最具代表性的是消息摘要算法（Message Digest Algorithm 5，MD5）和安全散列算法（Secure Hash Algorithm，SHA）。它们可用于处理任意长度的文本，通过将其划分成大小为 512 字节的块。使用位逻辑操作对这些块与各类常量进行反复排列与组合。MD5 是最高效的单向函数之一，它可以生成 128 位的摘要。SHA 可以生成 160 位的摘要。SHA 虽然较 MD5 慢，但由于其能生成更长的摘要，SHA 可以提供对防范暴力攻击更好的保护。

图 9.7 所示为生成和使用数字签名的基本算法。假设发送者 S 欲发送一份经过数字签名的文档 M 给接收者 R。S 首先使用单向函数 H 生成文档 M 的一个摘要 $d=H(M)$，然后用自己的私钥 K_S^{pr} 对 d 加密。得到的密文 $SIG=E(d, K_S^{pr})$ 是 S 对文档 M 的唯一签名。S 把文档 M 和签名一起发送给 R。

一旦接收到这两个数据，R 使用 S 的公钥对其解密，即可获得明文形式的摘要：$d=D(E(d, K_S^{pr}), K_S^{pu})$。接着对 M 应用与 S 相同的单向函数 H，获得摘要 $d'=H(M)$。若 $d=d'$，R 可以得出并证明如下结论。

（1）包含在 SIG 中的摘要 d 只能从文档 M 生成，否则 $d≠d'$，这就以不可否认的方式把 SIG 同 M 绑定了。

（2）因为签名 SIG 使用 K_S^{pr} 加密，只有 S 可以生成签名 SIG，这就以不可否认的方式把 S 与 SIG 绑定了。

（3）由于这种绑定关系具有传递性，S 就以一种不可否认的方式与 M 绑定了，即 S 一定签名了原始文档 M。

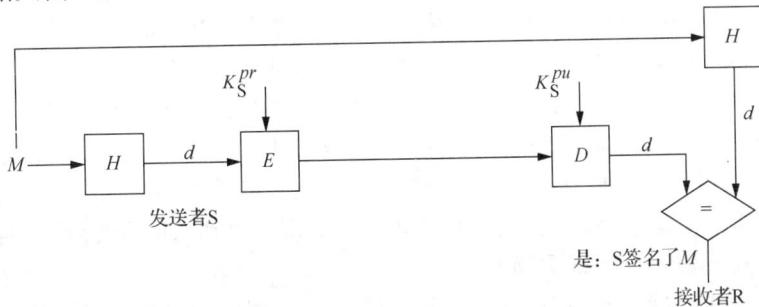

图 9.7　数字签名原理

9.5 习题

1. 用户 A 和 B 具有如下特权：A 能够读/写文件 f，读/写和执行服务程序 p；B 只能读 f 和执行 p。某入侵者已经：

（1）猜出 A 的口令。

（2）猜出 B 的口令。

（3）被动监听 A 的终端线路，但口令传输受到加密保护（参见下面习题 6）。

（4）主动监听 A 的终端线路，口令传输仍受到加密保护。

针对上面每种情况，描述一个简单的可能会导致下列侵害的场景。

- 信息泄露
- 信息损坏
- 服务的非法使用
- 服务拒绝

2. 编写一个登录 shell 程序的伪代码，它提示用户输入名字 name 和口令 password 并读入，然后调用函数 valid（name, password），若 name 和 password 有效，返回 1，否则返回-1。若登录成功，登录 shell 调用函数 user_shell()，否则显示错误消息并重新开始。另外，此登录 shell 应包含一个陷阱门，当用户输入"superman"作为用户名时，允许用户非法登录。

3. 登录时，每个用户必须键入用户名和口令。假设用户名和口令的平均长度是 n 个字符，且可以使用标准键盘上的所有大小写字母、数字和特殊字符。设计系统分别采纳下面三种拒绝非法登录的策略。

- 等待输入用户名，若无效，显示消息"无效的用户名"，否则，进一步接收并鉴别口令。

- 等待输入用户名和口令，若用户名无效，显示消息"无效的用户名"，若口令无效，显示消息"无效的口令"。

- 等待输入用户名和口令，若其中任意一项无效，显示消息"无效的登录"。

（1）在每种情况下，入侵者必须进行多少次尝试，才能猜出有效的用户名和口令组合。

（2）n=5 时，上述值为多少？

4. 考虑使用图 9.3 所示的"盐"（salt）对口令加密的方法。假设一次加密耗时 h 微秒，在口令文件中查找和比较值耗时 c 微秒。口令文件有 n 项记录。入侵者使用 100 000 字的字典试图猜测口令。假设不区分大小写字符，回答如下问题。

（1）检查一个字典单字是某个具体用户的有效口令需要多长时间？

（2）检查一个字典单字是任意一个用户的有效口令需要多长时间？

（3）对于不使用 salt 的系统，上述两个问题的时间值是多少？

（4）若 h=0.1μs，c=0.02μs，n=1000，计算上述四种情况下的实际值。

5. 通过窃听系统和终端间的通信线路，可能会窃取口令。假设系统和每个终端都配有加密/解密设备，且每个终端有一个系统可知的密钥 K。简单地在终端方加密并在系统方解密不能防止窃听。这是为什么？设计一种方案，使得窃听得到的口令无效。（提示：如 9.4.2 节所述，使用随机数防止消息重放）

6. 在使用公钥加密的情况下，重复回答第 5 题。其中，系统的密钥 K_{sgs}^{pr} 和公钥 K_{sgs}^{pu} 对所有用户公开。

7. 考虑 9.3.2 节所述的使用单向函数生成一次口令序列的方法。用户和系统皆使用如下单向函数：$H(C)=C^3 \bmod 100$，其中 C 是 ASCII 字符的十进制数。给定一个口令，把它解释为一个 ASCII 字符序列，并对每个字符应用 H 函数。假设用户口令最初是字符串 "Cat"，并用它生成五个不同的一次性口令。给出口令序列及其使用顺序。

8. 对用于密钥分发的可信服务器协议（9.4.2 节）进行修改，以允许包含三个进程 A、B、C 的会话使用同一个会话密钥 K_{ABC}。进程 A 发起会话，向 KDC 申请两个许可证，一个用于 B，另一个用于 C。

9. 扩展用于密钥分发的可信服务器协议（9.4.2 节），以禁止消息的重放。使用一个随机数防止从 KDC 到 A 的加密消息的重放，使用另一个随机数防止从 A 到 B 的许可证的重放。

提示：对于第一种情况，在 A 发送的初始消息中加入一个暗号。对于第二种情况，B 需要向 A 发送一个暗号，以鉴别收到的许可证的新鲜度。

10. 假设你收到一条消息 "Congratulations on your win." 和一个数字签名 23,6,17,6。消息来自用户 U，其公钥解密函数为 $P=C^T \bmod 35$。签名由下述转换生成：

- 把消息分为有 4 个字符的块，生成消息的摘要 d。对应四个 ASCII 字符的十进制数相加后对 10 取模。
- 对摘要的每一位，使用发送者的私钥函数 $C=P^e \bmod 35$ 加密，其中 e 保密。

请证明收到的消息具有真实性，即它一定是用户 U 签名的。

11. 中国故事：数据安全、系统安全和 IT 基础设施安全，关乎国家安全。

（1）请列出你所知道的与安全相关的典型事件。

（2）列举被美国列入实体清单的高校和企业，总结这些高校和企业的特色和优势。

（3）了解典型的美国制裁事件及后果，比如日本东芝事件、法国阿尔斯通案件以及华为孟晚舟事件。

（4）对于美国对华摩擦与制裁，我们应该如何应对？

（5）调研国家为实现关键技术自主可控所采取的措施及取得的成就。

（6）调研中国企业在芯片和操作系统领域取得的研究进展和成就。

第10章 系统内部保护机制

第 9 章描述的用户鉴别机制决定哪些用户可以被授权进入系统。用户一旦通过合法途径被创建并确立其进程表示，即可访问系统维护的数据并使用系统提供的服务。为防止安全危害，系统必须提供一系列保护机制和策略，以控制所有进程使用资源及相互通信的行为。

本章分析了操作系统必须解决的两个问题。一是如何控制进程对各种系统资源（例如程序、数据文件和硬件设备等）的访问。二是如何控制信息在系统不同实体间（例如进程或文件）的流动。

10.1 访问控制

进程在执行期间必须访问各种硬件或软件资源。硬件资源包括 CPU 及其状态和数据寄存器、内存、各种辅存和通信设备。软件资源包括程序和数据文件、系统表、运行数据结构和其他进程，它们可能存储在寄存器、内存和辅存上。在某个时间，一个进程可访问的所有硬件资源和软件资源的集合可称为进程的当前执行环境。

当前执行环境可以是静态的（在进程的生命周期内不变），也可以是动态的（在进程执行时动态变化）。动态执行环境虽比较难以实现，却为实施不同保护策略提供了更大的灵活性。特别是，它能够减小进程对自身或其他进程造成危害的程度。按照军队所实施的"需知"原则建模的系统，要求进程必须时时在执行当前任务所需的最小环境中运行，只有高度动态的执行环境才能够满足此类需求。

我们把对当前执行环境中的不同资源的访问划分为两个基本层次。

- 指令级访问：某些机器指令使用敏感硬件资源（例如 CPU 寄存器），这些指令的执行必须得到系统进程授权。另外，必须防止那些访问（物理或虚拟）内存的机器指令使用分配给进程的存储区域（分区、分页和段）之外的地址。
- 系统级访问：通过向操作系统发出系统调用来访问某些高级抽象实体，如文件或逻辑设备，对这些实体的使用进行控制是处理各种系统调用的子系统的职责，尤其是，文件系统应按照系统策略的规定实施对文件的合法访问。

接下来，我们分析支持两类访问控制和保证将进程严格限制在各自执行环境中的硬件和软件机制。

10.2 指令级访问控制

机器指令可以访问三类存储器中的数据：①CPU 的寄存器；②输入/输出设备的寄存器；

③内存。为了阻止各类形式的安全侵害，我们必须禁止对这三类存储器中的数据进行的非授权访问。

10.2.1 寄存器保护

1．CPU 的寄存器

CPU 含有许多硬件寄存器和标志指示器。其中一些寄存器中的指令执行部分可以被隐式地读/写，它们会反映上次操作结果的各种条件代码，如符号位或溢出位。另一些寄存器中的各种机器指令的操作数可以被显式地访问。

出于保护的目的，我们把可以直接访问的寄存器分为两类。程序使用第一类寄存器存放后续操作所需的中间数据或地址。这类寄存器必须对所有程序开放访问权限。第二类寄存器组成了 CPU 的内部状态，且只能由可信系统程序访问，以阻止各种安全侵害。例如，如果程序能够显式地设置程序计数器，那么它可以使进程跳转到任意存储器位置。修改时间寄存器的内容常用于产生分时中断或禁止中断，但也可以使进程非法垄断 CPU，这个功能会造成计算资源的非法使用，或对其他进程/用户的拒绝服务。除了 CPU 寄存器之外，我们还必须禁止对输入/输出设备寄存器的非法访问，因为它们组成了各种设备控制器的接口。

为支持用户进程和系统进程的必要隔离，处理器的指令集被分为两种，分别是特权指令和非特权指令。前者负责访问和处理 CPU 状态、控制输入/输出设备以及执行其他敏感操作，且只能由系统程序（如操作系统内核）执行。后者则用于一般计算任务，且对所有程序可用。

CPU 硬件提供一个特殊比特位来区分两类执行模式：系统模式（也称为管理员模式或内核模式）和用户模式。在系统模式下，执行任何指令都是有效的。在用户模式下，只能执行非特权指令，任何执行特权指令的企图都会引起中断，从而将控制权转给操作系统以采取适当的措施。一般来说，违反规则的进程会被中止，并报告错误。

不同执行模式之间的转换，即设置 CPU 中的特殊特权位的行为，必须加以控制。使用改变模式位的机器指令可以完成从系统模式到用户模式的转换。然而从用户模式到系统模式的转换，则没有类似的指令，不然，任何进程都可以轻易地转到特权模式，从而使此机制失效。解决的方法是采用一条特殊指令，通常称为管理员调用或内核调用，它可以设置特权模式位，同时把控制权交给操作系统。因此，转到系统模式会自动地从调用特殊指令的用户进程移走控制权。当操作系统决定重新运行此进程时，它会重设模式位为用户模式，然后把控制权交还给该进程。

某些系统具有两种以上的执行模式。例如，久经考验的 VAX-11 体系区分了四种处理器状态：内核态、执行态、管理员态和用户态。每一种状态使用现有指令的不同子集。这样可以将操作系统划分到不同的保护级别中。

注意，两种及其以上的执行模式为进程提供了动态执行环境。当在不同执行模式之间转换时，进程的当前执行情况会发生变化，同时可用的机器指令集合也会随着当前执行模式的改变而增减。

2．输入/输出设备的寄存器

第 8 章分析了许多与计算机相连的通信和存储设备。要同这些设备通信，CPU 必须读/写设备控制器所提供的各种寄存器。对这些寄存器的访问，可以通过使用内存映射接口或者各种特殊指令集来实现。使用内存映射接口时，对设备的访问控制与内存保护机制相似，即只有授权的系统进程（如设备驱动程序）才能读或写对应于设备寄存器的内存部分。

使用特殊指令进行输入/输出操作时，必须确保此时指令具有特权，以保证输入/输出设备不会被用户进程直接访问。相反地，想要使用设备的进程发出一个内核调用，从而把控制权交给在系统模式下运行的操作系统。操作系统中的相关部分（一般是设备驱动和调度程序）会代表用户进程执行输入/输出操作。这些程序经过专门设计，能够以最有效和安全的方式与设备交互，并可以使用特权输入/输出指令。操作结束后，控制权将被返回给用户模式下的调用进程。因此，从用户角度看，系统调用只是一个上层的输入/输出指令。

10.2.2　内存保护

要控制进程对自己的指令和数据区域的访问以及对其他进程内存区域的访问，需要内存保护功能，即必须保护进程不受自身及其他进程的干扰。对操作系统也是如此，需要防范来自用户进程的干扰或非授权执行。

需要满足的两个条件是：第一，进程必须被禁闭在操作系统分配给它的内存区域之内。此类禁闭的实施主要依赖于系统实现的存储管理机制。第二，要考虑进程对不同内存区域的访问权限。在理想状态下，对于给定的内存区域，每个进程应当有自己的权限集合。

最常见的权限集合是读、写和执行。如果使用布尔类型的三元组（rwx）表示这三种权限，那么有八种可能的权限组合可以用于某个内存区域。

- 000：不能访问
- 100：只能读
- 010：只能写
- 110：读和写
- 001：只能执行
- 101：读和执行
- 011：写和执行
- 111：读写执行

需要指出的是，写和执行（011）因为没有实际意义，所以几乎从不使用。只能写（010）也很少使用，它的一个可能用途是收集来自多个进程的数据，在该场景下每个进程能够写入自己的数据但不能读取其他进程的数据。

对有虚拟存储和无虚拟存储的系统，需要分析两个问题，如何在指定存储区域禁闭进程和如何实现对某存储区域的不同访问类型的控制。

1．支持静态重定位的系统

没有重定位寄存器、分页硬件或分段设施时，程序直接使用物理内存。为让进程保持在各自区域内，须对每个物理地址进行检查，以验证它仅对分配给进程的区域进行引用。此类检查可以使用如下三种部件实施：①用于指定一个连续内存区的上界和下界地址的边界寄存器；②含有一个内存区的起点和大小的基址和长度寄存器；③与内存块和用户进程相关的标识锁和对应的钥匙。

图 10.1 说明了边界寄存器的使用。每次引用一个物理地址 pa 时，硬件检查 pa 是否满足下述条件：

$$LR \leqslant pa \leqslant UR$$

其中，LR 和 UR 分别为指向进程内存空间的下界（低端）和上界（高端）。只有 pa 满足上述条件，才可以进行此次引用，否则会触发一个错误，并中止该进程。长度寄存器可以用来替代上界地址，此时执行检查的条件为：

$$LR \leq pa \leq LR+L$$

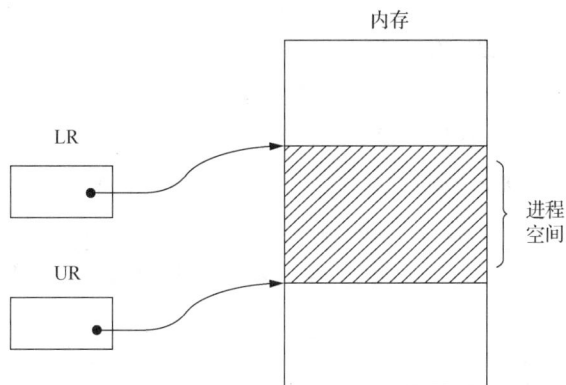

图 10.1　内存使用的边界寄存器

标识锁-钥匙机制需要把内存分成若干个（通常等长的）块。每个块附加一个 n 位组合作为锁。每个进程状态中有个 n 位模式的钥匙。在每次引用时，硬件会比较当前钥匙和访问块的锁，只有两者匹配时，才允许进程继续执行。

边界寄存器或长度寄存器的使用是访问控制的最简单形式。它仅提供对给定区域的简单的"全有全无"型保护，而不能区分不同的访问类型。使用标识锁和钥匙提供了较大的灵活性，每个锁可以包括对相应内存块的访问类型信息。但是，当程序或数据区被共享时，保护信息和物理内存的直接联系有很大局限性。在支持虚拟内存的系统中能够有更大的灵活性，其中保护信息与逻辑空间相关，而不是与物理内存相关。

2．支持重定位寄存器的系统

在使用重定位寄存器实现动态地址绑定的系统中，禁闭进程在分配区域时所面临的问题与支持静态重定位的系统类似。对给定的逻辑地址 la，先与重定位寄存器 RR 的内容相加以转换为对应的物理地址。然后，使用得到的物理地址与上界地址和下界地址进行比较。修改后的地址映射函数如下。

```
1  address_map (la){
2    pa = la + RR;
3    if (! ((LR <= pa) && (pa <= UR))) error;
4    return (pa);
5  }
```

另外，可以用长度寄存器替代上界地址 UR。两种机制都禁止进程访问其合法边界之外的信息，但是，允许其对给定内存区进行不同类型访问的问题依然存在。在进程状态中包括必需的访问信息可以解决这个问题。对每次内存访问，地址转换机制执行必需的检查。这样每个进程可以对给定内存区具有不同的访问权限。

3．支持虚拟内存的系统

此类系统可以通过页表项或段表项（或段页表项）间接地访问虚拟内存的一个段或一个页面。这些表对进程来说是私有的，因此，通过在单独表项中嵌入保护信息，每个进程可以对可访问（私有或共享）的任何段或页面具有不同的访问权限。如下所述，在每次地址转换时系统会执行必需的检查。下面考虑段页式虚拟内存的一般情形，其中每个表最多占用一页。访问信息以段为单位进行指定。

系统内部保护机制 | 第10章

如图 10.2 所示，对段表和页表进行扩展。每个段表项 s 含有如下字段。

- access 记录对该段的访问类型（如 rwx）；
- len 记录段的长度（以字节为单位）；
- valid 指示 s 是否有效（存在）；
- resident 指示 s 的页表目前是否在内存中；
- base 为指向 s 的页表表首的指针。

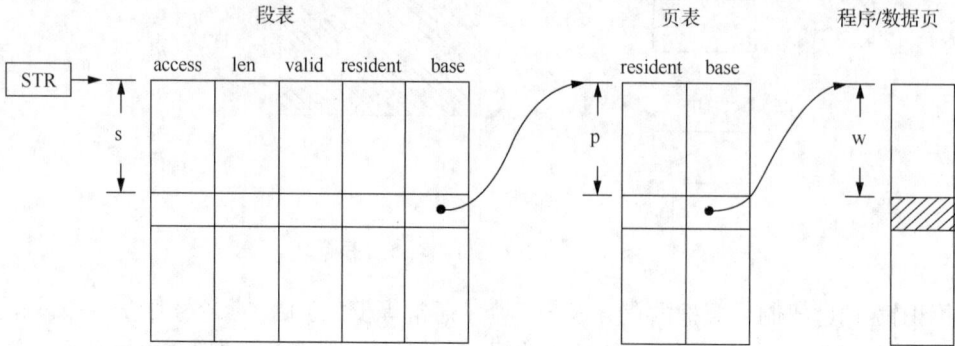

图 10.2　使用段表和页表进行内存保护

同样地，每个页表项 p 含有如下字段。

- resident 指示 p 目前是否在内存中；
- base 为指向 p 页首的指针。

对物理地址的计算做如下扩展，以保证每个虚拟地址（s，p，w）保持在分配给进程的合法内存空间之内，且申请的访问类型是被允许的。我们使用附加参数 a 来表示访问类型。

```
1  address_map(s, p, w, a) {
2    if (a not_element_of *(STR+s).access)
3      return invalid_access_type ();
4    if (*( STR+s).valid == false)
5      return invalid_segment_number ();
6    if (*( STR+s).resident == false)
7      return segment_fault ();
8    if (*( STR+s).len/pg_size < p)
9      return invalid_page_number ();
10   if (*(*( STR+s).base+p).resident == false)
11     return page_fault ();
12   if (*( STR+s).len % pg_size < w)
13     return invalid_displacement ();
14   return *(*( STR+s).base+p).base+w;
15 }
```

第一个 if 语句检查申请访问类型 a 是否记录为对该段的有效访问，若 a 为否，则触发错误，计算中止。第二个 if 语句检查段是否有效，若为否，则触发另一个错误，计算中止。第三个 if 语句确保段的页表在内存中。第四个 if 语句确定该段的有效页号。具体方法如下，用内存页面长度（pg_size）来除段长（保存在*(STR+s).len 中），若结果小于 p，则页号无效。对于有效页号，第五个 if 语句确保该页面在内存中。最后一个 if 语句检查指派的有效性，取模操作*(STR+s).len % pg_size 表示该段在最后一页上的字数，若指派大于此数，则表示它指向的数超出了该段。

注意，最后一次检查对禁止非法内存浏览十分重要。由于内存总是以多页方式分配，平均而言，每段的最后一页只会使用一半，剩余部分不属于该段，但由于它可能含有上次计算遗留的敏感信息，因此不应该被该进程访问。若不进行最后一次检查，攻击者就能够利用此缺陷，通过创建非常小的段（例如一个字节），来分析所分配页面的内容。每个段都会给攻击者提供几乎一整页的上次计算遗留的数据。在更安全的系统中，在把页面分配给某个进程之前，需要显式地清除页面的内容。

例如，Windows2000 操作系统使用无段的分页，因此仅执行适用于页面的安全检查。系统负责区分中止进程的错误类型并透明处理的缺页中断类型。

（1）可能发生的错误如下。

· 系统区分内核模式页面和用户模式页面。内核模式页面仅在内核态执行时才可访问，且只用于系统级的数据结构和内存区域。用户进程只有通过调用适当的内核函数才能对其进行访问。

· 系统（Win32 API）区分以下页面类型：不可访问、只读、读写、只能执行、执行和读写（某些体系结构不提供区分读和执行的硬件支持，此时只支持前三种类型）。任何以其他模式对页面的访问都会造成错误。

· 进程地址空间中的所有页面可以是下面三种状态之一：空闲、保留、提交。其状态记录在对应的页表项中。空闲页面是指尚未分配给进程的页面，即它是无效的。对空闲页面的任何访问意图都会生成一个无效页号错误。访问保留页面或提交页面可能会造成下述不同类型的缺页中断。

（2）可能发生的缺页中断如下。

· 如果一个提交页面是已分配给进程的常规的有效页面，且可以被其他进程访问，并受到读/写/执行或内核模式限制，若它目前不在内存中，会触发一个缺页中断导入该页面。

· 进程可以保留一些页面留作以后使用。这些页面在页表中有有效表项，但没有实际的分配页面，只有首次访问该页面时，才会完成实际分配。有一类特殊缺页中断会首先分配一个页面，然后修改其页表项，使其从保留态改为提交态。保留页面用于动态扩展必须占用连续虚拟内存的数据结构（如用户堆栈）。起初，每个进程为堆栈申请单个页面，而其他的连续页面则被保留下来，并随着堆栈的增长超出当前页面大小限制，再进行分配。

· 内存管理器采用一种特殊的称为写时拷贝（copy-on-write）的优化技术。当必须复制一个页面时（例如由于 fork 命令），只需把该页面标上写时拷贝，此时两个进程就会指向同一个页面。这样，只要它们不对页面做修改，多个进程可以共享同一个页面拷贝。一旦有进程对页面写入，一个特殊的页面中断就会被触发，为该进程创建一个新的写时拷贝。

4．沙盒技术

在很多系统中，进程调用的函数会自动继承调用进程的所有访问特权。特别是，该函数可以访问进程的整个虚拟内存。若函数是不可信的，例如从互联网下载的某个小程序或服务程序或者从其他用户借来的程序，这种不受限的访问是不允许的。植入的函数可能是"特洛伊木马"，或者可能是危害调用进程的简单错误程序。同样的情况会发生在发送程序到远端机器时，在远端机器上执行新的程序时，或者当移动代理调到不同机器并继续在新环境中执行时。

为缩小不可信程序造成损害的范围，系统可以提供支持，以限制特权为进程所获授权的一小部分。通常称这种缩小后的环境为沙盒。它最重要的作用是限制程序在一小部分内存区（内存沙盒）中执行。任何企图访问沙盒之外数据的操作，或者调转到沙盒外的某个位置的操作，都会导致操作系统陷入，并中止此应用。

沙盒技术的一种功能更强的变体是，为每个程序提供两个沙盒，一个用于代码，一个用于数据。这种变体只允许程序在数据沙盒中读写，且只能在代码沙盒中（获取指令）执行。这可以禁止程序在运行时通过修改自身而绕过某种检查（此类检查本该是在装载代码之前进行）。

内存沙盒的实现类似于分页。虚拟地址空间被分成等长区域，每一块对应一个不同的沙盒。实现方法是把每个虚拟地址分成两部分（b，w），其中 b 和 w 分别表示沙盒数量和每个沙盒的大小。当把一个沙盒 s 赋给某个程序时，系统只需比较 b 和 s，即可容易地检查程序生成的任何地址（b，w）的有效性。若它们不匹配，则说明生成的地址超出了所指定的沙盒，此时需要中止程序。

10.3 高层访问控制

10.3.1 访问矩阵模型

在计算机系统中，哪些实体可以访问哪些资源的信息，可以采用访问矩阵的形式表示。矩阵中的每一项记录了给定实体（如进程）对某资源的访问权限。这个基本概念被开发成形式化模型，以允许系统设计者或管理员推理和证明系统的保护属性（Harrison，1976）。具体而言，访问矩阵模型试图回答系统安全性的最基本问题：在给定情况下，某个主体可以访问某个资源吗？基于此目的，我们必须形式化地定义依据访问矩阵可以执行哪些操作，并证明是否存在一个操作序列可以修改矩阵，以授予此主体访问此资源的必需的权限。

下面我们使用访问矩阵作为分析不同访问控制机制及其优劣的框架。访问矩阵模型包括以下主要内容。

- 资源：每个资源 R_i 表示要保护的一个实体（如文件或设备），即以受控方式访问。（学术界经常使用"客体"这一术语取代"资源"。我们使用"资源"，目的是避免同面向对象编程相混淆，并在所有章节中保持术语的一致性。）
- 主体：每个主体 S_j 表示一个可以访问资源的活动实体（如进程）。
- 访问权限：每个权限 r_k 指示一个可用于资源的操作（如读、写、执行）。

图 10.3（a）用一个访问矩阵的例子说明了主体、资源和访问权限间的关系。矩阵的每一列表示一个资源 R_i，每行表示一个主体 S_j。第 i 列和第 j 行的交会处包含权限（可以为空）。它们是主体 S_j 访问资源 R_i 的权限。字母 r、w 和 x 分别代表读、写和执行权限。例如，允许主体 S_1 读写资源 R_1，读写执行资源 R_2，只允许主体 S_2 执行 R_2，但它可以读写执行资源 R_3 和 R_4。（访问列表和权能列表很快会在后文给出解释。）

在定义了访问矩阵的结构后，还需要考虑用于使用和维护访问矩阵的操作。尤其是增加或删除矩阵的行或列，以及加入或去除矩阵中的权限等操作。执行这些操作的技术很大程度上依赖于访问矩阵的实现方式。一个明显的方法是使用一个实际的 n 行 m 列的二维数据结构存储矩阵，但这比较浪费。因为 n 和 m 可能会很大，另外，矩阵可能会很稀疏，因为一个典型主体仅访问所有资源中的很小一部分。一个有效的方法是使用列表来表示矩阵。这种方法有两种不同形式，下面会进行讨论。

	R_1	R_2	R_3	R_4
S_1	rw	rwx		
S_2		x	rwx	rwx
S_3	rwx	r		r

（a）访问矩阵

访问列表：

R_1:(S_1,rw),(S_3,rwx)

R_2:(S_1,rwx),(S_2,x),(S_3,r)

R_3:(S_2,rwx)

R_4:(S_2,rwx),(S_3,r)

（b）实现为访问列表

权能列表：

S_1:(R_1,rw),(R_2,rwx)

S_2:(R_2,x),(R_3,rwx),(R_4,rwx)

S_3:(R_1,rwx),(R_2,r),(R_4,r)

（c）实现为权能列表

图 10.3　访问矩阵模型

10.3.2　访问列表和权能列表

访问矩阵维护主体对客体访问权限的信息。我们可以按行或按列划分这些信息。对于前者，每列的所有非空项构成了对应资源 R_j 的一个列表。每个列表是对应资源的访问列表。第二种方法把每行的所有非空项与对应主体 S_i 关联起来。每个列表是对应主体的权能列表。

对比而言，一个权能可以看作一个许可证（类似于电影票），它使持有者能够执行某种特权（例如进入电影院）。而访问列表类似于一张登记表（如在宾馆中所用），只有表中登记过名字的人才可以进入宾馆客房。

为说明访问列表和权能列表间的差别，我们考虑图 10.3（a）中的访问矩阵。图 10.3（b）表示访问列表集合组成的访问矩阵，每个列表针对一个资源。例如，R_1 的访问列表包含第一列中的两个条目，表示主体 S_1 可以读/写 R_1，主体 S_3 具有读、写、执行三种权限。图 10.3（c）表示权能列表集合组成的访问矩阵，每个列表针对一个主体。例如，S_1 的权能列表使它可以读/写 R_1，可以读/写执行 R_2。

从表面上看，权能列表和访问列表间的差别很小，因为两者记录了同样多的信息。但由于信息的划分不同且关联的实体类型不同，在功能管理和实现效率方面，两者有着重大差别。

1．主体的粒度

原则上，主体可以是用户、进程或者某个具体的执行过程（函数）。访问列表依赖于对主体身份的记录。因此，确定能够访问资源的所有可能的过程对资源创建者来说不太实际。同样地，创建者不能确定所有可能的进程，因为它们一般是动态创建的。因此，在访问列表中，主体的唯一选择就是用户，他们在每次访问时必须鉴别自己的身份。

相反，权能与所访问的资源不相关，而被看作被不同主体持有的不可造假的许可证。对权能的持有被看作允许持有者访问对应资源的证据。因此，控制权能的传播是主要问题，这必须通过鉴别机制来实现，但在访问时没有对持有者的鉴别。因此，权能能够在比访问列表条目更细的粒度上进行维护，尤其是当创建新的资源时，权能可以与用户、进程或单个过程相关联。

图 10.4 说明了访问列表和权能列表的差别。假设代表用户 U 执行的某进程包括两个过程 P1 和 P2。P1 必须从文件 Q 读取数据，而 P2 不用。图 10.4（a）说明了 Q 关联的访问列表包括 U 作为有权读 Q 的有效主体。将单个过程（如 P1）作为有效主体记录在访问列表中，对 Q

的属主来说是不实际的。首先，属主不知道哪些过程会访问 Q，更重要的是，单个过程对 Q 的每次访问，必须在运行时进行鉴别。由于系统一般是对用户进程进行鉴别，而不是对单个过程、函数或进程包括的程序，因此实现过程级的访问粒度对访问列表来说是不可行的。

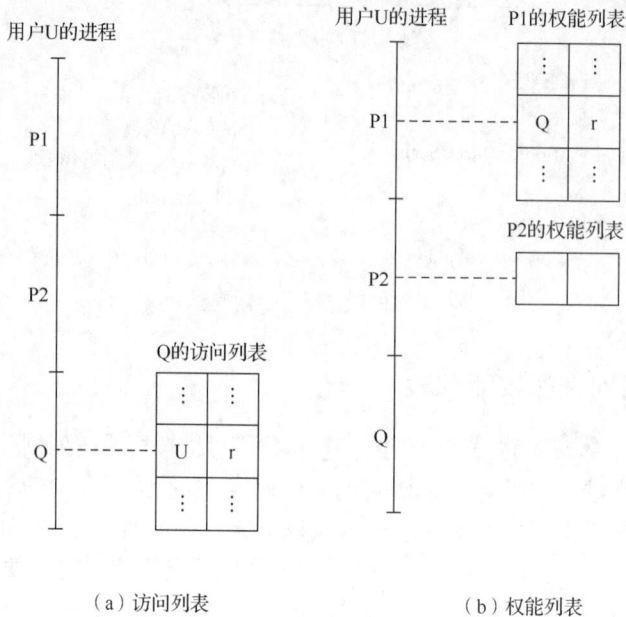

（a）访问列表　　　　　　　　　　（b）权能列表

图 10.4　主体粒度

图 10.4（b）中的使用权能说明了同样的场景。它允许用户 U 只对实际需要权能的进程部分分派权能，且动态地根据当前访问环境的变化而变化。在例子中，P1 持有对 Q 的读权能且可以执行访问，但 P2 不能访问 Q，因为它缺少对应权能。只要权能是不可伪造的，就不必进行运行时鉴别。

2. 静态环境和动态环境

用户粒度级访问列表的一个主要缺点是：在进程的整个执行期间，其当前执行环境保持不变。进程可以调用内核函数转换到系统模式，这样它可以执行特权指令，但是，它使用的是与用户态相同的访问列表。例如，图 10.4（a）中的进程能够访问 Q，而不论它在哪个过程中执行。为了支持动态环境同时保持用户级的主体粒度，系统需要允许进程临时改变其用户标识。其实施必须采取高度受控的方式以防止假冒者冒充其他用户标识。

我们以 UNIX 为例，解释特权扩大机制。在 UNIX 中，每个进程有一个用户 ID，表示对此进程负责的用户。当进程在执行期间调用不同程序（文件）时，与进程关联的用户 ID 会随之改变。用户 ID 由 set-user-id 标志控制，这个标志与每个执行文件 f 相关联。当关闭这个权限时，调用 f 的进程保持当前用户 ID 不变，但当打开这个权限时，调用进程会临时继承 f 属主的用户 ID。当进程退出文件 f 时，自动恢复原用户 ID。

特权扩大机制很有用，进程可以在调用服务例程期间使用这一机制临时扩大特权。例如，假设用户 U 想调用另一用户 S 提供的服务程序 P，且 P 执行任务时必须访问文件 D，但用户 U 常规条件下不能访问这个文件 D。上述功能可以按照如下步骤实现，从 P 的访问列表中去除 U，但使能 P 的 set-user-id 标志。当用户 U 的进程调用 P 时，用户 ID 变成 S，这样就给了 P 访问 D 所需的访问特权。由此，进程的当前执行环境在进入和退出不同程序时可以动态变化。

用户进程执行内核调用时，其当前执行环境可以以两种方式改变。首先，处理器转到系统态，以允许进程执行特权指令。其次，若设置了被调用系统文件的 set-user-id 标志，进程临时使用文件属主的标识，即操作系统自身（root），这样进程就对系统资源有很大的访问特权。

3．列表大小

主体粒度越细，表达访问约束就越灵活。粒度较粗，则条目简单，且维护列表所需的空间就越少。减少列表条目是个重要目标。如果把访问列表中的主体合并成组，这样就可以把大量条目简化。例如，可以被任何用户读取的文件会在它的访问列表中为每个用户分别设置一个条目。如果提供一个通用条目"所有用户"，作为匹配用的通用符，就可以把大量条目简化为一个条目。

表 10.1 扩展了图 10.3（a）中的矩阵，增添了一个用"*"（解释为一个通用符）标记的行。这样，任何主体，包括新创建主体，就自动拥有此行中给出的所有权限。这个矩阵中引入了一个新的资源 R_5，S_2 对其具有读写和执行权限。另外，在"*"行中的 r 权限保证了所有主体（包括以后创建的主体）能够读取资源 R_5。

表 10.1　使用主体组扩展的访问矩阵

	R_1	R_2	R_3	R_4	R_5
S_1	rw	rwx		r	
S_2		x	rwx	rwx	rwx
S_3	rwx	r		r	
*					r

当使用访问列表实现此矩阵时，增加这样的行是很简单的。扩展对应资源的访问列表，以包括一个使用"*"作为主体的新的条目。在上述例子中，对 R_5 扩展后的访问列表是（S_2，rwx），（*，r）。

相比而言，在基于权能的系统中实现一个组访问行就比较困难。如果系统要维护权能列表，可以把新权限包含进所有主体的权能列表中。另外，可以维护一个使用"*"的单独的权能列表，并把它包含进每个主体的权能列表。如果权能被实现为不可伪造的许可证，并由权能的属主维护且在系统内分发时，实现新的组访问行就不太容易。默认授予所有主体的新权限需要显式地传到所有权能列表，但它们的属主和位置是未知的。更坏的情况是，新创建的主体在默认情况下无法自动地继承此类组权限。

UNIX 使用访问列表来实现访问矩阵，并能方便地支持成组化的访问权限。其方法如下。一个文件访问列表区分三种主体类型：①文件属主；②给定名称的组的所有成员；③所有用户。第一类主体指的是文件的初始创建者。第二类主体中，组的目的是允许一个选定的用户团体可以使用不同于属主或其他人的权限访问文件。每个文件属于一个组，每个用户属于一个或多个组。第 3 类主体中，所有用户都隶属于广义组。在前述讨论中，我们使用"*"表示广义组。广义组为所有用户指定对某个资源的默认权限集合。

在三类主体类型中，文件可以是可读取的、可写入的或可执行的。例如，文件被指派 rwxr-x-x 权限表示：属主可以读、写、执行此文件（rwx），同组成员可以读取和执行该文件（r-x），其他人员只能执行此文件（x）。

在主体是单个过程的系统中，把主体归并为组还可以解决鉴别问题。这样，访问列表只使用组而非单个过程维护信息。因此，每个访问列表的最大条目数受限于组的数量。每个条目记录的权限同等适用于一个组中所有主体（过程）。这样可以允许访问列表采用较细的主体粒度，并支持动态执行环境。同时，只有将一个进程赋予一个给定组时，才需要进行鉴别。

MULTICS（一种操作系统）最早提出了针对访问控制的组化或层次化保护的思想（Schoeder and Saltzer，1972）。所有段，包括执行段和数据段，都被赋予 n 个组（记为 0 到 $n-1$）中的一个。对组进行排序，以便组 0 中的段具有最多的访问特权，组 $n-1$ 中的段具有最少的访问特权。表达这些组的一个简单方法是使用一组同心环，保护最强的环 0 位于中心。

图 10.5 所示为 MULTICS 中最初的环分配。操作系统占用前三个环，最关键的部分（内核）占用环 0，系统的大部分位于环 1，剩余部分（操作系统的不关键段）位于环 2，环 3 到环 $n-1$ 由用户进程使用。

在 MULTICS 中，控制对段访问的环使用如下规则：当执行程序 S 的环 i 中的进程试图读写环 j 中的段 T 时，只有当 $j \geq i$，且 T 的访问列表中含有调用进程的所需的读/写权限时，才可以进行访问。

环还可用于限制段之间的控制权转移，但规则比较复杂。对具有相同或较高环号的段的调用是被允许的（假设调用者有执行权限），但需要把参数从调用段 S 复制到具有较低保护的环，以使被调用段 T 可以访问它们。对具有较低环号的段的调用可能被允许也可能不

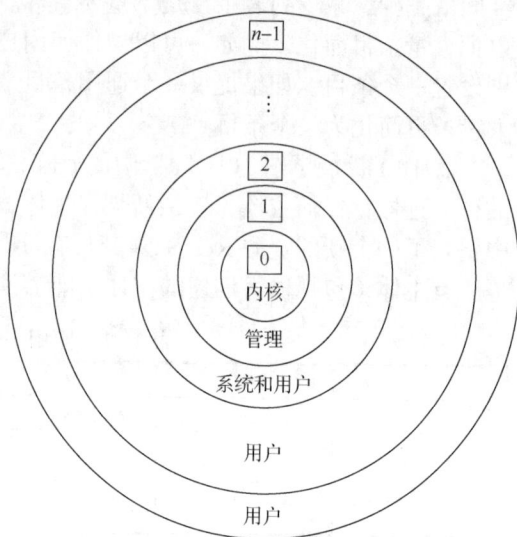

图 10.5　MULTICS 中的保护环

被允许，这取决于 T 中预先规定的特殊环限制号。当调用者的当前环号大于这个特殊环限制号时，调用会被禁止。

初始计划的 64 个 MULTICS 环中只有很少一部分得以实现，这从某个方面说明了该方法存在某些问题。其中一个主要原因是环的保护机制的线性特性，即必须按照权限的大小对资源进行排序。因为资源引用一般是一种任意的互联图（如环形图），所以此类排序在实际应用中往往不太可能或不太方便。

4. 增加或去除资源和主体

在资源矩阵中增加或去除一个资源对应于增加或去除一列。下面讨论在访问列表和权能列表实现中是如何增加或去除资源的。当一个新资源 R 被创建时，其创建者一般有责任决定应如何访问该资源。对访问列表而言，创建者能够（显式地或默认地）确定可以访问 R 的任何主体。对权能列表而言，创建者具有对资源的初始权能，它可以将权能（或者缩减后的权能）传递给其他主体。

使用一个专门的删除权限可以控制资源的去除，创建者在创建资源时自动地得到此权限。更一般地，属主权限赋予创建者对资源执行任何操作的权利。在表 10.2 中，属主权限由字符 "o" 表示。因此，S_1 是 R_2 的属主，S_2 是 R_3、R_4 和 R_5 的属主，S_3 是 R_1 的属主。

增加新的主体的能力对应于创建矩阵的新的行，这在很大程度上依赖于主体粒度大小。对访问列表而言，主体一般是用户的同义语。因此，只能由操作系统结合用户授权的管理行为来增加一个新的主体。新的用户必须被（显式地或默认地）包含进现有的访问列表中，才能够具有对资源的访问权限。同样地，去除一个主体也只能由操作系统实施。

表 10.2 带有属主权限扩展的访问矩阵

	R_1	R_2	R_3	R_4	R_5
S_1	rw	rwxo		r	
S_2		x	rwxo	rwxo	rwxo
S_3	rwxo	r		r	
*					r

对权能列表而言，主体可以是单个过程。由于它们本身也是需要访问控制的资源，因此在矩阵中增加一行对应也要增加一列。新增主体的权能列表初始一般为空，后面会逐渐传递权能给它。同样地，新增主体的权能也可以传递给其他主体。因此，创建新的主体的主要问题是权能的传播，下面会对其进行讨论。主体的去除一般由其创建者执行，这需要创建者保留对主体的初始权能。

5．增加或去除权限

在访问矩阵中，增加或去除权限需要修改矩阵中的单个条目。对访问列表而言，这项任务由资源的属主负责，属主是由专门的属主权限指定的。这个权限给属主以无限权利，使其可以在资源的访问列表中增加或去除任何主体，并指定每个主体可以拥有的权限。例如，属主 S 通过修改 R 的访问列表，可以相应地把对 R 的权限扩展给任何其他主体。同样地，属主 S 可以限制或去除先前授予的访问权限。属主甚至可以去除自己的属主权限。例如，它可以去除自身对一个资源的写权限（w），以防止对资源的不小心修改或删除操作。只要主体保留自身的属主权限（o），它总可以把写权限加回访问列表。

对权能列表而言，权限管理问题更难以处理，因为权能是由很多主体而非资源属主管理的。为支持动态权限，必须保证如下几点：

- 权能是不可伪造的；
- 一个主体不能以不可控制的方式把其拥有的权能传递给其他主体；
- 主体能够取消或收回之前授予的权能。

（1）使权能不可伪造

有多种方法可以保护权能不被非授权主体伪造。在集中式系统中，最安全的方法是使用标签式体系结构，其中每个内存位置包含一个特殊的硬件标签，用于表示它是否包含权能或其他类型数据。只有运行在系统态下的特权指令才能创建或修改标为权能的内存位置。

如果体系结构不支持内存标签，可以把权能放到一个由操作系统管理的用户进程无法访问的区域中。主体只能间接地引用其权能，例如，使用一个权能数组的索引。这类似于管理虚拟内存中的内存页面或段：用户使用页号或段号指定页或段，而系统维护实际的内部地址。

在分布式系统中，必须在不同机器之间传递权能。为了防止权能被伪造或破坏，一个简单技术是借鉴口令保护的思想：使用从巨大的名字空间中选取的单一的字符串或位模式表示权能，这样可以减少入侵者反复试验猜出一个有效权能的可能性。

另一种比较安全的方法是使用加密技术。对每个新建的权能（R，rights），其中 R 是资源，rights 是可用权限的列表，系统生成一个随机数 N。系统把这个随机数和权能一起记录下来，并生成一个形如 H（R，rights，N）的许可证，其中 H 是单向加密函数。系统把这个许可证交给主体，主体必须一起提供权能和该许可证以验证其真实有效性。假设一个主体给出一个权能（R'，rights'）和一个许可证 t。系统查找与所给权能相关联的随机数 N'，并计算出值 t'=H（R'，rights'，N'）。若 t'与主体所给的 t 一致，则认为该权能是有效的并根据访问权限执行其请求；否则，认为权能是伪造的并拒绝其请求。

（2）控制权能的传递

权能列表相比访问列表的一个优势是，资源创建者不必指定和管理完整的允许访问资源的主体列表。相反，新建资源的权能被传递给某个主体，再由此主体根据需要将之传递给其他主体。要允许此类传递，主体必须能够移动或复制权能给其他主体，且必须以受控方式实施以确保不会损害安全。

对这个任务而言，必须存在某些其他机制，以允许主体把权能传递给其他主体，但是限制权能不能再被进一步传递。换言之，主体必须能够限制权能的复制只会发生一次。与其他权限不同，不可传递权限并不用于权能所指向的资源，而是用于权能本身。缺少这个特殊权限的权能会被（操作系统）禁止复制到其他权能列表，且不能在系统中传递。

需要说明的是，权能的传递方式有两种。第一种是：持有某权能的主体 A 可以把权能复制到另一个主体 B，前提是 A 具有写入 B 的权能列表的所需权限。第二种是：主体 B 可以从 A 的权能列表中复制权能，但前提是 B 具有读取 A 的权能列表的所需权限。与权能相联系的特殊不可传递权限禁止这两种类型的传递行为。

（3）权能的撤销

权能的撤销是权能传递的逆向操作。这个概念难以直接实现，因为相同权能的多个拷贝可能分散在系统中，且不容易被追踪到。可以采用间接的方法解决此问题。为一个资源创建一个包含权能的哑资源或别名资源。授予单个用户的权能是针对别名资源的而非资源本身的。如图 10.6 所示，当需要撤销对某个资源的访问权限时，只须毁掉别名资源，打断所有到该资源的间接联结。注意，使用此方法时，所有用户都会失去对该资源的权能，仅对单个用户去除权能是不可能的。

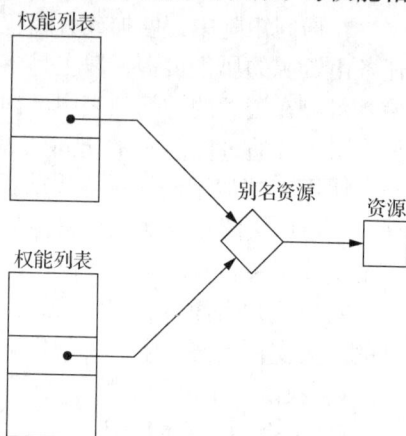

图 10.6　使用别名资源撤销访问权限

6. 组合使用访问列表和权能列表

组织保护信息的最常用的方法是使用访问列表。而许多系统组合使用访问列表和权能，以充分利用两种方法的优势。

组合方法中，第一个较好的例子是使用文件。在多数文件系统中，必须先打开文件，才能对其内容进行访问。open 命令根据文件访问列表检查主体是否具有访问文件所需的权限。若被授权访问权限，open 命令返回打开文件的一个句柄（指针或 UNIX 术语中的文件描述符），主体以后可以使用该句柄读/写或以其他形式访问文件。文件句柄是一个不可伪造的权能，它可以避免每次访问文件时都对主体进行检查。

第二个例子是内存段的动态连接。当一个段首次被引用时，系统检查文件系统维护的与该段相关的访问列表，以判断调用进程是否具有所需的权限。若访问有效，系统对该段赋予一个段号 s，并把其内存地址和有效的访问权限填入段表中。这样，可以把段表看作进程的权能列表，每个入口项指向一个有效资源（内存中的段），并记录了该段的有效权限。以后对同一段进行访问时，段号 s 被用作段表的索引，以选择该段的权能。

第三个例子是在 Kerberos 鉴别系统中许可证的使用（叙述见 9.4.2 节）。初始时，系统希望使用某个服务的用户必须使用口令进行鉴别。当鉴别成功后，系统发给用户一个颁发许可许可证（ticket-granting ticket），这是颁发许可服务器 TGS 的一个权能。用户把此权能提供给 TGS 时，可以获得其他许可证（权能），这些许可证都受加密保护，从而使用户可以使用所需的系统服务。

10.3.3　实例：客户端/服务器保护

大多数保护问题源自各种子系统必须合作工作的需求。为说明各种潜在保护问题及其解决方法，考虑一种通用的客户端/服务器情景，如图 10.7 所示。假设一个属主提供一个服务程序，该程序可以被系统中的合法用户调用。调用时，用户必须以参数形式提供信

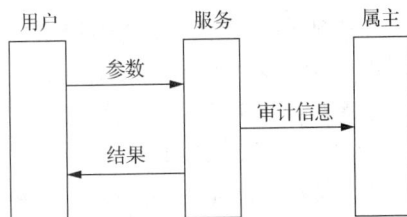

图 10.7　相互怀疑的程序的例子

息给服务程序。完成任务后，服务程序返回计算结果给调用者。另外，服务程序必须与属主进行通信，以报告使用账单或性能数据。

服务的属主和用户对它们自身的安全性和服务程序的安全性有着不同的要求。一般需要满足下列要求。可能的解决方法取决于采用访问列表还是权能列表。

要求 1：任何用户不能以任何方式偷取（获取拷贝）或破坏服务。

对资源（此处是服务程序）授予只可执行特权，可以解决信息失窃和信息破坏的问题。无论是访问列表保护机制还是权能列表保护机制，一般都包含这类特权设置。

要求 2：未经属主许可，任何用户不可使用服务。

权限传递带来的一个问题是对服务的非授权使用。在访问控制列表体系下，权限传递是不可能的，因为只有资源的属主可以扩展它的权限。使用权能列表时，必须采用某种专门机制，例如 Hydra 操作系统中的 e-权限机制。

要求 3：属主能够撤销某个授权用户对服务的访问。

这需要对已授予权限的去除。对访问列表而言，简单地修改服务相关的访问列表即可实现。对权能列表而言，可将对服务的引用设为别名，以便使用别名资源撤销权限，以禁止下一步的访问。另外，确保权能不会进一步使用的唯一简单的方法是毁掉服务本身，并使用新的权能重新创建服务。

要求 4：任何用户（授权的或未授权的）不能禁止授权用户使用服务。

要求 4 用于解决拒绝服务问题。最简单的拒绝服务形式是破坏服务或使服务受损。访问列表和权能列表都可以禁止此类行为，方法是不给任何用户提供写/修改权限授权。比较复杂的拒绝服务形式是合法的用户受阻而无法进行充分的活动。不幸的是，直观的判断方法也具有主观性，因为不充分的活动不一定是由用户的恶意行为或系统故障造成的，它可能仅仅是因为对某个共享资源的过度需求或一般的系统超载。因此，一般而言，无法确认是否发生拒绝服务。我们所能做的是，为具体的关键资源提供监测拒绝服务的机制，并把监测状态通知给用户或管理员以启动正确的行为。实施监测的一种方法是，对每个需要监测的服务规定一个最大服务时间。当超出这个时限时，可以认为进程无法进行充分的活动，即发生了拒绝服务。

要求 5：若执行服务时没有授权用户访问这些资源，服务不能访问其私有文件或其他资源。

权限放大提供了所需的控制。当执行服务程序时，用户被授予另外的访问权限，尤其是允许它使用服务所需的资源。为了实现这种方法，当前执行环境必须是动态变化的。

在基于访问列表的系统中，权限放大的实现方法是，允许进程临时地改变其用户或组标识（如 10.3.2 节所述），或者提供资源分组机制，以便服务可以属于特权较多的组（例如在 Multics 中有较低的环号）。在基于权能列表的系统中，其实现方法比较简单，只需把对私有资源的权能与服务而非用户联系起来。

要求 6：服务不能偷取、破坏或危害用户没有显式地提供给服务的任何信息或服务。

这种方法用于解决特洛伊木马问题（见 9.1.2 节），在特洛伊木马中，服务可以采取未授权和未宣称的行为危害用户。该问题在静态执行环境的系统中无法得到解决，因为任何外来程序执行时所具有的特权与调用进程相同。然而，在动态执行环境中，一种方法是临时地把用户标识改为服务属主。另一种方法是，我们可以把服务放在一个特权少于用户的组中。例如，Multics 可以对服务赋予一个高于用户的环号。这两种方法都可以禁止服务访问任何用户资源。但是，许多服务必须访问属于用户的参数或其他资源才可以完成其功能。为使服务可以访问这类参数，这些参数信息必须被降级保护（至少是临时地），与服务的当前级别相同。在使用访问列表的系统中，满足这一需求的方法难以实现。

基于权能的系统可以较为容易地解决这个问题。由于权能一般是作为参数传递的，用户可以在调用服务时传递必需的信息。这样可以给服务所需的权限，同时禁止该服务访问没有显式地开放给它的其他资源。

10.4 信息流控制

考虑 10.3.3 小节所述的客户端/服务端保护情景，假设使用服务的用户想要对服务增加如下需求：服务绝不能把用户交付的任何信息泄漏给属主或第三方。

如果服务是一个特洛伊木马程序，违背上述安全需求的情况可以轻易发生。注意上述需求不同于 10.3.3 小节中的要求 6，要求 6 主要关心对没有提供给服务的信息的保护。而目前需求关心的是，禁止实际交付给服务的敏感信息被泄露。这属于信息流控制问题，而不属于访问控制问题。

图 10.8 说明了两个问题间的区别。如图 10.8（a）所示，不允许非授权进程读取敏感信息，这是访问控制问题。如图 10.8（b）所示，允许一个进程访问敏感信息，但禁止它把敏感信息传递给其他非授权进程，这是信息流控制问题。

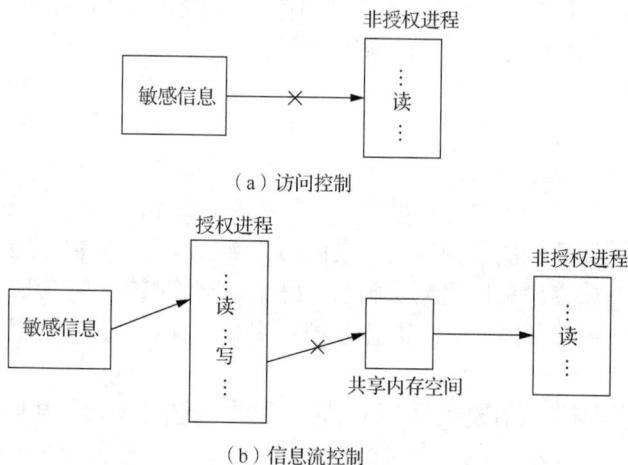

（a）访问控制

（b）信息流控制

图 10.8　信息流控制与访问控制的区别

10.4.1　禁闭问题

依赖于现有的进程间通信方式，信息可以在未授权情况下以多种方式在进程间传递。在多数情况下，信息传递涉及把数据复制到一个可以被非授权进程读取的区域。为禁止利用服务程序产生的此类非法信息流，我们必须禁止服务程序对其他进程可以访问区域的写权限。这就是禁闭问题，由于服务程序必须被一个边界所圈禁，不能将任何信息传递到边界之外，因此命名为禁闭问题。该问题的关键是如何定义和实施这样一个边界。

一种方法是：服务程序不能修改任何资源，除非调用者或客户明确把资源传递给它。这样，调用者就可以完全控制哪些资源可以被服务修改，并能够停止任何超越允许修改资源的信息流。

下面分析如何使用权能来实现该方法。基本思想是扩展过程调用机制，以便调用者可以在调用期间禁止服务的所有写权能，不包括那些作为参数显式提供的权能。Hydra 操作系统为此实现了一个专门权限：修改权限或 m-权限。m-权限必须与修改资源的其他权限（如写入或追加权限）结合使用。没有 m-权限时，所有写入或追加权限被自动禁止。作为对服务的过程调用的一部分，调用者可以申请从服务当前持有的所有权能中屏蔽 m-权限。同时，它可以给服务提供带 m-权限的权能作为参数，这些权能允许服务对其进行修改。

图 10.9 给出了一个用户调用服务期间禁闭服务的例子。假设用户权能列表目前包含四个权能：第一个权能指向其自己的代码段；第二个权能指向自己的数据段；第三个权能指向用户代码所调用的服务过程；第四个权能指向作为参数传递给服务过程的数据段。第四个权能可能含有调用者的敏感信息，它需要传递给服务，但是绝不能泄露给其他进程，包括服务属主。

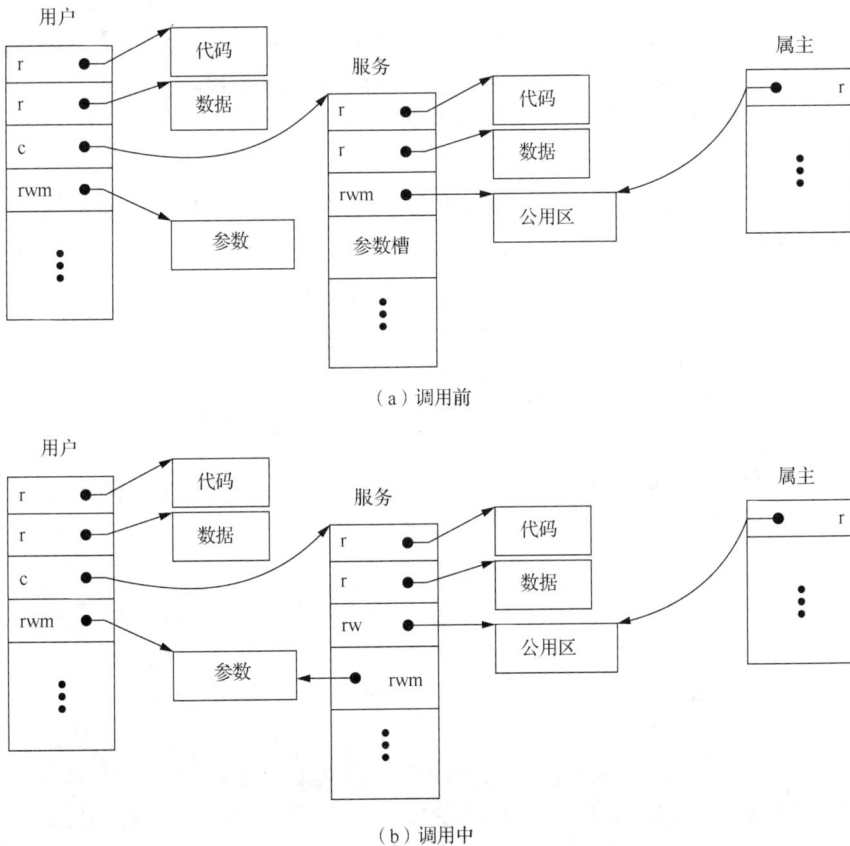

（a）调用前

（b）调用中

图 10.9　服务的禁闭

服务过程的权能列表含有三个权能：第一个权能指向自己的代码段；第二个权能指向自己的数据段；第三个权能指向标记为公用的与服务属主共享的资源。服务计划使用这个资源把信息非法传递给属主，服务属主可以读取这个资源。如图 10.9（a）所示为调用服务之前的进程状态。

调用服务时，调用者请求从服务权能列表中屏蔽掉所有 m-权限。如图 10.9（b）所示为服务执行期间使用的权能。服务先前持有的 m-权限都被禁止了，使得所有对应的 w-权限失效。特别地，服务不能对"公用"资源写入，因为缺少 m-权限使得 w-权限被禁止。另一方面，作为参数资源传递给服务的权能保留了 m-权限；因此，w-权限和权能中的其他权限都是可用的。这样就实现了对服务的禁闭。服务可以读或执行它具有权能的任何资源，但是它只能修改调用者作为参数提供的那些资源。

需要说明的是，m-权限方法实现的是对服务的完全禁闭，服务甚至不能向属主传递非敏感信息，例如使用账单或性能数据。

10.4.2　层次化的信息流

安全需求带动了许多信息流控制方面的研究工作。像其他组织一样，军事部门也以层次化的安全类为基础建立信息管理策略。某一类主体只有具有相应的准许时才可以访问资源。此类层次模型必须实施的一个最重要的属性是，所有信息只在单方向流动，即从不太敏感的安全类流向较为敏感的安全类。

基于主体在安全类中的属性，而非主体的标识 ID，来授权对资源的访问的安全策略，称为非自主性策略。它们并不能代替依据个体标识给予特权的自主性策略。特别地，军方实施"需知"原则，根据该原则，每个主体只应访问那些执行任务所需的资源。此类策略必须以主体的标识为基础。综合性的安全系统必须包括自主性安全策略和非自主性安全策略。

许多现有的层次化安全模型都是以 MIRTE 公司的 Bell 和 LaPadula 提出的 BLP 模型为基础。他们的模型是对信息流控制问题进行形式化的早期尝试之一。该模型使用安全级别扩展了基本访问矩阵模型（见 10.3.1 小节），基本访问矩阵模型实施了自主安全策略，而 BLP 模型实施了非自主安全策略。如前所述，访问矩阵的每一项记录了单个主体对给定资源的访问权限（如读、写、执行等）。另外，每个主体被赋予一个安全准许，并且每个资源被赋予一个分类等级。安全准许和分类等级都取自一个固定的有序集合，例如，非密、机密、秘密和绝密。

信息只能由低安全等级到高安全等级流动，是通过下面两个重要规则实施的。
- 不上读。主体 S 不能读取资源 R，除非 R 的分类等级小于或等于 S 的安全准许。也就是说，S 不可以读取安全等级高于自己的任何资源。例如，一个安全准许为秘密的主体可以读取分类等级为机密或非密的资源，但不能读取分类等级为绝密的资源。
- 不下写。主体 S 不能写入资源 R，除非 R 的分类等级大于或等于 S 的安全准许。也就是说，S 不可以写入安全等级低于自己的任何资源。例如，一个安全准许为秘密的主体可以创建秘密或绝密状态的文档，但是不可以创建机密或非密状态的文档。

图 10.10 所示为上述两个规则实施的合法的信息流。考虑安全准许为 i（$1 \leqslant i \leqslant n$）的主体 S，与 S 读取操作相关的信息流以虚线表示，与 S 写操作相关的可能的信息流在图中以实线表示。在任何情况下，信息都只能水平（即在同一安全等级之间）或向上（即从低安全等级向高安全等级）流动。注意，需要同时读写资源的主体必须具有与资源分类等级相

同的安全准许。

层次化信息流模型原则上可用于解决禁闭问题。如果怀疑一个服务程序可能是特洛伊木马程序，那么需要使用服务的用户的安全准许级别要高于服务属主，或服务不应把调用者的信息泄露给安全准许级别低于用户的其他主体。假设用户安全准许为 i，服务属主的安全准许为 j，且 $i>j$。这样，用户能够调用服务，服务将在用户当前准许（i）下执行。此时服务可以访问属于用户的任何信息（根据访问矩阵中的自主性读/写/执行权限）。但是，由于其属主的低安全准许，服务不能把这些信息传递给其属主。

图 10.11 所示为上述场景的一个例子。工作在秘密等级的用户想要调用非密等级的服务。如图 10.11（a）所示为调用服务前的状态。如图 10.11（b）所示为调用服务期间的状态。服务在运行期间，它工作在用户的秘密等级，虽然可以访问用户的数据，但是其被禁止写入到其属主的非密等级的任何文件。

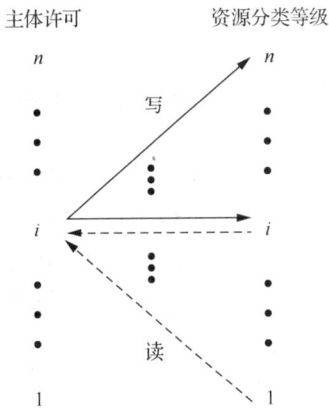

图 10.10　在多等级系统中合法的
　　　　　信息流

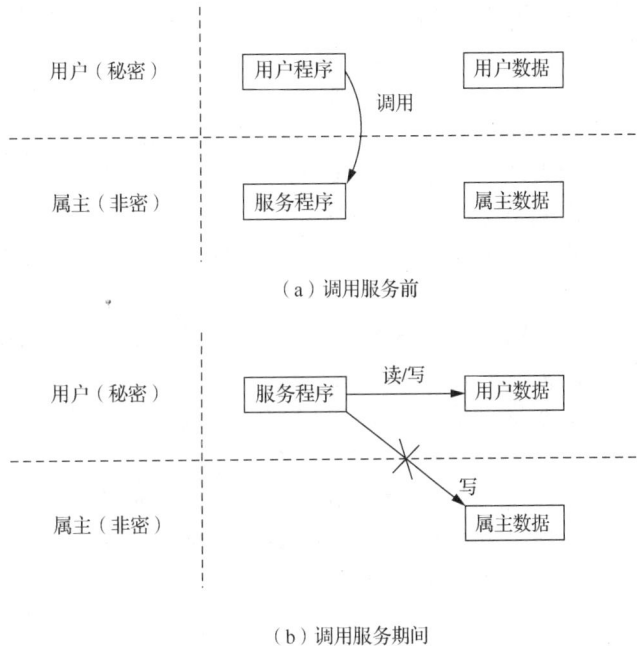

图 10.11　禁止非法的信息流

10.4.3　选择禁闭问题

10.4.1 小节所述禁闭的目的是禁止服务程序泄露服务调用者交付给它的任何信息。这是全部禁闭，因为它要求服务不能把任何信息泄露给任何其他方，包括服务属主。全部禁闭只是选择禁闭的一个特例，选择禁闭是一个更普遍也更困难的问题。它区分敏感信息和非敏感信息。选择禁闭的目的是只禁止敏感数据的泄露。例如，10.3.3 小节例子中的服务程序应该能够把记账信息和其他信息发送给属主，且只是基于非敏感信息，如用户名和标识，但是，它不能泄露任何敏感信息。

因为难以区分敏感信息和非敏感信息，且难以在计算过程中严格隔离它们，现有系统几乎都不能提供令人满意的用解决一般性选择禁闭的机制。实际上，学界（Fenton，1974）

系统内部保护机制 第10章

已经说明，在一般情况下，该问题是不可解的。

限制信息流动：为了说明跟踪和限制信息流动的困难，考虑下面的语句序列。

```
1 Z = 1;
2 Y = 2;
3 if (X == 0) Z = Y;
```

从最后一个赋值语句可以看出，信息从 Y 流到 Z。因此，通过在代码段最后测试 Z 的值，我们能够推出 Y 的某些信息。这种信息流动称为显式信息流，因为 Y 被用来计算出 Z。

还有一个不太明显的事实是可以在上述三个语句最后推导出 X 的某些信息。方法如下：测试 Z 的新值，若 Z 等于 2，则 X 一定等于 0。因此，除了从 Y 到 Z 的明显的信息流之外，还存在从 X 到 Z 的信息流动，不论条件判断语句是对还是错。这种信息流动称为隐式信息流。

1. 信息流的格模型

为解决选择禁闭问题，系统必须能够限制明显的信息流和隐式信息流。信息流的格模型提供了解决这个难题的一种方法（Denning，1976）。其基本思想类似于在 10.4.2 小节讨论的层次化信息流模型。两者均涉及定义一个安全类别集合，每个主体和每个资源被赋予一个安全类别。两者的主要区别是，安全类别不是按照全序排列。相反地，它使用一个流关系规定任意两个安全类别间的合法信息流，使用一个类别组合操作符规定如何把任意两个安全类别组合为一个较高的安全类别。流关系和类别组合操作符把安全类别组织成一个格，即偏序关系而非全序关系。

为了实施合法的信息流，任何计算 $RES=f(R_1,...,R_n)$，其中 f 可以是赋值语句或条件语句，可以进行的条件是，RES 结果的安全类别要大于或等于该计算使用的所有资源$(R_1,...,R_n)$的安全类别。这个安全类别可以使用类别组合操作符推算出来。这种策略保证了信息只能沿着流关系定义的合法渠道流动。

下面我们举例说明信息流格。假设一个系统包含三类数据记录：医疗类、金融类和刑事类。一个资源可以划分为包含三类信息中的一种或多种，例如，一个资源可能仅包含医疗信息，或医疗信息与刑事信息的组合，或所有三类信息。上述情况可以使用图 10.12 所示的信息流格来表示。图 10.12 中，格的下界是空集（∅）；流关系（→）表示子集操作符（⊆）；类别组合操作符表示集合并操作符（∪）；格的上界是集合{医疗，金融，刑事}。

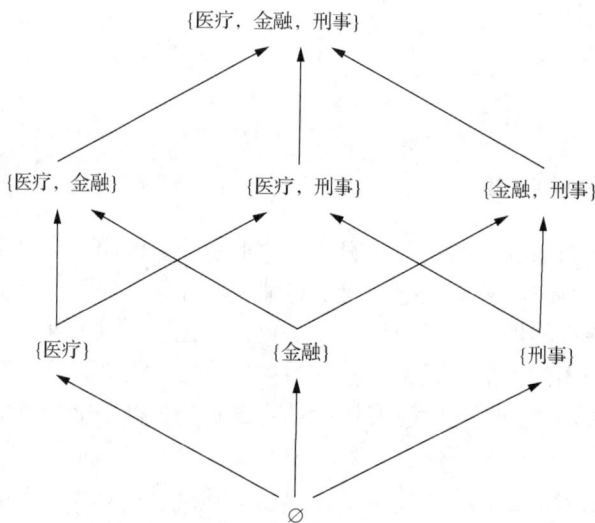

图 10.12　信息流格

假设某个计算把医疗和刑事记录组合成一个新的记录 R。类别组合操作符为 R 生成类别{医疗}∪{刑事}={医疗，刑事}。流关系规定这个记录只可放入类别{医疗，刑事}或{医疗，金融，刑事}中；放入其他类别中将会违背流关系并被禁止。

2．隐蔽发送信息

（全部和选择）禁闭的目的是禁止敏感信息从服务程序处泄露。不幸的是，存在许多这样的隐蔽信道，通过这些信道信息可以传递给某个观察者。使用此类信道泄露信息被称作秘密信号发送。理论上，具有两个不同状态（可表示为 0 和 1）的一个元素，通过不停地重复交互，来编码和传输任意数量的信息。

一个服务程序可以采用多种行为模式，把二元信息传递给观察者。例如，为了发送一个 1，进程 S 可以打开一个约定的文件 A；为了发送一个 0，它可以打开另一个文件 B。某个观察者会试图打开两个文件以等待信息。这两个打开命令中的一个将会失败，因为 S 已经打开了 A 或 B。根据文件打开的情况，观察者能够推断出 S 发送出的一位信息。

同样地，该方式可以用来隐蔽发送信息的其他信道，包括使用不同的输入/输出设备或者根据信息内容生成对应的错误消息。通过控制磁头移动模式或打印设备发出声波的模式，也可以编码和传输信息。用故意造成的时间延迟作为编码敏感信息的方法更难以监测和禁止。例如，可以根据某些敏感数据来决定是否调用执行某个长的循环语句，以传递一位信息。因为此类时间延迟无法界定其边界，隐蔽发送问题和禁闭问题实际上很难解决，即使对系统及其环境加以某些假设限制。从一般性而言，禁闭问题已被证明是不可解的。因此，建议采用其他方法（尤其是加密）来保护敏感和关键信息。

10.5 习题

1．考虑如下系统，它把每一页划分为四个沙盒。

（1）假设虚拟内存占据 32 位，页面大小为 1024 个字，共有多少个沙盒？沙盒号码需要多少位？

（2）系统使用如下方法把一个程序禁闭到沙盒 b：使用下面的位操作把程序产生的任意地址（p，w）转换为一个合法地址。使用逻辑与操作去除当前的沙盒号，使用逻辑或操作提供赋予的沙盒号：

$$(p,w)\& mask|(b,x)$$

给出 mask 和字段 x 的结构和内容。

2．考虑一个段页式系统。虚拟地址形式为（s，p，w），其中，|s|=5 位，|p|=7 位，|w|=9 位。假设目前有五个段，且分别具有如下长度：50,515,2048,1200,2049。

（1）下面三个地址都是无效的地址，请分别给出理由。
- （9，0，0）
- （4，5，6）
- （1，1，15）

（2）针对上面五个段，分别给出 p 和 w 的有效范围。

3．考虑具有分段和分页的系统中逻辑地址到物理地址的转换函数（10.2.2 小节）。请你为只使用段的系统简化此函数，给出新的函数和相应的段表条目的格式。

4．请你对只分页的系统重复回答第 3 题，给出新的函数和相应的页表条目格式。

5. 扩展逻辑地址到物理地址的转换函数（10.2.2 节），使之可以工作于如下系统：

（1）段表是分页的；

（2）每个页表是分页的。

给出新的函数和相应的表条目格式。

6. 在 UNIX 中，对当前目录使用打印命令（ls）得到如下信息：

保护权限	属主	属组	文件名
-rwxr-x---	LiMing	os	f1.txt
-rwxr-----	LiMing	ai	f2.txt
-rwxr-xr--	LiMing	misc	f3.txt
-rwxrwxrwx	WangWei	misc	f4.txt
-rwxrw----	LiMing	misc	f5.txt

假设 LiMing 是 os，ai 和 misc 三个组的成员，WangWei 只是 misc 组的成员。

（1）将上述信息表示为访问矩阵形式。（提示：把 os，ai 和 misc 三个组表示为三个主体。）

（2）LiMing 可以访问哪些文件？WangWei 可以访问哪些文件？

（3）描述下面操作对访问矩阵的改变。

- LiMing 执行：chown WangWei f2
- LiMing 执行：chgrp misc f3
- WangWei 执行：chmod 750 f4
- LiMing 执行：chmod 444 f1

在上述改变发生后，LiMing 和 WangWei 可以访问哪些文件？

（4）考虑（1）中的访问矩阵并假设它是基于权能列表实现的。操作系统跟踪并记录哪些用户属于哪些组，但是组没有相关的权能列表。而每个用户列表中必须包含相关的权能赋值。给出 LiMing 和 WangWei 的权能列表。

7. 一个系统包括两个用户（U1,U2）和三个资源（R1,R2,R3）。U1 的进程包括两个函数 P1 和 Q1。U2 的进程包括两个函数 P2 和 Q2。这四个不同的函数可以对资源进行如下访问。

- P1 读取 R1
- Q1 读/写 R1 和 R2
- P2 读取 R2
- Q2 读取 R3

使用如下方式实现上述操作：（1）访问列表；（2）Multics 保护环；（3）权能列表。在每种情况下，给出每个主体完成任务必需的最小特权。

8. 在一个基于权能的系统中，有五个实体：A,B,D1,D2,D3.

（1）给出实体权能的图形化表示，使得下述操作可以执行。

- A 能够调用 B；
- B 能够读/写 D1 的数据；
- B 能够把对 D1 的权能给 D2；
- A 能够读/写 D1 的权能列表；
- A 能够读取 D3 的数据；

- B 能够读/写 D3 的数据。

（2）基于回答上一问所画的图回答下述问题。若答案是肯定的，给出完成任务的操作序列。

- D3 的数据能够进入 D1 吗？
- D3 的数据能够进入 D2 吗？
- D1 的数据能够进入 A 吗？
- D2 的数据能够进入 A 吗？

9. 考虑具有两个主体（S1,S2）和四个资源（R1、R2、R3、R4）的系统。

（1）按照 Bell-LaPadula 模型对主体赋予安全准许，对资源赋予分类级别，使得下述条件成立。

- S1 只能写入 R3 和 R4；
- S2 只能写入 R3。

（2）在（1）的赋值情况下，哪些主体可以读取哪些资源？

（3）修改赋值，使得 S1 不能读取 R4。

10. 假设在信息流的格模型中，安全等级集合 C={00,01,10,11}，定义流关系"→"和类别组合操作符，以构成下面四个可能的格。

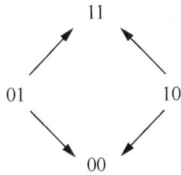
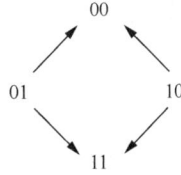

（1）　　　　　（2）　　　　　（3）　　　　　（4）

11. 给定安全等级集合 C={(XYZ)|X,Y,Z∈{0,1}}。需要构成与第 10 题相同的格，对每个格，给出流关系、类别组合操作符、下界和上界。

第六篇

综合案例

我们在第 1 章中提到，随着开源运动的兴起，操作系统进入了大发展时代，桌面端操作系统、移动端操作系统、云端操作系统和物联网设备操作系统已呈现百花齐放的局面。

本篇分析实际的操作系统案例，以帮助大家理解前面章节所述的概念和方法。我们详细讨论 Contiki 操作系统（第 11 章）和鸿蒙操作系统（第 12 章），选择它们的原因是：（1）它们是当前普遍使用的系统，有代表意义；（2）它们是开源操作系统，方便大家阅读或修改它们的源代码，以便更深入地理解和使用操作系统。

第11章 Contiki 操作系统

无线传感器网络由大量具有无线通信能力的微小传感器设备组成。传感器设备自主地组成网络，并通过该网络传输数据。传感器设备通常受到严重的资源限制。机载电池或太阳能电池板只能提供有限的电力。此外，物理尺寸小和单位设备成本低等要求限制了系统的复杂性。典型的传感器设备配备了 8 位微控制器，代码存储量在 100KB 左右，而随机访问存储器（Random Access Memory，RAM）不到 20KB。摩尔定律预测，这些设备在未来可以做得更小，更便宜。这意味着传感器网络可以在更大的范围内部署。为传感器设备设计操作系统的挑战在于设计轻量级机制和抽象，这些机制和抽象能够提供足够丰富的执行环境，同时又不受设备限制。

本章讲述的 Contiki 操作系统（以下简称 Contiki 系统）就是针对这种受限环境开发的操作系统。它能够动态加载和卸载单个程序和服务。其内核是事件驱动的，系统支持在每个进程上应用抢占式多线程。抢占式多线程被实现为一个库，它只与显式地需要多线程的程序链接。Contiki 系统是用 C 语言实现的，并且已经移植到许多微控制器架构上，包括 Texas Instruments 的 MSP430 和 Atmel AVR。本章首先概述 Contiki 系统及其主要特性，然后分别介绍它的内核架构、服务、运行时库、通信支持、抢占式多线程和无线编程等功能，最后讲述它的下一代系统 Contiki-NG 的架构特点、网络支持和应用示例。

11.1 系统概述

一个正在运行的 Contiki 系统由内核、库、程序加载器和一组进程组成。每个进程可以是应用程序或者服务，其中服务实现了多个应用进程所使用的功能。所有的进程，包括应用程序和服务，都可以在运行时被动态地替换。进程之间的通信总是通过内核进行，但内核并不提供硬件抽象层，而是让设备驱动程序和应用程序直接与硬件通信。

一个进程是由一个事件处理函数和一个可选的轮询处理函数定义的。进程状态保存在进程的私有内存中，内核只保留一个指向进程状态的指针。在嵌入式传感板（Embedded Sensor Board，ESB）平台上，进程状态占用 23 个字节。所有进程共享相同的地址空间，并不采用传统的保护域隔离机制。进程间的通信是通过发布事件完成的。

如图 11.1 所示，Contiki 系统包括两部分：核心和加载程序。分区是在编译时进行的，并且是针对部署环境的。通常情况下，核心由 Contiki 内核、程序加载器、语言运行时和支持库以及带有通信硬件设备驱动的通信栈组成。核心被编译成一个二进制镜像，在部署前预加载至设备中。核心在部署后一般不会被修改，但是可通过特定的引导装载器来更新或修补。

程序是由程序加载器加载到系统中的。程序加载器可以通过使用通信栈或直连的存储设备（如电可擦除可编程只读存储器，Electrically Erasable Programmable Read-Only Memory, EEPROM）来获得二进制程序。通常，要加载到系统中的程序首先存储在 EEPROM 中，然后再载入代码存储器中。

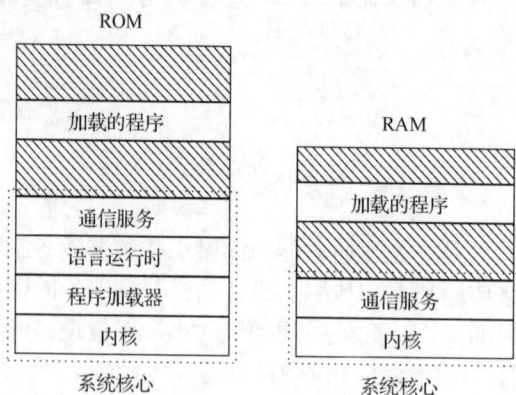

图 11.1　Contiki 系统的组成

Contiki 系统的主要特性如下。

（1）代码动态更新。无线传感器网络通常有数百甚至数千个节点。在为规模如此大的传感器网络开发软件时，能够动态下载程序代码到网络中是非常重要的。此外，正在运行的网络可能需要修补错误。一般来说，对传感器设备进行物理回收和重新编程是不可行的，需要原地更新机制。尽管许多在无线传感器网络中分发代码的方法已经被开发出来，但是，对于这些方法来说，减少网络通信中的数据传输量是很重要的，因为数据传输会消耗节点的很多能量。

大多数嵌入式操作系统需要构建完整的二进制映像，并下载到每个设备中。二进制映像包括操作系统核心、系统库和运行在系统之上的实际应用程序。相反，Contiki 系统能够在运行时加载和卸载单个应用程序或服务。单个应用程序通常比整个系统映像要小得多，因此在通过网络进行数据传输时需要更少的能量和更少的传输时间。

（2）良好的移植性。随着不同传感器平台数量的增加，目前可用的传感器平台携带完全不同的传感器和通信设备。人们希望有一个跨硬件平台、可移植的通用软件基础设施。众多传感器平台唯一的共同特征是 CPU 架构，它使用没有分段或内存保护机制的内存模型。程序代码存储在可重复编程的 ROM 中，数据存储在 RAM 中。Contiki 系统提供的唯一抽象是 CPU 复用和对可加载程序和服务的支持。由于传感器网络应用的特殊性，其他抽象最好以库或服务的形式实现，并提供动态服务管理的机制。

（3）事件驱动。在内存严重受限的环境中，多线程的操作模式往往会消耗大量的内存。每个线程都必须有自己的堆栈，由于很难事先知道一个线程需要多少堆栈空间，所以堆栈通常被超额配置。此外，每个堆栈必须在创建线程的时候分配。堆栈中包含的内存不能在并发的多个线程之间共享，而只能由分配给它的线程使用。此外，线程并发模型需要锁机制来防止并发线程修改共享资源。

为了在不需要每个线程堆栈或锁机制的情况下提供并发性，人们提出了事件驱动系统。在事件驱动系统中，进程被实现为事件处理程序，运行到完成为止。由于事件处理程序不能阻塞，所有进程可以使用相同的堆栈，并且所有进程之间可以共享稀缺的内存资源。另外，一般不需要锁机制，因为两个事件处理程序不会同时运行。

虽然事件驱动的系统设计已经被发现可以很好地用于许多类型的传感器网络应用，但它也有不足之处。事件驱动的编程模型对程序员来说可能很难管理。另外，并不是所有的程序都可以很容易地表达为状态机。例如，加密操作需要大量计算，在 CPU 受限的平台上需要几秒才能完成。在纯事件驱动的操作系统中，大量的计算会独占 CPU，使系统无法响应外部事件。如果操作系统是基于抢占式多线程的，这就不是问题了，因为长时间的计算可以被抢占。

为了结合事件驱动系统和抢占式多线程的优点，Contiki 系统使用了一种混合模型：该模型基于事件驱动内核，抢占式多线程被实现为应用库，可选地链接到显式需要它的程序。

11.2 内核架构

Contiki 系统的内核包含一个轻量级的事件调度器，该调度器向运行中的进程分配事件并定期调用进程的轮询处理程序。所有程序的执行都是由内核派发的事件或通过轮询机制触发的。一旦事件处理程序被调度，内核不会抢占它。因此，事件处理程序一定会运行到完成。然而，事件处理程序可以使用内部机制（抢占式多线程）来实现任务间的抢占。

内核支持两种类型的事件：异步事件和同步事件。异步事件是一种延迟的过程调用，各异步事件由内核排队，并在一段时间后被派发到目标进程。同步事件与异步事件类似，但它们会立即触发目标进程的调度。只有在目标进程完成对事件的处理后，控制权才会返回到调用进程。这可以被看作进程间的过程调用，类似于 Spring 操作系统中使用的门的抽象。

除了事件调度之外，内核还提供了一个轮询机制，作为在每个异步事件之间处理高优先级任务的手段。轮询被那些操作硬件的进程用来检查硬件设备的状态更新。在调度轮询时，内核将按优先级的顺序依次调用实现轮询处理程序的所有进程。

Contiki 系统内核使用一个共享堆栈来执行所有的进程。异步事件的使用减少了对堆栈空间的需求，因为堆栈在每次事件处理程序调用期间都要回退。

11.2.1 两层调度策略

在 Contiki 系统中，所有的事件调度都是在一个级别上完成的，事件之间不能相互抢占。事件只能被中断抢占。通常，中断是通过硬件中断实现的，但也可以使用底层实时执行程序实现。后一种技术曾用于为 Linux 内核提供实时保证。

为了能够支持底层的实时执行，Contiki 系统从不禁用中断。因此，Contiki 系统不允许中断处理程序发布事件，因为这将导致事件处理程序中的竞争条件。相反，内核提供了一个轮询标志，用于请求轮询事件。该标志为中断处理程序提供了一种请求立即轮询的方法。

11.2.2 可加载程序

可加载程序是使用运行时重定位函数实现的，该程序是一种包含重定位信息的二进制文件。当程序加载到系统中时，加载器首先根据二进制文件提供的信息尝试分配足够的内存空间。如果内存分配失败，程序加载将中止。在程序加载到内存之后，加载器调用程序的初始化函数。初始化函数可以启动或替换一个或多个进程。

11.2.3　电量节省

传感器网络中，在网络不活动时关闭节点是降低能量消耗的常用方法。节能机制依赖于应用程序和网络协议。Contiki 系统的内核不包含明确的节电抽象，但是让系统中特定于应用程序的部分实现这种机制。为了帮助应用程序决定何时关闭系统的电源，事件调度器公开了事件队列的大小。这个信息可以用来在没有事件调度时关闭处理器的电源。当处理器因中断而被唤醒时，轮询处理程序被调用以处理外部事件。

11.3　服务

在 Contiki 系统中，一个服务可以是一个进程，它可以实现可被其他多个进程使用的功能。一个服务可以被看作是一种共享库。服务在运行时可被动态替换，因此必须动态链接。服务的典型示例包括通信协议栈、传感器设备驱动程序和更高层次的功能，如传感器数据处理算法。

从设计角度看，服务由紧挨内核的服务层管理。服务层跟踪正在运行的服务，并提供一种寻找已安装服务的方法。每个服务由一个描述该服务的文本字符串来标识。服务层使用普通的字符串匹配技术来查询已安装的服务。

一个服务由一个服务接口和一个实现该接口的进程组成。服务接口由一个版本号和一个函数表组成，该表存放指向实现该接口的函数的指针。使用该服务的应用程序使用一个存根库来与该服务通信。存根库与应用程序相连，并使用服务层来寻找服务进程。一旦找到了一个服务，存根库就会缓存服务进程的进程 ID，并将这个 ID 用于所有后续请求。

如图 11.2 所示，应用程序通过服务接口存根调用服务，不需要知道某一特定功能是作为服务实现的。在第一次调用某个服务时，服务接口存根在服务层中执行服务查找。如果指定的服务在系统中存在，查找操作会返回一个指向服务接口的指针。服务接口中的版本号与接口存根的版本号会被检查是否一致。除了版本号之外，服务接口还包含指向所有服务函数实现的指针。函数的实现包含在服务过程中。如果服务存根的版本号与服务接口中的版本号一致，服务接口存根就会调用相应的服务函数。

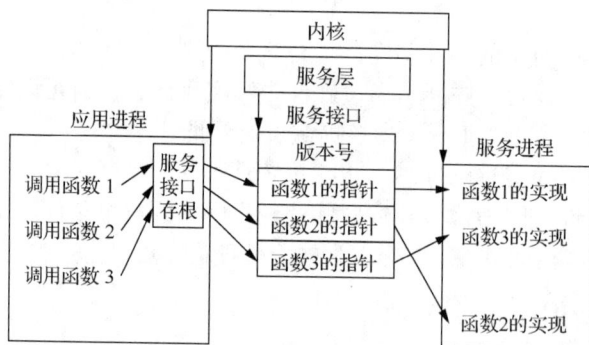

图 11.2　应用程序调用服务

像所有进程一样，服务可以在运行的 Contiki 系统中动态加载和替换。因为服务进程的 ID 是服务的标志符，所以如果服务进程被替换，保留进程的 ID 是至关重要的。出于这个原因，内核提供了特殊的机制来替换进程并保留进程 ID。

当一个服务要被替换时，内核通过向服务进程发布一个特殊的事件来通知该服务的运行版本。作为对该事件的回应，该服务必须从系统中删除自己。许多服务有一个内部状态，可能需要转移到新进程中。内核提供了一种方法来传递一个指针到新的服务进程，服务可以产生一个状态描述，并传递给新的进程。保存状态的内存必须从一个共享源中分配，因为当旧进程被移除时，进程内存会被删除。服务状态描述会被标上服务的版本号，因此同一服务的不兼容版本将不会尝试加载服务描述。

11.4 运行时库

Contiki 系统内核只提供最基本的 CPU 复用和事件处理功能。系统的其他功能是以系统库的形式实现的，以便与程序进行灵活链接。程序可以通过三种不同的方式与库链接。第一种方式中，程序可以与作为核心部分的库进行静态链接。第二种方式中，程序可以与作为可加载程序一部分的库进行静态链接。第三种方式中，程序可以调用实现特定库的服务，作为服务实现的库可以在运行时动态地替换。

通常，频繁使用的运行时库最好存放在 Contiki 系统核心中；相反，很少使用的或特定应用的库则更适合与可加载程序连接。作为核心的一部分的库总是存在于系统中，不需要包含在可加载程序的二进制文件中。例如，考虑一个程序使用 memcpy() 和 atoi() 函数分别复制内存和将字符串转换成整数。memcpy() 函数是一个经常使用的 C 库函数，而 atoi() 则不太经常使用。因此，在这个例子中，memcpy() 被包含在系统核心中，而不是 atoi()。当程序被连接以产生二进制文件时，memcpy() 函数将被连接到核心中的静态地址。然而，实现 atoi() 函数的目标代码必须包含在程序的二进制文件中。

11.5 通信支持

在 Contiki 系统中，通信被实现为一种服务，以实现运行时替换。将通信作为一种服务来实现，还可以同时加载多个通信栈。这样就可以在实验研究中评估和比较不同的通信协议。此外，如图 11.3 所示，通信栈可以被分割成不同的服务，以便运行时替换通信栈的各个部分。

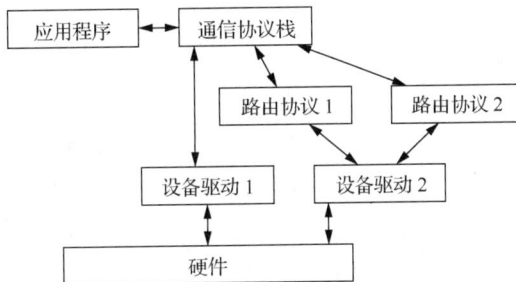

图 11.3 Contiki 系统通信栈

多个通信服务使用服务机制来互相调用，并使用同步事件与应用程序进行通信。因为同步事件处理程序需要运行到完成，所以可以使用一个缓冲区来进行所有的通信处理。使用这种方法，就不需要复制数据。设备驱动程序将传入的数据包读入通信缓冲区，然后使用服务机制调用上层的通信服务。通信栈处理数据包的头部，并向数据包目的地的应用程序发布一个同步事件。应用程序对数据包的内容进行处理，并在将控制权返回给通信栈之前，可选地在缓冲区中放入一个回复。通信栈把自身的头部预加到传出的数据包上，并把控制权返回给设备驱动程序，这样数据包就能被传送了。

11.6 抢占式多线程

在 Contiki 系统中，抢占式多线程是作为内核之上的一个库来实现的。那些明确需要多线程操作模式的应用程序可以选择与这个库链接。该库由两部分组成：一部分独立于平台，与事件内核交互；另一部分与平台相关，实现堆栈切换和抢占原语。通常，抢占是通过一个定时器中断来实现的，该中断将处理器寄存器保存到堆栈中并切换回内核堆栈。在将该库移植到不同平台时，实际需要重写的代码很少。例如，在 MSP430 微控制器上的实现只包括 25 行 C 代码。

与普通的 Contiki 进程不同，每个线程都需要一个单独的堆栈。该库提供了必要的堆栈管理功能。一个线程在它自己的堆栈中执行，直到它明确退出或被抢占。

如下代码展示了多线程库的应用编程接口。其中，以下四个函数可以从运行中的线程中调用，即 mt_yield(), mt_post(), mt_wait()和 mt_exit()；以下两个函数用来启动和运行线程，即 mt_start()和 mt_exec()。mt_exec()函数执行一个线程的实际调度，并从一个事件处理程序中调用。

```
mt_yield ();
运行的线程交出 CPU 使用
mt_post(id , event , dataptr);
运行线程发送一个事件
mt_wait(event , dataptr);
等待 event 事件
mt_exit ();
退出运行线程
mt_start(thread , functionptr , dataptr);
启动线程以执行给定的函数 functionptr
mt_exec(thread);
执行给定的线程直至它 yield 或被抢占
```

11.7 无线编程

开发者们为整个传感器网络的无线编程实现了一个简单的协议。该协议使用点对点通信将单个程序二进制文件传输到选定的集中器节点。二进制文件存储在 EEPROM 中，当接收到整个程序时，将其广播到相邻节点。当数据包丢失时，由邻居使用否定确认发出信号，由集中器节点进行修复。未来还可以实现更好的协议，如利用 Trickle 算法。

在开发一个具有 40 个节点的动态分布式报警系统的过程中，开发者同时使用了无线再编程和手动有线再编程的传感器节点。应用程序的目标代码大小约为 6kB，加上 Contiki 核心和 C 库，完整的系统大小接近 30KB。对一个单独的传感器节点进行再编程只需要 30 多秒。对具有 40 个节点的网络进行再编程至少需要 30min。相比之下，对应用的单个组件进行无线再编程只需大约两分钟。

11.8 代码大小和可移植性

用于受限设备的操作系统在代码大小和 RAM 使用方面都很紧凑，以便为运行在该系统上的应用程序留出空间。表 11.1 显示了 Contiki 系统为两种架构（Atmel AVR 和 Texas Instruments MSP430）编译的代码大小和 RAM 的占用情况，包括核心部件和一个示例应用程序。核心部件包括内核、服务层、程序加载器、多线程库和定时器库；示例程序是一个传感器数据复制器服务，包括服务的接口存根以及服务本身的实现。程序加载器目前只在 MSP430 平台上实现。

在代码大小方面，Contiki 系统比 TinyOS 大，但比 Mantis 系统小。由于提供的服务不同，Contiki 系统的事件内核明显大于 TinyOS 的事件内核。TinyOS 的事件内核只提供一个先进先出的事件队列调度器，而 Contiki 系统的内核同时支持先进先出的事件和有优先级的轮询处理程序。此外，与 TinyOS 相比，Contiki 系统的灵活性需要更多的运行时代码，TinyOS 可以在更大程度上进行编译时优化，进而减少代码大小。

内存需求取决于系统配置的最大进程数（p）、异步事件队列的最大尺寸（e），以及在多线程操作的情况下，线程堆栈的尺寸（s）。

表 11.1　编译代码的大小和 RAM 占用

模块	代码大小（AVR）/kB	代码大小（MSP430）/kB	RAM 占用
内核	1044	810	10+4e+2p
服务层	128	110	0
程序加载器	–	658	8
多线程库	678	582	8+s
定时器库	90	60	0
复制器接口存根	1829	8	4
复制器	1752	1558	200
合计	3874	3876	230+4e+2p+s

开发者们已经把 Contiki 系统移植到一些架构上，包括德州仪器公司的 MSP430、Atmel AVR、HitachiSH3 和 Zilog Z80。移植过程包括编写启动代码、设备驱动程序、程序加载器的架构相关部分以及多线程库的堆栈切换代码。内核和服务层不需要任何改变。在移植过程中，写完第一个 I/O 设备驱动程序后，就可以测试该移植是否工作。在公开的设备驱动程序的帮助下，Atmel AVR 的移植工作可以在几个小时内完成。Zilog Z80 的移植是在一天内完成的。开发者已经使用 Contiki 系统实现了一些传感器网络应用，如多跳路由、带有分布式传感器数据记录和复制的运动检测以及存在检测和通知。

11.9 从 Contiki 到 Contiki-NG

随着 Contiki 系统被广泛使用，它的一些不足开始出现。

- 支持的平台逐渐过时。Contiki 系统最初设计是面向 8 位和 16 位低功耗微控制器的，这些平台随着时间的推移已经过时了，基于 32 位 ARM Cortex-M 的设备和更复杂的低功耗模式成为新的标准。

- 对非标准协议的支持。随着无线传感器网络研究领域的不断发展，互操作性和标准变得越来越重要。除了符合标准的协议实现外，Contiki 代码库还包括一些较早的、实验性的、非标准的协议，例如 Rime 协议栈。

对遗留平台和非标准网络协议的支持，增加了系统维护的复杂性，阻碍了代码的进化。因此，研究人员于 2017 年 11 月首次发布了 Contiki-NG，目的是消除上述不足，以便系统更易维护和更快进化。Contiki-NG 主要愿景是专注于以下三个方面。

- 标准协议。Contiki-NG 支持的标准包括 IEEE 802.15.4 TSCH、6LoWPAN、6TiSCH、RPL、CoAP、MQTT 和 LWM2M。
- 支持更多的现代硬件平台。
- 通过最新开发实践、使用模拟和物理测试平台的持续集成以及安全测试技术，实现系统的可靠性和安全性。

第一个版本（v4.0）是 Contiki 系统的一个分支。除了上述操作系统高层的变化，Contiki-NG 还增加了新的配置和日志系统，新的轻量可靠的路由协议实现（RPL-Lite）以及网络管理工具。它对代码库进行了清理，删除了遗留的平台、协议和服务，以消除对未来发展的限制。所有的 Contiki-NG 版本及其更新日志都可以在对应开源网站上查看。

11.10 Contiki-NG 架构特点

Contiki-NG 主要针对 Arm Cortex-M 平台。官方资源库支持包括 Nordic Semi-conductor、NXP、OpenMote、德州仪器和 Zolertia 的硬件。所有这些硬件都由 Cortex-M3/-M4/-M0 芯片驱动。在主资源库之外，还有许多分支增加了对其他硬件的支持，例如，FIT IoTLab 测试平台使用意法半导体芯片驱动平台。

Contiki-NG 的定位与其他嵌入式设备的操作系统相同，如 RIOT、Zephyr、Arm Mbed、Apache Mynewt、TinyOS 和 FreeRTOS。并通过实现 TSCH、RPL-Classic 和 RPL-Lite，Contiki-NG 填补了低功率、IEEE 801.15.4 无线网状网络的空白。

广义上讲，Contiki-NG 的源码库可以分为两部分：与硬件无关的和与特定硬件有关的。前者是指操作系统中所有与硬件无关的组件的可移植、跨平台的实现，包括内核、软件定时器、数据结构库和网络协议。后者是指使操作系统在特定设备上工作所需的代码，由硬件组件的驱动程序组成，包括定时器、无线电接口和其他片上和片下的外设，如通用异步接收发送设备（Universal Asynchronous Receiver/Transmitter，UART）、串行外设接口（Serial Peripheral Interface，SPI）、互连电路（Inter-Integrated Circuit，I2C）、发光二极管（Light Emitting Diode，LED）和感应元件。为了增加对更多设备的支持，提高代码的可移植性，Contiki-NG 为常用接口定义了硬件抽象层（Hardware Abstract Layer，HAL），包括通用输入/输出（General Purpose Input/Output，GPIO）、SPI 和 I2C。这样，新平台的开发者只需实现明确定义的特定硬件 API 即可，而不需要设计新的编程接口。当实现了对某个新芯片的支持之后，增加对基于同一芯片的不同平台的支持只需要简单的配置。在 HALs 中，Contiki-NG 尽可能提供与平台无关的函数，可以用来访问硬件元素。例如，开发者可以使用 spi_transfer()向一个 SPI 外设发送一串字节；这个函数在所有实现了 SPI 和 HAL 的硬件平台上都有明确的行为。

11.11 Contiki-NG 网络支持

Contiki-NG 为受资源限制的无线嵌入式设备提供符合标准的、可靠的低功耗网络。图 11.4 展示了 Contiki-NG 网络栈的概况。

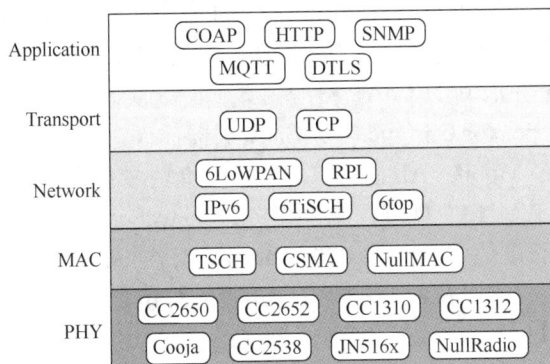

图 11.4　Contiki-NG 网络栈

1．TSCH 和 6TiSCH

分时隙信道跳频（Time-Slotted Channel Hopping，TSCH）是 IEEE 802.15.4-2015 标准中定义的一个介质访问控制（Media Access Control，MAC）层。其主要应用于工业物联网和其他需要高可靠性、低延迟和低能耗的场景。6TiSCH 是一套互联网工程任务组（Internet Engineering Task Force，IETF）标准，旨在为上述场景描述一个完整的支持 TSCH 的 IPv6 网络栈。Contiki-NG 支持 TSCH、IEEE 802.15.4e 的 TSCH 模式的 IPv6（6TiSCH）最小配置、6top 协议（6P）、RPL 以及 6TiSCH 的其他协议。Contiki-NG 的 TSCH 和 6TiSCH 实现已经在一些 IETF 互操作性事件中得到验证，并可以与其他实现（包括 OpenWSN）互操作。Contiki-NG 有两个 6TiSCH 调度功能：Orchestra 和 Minimal Scheduling Function（MSF）。Orchestra 是一个完全自主的调度功能，不需要任何信令流量来配置 TSCH 链路。MSF 使用 6P 进行 TSCH 链路分配，并使其调度适应流量变化。

2．RPL-Classic 和 RPL-lite

用于低功率和有损网络的路由（Routing Protocol for Low Power and Lossy Networks，RPL）是由 IETF RFC6550 定义的协议。简而言之，多个节点组成一个多跳的有向无环图（Directed Acyclic Graph，DAG）拓扑结构，路由可以向着根（沿着梯度）或任何其他节点（遵循路由表或通过源路由）。Contiki 系统在 2010 年就提供了最早的开放式 RPL 实现（RPL-Classic），它与 TinyOS 中分发的 RPL 版本兼容。Contiki-NG 采用了这个实现，并贡献了一个新的版本"RPL-Lite"。RPL-Lite 只保留了标准中选定的相关操作模式的子集，并对代码库进行了彻底的重构。因此，RPL-Lite 一次只支持一个 DAG，一个"RPL 实例"，并且只支持非存储的操作模式。这些选择最大限度地减少了网络中每个受限节点的状态维护量，使操作更加稳健。

3．支持组播

Contiki-G 内核提供一个 API 以支持 6LoWPAN 中的 IPv6 组播转发，该 API 允许轻松添加新的组播转发引擎。Contiki-NG 实现了一个符合标准的低功耗和有损网络的组播协议

（Multicast Protocol for Low-Power and Lossy Networks，MPL）。这是一个由 IETF 提出的组播转发协议。MPL 支持原 Contiki 系统采用的两个组播引擎：无状态组播 RPL 转发（Stateless MRF，SMRF）和增强型无状态组播 RPL 转发（Enhanced Stateless MRF，ESMRF）。

4．CoAP 和 LWM2M

受限应用协议（Constrained Application Protocol，CoAP）是一个类似于 HTTP 的应用层协议，但更适合资源受限的环境。Contiki-NG 的 CoAP 支持许多关键的 CoAP 功能，包括：①块传输，用于传输无法装入单个数据包的大型数据块；②CoAP 观察。开发者可以调用 API 在特定路径上注册新的 CoAP 资源。该 CoAP 实现与 libcoap 具有互操作性，也可与 Copper(Cu)和 Copper for Chrome (Cu4Cr)浏览器插件进行互操作。Contiki-NG 还支持开放移动联盟（Open Mobile Alliance，OMA）和轻量级机器到机器（Light Weight Machine-to-Machine，LWM2M）规范，支持纯文本、JavaScript 对象符号（JavaScript Object Name，JSON）和类型长度值（Type-Length-Value，TLV）数据格式。该实现支持带有预共享密钥的 LWM2M 安全模式以及用于配置安全的服务器和安全对象，并实现了 LWM2M "智能对象互联网协议"（Internet Protocol for Smart Objects，IPSO）。最初的 Contiki 系统支持 CoAP 和 LWM2M，但这两种实现都被 Contiki-NG 重新设计和开发。

5．MQTT

消息队列遥测传输（Message Queue Telemetry Transport，MQTT）是一个开放的发布/订阅协议。Contiki-NG 具有一个轻量级的 MQTT 的客户端实现，还提供了一个独立于平台的 MQTT 客户端实例，它可以与 Eclipse Mosquitto MQTT 以及 IBM Watson IoT 平台互通。

11.12　Contiki-NG 应用示例

下面我们介绍一个全网时间同步演示项目，目的是演示应用开发者如何使用 TSCH 提供的时间同步功能，以确定源节点发送数据包的时间与目的节点的接收时间之间的延迟，其中，目的节点也是网络时间源。这个例子如下方时间同步代码所示，虽然简单却展示了多个关键 API：Contiki-NG 进程的初始化（第 23-27 行）；等待定时器事件（第 31 行）；发送网络数据包（第 36 行）；数据包的接收（相应的函数原型显示在第 12 行）；以及应用层如何与路由和 TSCH 协议交互。

这个例子展示了 Contiki-NG 的很多高级功能。图 11.5 显示了 Contiki-NG 网络栈处理时间同步的一些细节。从传输和接收流量的角度来看，应用程序通过 simple_udp_register() 与传输层（在例子中是 UDP 实现）有一个直接的接口。然而，应用程序也有一个间接对 RPL 和 TSCH 的接口（图 11.5 中的虚线）。在前一种情况下，NETSTACK_ROUTING API 被用来确定设备在尝试传输之前是否已经成功加入网络。在后一种情况下，tsch_get_network_uptime_ticks()被用来检索准确的时间信息。

```
1   #include "contiki.h"
2   #include "net/ipv6/simple-udp.h"
3   #include "net/mac/tsch/tsch.h"
4   #include "lib/random.h"
5   #include "sys/node-id.h"
6   #define UDP_PORT 8765
7   #define SEND_INTERVAL (60 * CLOCK_SECOND)
8
9   PROCESS(node_process , "RPL Node");
```

```
10 AUTOSTART_PROCESSES (& node_process);
11 simple_udp_callback rx_callback;
12
13 PROCESS_THREAD(node_process , ev , data){
14   static struct simple_udp_connection udp_conn;
15   static struct etimer periodic_timer;
16   uip_ipaddr_t dst;
17
18   PROCESS_BEGIN ();
19   simple_udp_register (&udp_conn , UDP_PORT , NULL , UDP_PORT , rx_callback);
20   etimer_set (& periodic_timer , random_rand ());
21   if(node_id == 1) /* 以 root 权限运行吗? */
22     NETSTACK_ROUTING.root_start ();
23
24   /* 主循环 */
25   while (1) {
26     PROCESS_WAIT_EVENT_UNTIL(etimer_expired (& periodic_timer));
27     if(NETSTACK_ROUTING.node_is_reachable ())
28     && NETSTACK_ROUTING.get_root_ipaddr (&dst)) {
29     /* 发送网络运行时间的时间戳给网络根节点 */
30       uint64_t network_uptime = tsch_get_network_uptime_ticks ();
31       simple_udp_sendto (&udp_conn , &network_uptime , sizeof(uint64_t), &dst);
32     }
33     etimer_set (& periodic_timer , SEND_INTERVAL);
34   }
35   PROCESS_END ();
36 }
```

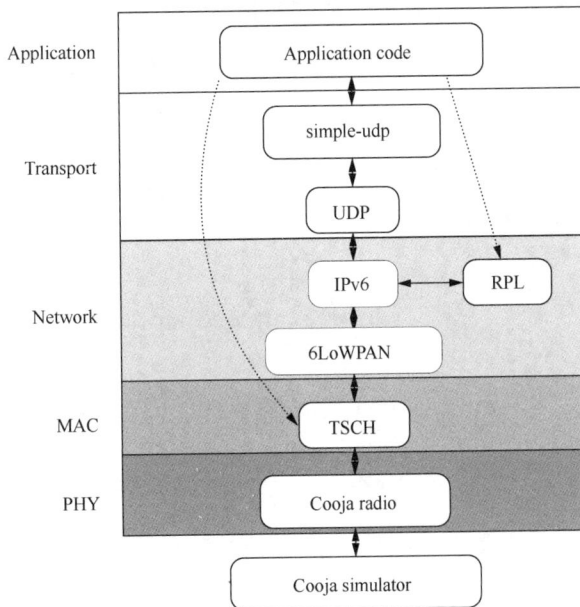

图 11.5　时间同步例子所用的网络栈

在接收路径上，根据网络栈的配置，数据帧接收要么通过中断来处理，要么通过轮询 TSCH RX 时隙内的无线电驱动器来处理。在前一种基于中断的操作情况下，中断是在架构相关的处理函数中处理的。对于作为片上系统组件的无线电，当一个帧被完全接收且没有错误时，一个专门的无线电中断就被触发。对于 SPI 无线电，帧接收会触发一个 GPIO 中断。相应的中断处理程序通常会轮询无线电驱动的主进程并立即返回，从而限制在中断环境中执行代码指令的时间。被轮询的无线电驱动进程随后在中断上下文之外被调用，从无线电硬件的缓冲器中读取帧并将其放入主 RAM 中，同时还有相关的帧接收属性，如接收信号强度指示器（Received Signal Strength Indicator，RSSI）。在 TSCH 场景下，无线电中断被禁用。使用 NETSTACK_RADIO API，独立于平台的 TSCH 实现在时隙运行期间，在正确的时间对无线电驱动器进行接收帧的轮询，从而确保 TSCH 所要求的时间准确性。帧被各个协议的实现所处理，因为它们被向上传递到网络栈中，而应用程序代码通过函数回调的方式得到通知。

11.13 习题

1. Contiki 系统既支持同步事件又支持异步事件，请解释原因。
2. Contiki 系统既支持事件又支持轮询，请解释原因。
3. 应用程序如何使用 Contiki 系统提供的服务？
4. Contiki 系统中的通信栈是如何实现的？
5. Contiki-NG 系统比 Contiki 系统支持了更多的通信协议，请列举说明。

第12章 鸿蒙操作系统

鸿蒙的字意为"万物起源"，同时也寓意国产操作系统的开端。2012 年，华为宣称"做终端操作系统是出于战略的考虑"，鸿蒙操作系统（Harmony Operating System，HarmonyOS）的概念首次出现在大众视野。2016 年 5 月，HarmonyOS 项目在华为公司软件部正式立项并开始投入研发。2019 年，华为正式发布 HarmonyOS 1.0。2021 年 6 月，系统升级到 HarmonyOS 2.0。11 月，华为宣布："HarmonyOS 已经实现了内核技术共享，未来将进一步在分布式软总线、安全 OS、设备驱动框架以及新编程语言等方面实现共享。通过能力共享，实现生态互通及云、边、端协同，更好地服务数字化全场景。"之后，HarmonyOS 新增网络、工具、文件数据、用户界面（User Interface，UI）、框架、动画图形及音视频七大类开源组件 769 个。2022 年 7 月，HarmonyOS 3.0 发布，终端数量超过 3 亿。各行各业应用都在积极适配 HarmonyOS，生态渐入佳境。2023 年 7 月，HarmonyOS 4.0 正式揭晓，在全球超过 220 万开发者的支持下，已经稳健发展成为了第三大智能终端操作系统。

本章首先概述 HarmonyOS 设计目标与实现特色，然后阐述系统架构及实现和开发生态，最后介绍其应用程序开发框架和开源社区。

12.1 设计目标与实现特色

12.1.1 设计目标

传统移动互联网经过十多年的发展，增长已趋于饱和。万物互联时代正在开启，多样化应用的设备基座将从几十亿手机扩展到数百亿物联网（Internet of Things，IoT）设备。新的场景同时也带来了新的挑战，新的操作系统不仅需要支持更加多样化的设备，还需要支持跨设备的协作。跨设备协作面临分布式带来的各种复杂问题，例如，跨设备的网络通信、数据同步等。不同设备类型意味着不同的传感器能力、硬件能力、屏幕尺寸、操作系统和开发语言，还意味着差异化的交互方式。

HarmonyOS 设计目标是实现全场景、全连接的智能化体验，可应用于智能灯具、智能家电、安防系统等智能家居场景；导航、音频、视频等车机系统娱乐场景；智能手表、智能眼镜等智能穿戴设备；医疗传感器和监测设备等智能医疗场景；多设备协同智能办公、智慧教育等场景。HarmonyOS 设计目标突出了以下几个方面。

- 全场景覆盖：提供一套适用于多种设备类型和应用场景的操作系统，包括智能手机、平板电脑、智能穿戴、车载系统、家居设备等。

- 分布式操作系统架构：采用分布式操作系统架构，通过微内核和多内核结合的方式，适应不同硬件平台的要求。
- 多设备协同：实现多终端协同，使用户体验更加流畅。通过分布式软总线的设计，使设备之间能够以服务的形式互相提供功能，降低系统耦合度，提高设备之间的交互灵活性。
- 生态整合：打造开放、共享的生态系统，为开发者提供丰富的工具链和组件，使其更轻松地开发应用程序，并促进应用生态的繁荣。
- 跨设备兼容性：适应从小型微处理器（Micro-Controller Unit，MCU）到中等嵌入式系统的各种硬件平台。从而在更加方便地移植和开发应用的同时，保持系统的高度可配置性。
- 高性能 IPC 与实时性：通过零拷贝技术和异步通信方式，提高了系统整体性能。
- 开放源码：源代码完全开放，支持 GNU 开发工具链。开发者能够自由访问和修改系统代码，基于开源的理念共同推动系统不断发展。

12.1.2 实现特色

HarmonyOS 是一款基于微内核的全场景分布式操作系统，实现了模块化耦合，对应不同设备可弹性部署。它具有以下四大特性。

- 分布式架构：HarmonyOS 的分布式操作系统架构和分布式软总线技术通过公共通信平台、分布式数据管理、分布式能力调度和虚拟外设四大能力，将相应分布式应用的底层技术实现难度对应用开发者屏蔽。分布式软总线是多种终端设备的统一基座，为设备之间的互联互通提供了统一的分布式通信能力，能够快速发现并连接设备，高效地分发任务和传输数据。
- 确定时延引擎和高性能进程间通信：HarmonyOS 通过确定时延引擎和高性能进程间通信（Inter-Process Communication，IPC）两大技术解决现有系统性能不足的问题。确定时延引擎在任务执行前分配执行优先级，优先级高的任务资源将优先保障调度，可使应用响应时延降低 25.7%。微内核结构使进程间通信性能大大提高，进程通信效率提升 5 倍。
- 可信执行环境：HarmonyOS 采用全新的微内核设计，微内核只提供最基础的服务，如多进程调度和多进程通信等，在内核之外的用户态尽可能多地实现系统服务。HarmonyOS 将微内核技术应用于可信执行环境（Trusted Execution Environment，TEE），通过形式化方法、模型验证等数学方法，验证所有软件运行路径，从源头验证系统正确无漏洞。
- 多终端集成开发环境可视化编程：HarmonyOS 通过多终端集成开发环境（Integrated Development Environment，IDE），多语言统一编译，分布式架构开发包，面向预览可视化编程，实现一次开发，多端部署，跨设备实现共享生态。

HarmonyOS 编译过程精妙地融合了其分布式操作系统特点与高性能设计。该过程允许开发者通过源码模块化选择，根据目标设备需求灵活裁剪系统。底层虚拟机（Low Level Virtual Machine，LLVM）编译器框架的运用优化了生成代码的效率。特有的分布式软总线在部署阶段确保设备之间协同工作，轻量级虚拟化技术使生成的代码适应不同硬件平台。HarmonyOS 为开发者提供了强大且可定制的工具链，为实现多设备协同应用提供了坚实基础。微内核架构将操作系统内核的基本功能划分为若干个小的、相对独立的服务，每个服务运行在独立的地址空间中，通过消息传递进行通信。这种设计模式使系统更加模块化，易于维护和扩展。

12.2 系统架构及实现

12.2.1 系统架构

HarmonyOS 从下向上分别是内核层、系统服务层、框架层和应用层，如图 12.1 所示。核心思想是在万物互联、万物智能时代，解决连接复杂、操控繁琐、体验割裂三大问题，并且从以设备为中心转换为以内容为中心（内容在各设备间自由流转），可用于手机、平板、大屏、个人计算机、汽车等各种不同的设备上。HarmonyOS 底层由 Linux 内核、Lite OS 等组成。

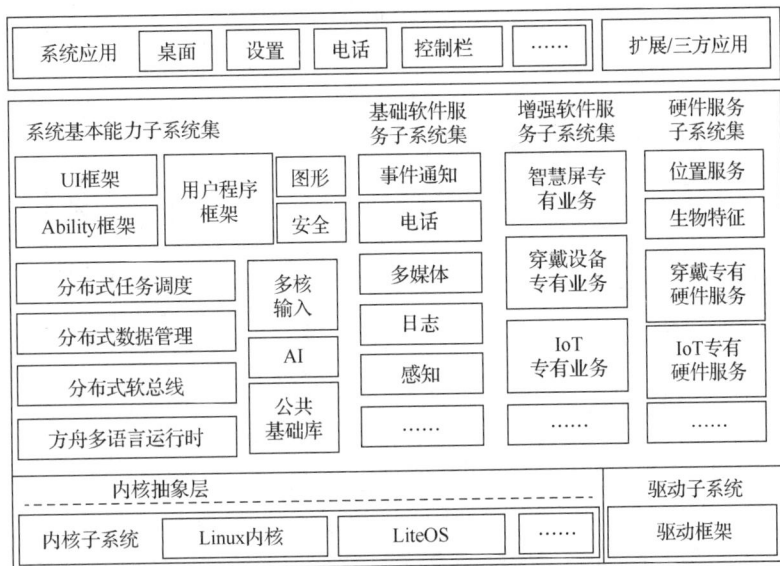

图 12.1 HarmonyOS 架构

12.2.2 内核层

内核层基于 Linux 系统设计，主要包括内核子系统、驱动子系统等。HarmonyOS 采用多内核设计，在编译期间针对不同资源和设备选用适合的 OS 内核。在源代码中，开发者通过配置文件，指定编译选项、硬件平台、模块开关等，来定制操作系统的构建过程。同时华为自研了方舟编译器 ArkCompiler，包含编译器、工具链和运行时等关键部件。ArkCompiler 利用 ArkTS（Harmony OS 应用开发语言）的静态类型信息，进行类型推导并生成对象描述和内联缓存，加速运行时对字节码的解释执行；AOT（Ahead-of-Time）编译器利用静态类型信息直接将字节码编译生成优化机器码，让应用启动即可运行高性能代码，提升应用启动和运行性能。内核抽象层（Kernel Abstract Layer，KAL）屏蔽多内核差异，对上层提供基础的内核能力，包括进程/线程管理、内存管理、文件系统、网络管理和外设管理等。

1. 内核子系统

（1）内核子系统框架

① LiteOS-M

LiteOS-M 对 LiteOS 进行了部分结构性调整，是面向物联网领域开发的一个基于实时内核的轻量级操作系统，包括不可裁剪的极小内核和可裁剪的其他模块。如图 12.2 所示，极小内核包含任务管理、内存管理、异常管理、系统时钟和中断管理等操作系统基础组件，可裁剪模块包括信号量、互斥锁、队列管理、事件管理、软件定时器等。通过支持 Tickless 机制、run-stop 休眠唤醒，定时器对齐，可以极大地降低系统功耗，更好地支持资源匮乏、算力不足的低功耗场景。LiteOS-M 当前适用于 cortex-m3、cortex-m4、cortex-m7、risc-v 芯片架构，是纯粹的实时操作系统（Real-Time Operating System，RTOS），通过 KAL 与上层服务匹配。

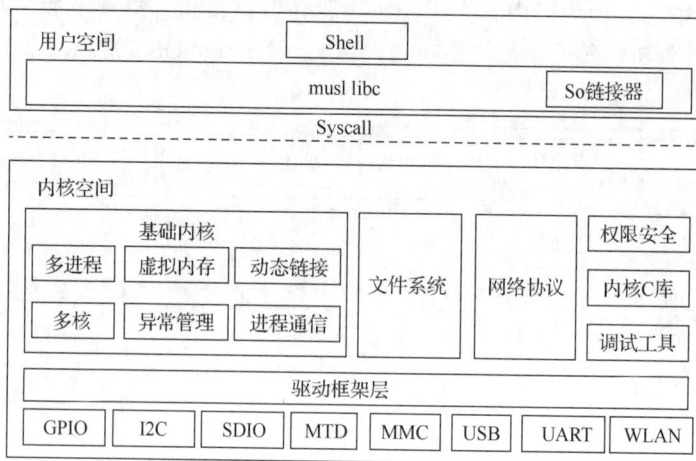

图 12.2　LiteOS-M 架构

② LiteOS-A

LiteOS-A 是基于 LiteOS 进行演进后的架构，LiteOS-A 对多进程、多核、虚拟内存、IPC 等重新进行封装，类似于 Linux，以简化内核实现。

LiteOS-A 相对于 LiteOS-M 增强了如下关键特性。

- 多进程：基于任务（task）进行封装，以支持较为简单的进程与线程调度（支持时间片和先来先服务调度）。
- 多核：全局链表、所有 CPU 共享，支持空闲轮询调度（不支持负载均衡），可支持亲和设置，可绑定核运行。
- 虚拟内存：使用内核静态映射以提升虚实转换效率（0-1G 为用户空间，1-4G 内核空间，减少了用户态进程页表项），用户态通过缺页异常按需获取内存。
- 动态链接：按需加载，多应用共享代码段，加载最小单元为页，符号绑定，支持立即和延时绑定，加载地址随机化，进程代码段、数据段、堆栈段地址随机化。并且支持运行标准可执行可链接文件（Executable Linkable File，ELF）。
- 进程间通信（IPC）：支持标准的 POSIX 进程间通信，如 Mqueue，pipe，fifo.signal。同时添加了 Lite IPC（类似于 Android binder，且更为简单），ROM 和 RAM 占用不超过 30KB，达到轻量，基于白名单控制的服务访问权限，提升安全性，通过内存映射实现单次拷贝，实现高效。
- 系统调用：通过 MUSL C 库实现系统调用，支持 syscall API 和虚拟共享动态对象（Virtual Dynamic Shared Object，VDSO）API。VDSO 是减少系统调用开销的方式，Linux 也支持这一功能。保证服务与内核分离，并且服务和应用不能随意访问内核。

- 权限管理：进程粒度的权限划分与管理，完成 DAC 访问控制，以完成进程 UID 的配置，灵活划分文件资源归属与管控，提供 UGO（user,group,other）的权限分配，满足基本的文件共享需求和 Posix 规范。
- 虚拟文件系统：VFS 管理根目录，挂载点内目录由文件系统管理。通过 BCache 和 PCache 提升文件系统读写速度。
- POSIX 标准库：基于 Musl C 的 posix 标准库，当前支持 1000+ 的标准 Posix 接口。用户态使用全量 Musl，C++ 使用 libC++，内核使用部分 Musl。

③ Linux

HarmonyOS 基于 Linux4.19 版本内核，添加如下功能。

- CVE 补丁：主要涉及存储（btrfs/scsi）、网络（net/bpf/mwifiex）、驱动（xen/nfc）。
- OpenHarmony 特性：支持 HDF 驱动、binder ipc 转发功能等特性。
- 特定芯片架构驱动补丁：如 Hi 3516DV300。

（2）内核调度子系统

从系统角度看，进程是资源管理单位，HarmonyOS 进程模块是系统资源管理的核心，为用户提供了多个进程，实现了进程之间的切换和通信，采用抢占式调度机制，支持时间片轮转实时调度方式（SCHED_RR）和先到先服务实时调度机制（SCHED_FIFO），设有 32 个优先级。用户态进程可配置的优先级从最高优先级 10 到最低优先级 31 共有 22 个。每个用户态进程拥有独立的进程空间，进程间相互隔离，由内核态创建的 init 根进程使用 fork 创建其他用户态进程，确保系统的稳定性和安全性。如图 12.3 所示为 HarmonyOS 进程状态和调度过程。

① 当进程被创建时，进程被分配一个控制块，进入 Init 状态，表示进程正在初始化阶段。当进程完成初始化后，插入进程调度队列，等待被调度执行，进程状态从 Init 态到 Ready 态。

② 发生进程切换时，Ready 列表中最高优先级的进程被执行，进入 Running 态。若该进程无其他线程处于 Ready 态，则将该进程从 Ready 列表删除，只处于 Running 态；若该进程还有其他线程处于 Ready 态，则该进程 Ready 态和 Running 态共存。

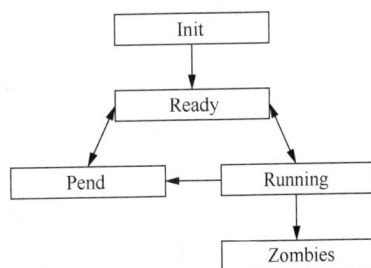

图 12.3　HarmonyOS 进程调度

③ Running 态进程内所有的线程均处于 Pend 态时，进程在最后一个线程转为 Pend 态时，同步进入 Pend 态，然后发生进程切换，从 Running 态转为 Pend 态。

④ Pend 进程内的任意线程恢复 Ready 态时，进程被加入到 Ready 列表，同步转为 Ready 态，若此时发生进程切换，则进程状态由 Ready 态转为 Running 态。

⑤ 进程内的最后一个 Ready 态线程处于 Pend 态时，进程从 Ready 列表中删除，进程由 Ready 态转为 Pend 态。

⑥ 进程由 Running 态转 Ready 态的情况有以下两种：

- 当更高优先级的进程被创建或者恢复后，发生进程调度，Ready 列表中最高优先级进程变为 Running 态，原运行的进程由 Running 态变为 Ready 态；
- 若进程的调度策略为 SCHED_RR，且存在同一优先级的另一个进程处于 Ready 态，则该进程的时间片耗完后，该进程由 Running 态转为 Ready 态，另一个同优先级的进程由 Ready 态转为 Running 态。

⑦ 进程的主线程或所有线程运行结束后，等待父进程回收资源，进程从 Running 态到

Zombies 态。

（3）内核信号量子系统

信号量（Semaphore）是一种实现任务间同步或共享资源互斥访问的通信机制。用作同步时，初始信号量计数值为 0，若任务 1 获取信号量而阻塞，直到任务 2 或者某中断释放信号量，任务 1 才会进入 Ready 或 Running 态，从而达到了任务间的同步；用作互斥时，初始信号量计数值不为 0，而是可用的共享资源个数，则系统先获取信号量，使用一个共享资源，然后使用完毕释放信号量。若共享资源被取完，信号量技数减少到 0，其他需要获取信号量的任务将被阻塞，从而保证共享资源的互斥访问。

HarmonyOS 的信号量结构体定义如下。

```
typedef struct {
    UINT8 semStat;              // 信号量的状态
    UINT16 semCount;            // 有效信号量的数量
    UINT16 maxSemCount;         // 有效信号量的最大数量
    UINT32 semID;               // 信号量索引号
    LOS_DL_LIST semList;        // 等待信号量的任务队列，任务通过阻塞节点挂上去
} LosSemCB;
```

信号量子系统的主要操作如下。

① 信号量初始化：为用户配置的 N 个信号量申请内存，把所有信号量初始化成未使用，加入未使用链表中。

② 信号量创建：从未使用链表中获取一个信号量，设定初始值。

③ 信号量申请：若计数器值大于 0，则直接减 1 返回成功。否则任务阻塞，等待其他任务释放该信号量。当任务被一个信号量阻塞时，将该任务挂到信号量等待任务队列的队尾。

④ 信号量释放：若没有任务等待该信号量，则直接将计数器加 1 返回。否则唤醒该信号量等待任务队列上的第一个任务。

⑤ 信号量删除：将正在使用的信号量置为未使用信号量，并挂回到未使用链表。

（4）内核内存子系统

内存管理单元（Memory Management Unit，MMU）是一种硬件模块，用于在 CPU 和内存之间将虚拟地址转换为物理地址，实现虚拟内存管理，同时提供访问权限控制和缓存管理等功能。HarmonyOS 使用虚拟内存技术为每个进程提供独立的地址空间，通过隔离进程之间的内存，提高系统的稳定性和安全性。HarmonyOS 内核进程和内核动态分配两个内核空间共用一张 L1 页表，提高了内存管理效率，虚拟内存布局如图 12.4 所示。

从代码角度来看，HarmonyOS 内核空间包含以下地址表示的各段。

```
extern CHAR __int_stack_start;  // 运行系统函数栈的开始地址
extern CHAR __rodata_start;     // ROM 开始地址只读
extern CHAR __rodata_end;       // ROM 结束地址
extern CHAR __bss_start;        // bss 开始地址
extern CHAR __bss_end;          // bss 结束地址
extern CHAR __text_start;       // 代码区开始地址
extern CHAR __text_end;         // 代码区结束地址
extern CHAR __ram_data_start;   // RAM 开始地址可读可写
extern CHAR __ram_data_end;     // RAM 结束地址
extern UINT32 __heap_start;     // 堆区开始地址
extern UINT32 __heap_end;       // 堆区结束地址
```

IO设备未缓存 PERIPH_PMM_SIZE	0xFFFFFFFFU
	外围设备未缓存基地址 PERIPH_UNCACHED_BASE
IO设备缓存 PERIPH_PMM_SIZE	外围设备缓存基地址 PERIPH_CACHED_BASE
IO设备 PERIPH_PMM_SIZE	外围设备基地址 PERIPH_DEVICE_BASE
Kernel Heap 128M	内核动态分配开始地址 VMALLOC_START
DDR_MEM_SIZE	未缓存虚拟空间基地址 UNCACHED_VMM_BASE
内核虚拟空间 KERNEL_VMM_SIZE .bss .rodata .text	
	内核空间开始地址 KERNEL_ASPACE_BASE=KERNEL_VMM_BASE
16M预留区	用户空间栈顶 USER_ASPACE_TOP_MAX=USER_ASPACE_BASE+USER_ASPACE_SIZE
用户空间 USER_ASPACE_SIZE 用户栈区（stack） 映射区（mmp） 堆区（heap） .bss .data .text	
16M预留区	用户空间开始地址 USER_ASPACE_BASE
	0x00000000U

图 12.4　HarmonyOS 虚拟内存布局

HarmonyOS 采用了 Linux 的段管理方式:

- 以符号开始的块（block by smybol segment, bss segment）指用来存放程序中未初始化全局变量的内存区域;
- 数据段（data segment）用于存储初始化的全局变量;
- 只读常量区（.rodata）用于存储只读常量数据;
- 代码段（text segment）用于存放程序代码;
- 栈段（stack segment）由系统负责申请和释放，用于存储函数参数、局部变量、函数执行等;
- 堆段（heap segment）由用户负责申请和释放，申请时分配虚拟内存，存数据时分配相应物理内存，释放时先释放虚拟内存，物理内存可能被重复利用。
- 页（Page）是内存映射的最小单位，是从物理地址到虚拟地址映射的基础，下面介绍 HarmonyOS 的虚拟内存页的初始化过程。

```
1  void OsVmPageStartup ()
2  {
3    struct VmPhysSeg *seg = NULL; // 指向物理内存段结构体指针, 初始化为 NULL
4    LosVmPage *page = NULL;       // 指向虚拟内存页结构指针, 初始化为 NULL
5    paddr_t pa;                   // 存放物理地址变量
6    UINT32 nPage;                 // 存放页数变量
7    INT32 segID;                  // 遍历物理内存段的索引变量
8    // 校正 g_physArea size
```

```
9    OsVmPhysAreaSizeAdjust(ROUNDUP (( g_vmBootMemBase - KERNEL_ASPACE_BASE),
         PAGE_SIZE));
10
11   // 得到g_physArea 总页数
12   nPage = OsVmPhysPageNumGet ();
13   // 页表总大小
14   g_vmPageArraySize = nPage * sizeof(LosVmPage);
15   // 申请页表存放区域
16   g_vmPageArray = (LosVmPage *) OsVmBootMemAlloc(g_vmPageArraySize);
17   // g_physArea 变小
18   OsVmPhysAreaSizeAdjust(ROUNDUP(g_vmPageArraySize , PAGE_SIZE));
19   // 段页绑定
20   OsVmPhysSegAdd ();
21   // 加入空闲链表和设置置换算法, 最近最久未使用(LRU) 算法
22   OsVmPhysInit ();
23
24   for (segID = 0; segID < g_vmPhysSegNum; segID ++) {
25     seg = &g_vmPhysSeg[segID];
26     nPage = seg ->size >> PAGE_SHIFT;
27     for (page = seg ->pageBase , pa = seg ->start; page <= seg ->pageBase + nPage;
28            page++, pa += PAGE_SIZE) {
29         // page 初始化
30         OsVmPageInit(page , pa , segID);
31     }
32     // 页面分配的排序
33     OsVmPageOrderListInit(seg ->pageBase , nPage);
34   }
35 }
```

这段代码展示了 HarmonyOS 一个虚拟内存页的初始化过程, 包括分配存储页表的内存空间、将物理内存段与页表相关联、初始化空闲链表和页面置换算法, 以及对每个物理内存段中的每一页进行初始化。

2. 驱动子系统

HarmonyOS 驱动框架（HDF）是为硬件生态开放而设计的基础组件, 主要功能包括提供统一的外设访问能力和驱动开发、管理框架。一般情况下, HDF 部署在操作系统的内核态, 通过静态链接方式与内核子系统一起编译并打包成系统镜像。HDF 通过平台解耦和内核解耦的方式, 实现了对不同内核的兼容性, 并提供统一的平台底座, 使开发者能够在不同系统上完成驱动的一次开发和多系统部署的目标。

（1）驱动框架交互流程

如图 12.5 所示, 发布设备服务后, 在 VFS 创建固定的目录或者设备节点, 并且通过硬件设备接口（HDI）进行抽象。

（2）HDF

HDF 主要由驱动基础框架、驱动程序、驱动配置文件和驱动接口这四个部分组成。用于支持 HDF 统一驱动的开发、加载生效或者卸载。HDF 以组件化的驱动模型作为核心设计思路, 为开发者提供更精细化的驱动管理, 让驱动开发和部署更加规范。HDF 将一类设备驱动放在同一个驱动容器（host）里面, 也可以将驱动功能分层独立开发和部署, 支持一个驱动多个设备节点（node）, HDF 模型如图 12.6 所示。

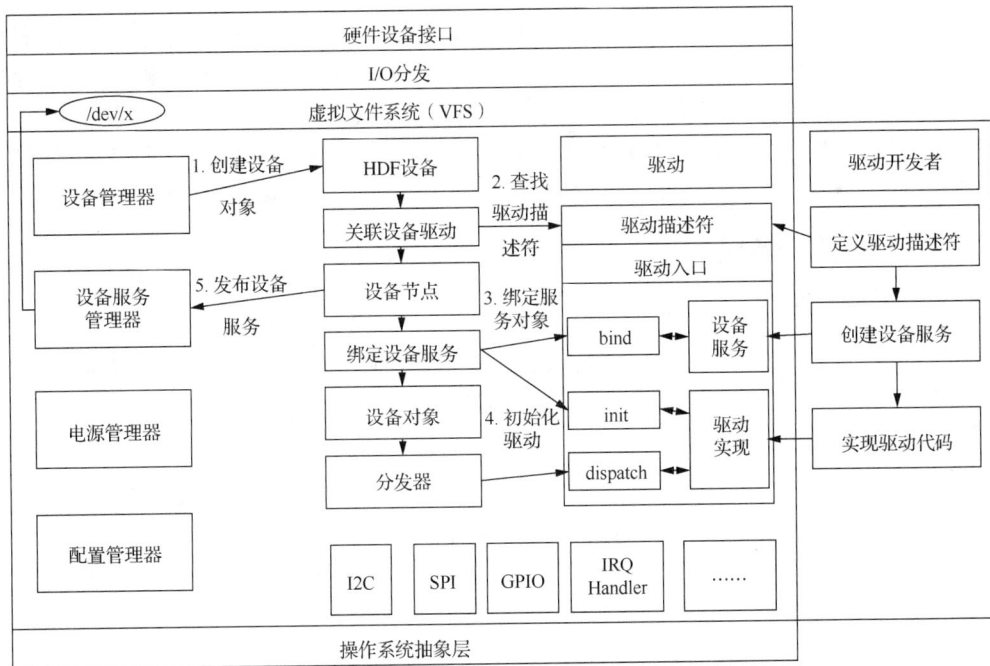

图 12.5 驱动框架流程

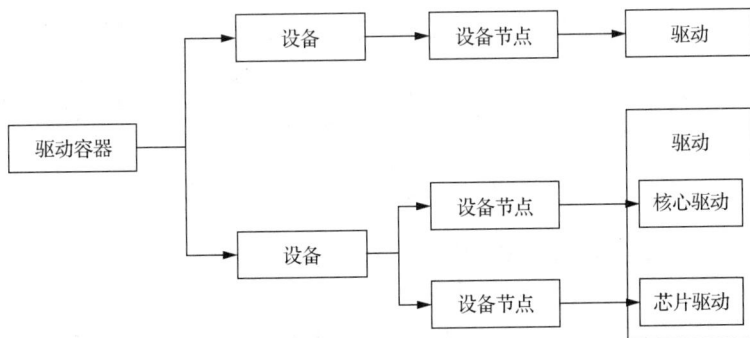

图 12.6 HDF 驱动模型

3. 硬件抽象层

硬件抽象层（Hardware Abstract Layer，HAL）向下屏蔽了硬件的实现细节，向上提供了抽象接口，是底层硬件和上层框架直接的接口，框架层通过 HAL 可以操作硬件设备。HAL 包含多个库模块，其中每个模块都为特定类型的硬件组件实现一个界面，例如音频模块、蓝牙模块、相机模块、传感器等。当框架 API 要求访问设备硬件时，系统将为该硬件组件加载库模块。

（1）支持的处理器架构

HarmonyOS 支持的 CPU 种类非常多样化，包括华为麒麟（Kirin）系列芯片、高通骁龙（Snapdragon）系列芯片、联发科天玑（Dimensity）系列芯片等。此外，HarmonyOS 还支持多种不同的 CPU 架构，包括 ARM 架构、MIPS 架构、RISC-V 架构等。因此，HarmonyOS 可以在多种硬件平台运行，且可以适应不同的设备类型和应用场景。

（2）硬件兼容性与标准接口

HAL 层提供了一套标准接口，定义了通用的硬件访问方法和函数，开发者可以通过这些接口与硬件设备进行交互，无须关注硬件的实现细节。HAL层屏蔽了底层硬件的差异性，使应用程序可以在各种硬件平台上稳定运行，非常容易适配，简化了应用程序开发和维护工作。HAL层采用模块化设计，将不同类型的硬件设备按功能模块划分，每个模块负责管理特定类型的硬件设备，如网络模块、存储模块、输入输出模块等，具有良好的扩展性和灵活性，可以轻松支持新的硬件设备类型或功能，提高了系统的可移植性。

12.2.3 系统服务层

1. 分布式软总线

分布式软总线从逻辑架构上将分布式通信抽象为由四个部分组成的业务模型：发现、连接、组网和传输。如图12.7所示，这四个部分在整个软总线业务逻辑中分工合作，通过构筑分布式通信框架，达成分布式软总线通信的目标。

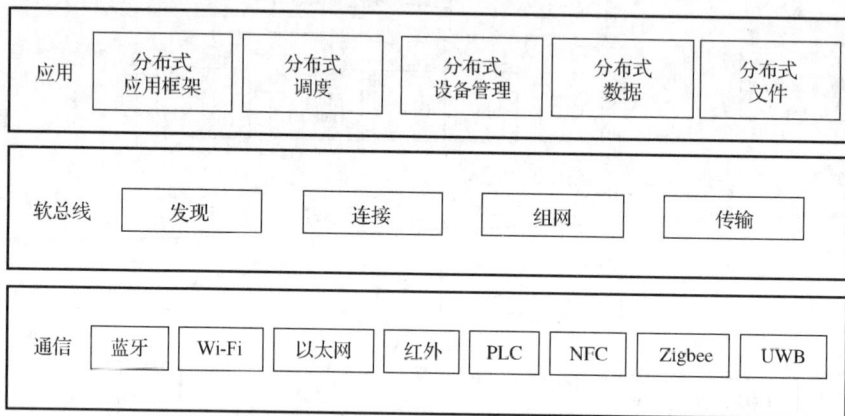

图 12.7　HarmonyOS 分布式软总线

（1）通过分布式软总线的发现技术，发现周边的分布式设备。设备既可以是发现方，又可以是被发现方，支持通过 Wi-Fi、蓝牙、以太网等不同的媒介发现设备，支持根据不同设备的能力选择合适的发现媒介，支持根据设备特点和业务需求提供合适的发现频次、扫描周期等发现策略。

（2）通过分布式软总线的连接技术，连接周边的分布式设备。分布式软总线根据分布式设备的能力和业务需求，选择合适的通信媒介和最恰当的连接技术，建立通信链路，为后续的组网和传输提供基础能力。

（3）通过分布式软总线的组网技术，将不同能力、不同特征的分布式设备组成一张网络，使设备分布式网络不局限于单一的或者一对一的连接关系，而是将全场景下涉及的设备组成一个动态网络。在网络中，每个设备的通信能力、业务能力都可以得到有效的管理。当业务需要时，分布式软总线的网络可以随时提供业务需要的设备能力信息，也可以为业务通道的建立提供支撑。

（4）通过分布式软总线的传输技术，为分布式业务提供业务数据的传输能力。对业务数据和服务质量（Quality of Service，QoS）要求进行抽象，并根据网络负载和设备能力为业务提供合适的传输技术。既保证单业务的通信诉求，又保证整个分布式网络内多业务的传输质量。

分布式软总线是"超级虚拟设备"的基础，为"1+8+N"设备的无缝互联提供统一的分布式通信能力。应用该技术，可以快速发现和连接设备，并可以高效地传输程序和数据。分布式软总线提供安全可靠的设备内和设备间通信能力，具有高带宽、低延迟、低功耗的特点。分布式软总线具有任务总线、数据总线和总线中心三大功能。任务总线负责将应用程序快速分发到多个设备上。数据总线在设备之间高性能地分配和同步数据。总线集线器可以用于协调和控制、自动发现和组网以及维护设备之间的拓扑关系。

2．终端分布式技术

分布式技术是软件领域中的一个基本概念。核心思想是使用一组独立的计算机，使用户认为是一个统一的整体，就像一个系统。这些计算机能够共享状态并且可以执行并发操作。单个节点的故障不会影响整个系统的正常运行。基于这一理念，HarmonyOS 提出了面向终端设备的分布式技术。通过连接多个设备，这些设备上的各种硬件资源可以协同工作，软件服务可以从一台设备迁移到另一台设备，为用户提供统一的"超级虚拟设备"体验。终端分布式技术具有以下四个技术特点：

- 硬件协作、资源共享；
- 多设备认证和分布式安全；
- 一次性开发、多设备部署；
- 统一操作系统，弹性部署。

3．分布式设备虚拟化

分布式设备虚拟化技术是将一个硬件设备的外设虚拟化为可以在另一个设备上使用的资源的关键技术。该技术将硬件设备变成多个外设资源池，可供多个设备共享。例如，手机可以使用智慧屏的摄像头，智慧屏可以使用手机的 AI 能力。分布式设备虚拟化技术包括两个关键技术：设备虚拟化和音视频同步。设备虚拟化允许像本地功能一样使用远程外围功能。音视频同步保证了两个设备之间音视频传输的低延迟。

4．分布式数据管理

分布式数据管理服务为应用程序提供了将数据库数据分布在不同设备之间的能力。应用程序通过调用分布式数据接口，将数据保存到分布式数据库中。分布式数据服务通过账户、应用程序和数据库对应用程序进行隔离，保证一个应用程序中的数据不能被另一个应用程序通过该服务访问。分布式数据服务支持可信、认证设备之间的应用数据同步，提供多设备一致的数据访问体验。HarmonyOS 提供的系统级数据同步功能可以大大简化应用程序的开发。分布式数据管理的典型应用场景包括图库、消息、联系人、文件管理器等应用数据在设备间的同步、共享和搜索。

12.2.4　框架层

HarmonyOS 的框架层为应用开发提供多语言的用户程序框架和 Ability 框架，还提供 Java UI 框架和 JS UI 框架等多种 UI 框架和软硬件服务的 API。根据系统组件化裁剪程度的不同，HarmonyOS 支持的 API 也有所不同。开发者可以根据目标设备的特性和需求选择合适的 API 和框架来进行应用程序的开发，实现更好的兼容性和性能优化。HarmonyOS 的框架层设计灵活，为开发者开放了各种软硬件服务的 API，可以使用 Java、C、C++、JS 等多种编程语言进行应用程序的开发，轻松地访问设备功能和服务，满足了不同场景和应用需求。

12.2.5　应用层

HarmonyOS 的应用层包括系统应用和第三方非系统应用。每个应用由一个或多个特征能力（Feature Ability，FA）或粒子能力（Particle Ability，PA）组成。其中，FA 具有用户界面（User Interface，UI），提供与用户交互的能力；而 PA 则没有 UI，负责后台运行任务和提供统一的数据访问抽象。通过组合 FA 和 PA，开发者能够实现特定的业务功能，支持跨设备调度与分发，为用户提供一致、高效的应用体验。

1．系统应用

系统应用是 HarmonyOS 的核心组成部分，负责系统级别的任务和功能，包括系统设置、系统管理工具、基础服务等。系统应用具有较高的系统权限，能够直接访问系统底层资源和执行关键操作，确保系统的正常运行和管理，包含了设备的关键功能，如网络设置、固件更新、权限管理等，直接影响设备的整体性能和用户体验。

- 系统设置：提供用户对设备进行个性化设置的功能，包括语言、时区、显示亮度等。
- 文件管理器：允许用户管理设备上的文件和目录，进行复制、移动、删除等操作。
- 系统更新：管理系统的升级和更新，确保设备能够获取最新的功能和安全补丁。

2．扩展/三方应用

应用由一个或多个 FA 或 PA 组成，提供了丰富的开发模型。基于 FA/PA 的应用支持跨设备调度与分发，用户可以在不同设备上使用相同的应用，并实现一致的用户体验。开发者可以使用 FA/PA 模型实现特定的业务功能，创造如下个性化的应用。

- 社交应用：利用 FA 提供的 UI，用户可以进行社交，而 PA 负责后台任务，如消息推送和数据同步。
- 智能家居控制应用：提供用户界面来控制家居设备，同时 PA 在后台进行设备状态监测和智能调度。
- 数据统计应用：PA 负责后台数据收集与分析，而 FA 提供用户友好的数据可视化界面。

12.3　HarmonyOS 生态

1．多设备兼容

HarmonyOS 以分布式为设计核心，支持多设备之间协同工作，使得用户能在不同类型的设备上共享数据和任务，实现无缝的设备互联，为开发者提供一致的开发框架，使用相同的代码库构建适用于多设备的应用。同时，HarmonyOS 引入了方舟多语言运行时，支持C/C++/JS 等多种编程语言，使开发者能更便捷地在多设备上开发和部署应用。

2．卡片式应用

HarmonyOS 应用采用了 FA/PA 架构。在这种架构中，FA 负责提供卡片式的 UI，使应用可以灵活地适配不同设备的屏幕尺寸和分辨率，用户可以在各种设备上拥有一致、友好的界面体验；PA 在应用中扮演着后台任务处理、数据访问和服务提供等角色，为应用的功能实现和多设备协同提供了支持。同时，基于 FA/PA 的架构使应用能够跨设备调度，保持用户在不同设备的应用状态同步，为用户提供更加便捷和连贯的应用体验。

3．分布式软总线

HarmonyOS 利用分布式软总线技术实现了设备之间的高效通信，确保实时数据传输和共享能力，为用户提供了无缝的设备体验。软总线的底层协议栈设计高效、稳定灵活，确保数据传输的低延迟和高吞吐量，为分布式应用提供了可靠的基础支持，使不同设备上的应用能够实时交换数据、共享资源，实现协同工作和协同处理任务。

4．通信安全

HarmonyOS 采用安全内核和硬件隔离技术，提供高度安全的操作环境，有效防范恶意攻击，保护用户隐私和数据安全。通过隔离安全内核和硬件，HarmonyOS 确保设备系统和关键数据得到有效保护，防止未经授权的访问和恶意软件的入侵。此外，HarmonyOS 支持分布式通信的加密传输，确保在设备之间传输的数据经过加密处理，提高了通信的安全性，有效防范了中间人攻击等威胁，从而为用户提供了更可靠的使用体验。

12.4 应用程序开发框架

1．应用程序模型与组件

FA 提供了应用程序的前台能力，负责用户交互和 UI 展示。每个 FA 都可以独立运行，实现应用的一个功能点，如一个页面或一个模块。PA 是无 UI 的后台能力，负责处理后台任务和数据访问。PA 能够被多个 FA 共享，确保数据同步和共享的一致性。应用程序可以根据不同设备的屏幕尺寸、分辨率等特征进行适配，保证用户在不同设备上获得一致的用户体验。HarmonyOS 支持组件化开发，允许开发者将应用拆分为独立的组件，每个组件都可以包含自己的 FA 和 PA。组件化设计有助于提高代码的复用性和模块化管理。组件之间可以通过分布式能力进行通信，实现不同组件的数据交互和协同工作，从而构建更加复杂和功能更多的应用。

2．开发工具链与SDK

HarmonyOS 主要的开发工具是 DevEco Studio，它提供了丰富的可视化编辑器和调试工具，简化了应用的开发和调试流程。同时提供了一系列命令行工具，开发者可通过命令行构建、调试和部署应用。HarmonyOS 的 SDK（Software Development Kit，软件开发工具包）包含了方舟多语言运行时，支持 C/C++/JS 等多语言的开发，方便开发者使用熟悉的编程语言进行应用程序的开发。它还提供分布式编程框架，使开发者能构建跨设备的应用，统一管理和调度分布式应用的各个部分。

12.5 开源社区

HarmonyOS 社区汇聚了来自世界各地的众多开发者和贡献者，致力于推动 HarmonyOS 的开发和创新。截至 2023 年，鸿蒙社区已经成为一个充满活力和多样性的社群，涵盖了行业巨头、学术界专家以及其他热衷的开发者。鸿蒙社区吸引了大公司（如华为、腾讯、中兴）以及其他中小企业的代码贡献。此外，华为合作伙伴、技术创新企业以及行业领军者们都积极参与其中。不同领域的专业人士提供了多元化的贡献，共同推动了 HarmonyOS 生态的发展。鸿蒙社区采用开放的流程，力求提高组织的持久性、供应商独立性和透明度。HarmonyOS 维护者负责代码审查和主分支上的权限合并。他们定期组织虚拟和面对面的开发者会议，借鉴了 IETF（Internet Engineering Task Force，互联网工程任务组）和 Linux 等成功社区的经验，确保社区的可扩展性和长期稳定性。鸿蒙社区深入分析代码许可的重要性，以促进社区长期一致性和与产业的有效互动。它选择了 LGPLv2.1 这一非病毒式 copyleft 许可，确保主分支中的代码库是免费、开源和最新的，同时也支持用户应用程序、外部库和包采用其他开源许可或闭源。鸿蒙社区基于 HarmonyOS 推出了多种产品，包括与云服务捆绑的环境传感器、智能加热设备、智能汽车设备以及低成本低功耗的通信模块等。这些产品标志着 HarmonyOS 在实际应用中的成功，为用户提供了多样化的物联网体验。目前，鸿蒙社区已成为物联网研究领域的知识分享中心，支持了数百篇基于 HarmonyOS 的学术文章。这些研究成果不仅促进了学术交流，也丰富了鸿蒙社区的技术生态。

12.6 习题

1. HarmonyOS 的设计目标是什么？
2. 分布式软总线是什么技术？主要包括哪几个部分？
3. HarmonyOS 架构分为哪些层？
4. HDF 是如何驱动具体设备节点的？
5. PA 和 FA 的区别有哪些？构建一个交互式应用的步骤是什么？

参考文献

[1] ADL-TABATABAI A R, KOZYRAKIS C, SAHA B, Unlocking Concurrency[J]. Queue, 2007, 4(10): 24-33.

[2] BACH M J, The Design of the UNIX Operating System[M]. Prentice Hall, 1987.

[3] BAUMANN A, BARHAM P, DAGAND P E, et al. The multikernel: a new OS architecture for scalable multicore systems[C]//Symposium on Operating Systems Principles, October 11-14, 2009, Big Sky, Montana, USA, 2009: 29-44.

[4] BRESHEARS C. The Art of Concurrency[M]. O'Reilly & Associates, 2009.

[5] CORMEN T H, LEISERSON C E, RIVEST R L, et al. Introduction to Algorithms[M]. Third Edition, MIT Press, 2009.

[6] CULLER D E, SINGH J P, GUPTA A, Parallel Computer Architecture: A Hardware/Software Approach[M]. Morgan Kaufmann Publishers Inc, 1998.

[7] DENNING D E. Working Sets Past and Present[J]. IEEE Transactions on Software Engineering, 1980, 6(1): 64-84.

[8] Department of Defense, USA. Trusted Computer System Evaluation Criteria[R]. 1985.

[9] GANAPATHY N, SCHIMMEL C. General Purpose Operating System Support for Multiple Page Sizes[C]. USENIX Annual Technical Conference, New Orleans, Louisiana, USA, June 15-19, 1998.

[10] GOETZ B, PEIRLS T, BLOCH J, et al. Java Concurrency in Practice[M].   Addison-Wesley, 2006.

[11] HARRISON M A, RUZZO W L, ULLMAN J D, Protection in Operating Systems[J]. Communications of the ACM, 1976, 19(8): 461-471.

[12] HENNESSY J, PATTERSON D. Computer Architecture: A Quantitative Approach[M]. Fifth Edition, Morgan Kaufmann, 2012.

[13] Intel Corporation. Intel 64 and IA-32 Architectures Software Developer's Manual[R]. Combined Volumes: 1, 2A, 2B, 3A, and 3B. 2011.

[14] LAMPSON B W, A Note on the Confinement Problem[J]. Communications of the ACM, 1973, 10(16): 613-615.

[15] LEVINE G, Defining Deadlock[J]. Operating Systems Review, 2003, 37(1): 54-64

[16] LIPNER S. A Comment on the Confinement Problem[J]. Operating System Review, 1975, 9(5): 192-196.

[17] LOVE R. Linux Kernel Development[M]. Third Edition, Developer's Library, 2010.

[18] LU S, PARK S, SEO E, et al. Learning from mistakes: a comprehensive study on real world concurrency bug characteristics[J]. SIGPLAN Notices, 2008, 43(3): 329-339.

[19] MCDOUGALL R, MAURO J.   Solaris Internals[M]. Second Edition, Prentice Hall, 2007.

[20] RAYMOND E S. The Cathedral and the Bazaar[M]. O'Reilly &Associates, 1999.

[21] RUSSINOVICH M E, SOLOMON D A. Windows Internals: Including Windows Server 2008 and Windows Vista[M]. Fifth Edition, Microsoft Press, 2009.

[22] SINGH A. Mac OS X Internals: A Systems Approach[M]. Addison-Wesley, 2007.

[23] STALLINGS W, Operating Systems[M]. Seventh Edition, Prentice Hall, 2011.

[24] TANENBAUM A S, Modern Operating Systems[M]. Third Edition, Prentice Hall, 2007.

[25] BRYANT R, O'HALLARON D. Computer Systems: A Programmer's Perspective[M]. Second Edition, Addison-Wesley, 2010.

[26] BIC L F, SHAW A C. Operating Systems Principles[M]. Pearson Education, 2023.

[27] SILBERSCHATZ A, GALVIN P B, GAGNE G. Operating System Concepts[M]. Tenth Edition, John Wiley & Sons, 2018.

[28] DUNKELS A, GRONVALL B, VOIGT T. Contiki: A Lightweight and Flexible Operating System for Tiny Networked Sensors[C]. IEEE Conference on Local Computer Networks 2004, 16-18 November 2004. Tampa, FL, USA. 2004: 455-462.

[29] OIKONOMOU G, DUQUENNOY S, ELSTS A, et al. The Contiki-NG open source operating system for next generation IoT devices[C]. SoftwareX, 2022, 18: 101089.

[30] OpenHarmony Documentation[EB/OL]. (2020-09-09) [2024-06-15] https://gitee.com/openharmony/docs.